国家科学技术学术著作出版基金资助出版

“十三五”国家重点图书出版规划项目

变革性光科学与技术丛书

涡旋光束

Vortex Beams

高春清 付时尧 著

清華大學出版社
北京

内容简介

涡旋光束及其应用是近年来国内外研究的热点之一，其携带有轨道角动量的独特性质使其在诸多领域都具有极高的应用价值。本书详细介绍了涡旋光束的基本理论及其生成、传输、测量等前沿技术，同时也介绍了涡旋光束的应用技术。

本书主要面向光学、电子技术和物理等相关领域的科研人员、学者、研究生与高年级本科生，可作为本领域科学研究的参考资料。

图书在版编目(CIP)数据

涡旋光束/高春清，付时尧著．—北京：清华大学出版社，2019(2023.6 重印)
(变革性光科学与技术丛书)
ISBN 978-7-302-53393-1

Ⅰ．①涡…　Ⅱ．①高…　②付…　Ⅲ．①光通信系统—研究　Ⅳ．①TN929.1

中国版本图书馆 CIP 数据核字(2019)第 178632 号

责任编辑：鲁永芳
封面设计：常雪影
责任校对：刘玉霞
责任印制：刘海龙

出版发行：清华大学出版社
网　　址：http://www.tup.com.cn，http://www.wqbook.com
地　　址：北京清华大学学研大厦 A 座　　**邮　　编**：100084
社 总 机：010-83470000　　**邮　　购**：010-62786544
投稿与读者服务：010-62776969，c-service@tup.tsinghua.edu.cn
质量反馈：010-62772015，zhiliang@tup.tsinghua.edu.cn
印 装 者：三河市铭诚印务有限公司
经　　销：全国新华书店
开　　本：170mm×240mm　　**印　　张**：21.75　　**字　　数**：438 千字
版　　次：2019 年 12 月第 1 版　　**印　　次**：2023 年 6 月第 3 次印刷
定　　价：139.00 元

产品编号：082404-01

《变革性光科学与技术丛书》编委会

丛 书 序

光是生命能量的重要来源，也是现代信息社会的基础。早在几千年前人类便已开始了对光的研究，然而，真正的光学技术直到400年前才诞生，斯涅耳、牛顿、费马、惠更斯、菲涅耳、麦克斯韦、爱因斯坦等学者相继从不同角度研究了光的本性。从基础理论的角度看，光学经历了几何光学、波动光学、电磁光学、量子光学等阶段，每一阶段的变革都极大地促进了科学和技术的发展。例如，波动光学的出现使得调制光的手段不再限于折射和反射，利用光栅、菲涅耳波带片等简单的衍射型微结构即可实现分光、聚焦等功能；电磁光学的出现，促进了微波和光波技术的融合，催生了微波光子学等新的学科；量子光学则为新型光源和探测器的出现奠定了基础。

伴随着理论突破，20世纪见证了诸多变革性光学技术的诞生和发展，它们在一定程度上使得过去100年成为人类历史长河中发展最为迅速、变革最为剧烈的一个阶段。典型的变革性光学技术包括：激光技术、光纤通信技术、CCD成像技术、LED照明技术、全息显示技术等。激光作为美国20世纪的四大发明之一（另外三项为原子能、计算机和半导体），是光学技术上的重大里程碑。由于其极高的亮度、相干性和单色性，激光在光通信、先进制造、生物医疗、精密测量、激光武器乃至激光核聚变等技术中均发挥了至关重要的作用。

光通信技术是近年来另一项快速发展的光学技术，与微波无线通信一起极大地改变了世界的格局，使“地球村”成为现实。光学通信的变革起源于20世纪60年代，高琨提出用光代替电流，用玻璃纤维代替金属导线实现信号传输的设想。1970年，美国康宁公司研制出损耗为20 dB/km的光纤，使光纤中的远距离光传输成为可能，高琨也因此获得了2009年的诺贝尔物理学奖。

除了激光和光纤之外，光学技术还改变了沿用数百年的照明、成像等技术。以最常见的照明技术为例，从1879年爱迪生发明白炽灯以来，钨丝的热辐射一直是最常见的照明光源。然而，受制于其极低的能量转化效率，替代性的照明技术一直是人们不断追求的目标。从水银灯的发明到荧光灯的广泛使用，再到获得2014年诺贝尔物理学奖的蓝光LED，新型节能光源已经使得地球上的夜晚不再黑暗。另外，CCD的出现为便携式相机的推广打通了最后一个障碍，使得信息社会更加丰富多彩。

20世纪末以来，光学技术虽然仍在快速发展，但其速度已经大幅减慢，以至于很多学者认为光学技术已经发展到瓶颈期。以大口径望远镜为例，虽然早在1993

年美国就建造出 10 m 口径的“凯克望远镜”，但迄今为止望远镜的口径仍然没有得到大幅增加。美国的 30 m 望远镜仍在规划之中，而欧洲的 OWL 百米望远镜则由于经费不足而取消。在光学光刻方面，受到衍射极限的限制，光刻分辨率取决于波长和数值孔径，导致传统 i 线（波长：365 nm）光刻机单次曝光分辨率在 200 nm 以上，而高精度的 193 光刻机成本达到数亿元人民币每台，且单次曝光分辨率也仅为 38 nm。

在上述所有光学技术中，光波调制的物理基础都在于光和物质（包括增益介质、透镜、反射镜、光刻胶等）的相互作用。随着光学技术从宏观走向微观，近年来的研究表明：在小于波长的尺度上（即亚波长尺度），规则排列的微结构可作为人造“原子”和“分子”，分别对入射光波的电场和磁场产生响应。在这些微观结构中，光与物质的相互作用变得比传统理论中预言的更强，从而突破了诸多理论上的瓶颈难题，包括折反射定律、衍射极限、吸收厚度-带宽极限等，在大口径望远镜、超分辨成像、太阳能、隐身和反隐身等技术中具有重要应用前景。譬如：基于梯度渐变的表面微结构，人们研制了多种平面的光学透镜，能够将几乎全部入射光波聚集到焦点，且焦斑的尺寸可突破经典的瑞利衍射极限，这一技术为新型大口径、多功能成像透镜的研制奠定了基础。

此外，具有潜在变革性的光学技术还包括：量子保密通信、太赫兹技术、涡旋光束、纳米激光器、单光子和单像元成像技术、超快成像、多维度光学存储、柔性光学、三维彩色显示技术等。它们从时间、空间、量子态等不同维度对光波进行操控，形成了覆盖光源、传输模式、探测器的全链条创新技术格局。

值此技术变革的肇始期，清华大学出版社组织出版《变革性光科学与技术丛书》，是本领域的一大幸事。本丛书的作者均为长期活跃在科研第一线，对相关科学和技术的历史、现状和发展趋势具有深刻理解的国内外知名学者。相信通过本丛书的出版，将会更为系统地梳理本领域的技术发展脉络，促进相关技术的更快速发展，为高校教师、学生以及科学爱好者提供沟通和交流平台。

是为序。

罗先刚

2018 年 7 月

前　　言

涡旋光束及其应用是近年来国内外研究的热点之一。涡旋光束一般指相位涡旋光束，其波前为螺旋形，光束中心存在相位奇点，因此涡旋光束的中心光强为零，光强分布为环形，常见的相位涡旋光束是拉盖尔-高斯光束。早在 1992 年荷兰莱顿大学的艾伦（Allen）等就研究了复振幅表达式中含有相位项 $\exp(il\varphi)$ 的拉盖尔-高斯光束的特性，证明其每一个光子都携带有轨道角动量（orbital angular momentum，OAM）$l\hbar$，其中 l 为角量子数，φ 为方位角，$\hbar$ 为约化普朗克常量。由于涡旋光束携带有轨道角动量，因此也被称为 OAM 光束。近年来人们又生成了具有涡旋偏振态分布的光束（如矢量光束），以及同时具有涡旋相位和涡旋偏振的新型结构光束等。涡旋光束在许多领域都有十分重要的应用。人们利用涡旋光束研制了光镊和光学扳手，可实现对微粒的无接触捕获和旋转，在生物医学领域已被广泛应用。利用涡旋光束的旋转多普勒效应也可直接测量旋转体的角速度，在测量领域具有重要的应用前景。近年来涡旋光束在光通信领域的应用更是成为国内外的研究热点之一，在光通信应用中，涡旋光束的轨道角动量可以作为一种新的编码方式实现信息编码，它可以像波分复用、时分复用和偏振复用一样，实现模分复用和扩展光通信的容量。另外还可将模分复用技术与波分复用和偏振复用等其他复用方式结合，有效提高光通信系统的信道容量和频谱效率。

涡旋光束的理论、生成、检测和应用的研究是近年来国内外光学领域的研究热点。美国、英国、德国、澳大利亚等国的多个著名大学和研究机构都开展了广泛的研究工作，我国也有很多课题组开展了相关的研究并取得了重要的进展。本课题组自 1999 年开始对涡旋光束及其应用开展研究，在涡旋光束的生成技术、轨道角动量态的检测技术和涡旋光束畸变的自适应光学校正技术等方面开展了研究工作。本书是在综合了本课题组近年来在涡旋光束研究中取得的成果，以及国内外其他单位在涡旋光束的生成、检测和应用研究成果的基础上完成的。

第 1 章重点介绍了涡旋光束的基本概念、光束的轨道角动量及轨道角动量谱的基本理论，以及一些常见的涡旋光束。第 2 章主要介绍了与涡旋光束的生成和检测直接相关的衍射的一些基础理论，包括基尔霍夫衍射积分理论、角谱理论等。第 3 章介绍了近年来国内外报道的涡旋光束的主要生成方法，包括腔内生成法和腔外生成法，重点介绍了采用模式转换器、螺旋相位片、叉状衍射光栅、相位型衍射涡旋光栅、组合半波片和 Q 波片、涡旋光束发射器等生成方法，同时介绍了多模混合涡旋光束的生成方法和贝塞尔-高斯光束的生成方法。第 4 章介绍了涡旋光束阵列的生成方法，涡旋光束阵列是在空间按照一定规律排列的阵列光束，并重点介绍了基本涡旋光束阵列和复杂阵列的设计与优化、二维涡旋光束阵列和三维涡旋光束阵列。第5章介绍了涡旋光束的检测方法，主要包括轨道角动量的基本测量方法、干涉测量法、衍射测量法、偏振测量法和轨道角动量谱的测量等。第6章介绍了涡旋光束自适应校正的方法和技术。与其他类型的光束类似，涡旋光束在大气和光纤中传输时也会受到大气湍流或者光纤介质不均匀性的影响而产生畸变，大气湍流使光强分布变得不均匀，螺旋相位产生畸变，导致OAM谱的展宽，引起不同模式的涡旋光束间的串扰，对实际应用非常不利，因此采用自适应光学技术校正涡旋光束的畸变也是近年来人们关注的重要内容。第7章介绍了矢量光束与矢量涡旋光束。矢量光束可以看作是偏振涡旋光束，其特点是矢量光束的偏振态在空间按照特定的规律分布。矢量光束的偏振态分布与相位涡旋光束的波前相位结构在空间分布类似，例如矢量光束在中心处的偏振态是无法确定的，与相位涡旋光束在光束中心处的相位无法确定是对应的，偏振奇点光束和相位奇点光束都属于奇点光束，且同为中空环形结构。本书还介绍了多种生成矢量光束的方法、矢量光束的相干合成、矢量涡旋光束及阵列等。第8章介绍了完美涡旋光束的生成方法。完美涡旋光束是一种新型涡旋光束，其光斑大小与阶次无关，在光纤耦合等多种应用中非常有利。本章重点介绍了完美涡旋光束的基本理论、完美涡旋光束的生成和探测技术、完美矢量涡旋光束和完美涡旋光束阵列等。第9章介绍了涡旋光束的应用，包括涡旋光束在生物医学等领域的应用、涡旋光束在新一代光通信系统中的应用、涡旋光束在旋转角速度测量中的应用、矢量光束在高分辨率成像中的应用，以及在激光加工中的应用。

本书内容主要以本课题组完成的工作为主，参考了本课题近年来的最新研究成果，部分研究成果已发表在国内外的学术期刊上，在此向多年来从事涡旋光束及其应用的相关人员表示感谢。本书的一些内容参考了本课题组已毕业的博士研究生刘义东、齐晓庆和辛璟焘的博士学位论文，以及国内多个研究小组的最新研究进展，在此一并表示感谢。

本书的研究工作得到了国家自然科学基金项目（11834001，60778002，69908001，61905012）和国家重大基础研究973项目（2014CB340000）的资助，在此表示感谢。

本书彩图请扫二维码观看。

目　　录

第 1 章　涡旋光束的基本性质

涡旋光束是一种新型激光束，具有与普通的高斯光束所不同的特性，近年来受到越来越多的关注。本章从涡旋光束的基本定义出发，分析了涡旋光束的能流密度、轨道角动量、模式间正交性等基本性质，并介绍了涡旋光束的轨道角动量谱概念与推导方法，以及几种常见的涡旋光束。

1.1　涡旋光束概述

涡旋光束，也称为螺旋光束，顾名思义，是指具有涡旋特性的光束。广义来说，涡旋光束包括相位涡旋光束和偏振涡旋光束两大类。相位涡旋光束，即光波的相位或波前呈螺旋形，其在柱坐标系(r,φ,z)下的复振幅表达式中含有螺旋相位项$\exp(\mathrm{i}l\varphi)$，其中 l 可为一任意整数。由于光束中心存在相位奇点，因此相位涡旋光束的光场分布是中空的环形。图 1.1.1 给出了不同 l 值下的涡旋光束的光场分布及波前分布，可以看出，涡旋光束的螺旋波前的扭曲数和扭曲方向取决于 l 值的大小和正负，当 $l=0$ 时，相位涡旋光束退化为高斯光束。偏振涡旋光束，即在光场横截面上具有涡旋分布偏振态的光束。与常见的线偏振、椭圆偏振和圆偏振等各向同性偏振光不同，偏振涡旋光束具有各向异性的偏振态分布，光场横截面中每一点都具有自己独特的偏振方向，表现出很强的矢量偏振特性，因此，偏振涡旋光束也称为矢量光束，如图 1.1.2 所示。为了避免歧义，本书采用如下的定义，即将相位涡旋光束称为涡旋光束，将偏振涡旋光束称为矢量光束。

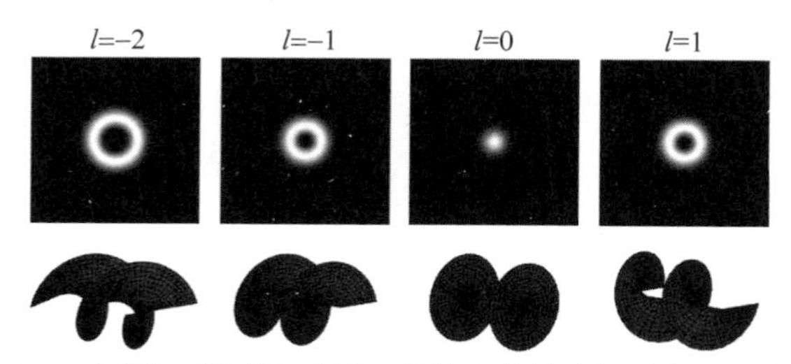

图 1.1.1　不同 l 值下的(相位)涡旋光束的光场分布及波前分布

(请扫Ⅵ页二维码看彩图)

在某些特殊情况下，上述提到的两种涡旋可以同时并存，即一束涡旋光束既可具有螺旋形波前，也可同时具有涡旋的偏振态。这种更为复杂的涡旋光场将在本书第 7 章中讨论。

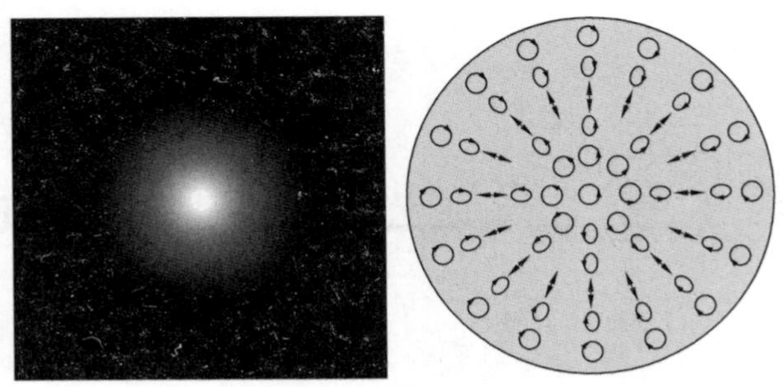

图 1.1.2　矢量光束(偏振涡旋光束)及其偏振态分布

(请扫Ⅵ页二维码看彩图)

涡旋光束的独特性质,使其在许多领域都具有很大的潜在应用价值。在光通信领域,使用涡旋光束会大大拓展信道容量,实现大容量的信息传输[1]。在探测领域,涡旋光束的旋转多普勒效应可用于测量旋转体的转速[2]。当涡旋光束作用于物体(例如微粒)时,光束携带的轨道角动量可传递给微粒,控制微粒实现旋转或平移,这一特性可用于研制光镊和光学扳手[3,4]。同时,涡旋光束在光学加工[5]、天体探测[6]、量子信息处理[7]等领域也具有广阔的应用前景。

1.2　涡旋光束的特性

涡旋光束由于具有螺旋形的波前分布,因此展现出普通高斯光束所不具有的独特性质。本节将主要从涡旋光束的坡印亭矢量、轨道角动量及模式间正交性的角度,推导并分析涡旋光束的性质。

1.2.1　坡印亭矢量

稳态条件下的电磁场可由以下亥姆霍兹方程描述:

$$\nabla^2\psi + k^2\psi = 0 \tag{1.2.1}$$

式中,$\nabla^2 = \partial_x^2 + \partial_y^2 + \partial_z^2$ 为拉普拉斯算符,$k = 2\pi/\lambda$ 为光波数,λ 为波长。傍轴近似下,方程(1.2.1)的解为

$$\psi(x,y,z) = u(x,y,z)\exp(\mathrm{i}kz) \tag{1.2.2}$$

式中,$u(x,y,z)$ 为沿着 z 方向的慢变函数,沿着 z 方向的相位变化以相位项 $\exp(\mathrm{i}kz)$ 为主,因此应有

$$\begin{cases} |\partial_z u| \ll |ku| \\ |\partial_z^2 u| \ll |k\partial_z u| \ll |k^2 u| \end{cases} \tag{1.2.3}$$

定义横向二维拉普拉斯算符 $\nabla_T^2 = \partial_x^2 + \partial_y^2$,由式(1.2.1)~式(1.2.3)可得傍轴波动方程为

$$\nabla_T^2 u - 2\mathrm{i}k\partial_z u = 0 \tag{1.2.4}$$

在傍轴近似下,电磁场的矢量势为

$$\boldsymbol{A}=(\alpha\hat{x}+\beta\hat{y})u(x,y,z)\exp(\mathrm{i}kz) \tag{1.2.5}$$

式中，α、β 为复数，且满足 $|\alpha|^2+|\beta|^2=1$，表征电磁场的偏振态。令角频率为 ω，由洛伦兹规范可得电磁场的电场 $\boldsymbol{E}$ 和磁场 $\boldsymbol{B}$ 分别为

$$\boldsymbol{E}=\mathrm{i}\omega\boldsymbol{A}-\nabla\left(\frac{c^2}{\mathrm{i}\omega}\nabla\cdot\boldsymbol{A}\right)=[\mathrm{i}\omega\alpha u\hat{x}+\mathrm{i}\omega\beta u\hat{y}-c(\alpha\partial_x u+\beta\partial_y u)\hat{z}]\exp(\mathrm{i}kz) \tag{1.2.6}$$

$$\boldsymbol{B}=\nabla\times\boldsymbol{A}=[-\beta(\partial_z u+\mathrm{i}ku)\hat{x}+\alpha(\partial_z u+\mathrm{i}ku)\hat{y}+(\beta\partial_x u-\alpha\partial_y u)\hat{z}]\exp(\mathrm{i}kz) \tag{1.2.7}$$

复数坡印亭矢量定义为

$$\bar{\boldsymbol{S}}=\frac{1}{2\mu_0}\boldsymbol{E}\times\boldsymbol{B}^*\equiv\boldsymbol{S}+\boldsymbol{q}\mathrm{i} \tag{1.2.8}$$

式中，μ_0 为真空磁导率，$\boldsymbol{S}$ 和 $\boldsymbol{q}$ 分别表示功率流密度的时间平均值和无功功率流密度。本书中，将功率流密度的时间平均值简称为功率流密度。由式(1.2.8)可得

$$\boldsymbol{S}=\frac{1}{2\mu_0}\langle\mathrm{Re}(\boldsymbol{E}\times\boldsymbol{B}^*)\rangle \tag{1.2.9}$$

$$\boldsymbol{q}=\frac{1}{2\mu_0}\langle\mathrm{Im}(\boldsymbol{E}\times\boldsymbol{B}^*)\rangle \tag{1.2.10}$$

结合式(1.2.6)和式(1.2.7)，功率流密度 $\boldsymbol{S}$ 可写为

$$\begin{aligned}\boldsymbol{S}&=\frac{1}{2\mu_0}\langle\mathrm{Re}(\boldsymbol{E}\times\boldsymbol{B}^*)\rangle\\&=\frac{1}{4\mu_0}[(\boldsymbol{E}^*\times\boldsymbol{B})+(\boldsymbol{E}\times\boldsymbol{B}^*)]\\&=\frac{1}{4\mu_0}[\mathrm{i}\omega(u\nabla u^*-u^*\nabla u)+2\omega k|u|^2\hat{z}+\mathrm{i}\omega(\alpha\beta^*-\alpha^*\beta)(\hat{x}\partial_y-\hat{y}\partial_x)|u|^2]\end{aligned} \tag{1.2.11}$$

考虑到

$$(\hat{x}\partial_y-\hat{y}\partial_x)|u|^2=\nabla|u|^2\times\hat{z}=-\frac{\partial|u|^2}{\partial r}\hat{\varphi} \tag{1.2.12}$$

定义偏振参数 σ 为

$$\sigma\equiv\mathrm{i}(\alpha\beta^*-\alpha^*\beta) \tag{1.2.13}$$

则式(1.2.11)可简化为

$$S=\frac{1}{4\mu_0}\left[\mathrm{i}\omega(u\nabla u^*-u^*\nabla u)+2\omega k|u|^2\hat{z}-\omega\sigma\frac{\partial|u|^2}{\partial r}\hat{\varphi}\right] \tag{1.2.14}$$

进而可得功率流密度的横向和纵向分量分别为

$$S_T=\frac{\mathrm{i}\omega}{4\mu_0}(u\nabla u^*-u^*\nabla u)-\frac{\omega\sigma}{4\mu_0}\frac{\partial|u|^2}{\partial r}\hat{\varphi} \tag{1.2.15}$$

$$S_z=\frac{\omega k|u|^2\hat{z}}{2\mu_0} \tag{1.2.16}$$

由式(1.2.15)和式(1.2.16)可以看出，功率流密度 $\boldsymbol{S}$ 沿光束的传输方向与偏振无关，而在横向分量存在与偏振有关的项。与偏振相关的功率流密度方向沿着横截面的角向，其大小与场强度的径向梯度成正比，也与偏振参数 σ 成正比。在线偏振的情况下，参数 α、β 的虚部为 0，故偏振参数 $\sigma=0$，因此，式(1.2.15)可简化为

$$\boldsymbol{S}_T=\frac{\mathrm{i}\omega}{4\mu_0}(u\,\nabla u^*-u^*\,\nabla u) \tag{1.2.17}$$

对于具有螺旋波前的线偏振涡旋光束，在柱坐标系下可表示为

$$u(r,\varphi,z)=u_0(r,z)\exp[\mathrm{i}\phi(r,z)]\exp(\mathrm{i}l\varphi) \tag{1.2.18}$$

式中，u_0 和 ϕ 分别表示振幅和初始相位。将式(1.2.18)代入式(1.2.16)和式(1.2.17)中，可得涡旋光束在三个坐标方向上功率流密度分别为

$$S_r=\frac{\varepsilon_0\omega c^2}{2}\partial_r\phi\hat{r} \tag{1.2.19}$$

$$S_\varphi=\frac{l\varepsilon_0\omega c^2u_0^2}{2r}\hat{\varphi} \tag{1.2.20}$$

$$S_z=\frac{\varepsilon_0\omega c^2ku_0^2}{2}\hat{z} \tag{1.2.21}$$

式中，ε_0 为真空介电常数，$c=(\varepsilon_0\mu_0)^{-0.5}$ 为真空中的光速。考虑到动量密度与功率流密度的关系：

$$\boldsymbol{p}=\frac{\varepsilon_0}{2}\langle\mathrm{Re}(\boldsymbol{E}\times\boldsymbol{B}^*)\rangle=\frac{\boldsymbol{S}}{c^2} \tag{1.2.22}$$

可得涡旋光束在三个坐标方向上的动量密度分别为

$$p_r=\frac{\varepsilon_0\omega}{2}\partial_r\phi\hat{r} \tag{1.2.23}$$

$$p_\varphi=\frac{l\varepsilon_0\omega u_0^2}{2r}\hat{\varphi} \tag{1.2.24}$$

$$p_z=\frac{\varepsilon_0\omega ku_0^2}{2}\hat{z} \tag{1.2.25}$$

对于发散角较小的涡旋光束，$\partial_r\phi=0$，故式(1.2.23)中 $p_r=0$。不难看出，具有螺旋波前的涡旋光束中光子的运动方向不与光轴平行，而是呈一个偏离角度 γ。由式(1.2.24)和式(1.2.25)可得

$$\gamma=\frac{p_\varphi}{p_z}=\frac{l\lambda}{2\pi r} \tag{1.2.26}$$

即参数 γ 与 l、径向坐标 r 以及光波长 λ 有关。偏离角是一个较小的量，比如 $l=1$ 时，对于 1550 nm 波长的光，在距离光束中心 1 mm 处的 γ 仅仅为 0.247 mrad。式(1.2.22)也同时表明，涡旋光束的能量并不是沿直线传播，而是呈螺旋状传播，这也是涡旋光束与普通高斯光束的最大不同之处。

1.2.2 轨道角动量

随着物理学的发展，人们逐渐认识到光具有波粒二象性，同时将光的研究范围从波动理论拓展到量子世界。与宏观物体类似，光子也可具有角动量。光子的角动量由两部分组成，即自旋角动量(spin angular momentum，SAM)和轨道角动量(orbital angular momentum，OAM)。光的自旋角动量与光束的偏振性质紧密相关，而光的轨道角动量则源于光场横截面的复场分布，表征光束的波前性质。

对光子的角动量的研究，是从自旋角动量开始的。早在 1909 年，英国科学家坡印亭(Poynting)就已经预测圆偏振光携带有角动量，并且在光的偏振态发生转换(例如，由线偏振到圆偏振)的同时，必然伴随着与光学系统的角动量交换[8]。1936 年贝斯(Beth)等首次通过用石英细丝悬挂的二分之一波片对光束的偏振态的变换产生的反作用力，观测到自旋角动量，并表明每一个光子携带的自旋角动量的值只能为$+\hbar$或$-\hbar$($\hbar$为约化普朗克常量)[9]。

人们对轨道角动量的研究要比自旋角动量晚一些。在 20 世纪 50 年代，科研人员就发现电多极辐射过程将产生携带有轨道角动量的电磁辐射[10]。然而，随后几十年里，关于光子的轨道角动量的研究却一直停留在理论阶段，并没有实质性的突破。直到 1992 年，Allen 等研究发现，轨道角动量是具有螺旋波前的涡旋光束的固有属性，同时涡旋光束中每一个光子所携带的轨道角动量的值，为约化普朗克常量$\hbar$的整数倍[11]。至此才真正开始了人们对涡旋光束及其轨道角动量的研究。下面，我们将通过公式推导介绍涡旋光束的轨道角动量特性。

线动量密度 $\boldsymbol{p}$ 的定义已在式(1.2.22)中给出，由角动量密度 $\boldsymbol{m}$ 与线动量密度的关系：

$$\boldsymbol{m}=\boldsymbol{r}\times\boldsymbol{p} \tag{1.2.27}$$

结合式(1.2.22)和式(1.2.14)可得

$$\boldsymbol{m}=\frac{\varepsilon_0\omega}{4}\left[\mathrm{i}(u\partial_\varphi u^*-u^*\partial_\varphi u)-r\sigma\frac{\partial|u|^2}{\partial r}\right]\hat{z}-\frac{\varepsilon_0\omega}{4}\left[\mathrm{i}r(u\partial_z u^*-u^*\partial_z u)-2k|u|^2r\right]\hat{\varphi} \tag{1.2.28}$$

不难看出，角动量密度包括两个分量，一个沿着光束的传输方向 $\hat{z}$，另一个在横截面上沿着角向 $\hat{\varphi}$。仅考虑更有实际意义的沿着光束的传输方向 $\hat{z}$ 的角动量密度分量，可得该方向的角动量密度为

$$m_z=\frac{\varepsilon_0\omega}{4}\left[\mathrm{i}(u\partial_\varphi u^*-u^*\partial_\varphi u)-r\sigma\frac{\partial|u|^2}{\partial r}\right] \tag{1.2.29}$$

下面推导光束的角动量。对式(1.2.28)在全空间内积分，可得总角动量 $\boldsymbol{M}$：

$$\boldsymbol{M}=\iiint\boldsymbol{m}r\,\mathrm{d}r\,\mathrm{d}\varphi\,\mathrm{d}z \tag{1.2.30}$$

将总角动量对时间 t 求微分，得到单位时间内从横截面流过的角动量的通量：

$$\boldsymbol{J}=\frac{\mathrm{d}\boldsymbol{M}}{\mathrm{d}t}=\frac{\mathrm{d}}{\mathrm{d}t}\iiint \boldsymbol{m}r\,\mathrm{d}r\,\mathrm{d}\varphi\,\mathrm{d}z=c\iint \boldsymbol{m}r\,\mathrm{d}r\,\mathrm{d}\varphi \tag{1.2.31}$$

其沿着光束传输方向的分量为

$$J_z=c\iint \boldsymbol{m}\cdot\hat{z}r\,\mathrm{d}r\,\mathrm{d}\varphi=c\iint m_z r\,\mathrm{d}r\,\mathrm{d}\varphi \tag{1.2.32}$$

将式(1.2.29)代入式(1.2.32)得

$$J_z=\frac{c\varepsilon_0\omega}{4}\iint\left[\mathrm{i}(u\partial_\varphi u^*-u^*\partial_\varphi u)-r\sigma\frac{\partial|u|^2}{\partial r}\right]r\,\mathrm{d}r\,\mathrm{d}\varphi \tag{1.2.33}$$

式(1.2.33)可分解为

$$J_z=J_{zl}+J_{z\sigma} \tag{1.2.34}$$

式中，

$$J_{zl}=\frac{c\varepsilon_0\omega}{4}\iint \mathrm{i}(u\partial_\varphi u^*-u^*\partial_\varphi u)r\,\mathrm{d}r\,\mathrm{d}\varphi \tag{1.2.35}$$

$$J_{z\sigma}=-\frac{c\varepsilon_0\omega}{4}\iint r^2\sigma\frac{\partial|u|^2}{\partial r}\mathrm{d}r\,\mathrm{d}\varphi \tag{1.2.36}$$

由式(1.2.35)和式(1.2.36)可知，J_{zl} 与偏振无关，定义为轨道角动量通量，$J_{z\sigma}$ 与偏振有关，定义为自旋角动量通量。

对于如式(1.2.18)给出的具有螺旋相位项的涡旋光束，将其代入式(1.2.29)，得涡旋光束沿着传播方向上的角动量密度分量为

$$m_z=\frac{\varepsilon_0\omega l}{2}|u|^2-\frac{\varepsilon_0\omega\sigma r}{4}\frac{\partial|u|^2}{\partial r} \tag{1.2.37}$$

设 n 为光束中单位体积内的光子数，ω 为光子的角频率，则光束的能量密度 w 为

$$w=n\hbar\omega=\frac{p_z\omega}{k} \tag{1.2.38}$$

将式(1.2.25)代入式(1.2.38)得

$$w=\frac{\varepsilon_0\omega^2 k u_0^2}{2k}=\frac{\varepsilon_0\omega^2|u|^2}{2} \tag{1.2.39}$$

根据式(1.2.37)和式(1.2.39)可得光束传输方向上的角动量密度 m_z 和能量密度 w 的比值为

$$\frac{m_z}{w}=\frac{l}{\omega}-\frac{\sigma r}{2\omega|u|^2}\frac{\partial|u|^2}{\partial r} \tag{1.2.40}$$

式(1.2.40)表明，涡旋光束的局部角动量密度和能量密度的比值关系不确定，受偏振参数 σ 影响。当 $\sigma=0$ 时，该比值为定值，恒等于 l/ω。当 σ 非零时，该比值与横截面上的场分布有关。同时对式(1.2.40)分子、分母在光束横截面上积分，得总角动量与总能量的比值为

$$\frac{M_z}{W}=\frac{\iint m_z r\,\mathrm{d}r\,\mathrm{d}\varphi}{\iint wr\,\mathrm{d}r\,\mathrm{d}\varphi}=\frac{l+\sigma}{\omega} \tag{1.2.41}$$

可见，经过横截面上单位长度内的总角动量与总能量的比值与场的分布无关，仅与参数 l 和 σ 有关。对式(1.2.41)分子分母同时乘以 $n\hbar$ 可得

$$M_z = nl\hbar + n\sigma\hbar \tag{1.2.42}$$

式中，$nl\hbar$ 为轨道角动量，$n\sigma\hbar$ 为自旋角动量，表明傍轴近似下，涡旋光束的轨道角动量和自旋角动量可分解开。由式(1.2.42)可求得每一个光子的角动量为

$$M_{zs} = l\hbar + \sigma\hbar \tag{1.2.43}$$

可得具有螺旋相位项 $\exp(\mathrm{i}l\varphi)$ 的涡旋光束中的每一个光子均携带有轨道角动量，值为 $l\hbar$。式(1.2.42)和式(1.2.43)中，l 称为角量子数，也称为拓扑荷，可为任意整数。同时，角量子数 l 为涡旋光束的特征值，决定了涡旋光束的螺旋波前分布。具体可以理解为，l 的绝对值表征涡旋光束中每一个光子携带的轨道角动量值的大小，l 的符号决定了涡旋光束螺旋形波前的旋转方向。因此，也将角量子数为 l 的涡旋光束称为 l 阶涡旋光束，记作 $|l\rangle$。

偏振参数 σ 称为自旋量子数，具有 -1 和 $+1$ 两个特征值。当 $\sigma=+1$ 时，表示右旋圆偏振光，当 $\sigma=-1$ 时，表示左旋圆偏振光。在前面的论述中，σ 可以为闭区间 $[-1,+1]$ 中的任意值，其实这是由多光子叠加后的宏观结果，即光场的任意偏振态均可由具有相反自旋量子数的光子线性叠加而成，比如线偏振光就是 $|\sigma=+1\rangle$ 和 $|\sigma=-1\rangle$ 的叠加。因此，前面提到的 σ 并不能指代单光子的自旋特性。关于任意偏振态生成的具体原理将会在第 7 章详细介绍。

1.2.3　正交性

考虑任意两束涡旋光束：

$$u_1(r,\varphi,z) = f_1(r,\varphi)\exp(\mathrm{i}l_1\varphi) \tag{1.2.44}$$

$$u_2(r,\varphi,z) = f_2(r,\varphi)\exp(\mathrm{i}l_2\varphi) \tag{1.2.45}$$

对它们的内积在角向进行积分可得

$$\int_0^{2\pi} u_1 \cdot u_2^* \,\mathrm{d}\varphi = f_1 \cdot f_2^* \delta(l_2 - l_1) \tag{1.2.46}$$

式中，

$$\delta(\varsigma) = \begin{cases} 1, & \varsigma = 0 \\ 0, & \varsigma \neq 0 \end{cases} \tag{1.2.47}$$

可见，任意两束不同阶次的涡旋光束相互正交，即涡旋光束具有正交性，表现为同轴传输的不同阶次的涡旋光束可相互分离。涡旋光束的这一特性使得其在大容量光通信中具有十分重要的应用价值。

1.2.4　镜像性

平面镜是光学系统中一种常见的器件，可用来改变光的传播方向。单个平面镜成像具有以下性质：

(1) 平面镜能使整个空间理想成像,物点和像点关于平面镜对称;

(2) 物和像大小相等,但形状不同,物空间的右手系坐标在像空间为左手系坐标,即将 x 轴和 y 轴互换,如图 1.2.1 所示;如果分别对着入射和出射光线的方向观察物平面和像平面时,当物平面按逆时针方向转动时,像平面则按顺时针方向转动,形成"镜像"。

在基于涡旋光束的光学系统中,由于镜面反射理想成像,并不改变光的光强分布,因此我们仅关心其携带的轨道角动量,或其特征值角量子数 l 的变化情况。如图 1.2.2 所示,设一右手系下的涡旋光束 $|l\rangle$,其波前的旋转方向由 x 轴→y 轴。经过镜面反射后,右手系变成了左手系,x 轴和 y 轴互换,但其波前的旋转方向依然由 x 轴→y 轴。此时,经过镜面反射后的涡旋光束,其波前的旋转方向必然与原来相反。因此,经过镜面反射后,涡旋光束的角量子数变为原来的相反数,其特征态 $|l\rangle \to |-l\rangle$。另外,这种现象也可以理解为具有相反角量子数的涡旋光束互为镜像。

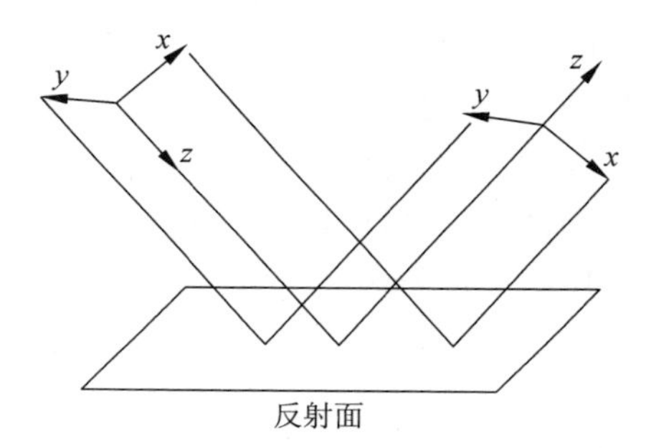

图 1.2.1　反射对坐标系的转换作用

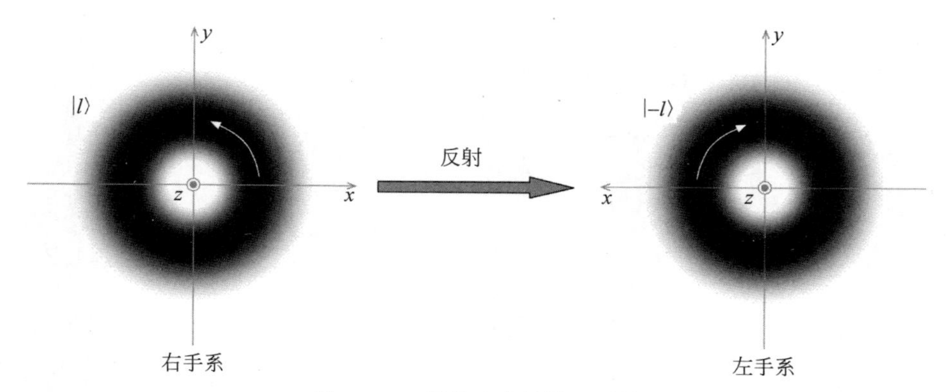

图 1.2.2　涡旋光束的镜面反射

若涡旋光束经过第一个反射镜后,又经过一个反射镜反射,则左手系坐标又变成了右手系坐标,此时涡旋光束的角量子数与原来完全相同。不难理解,当涡旋光束经过 n 次反射时,若 n 为奇数,则其角量子数会变为原来的相反数;若 n 为偶

数,其角量子数不变,即

$$|l\rangle \xrightarrow{n\text{次反射}} |(-1)^n l\rangle \tag{1.2.48}$$

因此,在设计关于涡旋光束的光学系统时,必须考虑反射对涡旋光束角量子数的影响。若系统中含有奇数个反射装置,而最终要保证角量子数不发生变化,必须在光路中通过道威棱镜等器件引入一次额外的反射。

1.3 涡旋光束的轨道角动量谱

携带有轨道角动量是涡旋光束的重要特性。在1.2.3节中已经提到,不同阶次间的涡旋光束相互正交。对于一束涡旋光束,可同时携带有不同轨道角动量成分,其各个轨道角动量成分的能量比重决定了光束的光强、相位及波前分布。轨道角动量谱定义为光束在其所携带的不同轨道角动量上的能量比率,可以反映光束的轨道角动量的一些性质。本节将采用螺旋谐波展开法和旋转算符定义法来分析涡旋光束的轨道角动量谱。

1.3.1 螺旋谐波展开

螺旋谐波 $\exp(\mathrm{i}l\varphi)$ 是轨道角动量的特征波函数,由于螺旋谐波在角向呈周期性分布,因此可通过螺旋谐波将光场直接展开。

将光场 $u(x,y,z)$ 用螺旋谐波 $\exp(\mathrm{i}l\varphi)$ 展开得

$$u(x,y,z)=\frac{1}{\sqrt{2\pi}}\sum_{l=-\infty}^{+\infty}a_l(r,z)\exp(\mathrm{i}l\varphi) \tag{1.3.1}$$

其中,展开系数可以写为

$$a_l(r,z)=\frac{1}{\sqrt{2\pi}}\int_0^{2\pi}u(x,y,z)\exp(-\mathrm{i}l\varphi)\mathrm{d}\varphi \tag{1.3.2}$$

由此可得该螺旋谐波上的能量为

$$C_l=\int_0^{\infty}|a_l(r,z)|^2 r\mathrm{d}r \tag{1.3.3}$$

由于该值不依赖于 z 坐标,进而可求得该螺旋谐波的相对能量为

$$R_l=\frac{C_l}{\sum\limits_{q=-\infty}^{+\infty}C_q} \tag{1.3.4}$$

由此可得轨道角动量谱。

另外,由式(1.3.1)~式(1.3.4)不难看出,任意光束的复振幅均可由具有不同阶次的螺旋相位分量线性组合得到。

1.3.2 旋转算符

轨道角动量可以理解为空间坐标系中绕参考点的轨道运动。若空间标量波函

数 ψ 绕着 z 轴旋转 α 角度后，得到旋转后的波函数 ψ' 为

$$\psi' = \hat{\boldsymbol{R}}_n(\alpha)\psi \tag{1.3.5}$$

其中 $\hat{\boldsymbol{R}}_n(\alpha)$ 为旋转算符：

$$\hat{\boldsymbol{R}}_n(\alpha) = \exp\left(-\frac{\mathrm{i}}{\hbar}\alpha \boldsymbol{z} \cdot \hat{\boldsymbol{L}}\right) \tag{1.3.6}$$

式中，$\hat{\boldsymbol{L}}$ 为轨道角动量算符，由量子力学的相关理论，

$$\hat{\boldsymbol{L}} = -\mathrm{i}\hbar \hat{\boldsymbol{r}} \times \nabla \tag{1.3.7}$$

式中 $\hat{\boldsymbol{r}}$ 为矢径算符。因此，轨道角动量可以用来反映空间标量波函数的旋转，亦即空间坐标系的旋转。

将式(1.3.7)代入式(1.3.6)，可得

$$\hat{\boldsymbol{R}}_n(\alpha) = \exp\left(-\frac{\mathrm{i}}{\hbar}\alpha \hat{L}_z\right) \tag{1.3.8}$$

式中，$\hat{L}_z$ 为 z 方向角动量算符：

$$\hat{L}_z = \hat{x}\hat{p}_y - \hat{y}\hat{p}_x = -\mathrm{i}\hbar\, \partial_\varphi \tag{1.3.9}$$

故式(1.3.8)进一步化简为

$$\hat{\boldsymbol{R}}_n(\alpha) = \exp(-\alpha \partial_\varphi) \tag{1.3.10}$$

考虑到波函数的平均值函数，并令 $\beta = -\alpha$，则有

$$M(\alpha) = \frac{\langle \psi \mid \hat{\boldsymbol{R}}_n(\alpha) \mid \psi \rangle}{\langle \psi \mid \psi \rangle} = \frac{\langle \psi \mid \exp(\beta \partial_\varphi) \mid \psi \rangle}{\langle \psi \mid \psi \rangle} \tag{1.3.11}$$

将式(1.3.11)中的波函数用螺旋谐波展开得

$$\begin{aligned}
M(\beta) &= \frac{\langle \psi \mid \exp(\beta \partial_\varphi) \mid \psi \rangle}{\langle \psi \mid \psi \rangle} \\
&= \sum_{m,l} \frac{\langle \psi \mid m \rangle \langle m \mid \exp(\beta \partial_\varphi) \mid l \rangle \langle l \mid \psi \rangle}{\langle \psi \mid \psi \rangle} \\
&= \sum_{m,l} \frac{\langle \psi \mid m \rangle \langle l \mid \psi \rangle}{\langle \psi \mid \psi \rangle} \langle m \mid l \rangle \exp(\mathrm{i}\beta l) \\
&= \sum_{l} \frac{\langle \psi \mid l \rangle \langle l \mid \psi \rangle}{\langle \psi \mid \psi \rangle} \exp(\mathrm{i}\beta l) \\
&= \sum_{l} R_l \exp(\mathrm{i}\beta l)
\end{aligned} \tag{1.3.12}$$

故 R_l 与 $M(\beta)$ 满足傅里叶变换关系：

$$R_l = \frac{1}{2\pi}\int M(\beta)\exp(-\mathrm{i}\beta l)\,\mathrm{d}\beta \tag{1.3.13}$$

此处，R_l 为螺旋谐波 $\exp(\mathrm{i}l\varphi)$ 上的相对能量分量，即轨道角动量谱。相比于光场直接展开法，本节采用量子力学的符号表示方法来描述涡旋光束的旋转和平均值，以此方便地得到涡旋光束的轨道角动量谱。

1.4 常见的涡旋光束

前面已经提到，涡旋光束具有螺旋形相位 $\exp(\mathrm{i}l\varphi)$，其每一个光子均携带有轨道角动量。常见的满足上述条件的涡旋光束有拉盖尔-高斯光束（Laguerre-Gauss beams）、贝塞尔光束（Bessel beams）和贝塞尔-高斯光束（Bessel-Gauss beams），这三种激光束既具有一定的相似性，也有不同之处。本节将对这三种涡旋光束作一简要介绍。

1.4.1 拉盖尔-高斯光束

拉盖尔-高斯光束是高阶高斯光束的一种，在柱对称稳定腔，如圆形孔径共焦腔中，高阶横模由缔合拉盖尔多项式与高斯分布函数的乘积来描述。因此，沿着 z 方向传输的拉盖尔-高斯光束可表示为

$$\mathrm{LG}_{pl}(r,\varphi,z)=\frac{C_{pl}}{\omega_0}\left(\frac{\sqrt{2}r}{\omega(z)}\right)^{l}\mathrm{L}_p^{|l|}\left(\frac{2r^2}{\omega(z)^2}\right)\exp\left(-\frac{r^2}{\omega(z)^2}\right)\exp(\mathrm{i}l\varphi)\exp(\mathrm{i}\Phi) \tag{1.4.1}$$

其中，C_{pl} 为常数，ω_0 为基模束腰半径，l 为角量子数，p 为径向量子数，可取任意非负整数，$\omega(z)$和 Φ 分别为

$$\omega(z)=\omega_0\sqrt{1+\left(\frac{z}{f}\right)^2} \tag{1.4.2}$$

$$\Phi=(l+2p+1)\arctan\frac{z}{f}-k\left(z+\frac{r^2}{2R}\right) \tag{1.4.3}$$

式中，

$$R=z+\frac{f^2}{z} \tag{1.4.4}$$

式(1.4.2)和式(1.4.3)中，k 为波数，f 为共焦参数，也称为瑞利长度：

$$f=\frac{\pi\omega_0^2}{\lambda} \tag{1.4.5}$$

$\mathrm{L}_p^l(\varsigma)$为缔合拉盖尔多项式：

$$\mathrm{L}_0^{|l|}(\varsigma)=1 \tag{1.4.6}$$

$$\mathrm{L}_1^{|l|}(\varsigma)=1+|l|-\varsigma \tag{1.4.7}$$

$$\mathrm{L}_2^{|l|}(\varsigma)=\frac{1}{2}[(1+|l|)(2+|l|)-2(2+|l|)\varsigma+\varsigma^2] \tag{1.4.8}$$

$$\vdots$$

$$\mathrm{L}_p^{|l|}(\varsigma)=\sum_{m=0}^{p}\frac{(p+|l|)!(-\varsigma)^m}{(|l|+m)!m!(p-m)!} \tag{1.4.9}$$

与基模高斯光束比较，拉盖尔-高斯光束的横向场由缔合拉盖尔多项式描述，表明沿半径方向有 p 个节线圆。同时，拉盖尔-高斯光束的复振幅表达式中含有螺旋相位项 $\exp(\mathrm{i}l\varphi)$，表明其包含的每一个光子均携带有轨道角动量。

拉盖尔-高斯光束作为一种高阶高斯光束，其光斑半径以及远场发散角均与基模高斯光束相关。拉盖尔-高斯光束的光斑半径定义为场振幅降落到最外面一个极大值的 $1/e$ 的点与光束中心的距离，不难得出，其光斑半径为

$$\omega_{pl}(z)=\sqrt{|l|+2p+1}\cdot\omega(z) \tag{1.4.10}$$

远场发散角 θ_{pl} 为

$$\theta_{pl}=\lim_{z\to\infty}\frac{\omega_{pl}(z)}{z}=\frac{2\lambda\sqrt{|l|+2p+1}}{\pi\omega_0}=\sqrt{|l|+2p+1}\cdot\theta_0 \tag{1.4.11}$$

式中，θ_0 为基模远场发散角，定义为

$$\theta_0=\lim_{z\to\infty}\frac{2\omega(z)}{z}=\frac{2\lambda}{\pi\omega_0} \tag{1.4.12}$$

由式(1.4.10)和式(1.4.11)可以看出，拉盖尔-高斯光束的光斑半径和远场发散角均随着径向量子数 p 和角量子数 l 的增加而增加，并且随 p 的增速比随 l 的增速更大。特别地，当 $p=l=0$ 时，由式(1.4.6)可知 L_0^0 值为 1，进而式(1.4.1)表示的拉盖尔-高斯光束将退化为基模高斯光束。

图 1.4.1 列出了 $z=0$ 时不同径向量子数 p 和角量子数 l 下的拉盖尔-高斯光束的光强和相位分布。**注意，本书所有列出的相位图或相位光栅中，黑色均表示 0，白色均表示 2π**。可以看出，当 $p=0$ 时，拉盖尔-高斯光束具有单环结构，当 $p\neq0$ 时，拉盖尔-高斯光束则具有$(p+1)$个同心环。角量子数 l 体现在相位分布上，其符号决定了螺旋相位梯度的方向，而其绝对值则决定了螺旋相位梯度的大小。图中拉盖尔-高斯光束的光斑尺寸随着 p、l 的值的变化而变化，与式(1.4.10)的预测吻合。

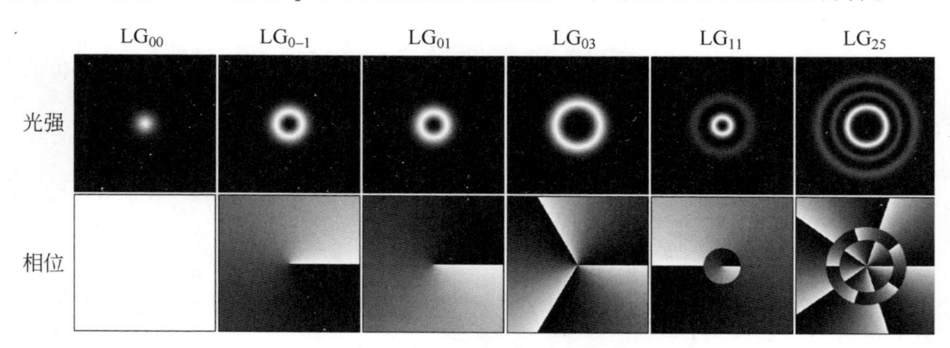

图 1.4.1　$z=0$ 时拉盖尔-高斯光束的光强及相位分布

通常情况下，单环拉盖尔-高斯光束是光场结构最简单的涡旋光束，其具有更高的应用价值。因此，**在本书接下来关于涡旋光束的讨论中，除了特殊标明外，均围绕具有单环结构($p=0$)的拉盖尔-高斯光束展开**。

1.4.2　贝塞尔光束

贝塞尔光束是一种无衍射的光束，它是柱坐标系下亥姆霍兹方程的一个特解[12]。与拉盖尔-高斯光束类似，非零阶贝塞尔光束也是一种涡旋光束，具有螺旋相位结构，其包含的每一个光子均携带有轨道角动量 $l\hbar$。l 阶贝塞尔光束的复振幅分布为

$$\mathrm{BS}_l(r,\varphi,z)=A_l\mathrm{J}_l(k_r r)\exp(\mathrm{i}k_z z)\exp(\mathrm{i}l\varphi) \tag{1.4.13}$$

式中，A_l 为常数，k_r 和 k_z 分别为径向和光束传播方向的波数，它们与光波数 k 满足：

$$k_r^2+k_z^2=k^2=\frac{4\pi^2}{\lambda^2} \tag{1.4.14}$$

$\mathrm{J}_l(\varsigma)$为第一类 l 阶贝塞尔函数：

$$\mathrm{J}_l(\varsigma)=\sum_{m=0}^{\infty}\frac{(-1)^m}{m!\,\Gamma(m+l+1)}\left(\frac{\varsigma}{2}\right)^{2m+l} \tag{1.4.15}$$

其中，$\Gamma(\varsigma)$为伽马函数，可视为阶乘函数向非整型自变量的推广，其在实数域上定义为

$$\Gamma(\xi)=\int_0^{+\infty}t^{\xi-1}\mathrm{e}^{-t}\mathrm{d}t \tag{1.4.16}$$

特别地，当 ξ 为正整数时，式(1.4.16)可写为

$$\Gamma(\xi)=(\xi-1)! \tag{1.4.17}$$

由式(1.4.15)～式(1.4.17)可得到不同阶次的第一类贝塞尔函数，如图1.4.2所示。

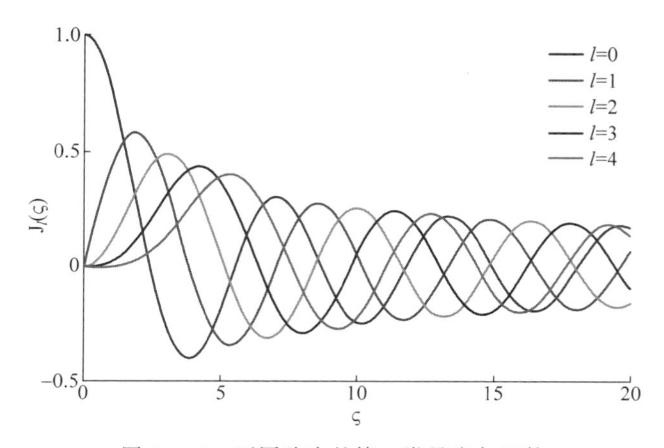

图1.4.2　不同阶次的第一类贝塞尔函数

（请扫Ⅵ页二维码看彩图）

由式(1.4.13)可得贝塞尔光束的横截面光强分布 I_{BS} 为

$$I_{\mathrm{BS}}=|\mathrm{BS}_l|^2\propto\mathrm{J}_l^2(k_r r) \tag{1.4.18}$$

可见，贝塞尔光束具有无限延展的光场分布，即无穷大的光束横截面积。图 1.4.3 显示了不同阶次的贝塞尔光束的横截面光强分布及相位分布。从光强分布的角度来看，贝塞尔光束存在中心亮斑，且零阶贝塞尔光束的中心光斑为实心结构，中心光斑周围具有许多旁瓣，进而形成多同心环的光场结构。另外，贝塞尔光束的每个环形波瓣的能量与中心亮斑的能量几乎相等，感兴趣的读者可翻阅相关文献，这里不作过多讨论。从相位的角度来看，贝塞尔光束具有与多环拉盖尔-高斯光束类似的螺旋形相位结构，角量子数 l 的符号决定了螺旋相位梯度的方向，l 的绝对值则决定了螺旋相位梯度的大小。同时，贝塞尔光束的中心亮环随着 $|l|$ 的增大而增大，这一特点可以很容易地由图 1.4.2 给出的贝塞尔函数图像来理解。

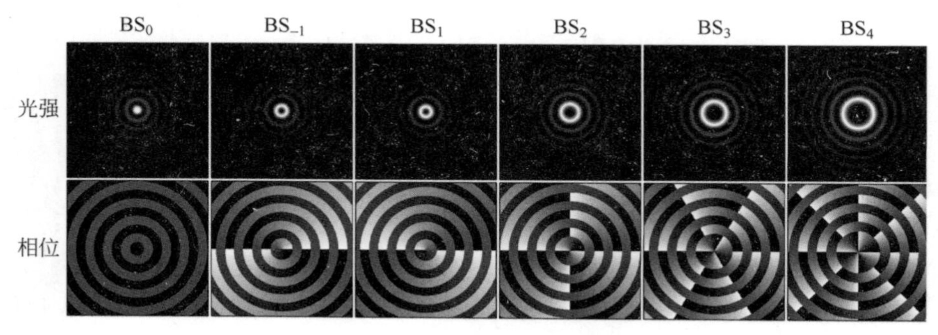

图 1.4.3　$z=0$ 时贝塞尔光束的光强及相位分布

贝塞尔光束是一种无衍射光束，若在其传输路径中存在障碍物，则经过障碍物后一定距离，其光场可自我恢复，即具有自愈性，如图 1.4.4 所示。这种现象产生的原因为贝塞尔光束实际上是一种锥面波，它是由许多等振幅的平面子波叠加产生的干涉场，这些平面子波的波矢方向均与光轴（z 轴）方向呈相等的夹角：

$$\beta=\arcsin\left(\frac{k_r}{k}\right) \tag{1.4.19}$$

式中，夹角 β 称为贝塞尔光束的衍射角或圆锥角。当贝塞尔光束的传输路径中存在障碍物时，没有被阻挡的光线会在障碍物后方重新干涉，再次形成贝塞尔光束，实现光场的自愈。

1.4.3　贝塞尔-高斯光束

由于贝塞尔光束具有无限延展的光场结构，使得其仅为一理想的理论模型而无法真实存在。实际中，一般采用贝塞尔-高斯光束作为贝塞尔光束的近似[13]。贝塞尔-高斯光束在有限传输距离内具有与贝塞尔光束相似的无衍射特性，超出最大传输距离后，贝塞尔-高斯光束将不再存在。l 阶贝塞尔-高斯光束的复振幅可表示为

$$\mathrm{BG}_l(r,\varphi,z)=A_l\mathrm{J}_l(k_r r)\exp(\mathrm{i}k_z z)\exp(\mathrm{i}l\varphi)\exp\left(-\frac{r^2}{\omega_0^2}\right) \tag{1.4.20}$$

式中，ω_0 为限制孔径尺寸。可以看出，与式（1.4.13）相比，式（1.4.20）仅仅多了实

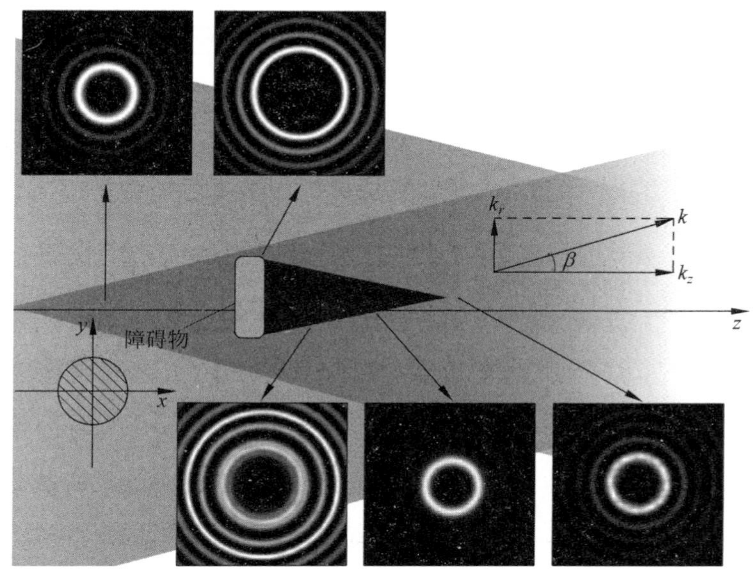

图 1.4.4　贝塞尔光束的自愈性
（请扫Ⅵ页二维码看彩图）

数项 $\exp(-r^2/\omega_0^2)$，表明贝塞尔-高斯光束具有与理想贝塞尔光束相同的相位结构，当 $l\neq 0$ 时，其包含的每一个光子均携带有轨道角动量 $l\hbar$。由式(1.4.20)可得，贝塞尔-高斯光束的光强 I_{BG} 为

$$I_{\mathrm{BG}}=|\mathrm{BG}_l|^2\propto \mathrm{J}_l^2(k_r r)\exp\left(-\frac{2r^2}{\omega_0^2}\right) \tag{1.4.21}$$

对于一束贝塞尔-高斯光束，k_r 和 ω_0 均为定值，由式(1.4.21)可知，其光强分布仅与 l 和 r 有关。此处采用函数

$$f_l(\varsigma)=\mathrm{J}_l^2(\varsigma)\exp(-2\varsigma^2/\omega_0) \tag{1.4.22}$$

来表征不同阶次贝塞尔-高斯光束的光强随径向坐标的变化，如图 1.4.5 所示。作为对比，图 1.4.6 给出了由函数 $g_l(\varsigma)=\mathrm{J}_l^2(\varsigma)$ 表征的不同阶次贝塞尔光束的光强随径向坐标的变化。可以看出，相比于 $g_l(\varsigma)$，引入 $\exp(-2\varsigma^2)$ 后，$f_l(\varsigma)$ 的收敛速度明显加快。图 1.4.7 为 $z=0$ 时阶次均为 5 的贝塞尔光束和贝塞尔-高斯光束的强度和相位分布，二者虽然相位完全相同，但很明显贝塞尔-高斯光束仅在中心的区域(虚线框)内具有光强，而贝塞尔光束的光场则无限延展。图 1.4.5～图 1.4.7 表明，贝塞尔-高斯光束是由 $\exp(-r^2/\omega_0^2)$ 限制后的贝塞尔光束，具有有限的横截面光场分布。

贝塞尔-高斯光束仅在有限的传播距离内存在，这与在全空间存在贝塞尔光束不同。产生这些差异的原因可通过干涉场来理解。在 1.4.2 节已经提到，贝塞尔光束由许多等振幅的、波矢方向与光轴呈 β 角的平面子波叠加而来，这些平面子波的波面均无限延展，没有孔径限制。而对于贝塞尔-高斯光束，虽也由这些平面子

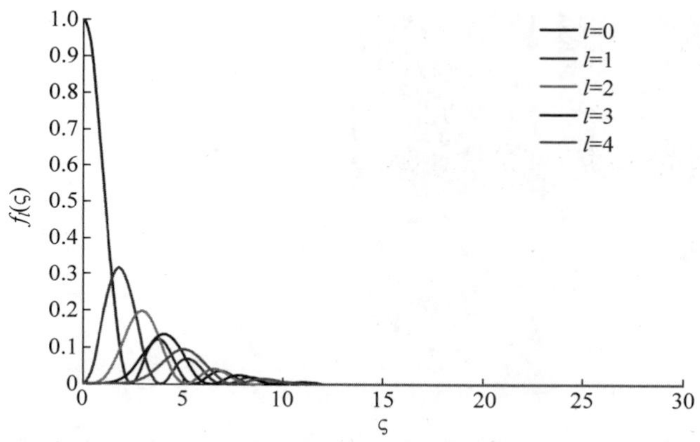

图 1.4.5　由函数 $f_l(\varsigma)$表征的不同阶次贝塞尔-高斯光束的光强随径向坐标的变化

（请扫Ⅵ页二维码看彩图）

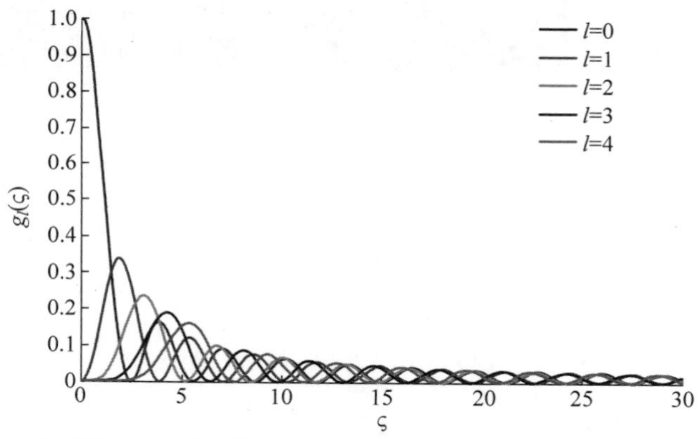

图 1.4.6　由函数 $g_l(\varsigma)$表征的不同阶次贝塞尔光束的光强随径向坐标的变化

（请扫Ⅵ页二维码看彩图）

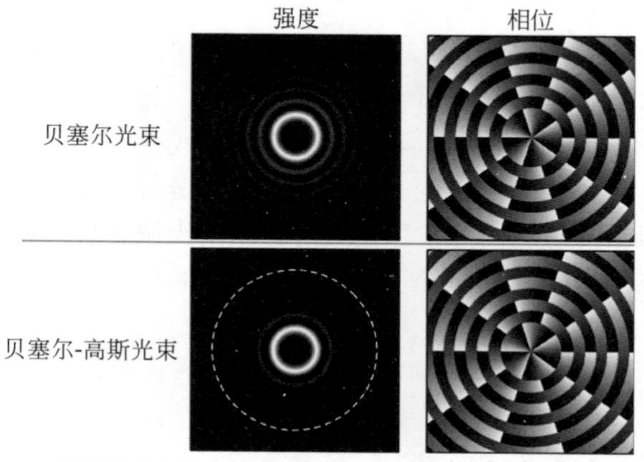

图 1.4.7　$z=0$ 时相同阶次的贝塞尔光束和贝塞尔-高斯光束的强度及相位分布

波叠加而来，但是这些平面子波有孔径限制，并不具有无限延展的波面。这使得贝塞尔-高斯光束的光场范围与孔径大小 ω_0 和衍射角 β 相关，经过简单的几何推导，可得贝塞尔-高斯光束的最大范围 $z_{\max}$ 为

$$z_{\max}=\omega_0\cot\beta \tag{1.4.23}$$

关于式(1.4.23)的详细讨论将在本书第 3 章进行。

参 考 文 献

[1] WANG J, YANG J Y, FAZAL I M, et al. Terabit free-space data transmission employing orbital angular momentum multiplexing[J]. Nature Photonics, 2012, 6(7): 488-496.

[2] LAVERY M, SPEIRITS F, BARNETT S M, et al. Detection of a spinning object using light's orbital angular momentum[J]. Science, 2013, 341(6145): 537-540.

[3] SIMPSON N B, DHOLAKIA K, ALLEN L, et al. Mechanical equivalence of spin and orbital angular momentum of light: an optical spanner[J]. Opt. Lett., 1997, 22(1): 52-54.

[4] GAO C, GAO M, WEBER H. Generation and application of twisted hollow beams[J]. Optik, 2004, 115(3): 129-132.

[5] MEIER M, ROMANO V, FEURER T. Material processing with pulsed radially and azimuthally polarized laser radiation[J]. Applied Physics A, 2007, 86(3): 329-334.

[6] TAMBURINI F, THIDÉ B, MOLINA G. Twisting of light around rotating black holes [J]. Nature Physics, 2011, 7(3): 195-197.

[7] NICOLAS A, VEISSIER L, GINER L, et al. A quantum memory for orbital angular momentum photonic qubits[J]. Nature Photonics, 2014, 8(3): 234-238.

[8] POYNTING J H. The wave motion of a revolving shaft, and a suggestion as to the angular momentum in a beam of circularly polarised light[J]. Proceedings of the Royal Society A, 1909, 82(557): 560-567.

[9] BETH R. Mechanical detection and measurement of the angular momentum of light[J]. Phys. Rev., 1936, 50: 115-125.

[10] JACKSON J D. Classical electrodynamics[M]. 3rd Ed. Hoboken: Wiley, 1962.

[11] ALLEN L, BEIJERSBERGEN M W, SPREEUW R J, et al. Orbital angular momentum of light and the transformation of Laguerre-Gaussian laser modes[J]. Physical Review A, 1992, 45(11): 8185.

[12] DURNIN J. Exact solutions for nondiffracting beams. I. The scalar theory[J]. Journal of the Optical Society of America A, 1987, 4: 651-654.

[13] GORI F, GUATTARI G, PADOVANI C. Bessel-Gauss beams[J]. Optics Communications, 1987, 64(6): 491-495.

第 2 章　标量衍射理论

衍射是指光在传播过程中由于受到空间限制而引起的偏离直线传播规律的一种普遍现象。在麦克斯韦电磁理论出现后，人们逐渐认识到光波是一种电磁波，光的衍射问题可以作为电磁场的边界问题来严格求解。然而，这种方法十分复杂，很难得出解析解，因此在实际应用中，一般采用标量衍射理论这一近似解法来分析衍射问题。标量衍射理论即只考虑电场分量，而不考虑电磁场的其他直角坐标分量，同时将电场分量当作标量来处理，通过基尔霍夫公式、瑞利-索末菲公式等来研究并解释光波场传播的物理过程。进而可以在已知空间中垂直于光轴方向的平面上的光场的前提下计算后续空间的光场。标量衍射理论是涡旋光束生成、探测技术等的基础，本章将对其作一简单的介绍与讨论。

2.1　惠更斯-菲涅尔原理

早在 1690 年，惠更斯就提出了一种假设来解释光的衍射问题，即光波前上的每一个面元都可以看作是一个次级扰动中心，它们能产生球面子波，同时后一时刻波前的位置是所有这些子波波前的包络面[1]。惠更斯的假设虽可以定性地讨论并解释简单光波在均匀各向同性介质中的传播以及简单形状物体的衍射问题，解释光的折反射定律，然而它是建立在假设的基础上的，缺乏理论依据与定量分析。

为了能够定量描述光的衍射现象，菲涅尔对惠更斯原理进行了重要补充，提出了惠更斯-菲涅尔原理，即波前上任何一个未受阻挡的面元，均可以看作一个子波源，并发射频率与入射光波相同的球面子波，在其后任一点的光振动，是所有子波叠加的结果[1]。惠更斯-菲涅尔原理引入了光的干涉叠加，可以看作是干涉叠加原理与惠更斯子波假设相结合的产物，使得定量描述并研究光的衍射问题成为可能。下面以球面波经孔径 Σ 衍射为例，来详细介绍惠更斯-菲涅尔原理。

如图 2.1.1 所示，其中，S 为单色点光源，且该点振幅为 E_0。O 点为孔径中心点，设光源与孔径中心点的距离 $|SO|$ 为 r_0，经过 O 点的波面为 Ω。根据球面波的相关理论，由光源 S 引起的波面 Ω 上的复振幅为

$$E_{\Omega}=\frac{E_0}{r_0}\exp(\mathrm{i}kr_0) \tag{2.1.1}$$

式中，k 为光波数。设波面 Ω 上未受孔径 Σ 遮挡部分的光波前为 Ω'，将划为一系列的小面元，其中位于任一点 M 处的面元设为 $\mathrm{d}\sigma$。设 P 为观察屏 X 上的任意一

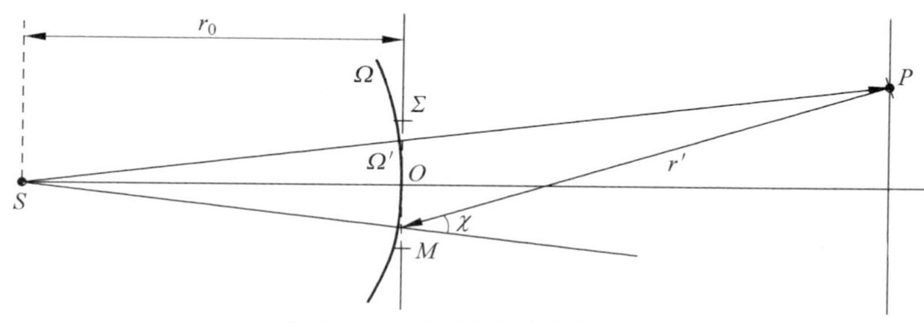

图 2.1.1　惠更斯-菲涅尔原理

点，并令$|MP|=r'$。则由惠更斯-菲涅尔原理可知，P 点的光波实际上是由Ω'上所有小面元发射的球面子波的相干叠加而来：

$$E_P=\iint_{\Omega'} E_M \mathrm{d}\sigma \tag{2.1.2}$$

式中，E_M 为任一点 M 发射的子波在 P 处的复振幅，可以写为

$$E_M=\frac{KD(\chi)E_{\Omega}\mathrm{d}\sigma}{r'}\exp(\mathrm{i}kr') \tag{2.1.3}$$

式(2.1.3)中，K 为一复系数，表示入射光波与子波间强度的关系。χ 为面元 $\mathrm{d}\sigma$ 的外法线方向与线段 MP 间的夹角，$D(\chi)$为方向因子，表征子波在不同方向上的强弱。将式(2.1.1)、式(2.1.3)代入式(2.1.2)，可得惠更斯-菲涅尔原理的基本公式：

$$E_P=\frac{KE_0}{r_0}\exp(\mathrm{i}kr_0)\iint_{\Omega'} D(\chi)\ \frac{\exp(\mathrm{i}kr')}{r'}\mathrm{d}\sigma \tag{2.1.4}$$

式中，选取的积分曲面为点光源 S 发出的球面波通过 O 点时未被遮挡的波面Ω'，此时对Ω'面上的任意子波源来说，K 为定值。实际上，在积分的过程中，亦可选孔径平面 Σ 作为积分面。此时，对于平面 Σ 上的不同子波源，由于 S 与Σ 面上任意点的距离不同引起入射光波的复振幅的不同，使得它们具有不同的子源强度和初始相位。类似地，若不使用点光源，而是采用可产生更复杂光波的光源，Σ 面上任意子波源间的复振幅分布也是不相同的。设平面 Σ 上子波源的复振幅分布为$E(\xi)$，其中 ξ 表征子波源在平面Σ 上的位置，则可根据式(2.1.4)得到更普遍的任意光波照射孔径 Σ 的情形：

$$E_P=K\iint_{\Sigma} D(\chi)E(\xi)\ \frac{\exp(\mathrm{i}kr')}{r'}\mathrm{d}\sigma \tag{2.1.5}$$

若采用平行光源取代点光源 S，以平面波的方式照射孔径 Σ，则平面 Σ 上的子波源具有各向同性的复振幅分布，即 $E(\xi)=E_C$。此时，式(2.1.5)可以简化为

$$E_P=KE_C\iint_{\Sigma} D(\chi)\ \frac{\exp(\mathrm{i}kr')}{r'}\mathrm{d}\sigma \tag{2.1.6}$$

由此可知，对于任意光波照射的情形，原则上均可采用式(2.1.5)来分析衍射问题。然而，上述理论中，由于复系数 K 和方向因子 $D(\chi)$不确定，在定量分析光的衍射问题上依旧存在局限性。

2.2 基尔霍夫衍射积分

2.2.1 基尔霍夫定律

为了解决惠更斯-菲涅尔原理的局限性，1882 年基尔霍夫从数学中的格林定律出发，推导出一个可严格求解衍射问题的公式[1,2]，即基尔霍夫定律。

设 $E(x,y,z)$ 为 $G(x,y,z)$ 两个具有空间变量的复函数，若 E 和 G 以及它们的一阶及二阶偏导数在封闭曲面 S 上及其所包围的空间体积 V 内均连续，如图 2.2.1 所示，则由格林定律[3]可得

$$\iiint\limits_V (G\,\nabla^2 E - E\,\nabla^2 G)\,\mathrm{d}V = \oiint\limits_S \left(G\,\frac{\partial E}{\partial n} - E\,\frac{\partial G}{\partial n}\right)\mathrm{d}\sigma \tag{2.2.1}$$

等式左边为对体积 V 的积分，等式右边为对封闭曲面 S 的曲面积分。$\boldsymbol{n}$ 为封闭曲面 S 上的外法线，$\mathrm{d}\sigma$ 为封闭曲面 S 上的有向面元，取外法向为正。

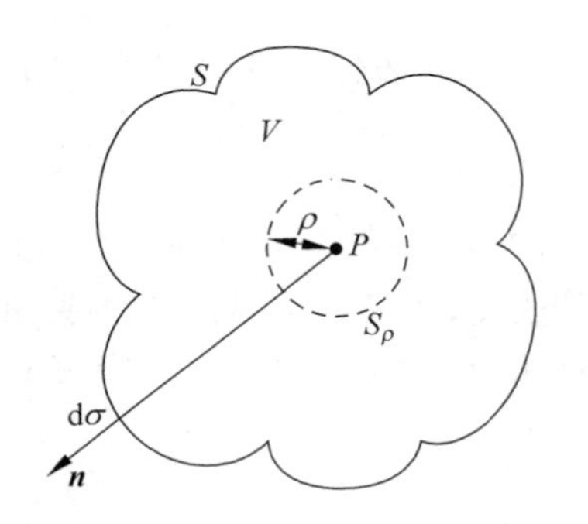

图 2.2.1 基尔霍夫定律的物理模型

在 1.2.1 节中已经提到，稳态条件下的电磁场均可由亥姆霍兹方程描述。若将复函数 $E(x,y,z)$ 当作光场的复振幅，同时选取适当的函数 $G(x,y,z)$，使得 E 和 G 均满足式(1.2.1)，则可利用式(2.2.1)将空间中任一点 P 的复振幅 E_P 用包围该点的任意封闭曲面上的复振幅分布 E 及其法向偏导数 $\partial_n E$ 求出。

基尔霍夫选取的函数 G 为

$$G = \frac{1}{r}\exp(\mathrm{i}kr) \tag{2.2.2}$$

式(2.2.2)表示封闭曲面 S 上的小面元 $\mathrm{d}\sigma$ 发射的球面子波，r 表示点 P 到小面元 $\mathrm{d}\sigma$ 的距离。对于 P 点，$r=0$，故 $G\to\infty$。因此，以 P 为圆心，ρ 为半径作球面 S_ρ 则在由球面 S 和 S_ρ 包围的体积 V 中，必然有

$$\iiint\limits_V (G\,\nabla^2 E - E\,\nabla^2 G)\,\mathrm{d}V = \oiint\limits_{S+S_\rho} \left(G\,\frac{\partial E}{\partial n} - E\,\frac{\partial G}{\partial n}\right)\mathrm{d}\sigma \tag{2.2.3}$$

由于 E 和 G 均满足亥姆霍兹方程(1.2.1)：

$$\nabla^2 E + k^2 E = 0 \tag{2.2.4}$$

$$\nabla^2 G + k^2 G = 0 \tag{2.2.5}$$

将式(2.2.4)和式(2.2.5)代入式(2.2.3)中，得

$$\oiint\limits_{S+S_\rho} \left(G\,\frac{\partial E}{\partial n} - E\,\frac{\partial G}{\partial n}\right)\mathrm{d}\sigma = \iiint\limits_V (-Gk^2 E + Ek^2 G)\,\mathrm{d}V = 0 \tag{2.2.6}$$

因此，有

$$\oiint_{S_\rho}\left(G\frac{\partial E}{\partial n}-E\frac{\partial G}{\partial n}\right)\mathrm{d}\sigma=-\oiint_{S}\left(G\frac{\partial E}{\partial n}-E\frac{\partial G}{\partial n}\right)\mathrm{d}\sigma \tag{2.2.7}$$

对于球面 S_ρ，其外法线方向指向球心 P，即与 P 点到 S_ρ 上任一点的矢径指向相反，且有 $r\equiv\rho$，故可得

$$\frac{\partial G}{\partial n}=-\frac{\partial G}{\partial r}=\left(\frac{1}{r}-\mathrm{i}k\right)\frac{\exp(\mathrm{i}kr)}{r}=\left(\frac{1}{\rho}-\mathrm{i}k\right)\frac{\exp(\mathrm{i}k\rho)}{\rho} \tag{2.2.8}$$

由于复振幅 E 和其一阶偏导数在 P 点连续，故对于 P 点来说，它们均为常量。当 $\rho\to0$，式(2.2.7)左边为

$$\begin{aligned}\lim_{\rho\to0}\oiint_{S_\rho}\left(G\frac{\partial E}{\partial n}-E\frac{\partial G}{\partial n}\right)\mathrm{d}\sigma&=\lim_{\rho\to0}\left[4\pi\rho\exp(\mathrm{i}k\rho)\left.\frac{\partial E}{\partial n}\right|_P-4\pi\rho\exp(\mathrm{i}k\rho)E_P\left(\frac{1}{\rho}-\mathrm{i}k\right)\right]\\&=-4\pi E_P\end{aligned} \tag{2.2.9}$$

式(2.2.7)右边为

$$\lim_{\rho\to0}\left[-\oiint_{S}\left(G\frac{\partial E}{\partial n}-E\frac{\partial G}{\partial n}\right)\mathrm{d}\sigma\right]=-\oiint_{S}\left\{\frac{\exp(\mathrm{i}kr)}{r}\frac{\partial E}{\partial n}-E\frac{\partial}{\partial n}\left[\frac{\exp(\mathrm{i}kr)}{r}\right]\right\}\mathrm{d}\sigma \tag{2.2.10}$$

将式(2.2.9)和式(2.2.10)代入式(2.2.7)，可得基尔霍夫定律：

$$E_P=\frac{1}{4\pi}\oiint_{S}\left\{\frac{\exp(\mathrm{i}kr)}{r}\frac{\partial E}{\partial n}-E\frac{\partial}{\partial n}\left[\frac{\exp(\mathrm{i}kr)}{r}\right]\right\}\mathrm{d}\sigma \tag{2.2.11}$$

基尔霍夫定律表明，空间任意点 P 的复振幅 E_P，可由包围 P 点的封闭曲面 S 上的所有点的复振幅 E 以及它们沿着外法线方向 n 的偏微分 $\partial_n E$ 来求出。

2.2.2　基尔霍夫衍射积分公式

式(2.2.11)虽然已经给出了衍射问题中空间任意点的复振幅计算方法，然而，利用式(2.2.11)以分析衍射问题仍具有一定的困难。下面将继续化简式(2.2.11)，以获得更加便于计算的积分形式。

首先建立如图 2.2.2 所示的物理模型：空间中存在一无穷大的不透光屏 Σ_1，其具有一透光孔 Σ，采用点光源 S 照射。令孔 Σ 的线度远大于光波长，但远小于孔 Σ 距考察点 P 的距离 r。根据 2.2.1 节介绍的基尔霍夫定律，选取一个由孔 Σ、屏 Σ_1 的右侧以及一个以点 P 为球心，半径 R 趋于无穷大的球面 Σ_2 构成的闭合曲面 S，则式(2.2.11)可写为

$$E_P=\frac{1}{4\pi}\oiint_{\Sigma+\Sigma_1+\Sigma_2}\left(G\frac{\partial E}{\partial n}-E\frac{\partial G}{\partial n}\right)\mathrm{d}\sigma \tag{2.2.12}$$

式中，G 由式(2.2.2)表示。基尔霍夫边界条件如下：

(1) 在孔 Σ 处，电场 E 及其法向偏微分 $\partial E/\partial n$ 由入射波的性质决定，完全不受屏 Σ_1 的影响；

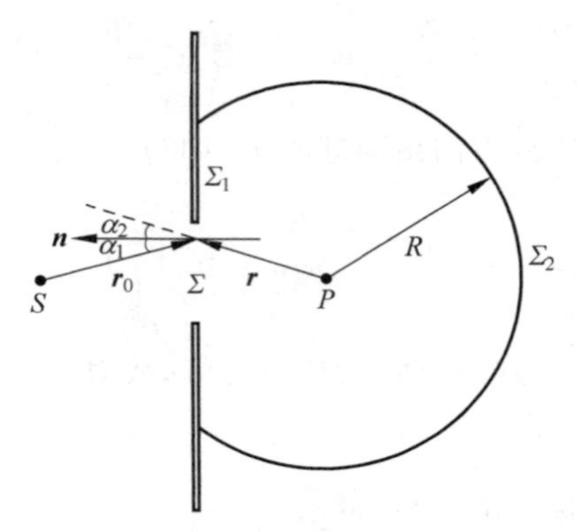

图 2.2.2　点光源照明空间孔 Σ 的衍射模型

(2) 在屏 Σ_1 的右侧，E 及 $\partial E/\partial n$ 恒为零，完全不受孔 Σ 的影响。

由(1)和(2)可知，

$$\iint_{\Sigma_1}\left(G\frac{\partial E}{\partial n}-E\frac{\partial G}{\partial n}\right)\mathrm{d}\sigma=0 \tag{2.2.13}$$

对于球面 Σ_2，由于其以点 P 为球心，且 $R\to\infty$，在球面上必然有

$$G=\frac{1}{R}\exp(\mathrm{i}kR) \tag{2.2.14}$$

$$\frac{\partial G}{\partial n}=\frac{\partial G}{\partial n}\left[\frac{\exp(\mathrm{i}kr)}{r}\right]\bigg|_{r=R}=\left(\mathrm{i}k-\frac{1}{R}\right)G=\mathrm{i}kG \tag{2.2.15}$$

因此，式(2.2.12)在球面上 Σ_2 的积分为

$$\iint_{\Sigma_2}\left(G\frac{\partial E}{\partial n}-E\frac{\partial G}{\partial n}\right)\mathrm{d}\sigma=\iint_{\Omega}GR\left(\frac{\partial E}{\partial n}-\mathrm{i}kE\right)R\,\mathrm{d}\Omega=\iint_{\Omega}\exp(\mathrm{i}kR)\left(\frac{\partial E}{\partial n}-\mathrm{i}kE\right)R\,\mathrm{d}\Omega \tag{2.2.16}$$

式中，Ω 为球面 Σ_2 对点 P 的立体角。当 $R\to\infty$ 时，由于任意照明均可视为点光源照明的叠加，而对于点光源照明情况，必然满足：

$$\lim_{R\to\infty}R\left(\frac{\partial E}{\partial n}-\mathrm{i}kE\right)=0 \tag{2.2.17}$$

式(2.2.17)也称为索末菲辐射条件，它在线性光学问题中恒成立。此时，式(2.2.16)等于零。将式(2.2.13)和式(2.2.16)代入式(2.2.12)，可得

$$E_P=\frac{1}{4\pi}\oint\!\!\oint_{\Sigma}\left(G\frac{\partial E}{\partial n}-E\frac{\partial G}{\partial n}\right)\mathrm{d}\sigma \tag{2.2.18}$$

式(2.2.18)表明，当光波透过空间中无限大的不透光屏上的孔 Σ 时，屏后任一点的复振幅 E_P 可由孔 Σ 上的光波的复振幅求出。当 $r\gg\lambda$ 时，必有 $k\gg r^{-1}$，由式(2.2.2)可知：

$$\frac{\partial G}{\partial n}=\cos\langle\boldsymbol{n},\boldsymbol{r}\rangle\frac{\partial G}{\partial r}=\cos\alpha_2\cdot\mathrm{i}kG \tag{2.2.19}$$

设光源 S 处的振幅为 A，S 点到孔 Σ 的距离为 r_0，则孔 Σ 处的复振幅分布 E_Σ 及其法向方向偏微分为

$$E_\Sigma = \frac{A}{r_0}\exp(\mathrm{i}kr_0) \tag{2.2.20}$$

$$\frac{\partial E_\Sigma}{\partial n} = \cos\langle \boldsymbol{n}, \boldsymbol{r}_0 \rangle \frac{\partial E_\Sigma}{\partial r_0} = -\cos\alpha_1 \cdot \mathrm{i}kE_\Sigma \tag{2.2.21}$$

将式(2.2.2)、式(2.2.19)、式(2.2.20)和式(2.2.21)代入式(2.2.18)，得

$$E_P = \frac{1}{\mathrm{i}\lambda}\iint_\Sigma E_\Sigma \frac{\exp(\mathrm{i}kr)}{r} \frac{\cos\alpha_1 + \cos\alpha_2}{2}\mathrm{d}\sigma \tag{2.2.22}$$

式(2.2.22)即基尔霍夫衍射积分公式。

式(2.2.22)给出的是点光源 S 发出的球面波照射孔 Σ 的情形，但由于在推导的过程中，未对孔 Σ 处的复振幅分布 E_Σ 作任何限制，因此，当不同形式的光源对孔进行照射时，其后任一点的复振幅分布均可通过式(2.2.22)算出。对于波矢方向平行于光轴(垂直于屏 Σ_1)的平面波入射的情形，由于其可视为点源在光轴负向无穷远处所发出的球面波，故 $\cos\alpha_1 = 0$，因此得到具有平面波照射下的基尔霍夫衍射积分公式如下：

$$E_P = \frac{1}{\mathrm{i}\lambda}\iint_\Sigma E_\Sigma \frac{\exp(\mathrm{i}kr)}{r} \frac{1 + \cos\alpha_2}{2}\mathrm{d}\sigma \tag{2.2.23}$$

基尔霍夫衍射积分公式使得可以在光传输过程中，用某一空间平面上的复振幅来计算在传输方向上任一空间位置的复振幅。对比式(2.1.5)和式(2.2.22)不难发现，基尔霍夫衍射积分公式与惠更斯-菲涅尔原理的衍射计算公式具有相同的表达形式。然而，基尔霍夫衍射积分公式是建立在坚实的数理基础之上的，给出了各个参数的具体形式和物理意义，这与建立在假设基础上的惠更斯-菲涅尔原理不同。

2.2.3 瑞利-索末菲衍射积分公式

基尔霍夫衍射积分公式虽然可以很好地计算衍射光场，但是其边界条件具有很明显的不自洽性。其主要表现于，认为不透明屏的后面，复振幅分布 E 及其法向偏导数 $\partial E/\partial n$ 均为零。然而，对于三维波动方程，如果一个解在任意无限小的面上的光场复振幅和其法向偏导数为零，那么这个解在全空间为零，这与边界条件是矛盾的。同时，当观察点 P 靠近孔 Σ 时，应用式(2.2.22)也无法得出在推导公式时假设的复振幅。为了修复这一不自洽性，索末菲选择了不同于基尔霍夫的函数 G[2,4]：

$$G = \frac{1}{r}\exp(\mathrm{i}kr) - \frac{1}{r'}\exp(\mathrm{i}kr') \tag{2.2.24}$$

式中，r 为观察点 P 到空间任一点的距离，r' 为以无限大屏为镜，观察点 P 的虚像 P' 到空间中任一点的距离。将式(2.2.24)代入式(2.2.3)，得瑞利-索末菲衍射积分

分公式为

$$E_P=\frac{1}{\mathrm{i}\lambda}\iint_{\Sigma}E_{\Sigma}\ \frac{\exp(\mathrm{i}kr)}{r}\cos\alpha_2\mathrm{d}\sigma \tag{2.2.25}$$

通过对比式(2.2.22)和式(2.2.25)可以看出，基尔霍夫衍射积分公式和瑞利-索末菲衍射积分公式的唯一差别为积分号中的方向因子项 $K(\theta)$不同，对于基尔霍夫衍射积分公式有

$$K(\theta)=\frac{1}{2}(\cos\alpha_1+\cos\alpha_2) \tag{2.2.26}$$

对于瑞利-索末菲衍射积分公式有

$$K(\theta)=\cos\alpha_2 \tag{2.2.27}$$

通常，将衍射积分公式统一写为

$$E_P=\frac{1}{\mathrm{i}\lambda}\iint_{\Sigma}E_{\Sigma}\ \frac{\exp(\mathrm{i}kr)}{r}K(\theta)\mathrm{d}\sigma \tag{2.2.28}$$

对于实际应用中的大多数情况，基尔霍夫衍射积分的两个边界条件事实上是成立的。只有当孔的线度是波长量级，或者考察点距屏足够近时，边界条件才不成立。因此，基尔霍夫衍射积分公式和瑞利-索末菲衍射积分公式均能很好地描述光波的衍射。

2.2.4　衍射积分公式的普适形式

在实际的衍射问题中，当衍射孔径的线度远远小于衍射孔径平面到观察屏的距离，且光源和考察孔的有效面积对孔径中心的张角很小时，$\cos\alpha_1=\cos\alpha_2=0$。因此 $K(\theta)=0$，代入式(2.2.28)，得到傍轴近似下的衍射积分公式：

$$E_P=\frac{1}{\mathrm{i}\lambda}\iint_{\Sigma}E_{\Sigma}\ \frac{\exp(\mathrm{i}kr)}{r}\mathrm{d}\sigma \tag{2.2.29}$$

由式(2.2.29)可以看出，傍轴近似条件下，基尔霍夫衍射积分公式和瑞利-索末菲衍射积分公式具有相同的表达形式。对于实际的衍射系统，为了使式(2.2.29)更具有普遍性，需规定统一的坐标系。定义衍射孔径平面直角坐标为(u,v)，接收平面直角坐标为(x,y)，衍射孔径平面与接收平面距离为 d，照射至衍射孔径平面的光波复振幅为 $E_0(x,y)$，设衍射孔径透过率函数为 $T(x,y)$，如图 2.2.3 所示，可得

$$r=\sqrt{(x-u)^2+(y-v)^2+d^2} \tag{2.2.30}$$

将式(2.2.30)代入式(2.2.29)，可得直角坐标系下，任意光波照射、任意孔径条件下的衍射积分公式为

$$E_P(x,y)=\frac{1}{\mathrm{i}\lambda}\iint_{\infty}E_0(u,v)T(u,v)\ \frac{\exp(\mathrm{i}k\cdot\sqrt{(x-u)^2+(y-v)^2+d^2})}{\sqrt{(x-u)^2+(y-v)^2+d^2}}\mathrm{d}u\mathrm{d}v \tag{2.2.31}$$

当观察点 P 与衍射孔径距离不足够小时，可利用式(2.2.31)计算衍射平面后任一点光场的复振幅分布。

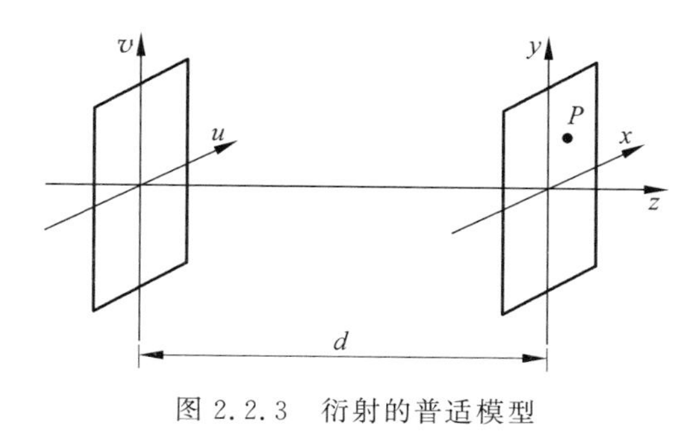

图 2.2.3　衍射的普适模型

2.3 角谱理论

2.3.1 角谱的概念

对于复杂波照射衍射孔径的情形，可采用与基尔霍夫衍射理论稍微不同的理论框架处理衍射问题，该理论即角谱理论。

考察任意复杂光波场 $E(x,y,z)$ 在 xy 平面上的傅里叶变换与傅里叶逆变换，可得

$$a(f_x,f_y,z)=\iint_{\infty}E(x,y,z)\exp[-2\pi\mathrm{i}(xf_x+yf_y)]\,\mathrm{d}x\mathrm{d}y \tag{2.3.1}$$

$$E(x,y,z)=\iint_{\infty}a(f_x,f_y,z)\exp[2\pi\mathrm{i}(xf_x+yf_y)]\,\mathrm{d}f_x\mathrm{d}f_y \tag{2.3.2}$$

由式(2.3.1)可知，空间频谱 $a(f_x,f_y,z)$ 可看作 xy 平面上空间频率为 (f_x,f_y) 的平面波成分的复振幅密度，且空间频率 (f_x,f_y) 决定了 $a(f_x,f_y,z)$ 的传播方向。若令平面波波矢的方向余弦为 $(\cos\alpha,\cos\beta,\cos\gamma)$，则必有

$$\begin{cases} f_x=\dfrac{\cos\alpha}{\lambda} \\ f_y=\dfrac{\cos\beta}{\lambda} \\ f_z=\dfrac{\cos\gamma}{\lambda} \end{cases} \tag{2.3.3}$$

因此，空间频谱 $a(f_x,f_y,z)$ 可通过平面波方向余弦表示为 $a(\cos\alpha/\lambda,\cos\beta/\lambda,z)$，称为复杂光波场 $E(x,y,z)$ 在 xy 平面上的角谱。

2.3.2 角谱的传播

由式(2.3.2)可知，光波 $E(x,y,z)$ 在 xy 平面上的光场可看作是不同传播方

向的平面波 $\exp[2\pi i(xf_x+yf_y)]$的叠加。由于平面波在自由空间的传播过程中，不改变波面的形状，只会产生一个与传播距离相关的相位移，因此可根据 $z=0$ 处 xy 平面内的空间频谱 $a(f_x,f_y,0)$，求出 $z=d$ 处的 xy 平面的空间频谱 $a(f_x,f_y,d)$。由式(2.3.2)，令 $z=0$，得 $z=0$ 处光波场 $E(x,y,0)$为

$$E(x,y,0)=\iint_{\infty} a(f_x,f_y,0)\exp[2\pi i(xf_x+yf_y)]\mathrm{d}f_x\mathrm{d}f_y \tag{2.3.4}$$

由平面波的传输方程，可知任意位置 z 处 xy 平面内的光波场 $E(x,y,z)$可分别表示为

$$E(x,y,z)=\iint_{\infty} a(f_x,f_y,0)\exp[2\pi i(xf_x+yf_y)]\exp(2\pi i z f_z)\mathrm{d}f_x\mathrm{d}f_y \tag{2.3.5}$$

由于式(2.3.5)亦可表示为式(2.3.2)的形式，通过对比式(2.3.2)和式(2.3.5)，不难发现：

$$a(f_x,f_y,z)=a(f_x,f_y,0)\exp(2\pi i z f_z) \tag{2.3.6}$$

由式(2.3.3)可知：

$$\lambda^2(f_x^2+f_y^2+f_z^2)=1 \tag{2.3.7}$$

因此，必然有

$$f_z=\frac{1}{\lambda}\sqrt{1-\lambda^2 f_x^2-\lambda^2 f_y^2} \tag{2.3.8}$$

代入式(2.3.6)，并令 $z=d$，得

$$H_A(x,y)=\frac{a(f_x,f_y,z)}{a(f_x,f_y,0)}=\exp(ikd\sqrt{1-\lambda^2 f_x^2-\lambda^2 f_y^2}) \tag{2.3.9}$$

式中，$H_A(x,y)$称为角谱传递函数，与输入函数无关，表明衍射问题实际上是光场通过一个线性空间不变系统的变换过程。从式(2.3.9)中不难理解，只有满足 $1-\lambda^2 f_x^2-\lambda^2 f_y^2>0$ 的角谱分量才能到达接收屏。$1-\lambda^2 f_x^2-\lambda^2 f_y^2<0$ 的角谱分量是以倏逝波的形式存在的，其光波场随着 d 的增大以指数规律衰减，并且光波只存在于邻近衍射屏的一个非常薄的区域。因此，光波在自由空间中的传播过程，在频域上等效于通过一半径为 $1/\lambda$ 的理想低通滤波器。

由式(2.3.4)至式(2.3.9)的推导可得，角谱理论的实质是光场的傅里叶分解和综合的过程。同时，这些推导也给出了由已知平面光场复振幅分布 $E_0(x,y)$，计算距离初始平面为 d 的平面的光场复振幅分布 $E_d(x,y)$的方法，即首先通过初始平面处光场的傅里叶变换，得到初始光场的频谱 $a_0(f_x,f_y)$，而后使初始频谱乘以角谱传递函数 $H_A(x,y)$来得到接收平面的频谱 $a_d(f_x,f_y)$，最后将 $a_d(f_x,f_y)$进行傅里叶逆变换得到经距离 d 传播的光波场 $E_d(x,y)$。该过程可表示为

$$E_d(x,y)=\mathscr{F}^{-1}\{\mathscr{F}[E_0(x,y)]\cdot H_A(f_x,f_y)\} \tag{2.3.10}$$

式中，$\mathscr{F}(\ )$和 $\mathscr{F}^{-1}(\ )$分别表示傅里叶变换和傅里叶逆变换。式(2.3.10)即通过角谱理论解决衍射问题的计算公式。由于其将繁琐的积分运算转换成傅里叶变换的

运算，而快速傅里叶变换又可将傅里叶变换离散化处理来实现，因此式(2.3.10)对于计算机分析衍射光场具有重要的意义。

2.4　菲涅尔衍射

2.4.1　菲涅尔近似

在 2.2.4 节，我们已经推导了衍射积分的普适形式，然而，对于实际衍射问题的分析，式(2.2.31)中积分号里的分式项仍比较复杂，因此需要作进一步的化简。

对于图 2.2.3 所示的衍射模型，在傍轴近似条件下满足：

$$\begin{cases} d \gg u \\ d \gg v \\ d \gg x \\ d \gg y \end{cases} \tag{2.4.1}$$

因此，可对式(2.2.30)作二项式展开：

$$\begin{aligned} r &= \sqrt{(x-u)^2+(y-v)^2+d^2} \\ &= d + \frac{(x-u)^2+(y-v)^2}{2d} - \frac{[(x-u)^2+(y-v)^2]^2}{8d^3} + \cdots \end{aligned} \tag{2.4.2}$$

对于分式项中的分母，由于傍轴近似下式(2.4.2)第二项及以后的项可忽略不计，因此可直接由 $r=d$ 来代替。对于分子，由于波长 λ 一般是微米量级，使得波数 k 为 10^6 量级，因此式(2.4.2)第二项乘以 k 后并不能忽略不计。考虑到式(2.4.2)中，右端各项依次递减，因此规定，当式(2.4.2)右端第三项引入的相位误差小于 $\pi/2$ 时，即

$$d^3 \geqslant \frac{1}{2\lambda}[(x-u)^2+(y-v)^2]^2 \tag{2.4.3}$$

复指数因子中的 r 可由式(2.4.2)前两项来代替，这一近似即菲涅尔近似。满足菲涅尔近似条件的衍射称为菲涅尔衍射。满足式(2.4.2)的区域称为菲涅尔衍射区，菲涅尔衍射可在菲涅尔衍射区中直接观测到。在菲涅尔近似条件下，分子和分母分别由式(2.4.2)的前两项和第一项来代替，此时式(2.2.31)化简为

$$E(x,y) = \frac{\exp(\mathrm{i}kd)}{\mathrm{i}\lambda d}\iint_{\infty} E(u,v)\exp\left\{\frac{\mathrm{i}k}{2d}[(x-u)^2+(y-v)^2]\right\}\mathrm{d}u\,\mathrm{d}v \tag{2.4.4}$$

即菲涅尔衍射积分公式。

2.4.2　菲涅尔衍射传递函数

在 2.4.1 节，已经通过菲涅尔近似条件，对衍射积分公式进行了化简，得到了

如式(2.4.4)所示的菲涅尔衍射积分公式。然而,式(2.4.4)对于数值模拟等衍射分析方法来说,仍较为复杂。本节将对式(2.4.4)作进一步化简,力求得到类似于角谱理论的衍射计算形式。

首先将式(2.4.4)中积分号内的指数项展开,得

$$E(x,y)=\frac{\exp(\mathrm{i}kd)}{\mathrm{i}\lambda d}\exp\left[\frac{\mathrm{i}k}{2d}(x^2+y^2)\right]\cdot \iint_{\infty} E(u,v)\exp\left[\frac{\mathrm{i}k}{2d}(u^2+v^2)\right]\exp\left[-\frac{\mathrm{i}k}{d}(xu+yv)\right]\mathrm{d}u\,\mathrm{d}v \tag{2.4.5}$$

定义脉冲响应:

$$h(x,y)=\frac{\exp(\mathrm{i}kd)}{\mathrm{i}\lambda d}\exp\left[\frac{\mathrm{i}k}{2d}(x^2+y^2)\right] \tag{2.4.6}$$

并令初始光场为 $E_0(x,y)$,距离初始平面为 d 的平面的光场复振幅分布为 $E_d(x,y)$,结合式(2.4.6),则式(2.4.5)可表示为

$$E_d(x,y)=E_0(x,y)*h(x,y) \tag{2.4.7}$$

式中,$*$ 表示卷积。由卷积定理可得

$$\mathscr{F}[E_d(x,y)]=\mathscr{F}[E_0(x,y)]\cdot\mathscr{F}[h(x,y)] \tag{2.4.8}$$

对式(2.4.6)所定义的脉冲响应进行傅里叶变换,得到菲涅尔传递函数 $H_F(f_x,f_y)$ 如下:

$$H_F(f_x,f_y)=\mathscr{F}[h(x,y)]=\exp\left\{\mathrm{i}kd\left[1-\frac{\lambda^2}{2}(f_x^2+f_y^2)\right]\right\} \tag{2.4.9}$$

因此,式(2.4.8)可改写为

$$E_d(x,y)=\mathscr{F}^{-1}\{\mathscr{F}[E_0(x,y)]\cdot H_F(f_x,f_y)\} \tag{2.4.10}$$

由此得到了与角谱理论式(2.3.10)非常相似的衍射计算形式,即可通过计算初始平面光场的频谱,而后乘以传递函数得到接收面的频谱,最后进行傅里叶逆变换得到接收面的光场。式(2.4.10)与角谱理论的唯一不同之处在于传递函数的不同。

下面讨论角谱传递函数 $H_A(x,y)$ 与菲涅尔传递函数 $H_F(f_x,f_y)$ 的差异。将式(2.3.9)所示的角谱传递函数进行泰勒展开得

$$\begin{aligned}H_A(x,y)&=\exp(\mathrm{i}kd\sqrt{1-\lambda^2f_x^2-\lambda^2f_y^2})\\&=\exp\left[\mathrm{i}kd\left(1-\frac{1}{2}\lambda^2(f_x^2+f_y^2)+\frac{1}{8}\lambda^4(f_x^2+f_y^2)^2+\cdots\right)\right]\end{aligned} \tag{2.4.11}$$

若仅保留展开式中的前两项,得

$$H_A(f_x,f_y)\approx\exp\left\{\mathrm{i}kd\left[1-\frac{\lambda^2}{2}(f_x^2+f_y^2)\right]\right\}=H_F(f_x,f_y) \tag{2.4.12}$$

这表明菲涅尔衍射在频域中的表述实际上是角谱理论对衍射描述的一种近似。

2.4.3 菲涅尔衍射变换

在许多应用中,尤其是光束整形[5]、涡旋光束畸变补偿[6]等技术中,需要进行

衍射的逆运算,即通过接收面的光场来计算初始平面的光场。本节将给出菲涅尔衍射变换的概念,使得衍射运算和衍射逆运算均可实现。

由式(2.4.10)可知:

$$\mathscr{F}[E_d(x,y)]=\mathscr{F}[E_0(x,y)]\cdot H_F(f_x,f_y) \tag{2.4.13}$$

因此,

$$\mathscr{F}[E_0(x,y)]=\frac{\mathscr{F}[E_d(x,y)]}{H_F(f_x,f_y)}=\mathscr{F}[E_d(x,y)]\cdot H_F^*(f_x,f_y) \tag{2.4.14}$$

式(2.4.14)表明,初始光场的频谱可由观察平面光场的频谱乘以菲涅尔传递函数的复共轭得到,将式(2.4.9)代入式(2.4.14)得

$$E_0(x,y)=\mathscr{F}^{-1}\left\{\mathscr{F}[E_d(x,y)]\cdot \exp\left\{-\mathrm{i}kd\left[1-\frac{\lambda^2}{2}(f_x^2+f_y^2)\right]\right\}\right\} \tag{2.4.15}$$

由卷积定理得

$$E_0(x,y)=E_d(x,y)*\left\{\frac{\exp(-\mathrm{i}kd)}{-\mathrm{i}\lambda d}\exp\left[-\frac{\mathrm{i}k}{2d}(x^2+y^2)\right]\right\} \tag{2.4.16}$$

若令初始光场 $E_0(x,y)$ 为 $E(u,v)$,距离初始平面为 d 的平面的光场复振幅分布 $E_d(x,y)$ 为 $E(x,y)$,则式(2.4.15)可写为

$$E(u,v)=\frac{\exp(-\mathrm{i}kd)}{-\mathrm{i}\lambda d}\iint_{\infty}E(x,y)\exp\left\{-\frac{\mathrm{i}k}{2d}[(u-x)^2+(v-y)^2]\right\}\mathrm{d}x\mathrm{d}y \tag{2.4.17}$$

此即菲涅尔逆衍射积分公式。不难发现,式(2.4.17)与式(2.4.4)表示的菲涅尔衍射积分公式具有十分对称的形式。利用式(2.4.4)可以由初始平面光场来计算观察平面光场,而利用式(2.4.17)可以由观察平面光场来计算初始平面光场。定义式(2.4.4)的频谱计算形式(式(2.4.10))为菲涅尔衍射变换,记作 $F_{(d)}(\ )$;定义式(2.4.17)的频谱计算形式(式(2.4.15))为菲涅尔衍射逆变换,记作 $F_{(d)}^{-1}(\ )$。此时可将式(2.4.4)和式(2.4.17)以菲涅尔衍射变换的形式简单地表示为

$$E_d(x,y)=F_{(d)}[E_0(x,y)]=\mathscr{F}^{-1}\{\mathscr{F}[E_0(x,y)]\cdot H_F(f_x,f_y)\} \tag{2.4.18}$$

$$E_0(x,y)=F_{(d)}^{-1}[E_d(x,y)]=\mathscr{F}^{-1}\{\mathscr{F}[E_d(x,y)]\cdot H_F^*(f_x,f_y)\} \tag{2.4.19}$$

即 $E_0(x,y)$ 和 $E_d(x,y)$ 互为菲涅尔衍射变换对。菲涅尔衍射变换和菲涅尔衍射逆变换具有相似的计算方法,它们的传递函数互为复共轭。菲涅尔衍射变换表明,在菲涅尔传递函数已知的情况下,若已知初始平面的光场,则必然可以算得观察平面的光场,若已知观察平面的光场,则必然可以算得初始平面的光场。

2.5 夫琅禾费衍射

2.5.1 夫琅禾费近似

2.4 节已经指出，通过适当的近似手段，可获得较为简单的衍射积分形式。现在考虑一种更极端的情况，即在 2.4 节菲涅尔近似的基础上，继续增大观察平面与初始衍射孔径平面的距离 d，则在观察平面上的衍射光斑将随之变大。不难理解此时式(2.4.1)依旧满足，同时，观察平面上衍射光斑坐标(x,y)的最大值必然远大于初始衍射孔径平面上光斑坐标(u,v)的最大值。若满足：

$$\frac{k}{2d}(u^2+v^2)\leqslant\frac{\pi}{2} \tag{2.5.1}$$

即当 d 超过某一值，使得衍射孔径平面坐标的平方和项引入的相位误差小于 $\pi/2$ 时，式(2.4.2)中第二项的分子上的(u^2+v^2)项可省略，此时式(2.4.2)可近似为

$$r\approx d+\frac{x^2+y^2}{2d}-\frac{xu+yv}{d} \tag{2.5.2}$$

式(2.5.2)的这种近似称为夫琅禾费近似。满足夫琅禾费近似条件的衍射称为夫琅禾费衍射。对式(2.5.1)作一定的整理变形，可得

$$d\geqslant\frac{2}{\lambda}(u^2+v^2) \tag{2.5.3}$$

即满足式(2.5.3)的衍射观察区域称为夫琅禾费衍射区。在夫琅禾费近似式(2.5.2)下，式(2.2.31)可化简为

$$E(x,y)=\frac{\exp(\mathrm{i}kd)}{\mathrm{i}\lambda d}\exp\left[\frac{\mathrm{i}k}{2d}(x^2+y^2)\right]\iint_{\infty}E(u,v)\exp\left[-\frac{\mathrm{i}k}{d}(xu+yv)\right]\mathrm{d}u\,\mathrm{d}v \tag{2.5.4}$$

式(2.5.4)即夫琅禾费衍射积分公式。该公式表明，夫琅禾费衍射区中，衍射场 $E(x,y)$可以简单地表示为初始光场 $E(u,v)$的傅里叶变换。在实际的衍射观察中，我们观察到的无穷远位置处的远场衍射即为夫琅禾费衍射。

2.5.2 夫琅禾费衍射的观察方法

2.5.1 节已经提到，若想观察夫琅禾费衍射，必须将观察屏置于夫琅禾费衍射区中。例如，当通信波段波长为 1.55 μm 的近红外激光，通过孔径大小为 3 mm 的透光孔时，根据式(2.5.3)，需要距衍射孔径 11.61 m 以外的位置才能观察到夫琅禾费衍射。另外，由夫琅禾费近似的过程不难得出，理论上只有在距离初始衍射平面无穷远的位置上，才能观察到准确的夫琅禾费衍射。

为了能够在有限距离内观察到准确的夫琅禾费衍射，可通过引入薄透镜的方式。按照波动光学的观点，薄透镜只是一个相位变换元件，可对入射光波波前上

的不同环带产生不同的相位延迟。在衍射光场中放置一薄透镜，透镜后的光场可看作入射光场经透镜这一光学器件后的衍射。因此，若要研究薄透镜对衍射光场的作用，首先需获得薄透镜的透过率函数 $T_l(x,y)$。由于薄透镜本身只改变入射光场的相位，而不改变其他信息，故可通过最简单的光场入射形式，来分析并获得适用于所有不同形式入射光场的 $T_l(x,y)$。这里我们采用最简单的平面波正入射的情形来推导 $T_l(x,y)$。

如图 2.5.1 所示，当一平面波沿着光轴方向垂直入射一薄凸透镜时，所有光线必会在像方焦点处会聚。即薄凸透镜将入射的平面波变换为出射的会聚球面波。由图 2.5.1 不难看出，薄凸透镜对入射光场引入的相位调制与位置有关，越靠近边缘，相位延迟越大，越靠近中心，相位延迟越小。由简单的几何关系可知，薄凸透镜在距离中心不同的位置 r 处引入的相位大小为

$$\phi_l(r)=k(f-\sqrt{f^2+r^2}) \tag{2.5.5}$$

式中，$r^2=x^2+y^2$，f 为透镜的焦距，当 $f>0$ 时，表示凸透镜，当 $f<0$ 时，表示凹透镜。故式(2.5.5)可推广至所有薄透镜的情形。在傍轴近似下，满足 $f\gg r$，因此，对式(2.5.5)的右边作二项式展开得

$$\phi_l(r)=k\left[f-\left(f+\frac{r^2}{2f}-\frac{r^4}{8f^3}+\cdots\right)\right] \tag{2.5.6}$$

由于二次展开项中第三项往后几乎为零，故此处略去，整理后得

$$\phi_l(r)=-\frac{kr^2}{2f} \tag{2.5.7}$$

因此，薄透镜的透过率函数为

$$T_l(x,y)=\exp[\mathrm{i}\phi_l(x,y)]=\exp\left[-\frac{\mathrm{i}k(x^2+y^2)}{2f}\right] \tag{2.5.8}$$

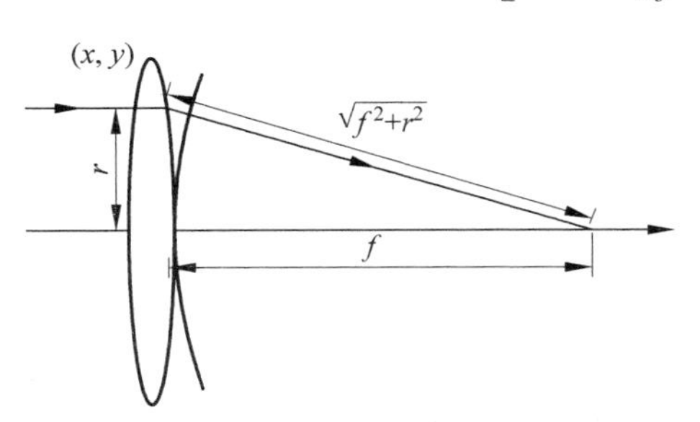

图 2.5.1　薄凸透镜对光场的相位调制作用

下面考虑一单色点光源 S，其发射的球面波照射一距离其为 p 的复振幅透射系数为 $T(u,v)$的衍射孔径。在衍射孔径之后放置一焦距为 f 的薄透镜，使其入射面与衍射孔径重合，如图 2.5.2 所示。在薄透镜后距离薄透镜为 q 的位置，放置衍射观察屏。则在菲涅尔近似下，光源 S 发射的球面波在衍射孔径平面处的复振幅分布为[1]

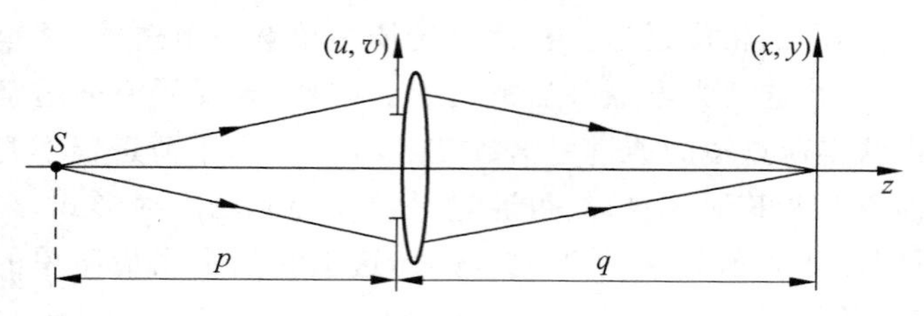

图 2.5.2　光波照明叠加透镜的衍射孔径的夫琅禾费衍射模型

$$U(u,v)=U_0\exp\left[\frac{\mathrm{i}k}{2p}(u^2+v^2)\right] \tag{2.5.9}$$

式中，U_0 为球面波在物平面中心点的复振幅。对于薄透镜来说，不考虑其厚度，则在其出射面上的光场复振幅可表示为

$$\begin{aligned}E_0(u,v)&=U(u,v)\cdot T(u,v)\cdot T_l(u,v)\\&=U_0\exp\left[\frac{\mathrm{i}k}{2p}(u^2+v^2)\right]\exp\left[-\frac{\mathrm{i}k(u^2+v^2)}{2f}\right]\cdot T(u,v)\end{aligned} \tag{2.5.10}$$

将式(2.5.10)代入菲涅尔衍射积分公式(2.4.4)中，可求得观察屏上光场的复振幅分布 $E(x,y)$ 为

$$\begin{aligned}E(x,y)=&\frac{U_0}{\mathrm{i}\lambda q}\exp\left[\mathrm{i}k\left(q+\frac{x^2+y^2}{2q}\right)\right]\cdot\\&\iint_{\infty}T(u,v)\exp\left[\frac{\mathrm{i}k}{2}\left(\frac{1}{p}+\frac{1}{q}-\frac{1}{f}\right)(u^2+v^2)\right]\exp\left[-\frac{\mathrm{i}k}{q}(xu+yv)\right]\mathrm{d}u\,\mathrm{d}v\end{aligned} \tag{2.5.11}$$

当满足以下条件时：

$$\frac{1}{p}+\frac{1}{q}=\frac{1}{f} \tag{2.5.12}$$

光源 S 与观察屏构成共轭，即观察屏位于光源 S 关于薄透镜的共轭像面上。此时，式(2.5.11)可化简为

$$E(x,y)=\frac{U_0}{\mathrm{i}\lambda q}\exp\left[\mathrm{i}k(q+\frac{x^2+y^2}{2q})\right]\cdot\iint_{\infty}T(u,v)\exp\left[-\frac{\mathrm{i}k}{q}(xu+yv)\right]\mathrm{d}u\,\mathrm{d}v \tag{2.5.13}$$

式(2.5.13)具有与式(2.5.4)所示的夫琅禾费衍射积分相同的形式，表明当采用单色球面波照明复振幅透射系数为 $T(u,v)$ 的衍射孔径时，可通过叠加薄透镜的方式，在点光源的共轭像面上观察到夫琅禾费衍射。若衍射孔径位于薄透镜的出射平面，按照相同的推导方法，仍可得到与式(2.5.13)相同的形式，此处不再赘述。

特别地，当采用平面波照明时，$p\to\infty$，由式(2.5.12)得 $q=f$。这表明，在平面波照射的情况下，可以在薄透镜的像方焦平面上观察到透过衍射孔径 $T(u,v)$ 的夫琅禾费衍射。

另外，当点光源 S 恰好置于薄透镜的物方焦点位置时，按照上述推导，需要在距透镜无穷远处观察夫琅禾费衍射。其可理解为薄透镜将点光源发射的球面波转化为平面波，这使得该衍射问题变为平面波直接照射衍射孔径的情形，因此只有在无穷远处才能观察到准确的夫琅禾费衍射。

综上所述，尽管直接观察夫琅禾费衍射比较困难，但我们可通过在衍射孔径处放置薄透镜的方式，在照明光源的共轭像面上观察到夫琅禾费衍射图案。这是有限距离内观察夫琅禾费衍射最直接、最简单的方法。

2.6　柯林斯积分公式

轴对称傍轴光学系统的特性可以由一个 2×2 矩阵[$A\ B$；$C\ D$]来描述，该矩阵称为 ***ABCD*** 矩阵。对于一个含有多个衍射元件的傍轴光学系统，在已知入射光场计算出射光场时，需要合理利用前面介绍的衍射积分公式在每一元件间逐一计算。柯林斯(Collins)积分公式可以通过 ***ABCD*** 矩阵来直接计算傍轴光学系统的衍射场，大大简化运算并减少了运算量，对于实际应用具有十分重要的意义。

2.6.1　轴对称傍轴光学系统的 *ABCD* 矩阵

在傍轴光学系统中，只要能模拟一条傍轴光线的路径，就可以确定该光学系统的性能。由于许多光学系统均是轴对称的，故这里只讨论轴对称时的情况，此时在任何包含光轴(z 轴)的平面内，光学系统对光线的变换完全相同，即只需已知光线与参考平面交点到 z 轴的距离 r、交点处光线的切线方向与 z 轴的夹角 θ 这两个参数，即可完全确定光线。故光线从 $z=z_1$ 平面传播到 $z=z_2$ 平面时，光学系统对光线的变换可以通过以下矩阵实现：

$$\begin{bmatrix} r_2 \\ \theta_2 \end{bmatrix} = \begin{bmatrix} A & B \\ C & D \end{bmatrix} \begin{bmatrix} r_1 \\ \theta_1 \end{bmatrix} \tag{2.6.1}$$

每一个光学元件或元件间的传输介质均可看作一光学子系统，都具有自己的 ***ABCD*** 矩阵，因此当光线穿过由 N 个子系统组成的光学系统时，其变换过程可按照光束穿过子系统从次序倒序表示为

$$\begin{bmatrix} r_2 \\ \theta_2 \end{bmatrix} = \begin{bmatrix} A_N & B_N \\ C_N & D_N \end{bmatrix} \cdots \begin{bmatrix} A_2 & B_2 \\ C_2 & D_2 \end{bmatrix} \begin{bmatrix} A_1 & B_1 \\ C_1 & D_1 \end{bmatrix} \begin{bmatrix} r_1 \\ \theta_1 \end{bmatrix} = T_N \cdots T_2 T_1 \begin{bmatrix} r_1 \\ \theta_1 \end{bmatrix} \tag{2.6.2}$$

系统的总变换矩阵则为

$$\boldsymbol{T} = \boldsymbol{T}_N \cdots \boldsymbol{T}_2 \boldsymbol{T}_1 = \begin{bmatrix} A_N & B_N \\ C_N & D_N \end{bmatrix} \cdots \begin{bmatrix} A_2 & B_2 \\ C_2 & D_2 \end{bmatrix} \begin{bmatrix} A_1 & B_1 \\ C_1 & D_1 \end{bmatrix} \tag{2.6.3}$$

在计算系统的总变换矩阵时，必须按照各个元件的顺序，倒序逐一排列，否则将得到同一组元件构成的其他光学系统。

ABCD 矩阵的一个重要性质为，当入射平面处介质的折射率为 n_1，出射平面

处介质的折射率为 n_2 时，其行列式为

$$\det\boldsymbol{T}=\boldsymbol{AD}-\boldsymbol{BC}=\frac{n_1}{n_2} \tag{2.6.4}$$

若光学系统处于同一传输介质中，式(2.6.4)可写为

$$\det\boldsymbol{T}=\boldsymbol{AD}-\boldsymbol{BC}=1 \tag{2.6.5}$$

式(2.6.4)和式(2.6.5)表明其可作为复杂光学系统 ***ABCD*** 变换矩阵是否正确的一项重要判据。

表 2.6.1 列出了一些常见的轴对称光学元件的 ***ABCD*** 矩阵。

表 2.6.1　常见的轴对称光学元件的 *ABCD* 矩阵[2]

光学元件	图　示	***ABCD*** 矩阵	备　注
均匀介质（透射矩阵）	L, z	$\begin{bmatrix}1 & L\\0 & 1\end{bmatrix}$	L 为传输距离
薄透镜（透射矩阵）	f, z	$\begin{bmatrix}1 & 0\\-\frac{1}{f} & 1\end{bmatrix}$	f 为薄透镜的焦距
球面反射镜（反射矩阵）	R, z	$\begin{bmatrix}1 & 0\\-\frac{2}{R} & 1\end{bmatrix}$	R 为球面反射镜的球面半径
平面反射镜（反射矩阵）	z	$\begin{bmatrix}1 & 0\\0 & 1\end{bmatrix}$	

ABCD 矩阵中包含的四个矩阵元素分别取零值时，其对应的光学系统将具有特殊的性质。由式(2.6.1)可得

$$\begin{cases}r_2=Ar_1+B\theta_1\\\theta_2=Cr_1+D\theta_1\end{cases} \tag{2.6.6}$$

因此：

(1) 当 $A=0$ 时，$r_2=B\theta_1$，表明此时所有以 θ_1 角度平行入射到光学系统的光线都将在同一点会聚，且 $z=z_2$ 平面为光学系统的后焦面；

(2) 当 $B=0$ 时，$r_2=Ar_1$，表明凡是在 $z=z_1$ 平面上经过相同点入射的光线，均在 $z=z_2$ 平面上会聚为一点，即 $z=z_1$ 平面和 $z=z_2$ 平面构成一共轭面，同时 $A=r_2/r_1$，此即垂轴放大率[7]；

(3) 当 $C=0$ 时，$\theta_2=D\theta_1$，此时在 $z=z_1$ 平面上平行入射的光线，均在 $z=z_2$ 平面上平行出射，表明该光学系统为一望远系统；

(4) 当 $D=0$ 时，$\theta_2=Cr_1$，表明所有由同一点发射的光线经光学系统后均成为平行光线，即 $z=z_1$ 平面为光学系统的前焦面。

2.6.2　等效傍轴透镜系统

所有可由 **ABCD** 矩阵描述的光学系统均可等效为一具有成像功能的傍轴透镜系统。如图 2.6.1 所示，Σ_1 和 Σ_2 分别为入射和出射平面，H_1 和 H_2 分别为成像系统的物方和像方主平面。若使入射光线平行于光轴(z 轴)射入光学系统，$\theta_1=0$，则由式(2.6.6)得

$$\begin{cases} r_2=Ar_1 \\ \theta_2=Cr_1 \end{cases} \tag{2.6.7}$$

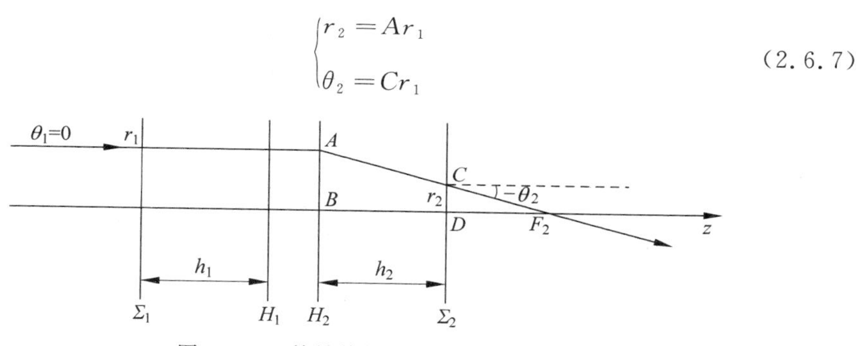

图 2.6.1　等效傍轴透镜系统示意图

根据应用光学的相关理论：对于傍轴透镜系统，平行于光轴入射的光线将直接射到像方主平面 H_2，而后再折向像方焦点 F_2[7]。由于$\triangle ABF_2\sim\triangle CDF_2$，令系统的等效焦距为 f_e，则有：

$$\begin{cases} -\theta_2=\dfrac{r_1}{f_e} \\ \dfrac{r_1}{f_e}=\dfrac{r_2}{f_e-h_2} \end{cases} \tag{2.6.8}$$

由式(2.6.8)可得

$$f_e=-\frac{1}{C} \tag{2.6.9}$$

$$h_2=\frac{A-1}{C} \tag{2.6.10}$$

若入射光线经物方焦点 F_1 入射，将会沿着平行于光轴方向出射，$\theta_2=0$，由式(2.6.6)得

$$\begin{cases} r_2 = Ar_1 + B\theta_1 \\ Cr_1 = -D\theta_1 \end{cases} \tag{2.6.11}$$

则经过类似的推导后可得

$$h_1 = \frac{D-1}{C} \tag{2.6.12}$$

至此，式(2.6.9)、式(2.6.10)和式(2.6.12)给出了等效透镜系统的各个参数与矩阵元素间的关系。

2.6.3　柯林斯积分公式的导出

若光学系统内部不存在衍射受限问题时，则可将系统入射平面视为空间光阑平面，将出射光场视为等效傍轴透镜系统出瞳的衍射光场。此时衍射光场可通过 ***ABCD*** 矩阵直接计算。

如图 2.6.2 所示，参考平面 Σ_1 和平面 Σ_2 构成一傍轴成像系统，其变换矩阵为 $\boldsymbol{T}_1=[a,b;c,d]$。平面 Σ_2 上的光场 $E_m(\xi,\eta)$ 是平面 Σ_1 上的光场 $E_i(u,v)$ 的像。下面讨论 $E_m(\xi,\eta)$ 继续在后续介质中传输距离 z_2 后到达平面 Σ_3 上的光场 $E_o(x,y)$。

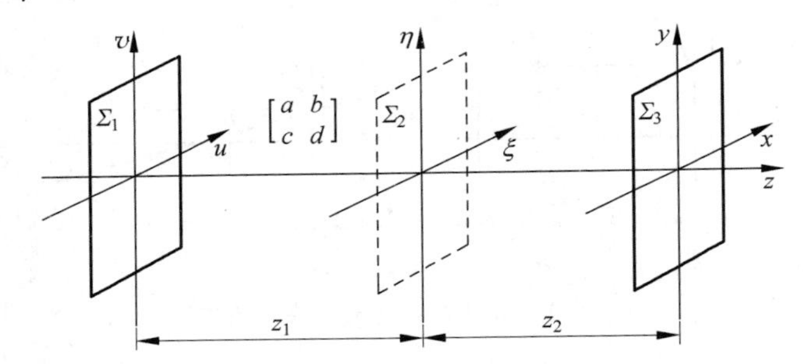

图 2.6.2　通过 ***ABCD*** 矩阵在已知平面 Σ_1 上的光场 $E_i(u,v)$ 时直接计算平面 Σ_3 上的光场 $E_o(x,y)$

由于参考平面 Σ_1 和平面 Σ_2 构成一傍轴成像系统，故矩阵元素 $b=0$。此时整个系统的变换矩阵可表示为

$$\boldsymbol{T} = \begin{bmatrix} A & B \\ C & D \end{bmatrix} = \begin{bmatrix} 1 & z_2 \\ 0 & 1 \end{bmatrix} \begin{bmatrix} a & 0 \\ c & d \end{bmatrix} = \begin{bmatrix} a+cz_2 & dz_2 \\ c & d \end{bmatrix} \tag{2.6.13}$$

式(2.6.13)结合式(2.6.5)，可得

$$\begin{cases} a = \dfrac{1}{D} \\ z_2 = \dfrac{B}{D} \\ c = C \\ d = D \end{cases} \tag{2.6.14}$$

若要推导平面 Σ_3 上的光场 $E_o(x,y)$，则首先应先通过平面 Σ_1 上的光场 $E_i(u,v)$ 求得平面 Σ_2 上的光场 $E_m(\xi,\eta)$，而后再利用 $E_m(\xi,\eta)$ 结合衍射积分公式求得 $E_o(x,y)$。

根据线性系统理论，若忽略光学系统的像差，只要求出这个系统的脉冲响应或点扩散函数，就可以计算任意光场的像。由于参考平面 Σ_1 和平面 Σ_2 构成一傍轴成像系统，因此可首先求得该子系统的脉冲响应，进而得到平面 Σ_1 上的光场 $E_i(u,v)$ 的像 $E_m(\xi,\eta)$。

设平面 Σ_1 上存在单位振幅点光源 $\delta(u-u_0,v-v_0)$，则在等效透镜成像系统物方主平面处的光场可由菲涅尔衍射积分公式求得

$$E_{H1}(u',v')=\frac{\exp(\mathrm{i}kh_1)}{\mathrm{i}\lambda h_1}\iint_{\infty}\delta(u-u_0,v-v_0)\cdot \exp\left\{\frac{\mathrm{i}k}{2h_1}\left[(u'-u)^2+(v'-v)^2\right]\right\}\mathrm{d}u\,\mathrm{d}v \tag{2.6.15}$$

式中，h_1 为平面 Σ_2 与成像系统物方主平面间的距离。利用 δ 函数的筛选性质可得

$$E_{H1}(u',v')=\frac{\exp(\mathrm{i}kh_1)}{\mathrm{i}\lambda h_1}\exp\left\{\frac{\mathrm{i}k}{2h_1}\left[(u'-u_0)^2+(v'-v_0)^2\right]\right\} \tag{2.6.16}$$

由式(2.5.8)给出的薄透镜的透过率函数，可得在等效透镜成像系统像方主平面处的光场为

$$E_{H2}(u',v')=\exp\left(-\mathrm{i}k\,\frac{u'^2+v'^2}{2f}\right)E_{H1}(u',v') \tag{2.6.17}$$

式中，f 为等效透镜的焦距，它与 h_1 和 h_2 满足：

$$\frac{1}{h_1}+\frac{1}{h_2}=\frac{1}{f} \tag{2.6.18}$$

令 h_2 为成像系统像方主平面与平面 Σ_2 间的距离，则再次利用菲涅尔衍射积分公式，可得单位振幅点光源 $\delta(u-u_0,v-v_0)$ 在像平面 Σ_2 上的光场为

$$h(\xi,\eta)=\frac{\exp(\mathrm{i}kh_2)}{\mathrm{i}\lambda h_2}\iint_{\infty}E_{H2}(u',v')\cdot\exp\left\{\frac{\mathrm{i}k}{2h_2}\left[(\xi-u')^2+(\eta-v')^2\right]\right\}\mathrm{d}u'\mathrm{d}v' \tag{2.6.19}$$

式(2.6.19)即该等效成像系统的脉冲响应或点扩散函数。

将式(2.6.15)～式(2.6.18)代入式(2.6.19)，得

$$h(\xi,\eta)=-\frac{\exp[\mathrm{i}k(h_1+h_2)]}{\lambda^2h_1h_2}\exp\left(\mathrm{i}k\,\frac{u_0^2+v_0^2}{2h_1}\right)\exp\left(\mathrm{i}k\,\frac{\xi^2+\eta^2}{2h_2}\right)\cdot \iint_{\infty}\exp\left\{-\mathrm{i}k\left[\left(\frac{\xi}{h_2}+\frac{u_0}{h_1}\right)u'+\left(\frac{\eta}{h_2}+\frac{v_0}{h_1}\right)v'\right]\right\}\mathrm{d}u'\mathrm{d}v' \tag{2.6.20}$$

由 2.6.1 节可知，对于变换矩阵 $\boldsymbol{T}_1$，当矩阵元素 $b=0$ 时，a 表示垂轴放大率。根据几何光学的相关理论可得

$$a=-\frac{h_2}{h_1} \tag{2.6.21}$$

又因为 $z_1=h_1+h_2$，故式(2.6.20)可化简为

$$h(\xi,\eta)=a\exp(\mathrm{i}kz_1)\exp\left(-\mathrm{i}ka\frac{u_0^2+v_0^2}{2h_2}\right)\exp\left(\mathrm{i}k\frac{\xi^2+\eta^2}{2h_2}\right)\delta(\xi-au_0,\eta-av_0) \tag{2.6.22}$$

此时，在已知物平面(参考平面 Σ_1)上的光场为 $E_i(u,v)$ 时，得像平面(参考平面 Σ_2)上的光场 $E_m(\xi,\eta)$ 可以看作 $E_i(u,v)$ 以 $h(\xi,\eta)$ 为权在物平面上的积分：

$$E_m(\xi,\eta)=\iint\limits_{\infty}E_i(u_0,v_0)h(\xi,\eta)\mathrm{d}u_0\mathrm{d}v_0=\exp(\mathrm{i}kz_1)\exp\left(\mathrm{i}k\frac{\xi^2+\eta^2}{2h_2}\right)\cdot$$
$$\iint\limits_{\infty}\frac{1}{a}E_i\left(\frac{au_0}{a},\frac{av_0}{a}\right)\exp\left(-\mathrm{i}k\frac{(au_0)^2+(av_0)^2}{2ah_2}\right)\cdot$$
$$\delta(\xi-au_0,\eta-av_0)\mathrm{d}(au_0)\mathrm{d}(av_0) \tag{2.6.23}$$

考虑到 δ 函数的筛选性质，进一步化简得平面 Σ_2 上的理想像光场为

$$E_m(\xi,\eta)=\frac{1}{a}E_i\left(\frac{\xi}{a},\frac{\eta}{a}\right)\exp(\mathrm{i}kz_1)\exp\left[\mathrm{i}k\frac{\xi^2+\eta^2}{2h_2}\left(1-\frac{1}{a}\right)\right] \tag{2.6.24}$$

下面利用衍射积分公式推导平面 Σ_3 上的光场 $E_o(x,y)$。由式(2.6.10)可知：

$$h_2=\frac{a-1}{c} \tag{2.6.25}$$

令 L 为平面 Σ_1 与平面 Σ_3 间的距离：$L=z_1+z_2$，则将式(2.6.25)代入式(2.6.24)，并结合菲涅尔衍射积分公式可得平面 Σ_3 处的光场为

$$E_o(x,y)=\frac{\exp(\mathrm{i}kL)}{\mathrm{i}\lambda z_2}\iint\limits_{\infty}\frac{1}{a}E_i\left(\frac{\xi}{a},\frac{\eta}{a}\right)\exp\left[\mathrm{i}kc\frac{\xi^2+\eta^2}{2a}\right]\cdot$$
$$\exp\left\{\frac{\mathrm{i}k}{2z_2}[(x-\xi)^2-(y-\eta)^2]\right\}\mathrm{d}\xi\mathrm{d}\eta \tag{2.6.26}$$

由于 a 为垂轴放大率，故有

$$\begin{cases}\xi=au=\dfrac{u}{D}\\[2ex]\eta=av=\dfrac{v}{D}\end{cases} \tag{2.6.27}$$

将式(2.6.27)、式(2.6.14)代入式(2.6.26)，得

$$E_o(x,y)=\frac{\exp(\mathrm{i}kL)}{\mathrm{i}\lambda B}\cdot$$
$$\iint\limits_{\infty}E_i(u,v)\exp\left\{\frac{\mathrm{i}k}{2B}[A(u^2+v^2)+D(x^2+y^2)-2(xu+yv)]\right\}\mathrm{d}u\mathrm{d}v \tag{2.6.28}$$

即柯林斯积分公式。

以上分析表明，在无衍射受限时，柯林斯积分公式可以通过 ***ABCD*** 矩阵一次计算出光波通过傍轴光学系统后的衍射场，而前面介绍的衍射积分公式只能计算光波在介质空间中传输时衍射平面后的光场，对于复杂系统则需在每一光学元件间逐一计算。因此，柯林斯积分公式大大简化了衍射运算，具有非常重要的意义。

应注意，只有在光学系统中各个元件的边界滤波作用可以忽略时，才能使用柯林斯积分公式直接计算；否则，应根据光学系统的实际结构，将其沿着每一个衍射受限界面分解为若干串联的子系统，按照光场在界面上的受限情况，为每个子光学系统的入射平面确定复振幅透过率函数，而后通过柯林斯积分公式逐级计算，最终得到整个光学系统出射光场的复振幅。

参考文献

[1] 谢敬辉，赵达尊，阎吉祥. 物理光学教程[M]. 北京：北京理工大学出版社，2012.

[2] 李俊昌，熊秉衡. 信息光学理论与计算[M]. 北京：科学出版社，2009.

[3] 王元明. 数学物理方程与特殊函数[M]. 北京：高等教育出版社，2004.

[4] BORN M，WOLF E. Principles of optics[M]. 北京：世界图书出版公司，2001.

[5] GERCHBERG R W，SAXTON W O. A practical algorithm for the determination of phase from image and diffraction plane pictures[J]. Optik，1972，35：237-250.

[6] FU S，ZHANG S，WANG T，et al. Pre-turbulence compensation of orbital angular momentum beams based on a probe and the Gerchberg-Saxton algorithm[J]. Optics Letters，2016，41(14)：3185-3188.

[7] LI L，HUANG Y F，WANG Y T. Applied optics [M]. 北京：北京理工大学出版社，2005.

第3章 涡旋光束的生成技术

涡旋光束的生成是研究其性质与应用的重要基础。由于角量子数 l 是涡旋光束的特征值,它决定了涡旋光束中每一个光子携带的轨道角动量的多少,因此涡旋光束生成的目的是获得任意阶次 l 的涡旋光束。目前国内外学者在涡旋光束生成方面开展了很多的研究,提出了腔内选模法、腔外转化法、集成光电子器件法等多种生成方法。本章将介绍一些主要的涡旋光束生成方法。

3.1 腔 内 法

3.1.1 腔内选模

第1章已经介绍了拉盖尔-高斯光束是一种典型的相位涡旋光束。在柱对称稳定谐振腔中,拉盖尔-高斯光束可由缔合拉盖尔多项式和高斯分布函数的乘积来描述。通过调节腔镜等激光谐振腔器件的参数,可实现拉盖尔-高斯光束的输出。

塔姆(C. Tamm)于1988年和1990年分别报道了直接由激光谐振腔获得拉盖尔-高斯模的方法[1,2],该方法通过在激光谐振腔内引入低阶模式的损耗,使基模的损耗较大而无法谐振,而使高阶横模(拉盖尔-高斯光束)更容易产生,从而获得所需的涡旋光束。但是这种腔内选模方法损耗大,不易产生角量子数较大的模式,同时也不易获得较高功率的涡旋光束输出。

除了在谐振腔内引入基模损耗外,还可通过改变泵浦光的光斑形态来实现高阶模的输出。例如,当采用环形泵浦光时,通过调节谐振腔的参数,可获得($|+1\rangle+|-1\rangle$)叠加态。此时在谐振腔内引入特殊角度放置选模标准具,可使其中的某一个模式振荡同时抑制另一模式,从而获得单一模式($|+1\rangle$或$|-1\rangle$)的涡旋光束[3]。相比于谐振腔内抑制基模振荡,该方法的效率更高。然而,若要生成其他阶次的涡旋光束,需要改变泵浦光的形态并调整标准具的摆放角度,这导致不能灵活生成不同阶次的涡旋光束。

3.1.2 数字激光器

传统的激光器一般只能生成单一的激光模式,若要获得其他模式,必须适当改变谐振腔的参数。如果可以设计一种激光器,在不改变谐振腔结构的情况下,即可实现任意模式的输出,则对于包括涡旋光束在内的任意激光模式的生成具有重要的意义。近年来,人们提出一种数字激光器的设想,可采用计算机控制,通过不同电信号的输入，在不改变谐振腔结构的情况下获得任意激光模式的输出。

数字激光器最早由恩格库波(S. Ngcobo)等提出[4]，其原理是将激光谐振腔的一个腔镜(通常为全反镜)用反射式液晶空间光调制器(关于液晶空间光调制器的具体原理，将在 3.3.1 节具体讨论)代替，与另一腔镜构成激光谐振腔实现激光输出。通过控制加载到空间光调制器上的调制图样，该激光器可以产生多种激光模式，包括多种不同阶次 l 的涡旋光束。图 3.1.1 为恩格库波等提出的数字激光器的工作原理图[4]，该激光器由半导体激光器泵浦，激光增益介质为 Nd:YAG 晶体，谐振腔采用 L 形结构，液晶空间光调制器(SLM)、45°全反镜和输出镜(OC)构成激光谐振腔，同时谐振腔内置入布儒斯特窗片使 p 偏振光起振。图 3.1.2 给出了数字激光器中液晶空间光调制器加载的不同灰度图样及与其对应的输出激光模式的光场分布[4]。可以看出，数字激光器可在不改变谐振腔结构的情况下，通过改变液晶空间光调制器的编码方式来获得包括涡旋光束在内的任意激光模式。

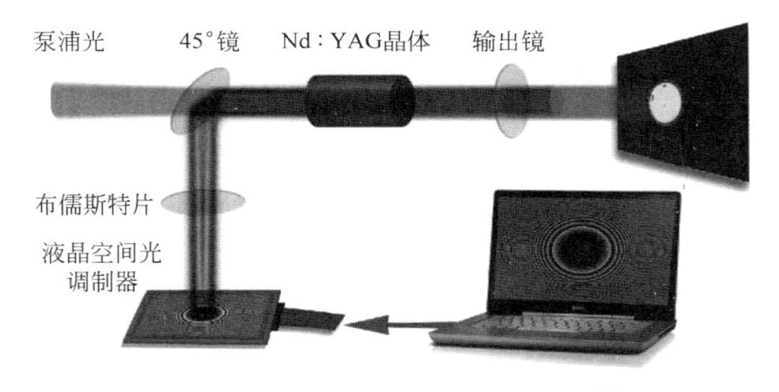

图 3.1.1　数字激光器的工作原理图[4]
(请扫Ⅵ页二维码看彩图)

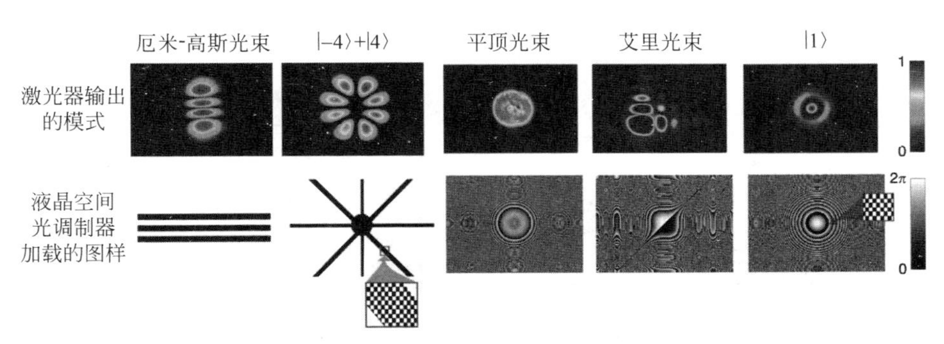

图 3.1.2　数字激光器系统中，液晶空间光调制器加载的不同灰度图样和与其对应的输出激光模式的光场分布[4]
(请扫Ⅵ页二维码看彩图)

数字激光器虽可在不改变激光谐振腔的情况下获得任意激光模式，但仍存在一些问题。首先，液晶空间光调制器的反射率一般都不高，在目前的技术条件下多为 60％～90％，这使得谐振腔内的损耗很大，很多激光模式不易起振。另外，由于液晶空间光调制器的损伤阈值较低，如果入射光的功率较大容易被损坏。因此，数字激光器不易获得较高功率的激光输出，且转换效率也很低。

综上，目前用腔内法生成涡旋光束，尚存在阶次不可调，或阶次可调但效率低的问题。因此，在涡旋光束的应用中，多采用腔外转化法来生成不同阶次的涡旋光束。

3.2 腔外转化法

所谓腔外转化法，即在谐振腔外，通过一定的技术手段，将其他形式的光束转化为涡旋光束的方法。比如，利用模式转换器，可将厄米-高斯光束（Hermite-Gaussian beams）转化为拉盖尔-高斯光束；利用螺旋相位片或叉形光栅，可将基模高斯光束转化为高阶拉盖尔-高斯光束。本节将主要讨论模式转换器、螺旋相位片和叉形光栅这三种腔外转化生成涡旋光束的方法。

3.2.1 模式转换器

模式转换器是一种可将高阶厄米-高斯光束转化为高阶拉盖尔-高斯光束的装置，一般由以一定关系放置的几个柱面透镜组成。图 3.2.1 是由两个光轴方向相同的柱面透镜构成的模式转换器[5]，根据两个柱面透镜的距离不同可分为 $\pi/2$ 转换器和 π 转换器。模式转换器的原理可以理解为，不同阶次的厄米-高斯光束经过两个柱面透镜组合后会引入不同的古依（Gouy）相位，而高阶的厄米-高斯模式（HG_{mn}）可以分解为多个低阶厄米-高斯模式分量的叠加（图 3.2.2），因此当高阶厄米-高斯模式通过模式转换器后，其所包含的低阶分量的相对相位会发生变化，当相对相位的变化满足一定的关系时，即可获得特定阶次的拉盖尔-高斯光束。

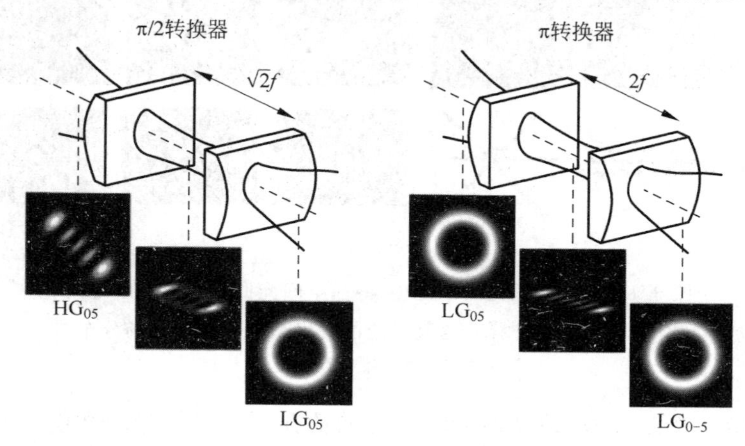

图 3.2.1 由两个柱面透镜构成的模式转换器：$\pi/2$ 转换器和 π 转换器

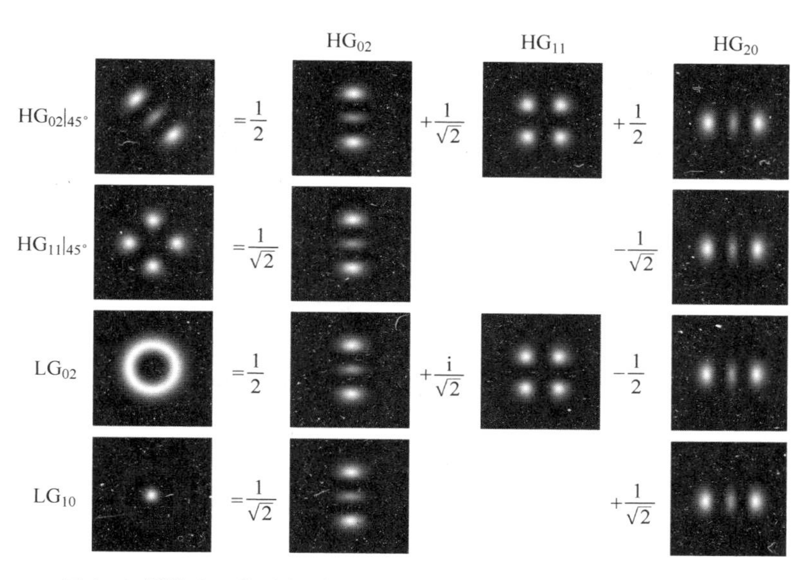

图 3.2.2　厄米-高斯模式和拉盖尔-高斯模式均可分解为不同低阶厄米-高斯分量的叠加

因此，不难理解 $\pi/2$ 转换器可使入射的厄米-高斯光束 HG_{mn} 的相邻低阶厄米-高斯分量间产生 $\pi/2$ 的相位差，进而将入射光束转化为 LG_{pl} 模，并满足 $p=\min(m,n)$，$l=m-n$。由于 $m,n\geqslant 0$，若要获得单环拉盖尔-高斯光束，入射的厄米-高斯光束的阶次 m 或 n 必有一个为零。对于 π 转换器来说，其对相邻的低阶厄米-高斯分量引入 π 相位差，故可将入射的 HG_{mn} 或 LG_{pl} 转化为各自的镜像模式 HG_{nm} 或 LG_{p-l}。

需要注意的一点是，$\pi/2$ 转换器和 π 转换器与四分之一波片和二分之一波片的功能十分相似，其区别在于：波片是针对光子的自旋角动量的操控，而模式转换器则是对光子的轨道角动量的操控。

此外还存在一种如图 3.2.3 所示的由三个不同方向放置的柱面透镜构成的模式转换器[6]，该模式转换器由三个焦距分别是 $f/2$、f 和 $f/2$ 的柱面透镜 C_1、C_2 和 C_3 构成，柱面透镜 C_1 和 C_3 的光轴方向相同，柱面透镜 C_2 的光轴方向与柱面透镜 C_1 和 C_3 垂直，三个柱面透镜之间的间距都是 $f/2$。当系统的输入光束为一长轴且相对于第一个柱面透镜 C_1 的光轴方向旋转 45°的厄米-高斯光束 HG_{m0} 时，输出光束即具有螺旋形波前的涡旋光束。

下面以三个柱面透镜系统为例，具体分析模式转换器如何将厄米-高斯光束转化为涡旋光束。设模式转换器的输入光场为 $E(u,v)$，输出光场为 $E(x,y)$。当输入光束 $E(u,v)$ 经三柱面透镜系统 E 传输后，输出光束的光场 $E(x,y)$ 可由柯林斯积分公式计算，

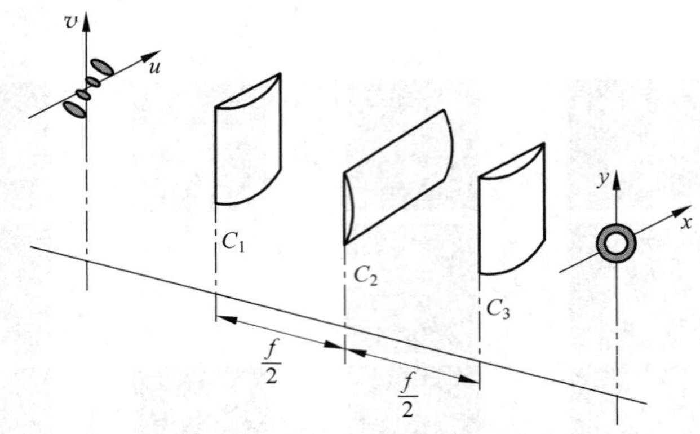

图 3.2.3　由三个柱面透镜构成的模式转换器

$$E(x,y)=\sqrt{\frac{-\mathrm{i}k}{2\pi f}}\iint E(u,v)\exp\left(-\frac{\mathrm{i}k}{\sqrt{2}f}x(u+v)\right)\cdot \delta\left(y+\frac{1}{\sqrt{2}}(-u+v)\right)\mathrm{d}u\,\mathrm{d}v \tag{3.2.1}$$

当输入的光束为厄米-高斯光束 HG_{m0} 时，其复振幅可表示为

$$E(u,v)=\sqrt{\frac{2}{\pi}}\cdot\frac{E_0}{\sqrt{2^l l!}\,\omega_0}\mathrm{H}_m\left(\frac{\sqrt{2}u}{\omega_0}\right)\exp\left(-\frac{u^2+v^2}{\omega_0^2}\right) \tag{3.2.2}$$

式中，E_0 为一常数，ω_0 为基模高斯光束的束腰半径，$\mathrm{H}_m(\varsigma)$为 m 阶厄米多项式，

$$\mathrm{H}_m(\varsigma)=\sum_{k=0}^{[m/2]}\frac{(-1)^k m!}{k!(m-2k)!}(2\varsigma)^{m-2k} \tag{3.2.3}$$

其中，$[m/2]$为 $m/2$ 的整数部分，m 为非负整数。当柱面透镜的焦距 f 与输入的 HG_{m0} 模的瑞利长度 z_{Rx}、z_{Ry} 匹配时，满足

$$f=z_{Rx}=z_{Ry}=\frac{\pi\omega_0^2}{\lambda} \tag{3.2.4}$$

考虑到厄米-高斯光束的横截面长轴方向与 C_1 呈 45°，则有

$$x=\frac{1}{\sqrt{2}}(-u+v) \tag{3.2.5}$$

$$y=\frac{1}{\sqrt{2}}(u+v) \tag{3.2.6}$$

将式(3.2.4)、式(3.2.5)和式(3.2.6)代入式(3.2.1)，得

$$E(x,y)=\frac{1}{\omega_0}\sqrt{\frac{-\mathrm{i}}{\pi}}\iint E(u,v)\exp\left(-\frac{\mathrm{i}\sqrt{2}}{\omega_0^2}x(u+v)\right)\delta\left(y+\frac{1}{\sqrt{2}}(-u+v)\right)\mathrm{d}u\,\mathrm{d}v \tag{3.2.7}$$

考虑到[7]

$$\begin{aligned}\int_{-\infty}^{\infty}\mathrm{H}_m(\alpha x)\exp[-(x-\beta)^2]\mathrm{d}x&=\sqrt{\pi}\left(\sqrt{1-\alpha^2}\right)^m\mathrm{H}_m\left(\frac{\alpha}{\sqrt{1-\alpha^2}}\beta\right)\\&=\sqrt{\pi}(2\beta)^m\end{aligned} \tag{3.2.8}$$

此时，将式(3.2.2)代入式(3.2.7)，并利用积分公式(3.2.8)，可得柱面透镜 C_3 的焦面位置的输出光场为

$$E(x,y)=\frac{E_0}{\omega_0}\sqrt{-\frac{(2)^m \mathrm{i}}{\pi(m!)}}\left(\frac{\mathrm{i}x-y}{\omega_0}\right)^m \exp\left(-\frac{x^2+y^2}{\omega_0^2}\right) \tag{3.2.9}$$

在极坐标下，令 $r^2=x^2+y^2$，$\varphi=\arctan(y/x)$，则式(3.2.9)可改写为

$$E(r,\varphi)=\frac{E_0}{\omega_0}\sqrt{\frac{-\mathrm{i}}{\pi(m)!}}\left(\frac{\sqrt{2}\,\mathrm{i}r}{\omega_0}\right)^m \exp\left(-\frac{r^2}{\omega_0^2}\right)\exp(-\mathrm{i}m\varphi) \tag{3.2.10}$$

不难看出，式(3.2.10)所示的光场包含有螺旋相位项 $\exp(-\mathrm{i}m\varphi)$。这表明，当 HG_{m0} 模入射模式转换器时，其输出光场具有螺旋形相位且其角量子数值为 $-m$。即模式转换器将入射的 HG_{m0} 模转化为涡旋光束 $|-m\rangle$。图3.2.4列出了当不同厄米-高斯光束入射时，模式转换器输出的涡旋光束的光强及相位分布。

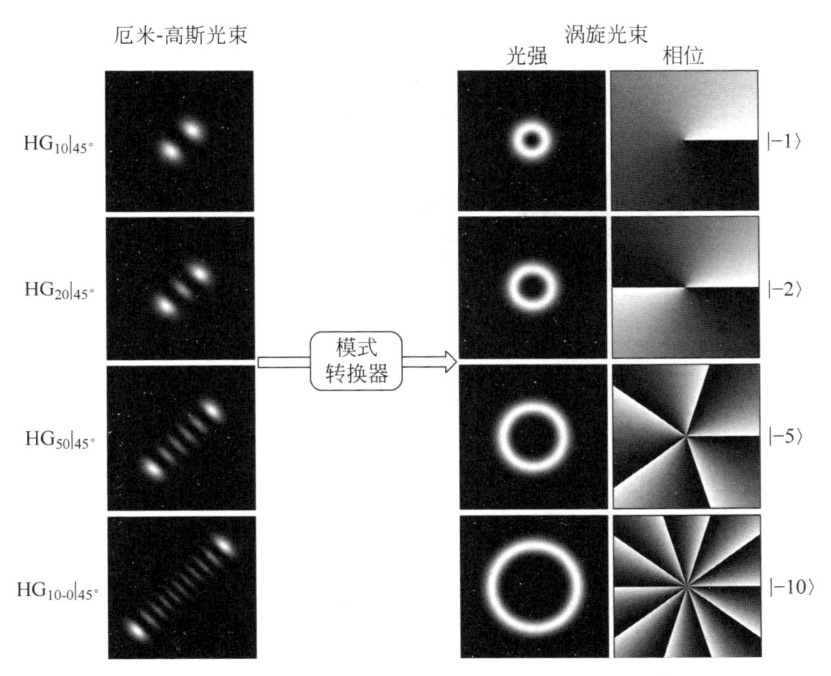

图3.2.4 不同厄米-高斯光束入射时，由三个柱面透镜构成的转换器输出的涡旋光束的光强及相位分布

综上，无论是哪种模式转换器均可实现由厄米-高斯光束到涡旋光束的转化。理想状态下，模式转换器可将入射的厄米-高斯光束完全转化为涡旋光束，具有转换效率高的特点。然而，模式转换器法仍具有一定的局限性。首先，需先通过一定的技术手段生成特定阶次的厄米-高斯光束；其次，模式转换器体积较大，对柱面透镜放置的相对位置及角度有着较为严格的要求。

3.2.2 螺旋相位片

涡旋光束的特征是其所具有的螺旋形波前，如果利用一定手段，将基模高斯光束的平面波前直接转化为螺旋形波前，即可获得涡旋光束。一种引入螺旋形波前的方法是制作一种特殊的相位调制器件，使得当平面波入射时，可在不同的角向坐标 φ 处引入不同的相位延迟，进而将平面波前调制成螺旋形波前。这样的衍射光学器件即螺旋相位片(spiral phase plate，SPP)，如图 3.2.5 所示。

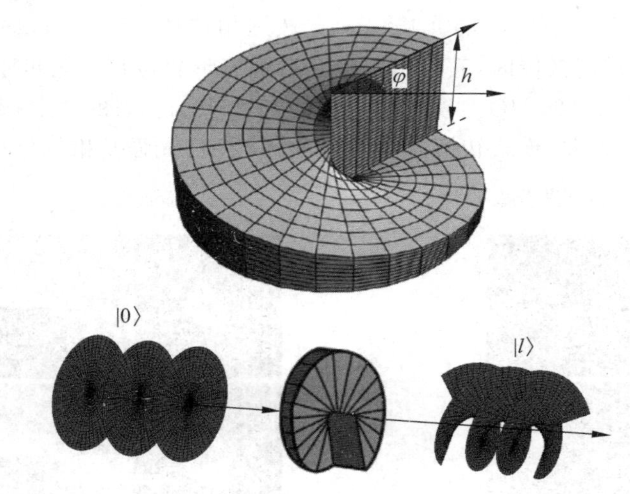

图 3.2.5　螺旋相位片
(请扫Ⅵ页二维码看彩图)

利用螺旋相位片将平面波转化为涡旋光束是一种最直接生成涡旋光束的方法，其工作原理可理解为给入射光波的复振幅中直接引入螺旋相位项 $\exp(\mathrm{i}l\varphi)$。螺旋相位片一般由对入射光透明的材料制成，但其厚度在角向 φ 上并不均匀，这使得制作螺旋相位片时对其表面厚度精度的控制十分苛刻。假设制作螺旋相位片的材料的折射率为 n，螺旋相位片的厚度分布函数为 $h(\varphi)$，$\varphi=0$ 处螺旋相位片的厚度为 h_0，则由相位与光程的关系，可得

$$l\varphi=(n-1)k[h(\varphi)-h_0] \tag{3.2.11}$$

式中，k 为光波数。式(3.2.11)整理后可得

$$h(\varphi)=h_0+\frac{\lambda l\varphi}{2\pi(n-1)} \tag{3.2.12}$$

进而可得螺旋相位片板厚一周的变化为

$$\Delta h=h(2\pi)-h(0)=\frac{\lambda l}{(n-1)} \tag{3.2.13}$$

由此可见，利用螺旋相位片来生成涡旋光束，原理简单，且理想状态下效率极高，然而，其仍具有一定的不足。为了使涡旋光束的输出纯度较高，螺旋相位片的

表面必须十分光滑，同时其厚度分布必须严格满足式(3.2.12)，这给螺旋相位片的实际制作提出了非常高的工艺要求。另外，一个螺旋相位片一般只针对某个特定的波段来生成某个特定阶次的涡旋光束，输出的涡旋光束阶次不能调节，针对不同波长的入射光，需要制作不同的螺旋相位片，这在一定程度上增加了生成成本，使得螺旋相位片的使用具有较大局限性。

3.2.3　叉形光栅

叉形光栅[8]，顾名思义，是一种具有叉形结构的光栅。当一束高斯光束经过叉形光栅时，在远场衍射的±1 衍射级会出现涡旋光束，且涡旋光束的阶次与光栅叉数有关。由于叉形光栅制作容易，且成本较低，已成为产生涡旋光束的主要方法之一。

叉形光栅主要有两种制作方法：①利用平面波和拉盖尔-高斯光束干涉制作；②利用计算机生成全息图的方法(computer generating hologram，CGH)制作所需的衍射光栅图样。由于这两种方法的原理与全息术类似，因此叉形光栅也称为全息光栅。本节将主要讨论第一种叉形光栅的制作方法，即平面波与拉盖尔-高斯光束干涉法。

假设一平面波前与 z 轴不垂直地斜入射平面波 E_1，其复振幅为

$$E_1 = \exp(\mathrm{i}k_x x + \mathrm{i}k_z z) = \exp(\mathrm{i}kx\sin\theta + \mathrm{i}kz\cos\theta) \tag{3.2.14}$$

式中，θ 为平面波传播方向与参考方向(z 轴方向)的夹角。设 E_2 为沿着 z 轴方向传输的拉盖尔-高斯光束，其束腰位于 $z=0$ 处，由式(1.4.1)可知其复振幅为

$$E_2 = \frac{C_{pl}}{\omega_0}\left(\frac{\sqrt{2}r}{\omega(z)}\right)^l L_p^{|l|}\left(\frac{2r^2}{\omega(z)^2}\right)\exp\left(-\frac{r^2}{\omega(z)^2}\right)\exp(\mathrm{i}l\varphi)\exp(\mathrm{i}\Phi) \tag{3.2.15}$$

当两束光非同轴入射时，即平面波 E_1 的传输方向与拉盖尔-高斯光束 E_2 的传输方向的夹角 θ 不为零时，在 $z=0$ 处干涉场的相位分布为

$$\phi(r,\varphi) = l\varphi + kr\cos\varphi\sin\theta \tag{3.2.16}$$

对式(3.2.16)进行二值化处理，得叉形光栅的透过率函数为

$$a(\phi) = \begin{cases} 1, & \mathrm{mod}(\phi, 2\pi) \leqslant \pi \\ 0, & \text{其他} \end{cases} \tag{3.2.17}$$

式中，$\mathrm{mod}(a,b)$表示 a 对 b 取余数。叉形光栅的光栅常数 T 可通过对式(3.2.16)的变形获得

$$\phi(r,\varphi) = l\varphi + \frac{2\pi\sin\theta}{\lambda}(r\cos\varphi) \tag{3.2.18}$$

由于 $x = r\cos\varphi$，通过式(3.2.18)不难看出，

$$T = \lambda\csc\theta \tag{3.2.19}$$

图 3.2.6 给出了式(3.2.17)决定的不同 l 值下的叉形光栅(本书中所有关于振幅型衍射光栅的图示中，白色表示透光部分，黑色表示不透光部分)，可以看出，叉形光栅的中心叉数与$|l|$有关，叉的开口方向由 l 的符号决定，当 $l=0$ 时，叉形

光栅退化为普通的分光光栅。在实际的应用中，叉形光栅可通过激光刻蚀来制作，其实物图如图 3.2.7 所示。

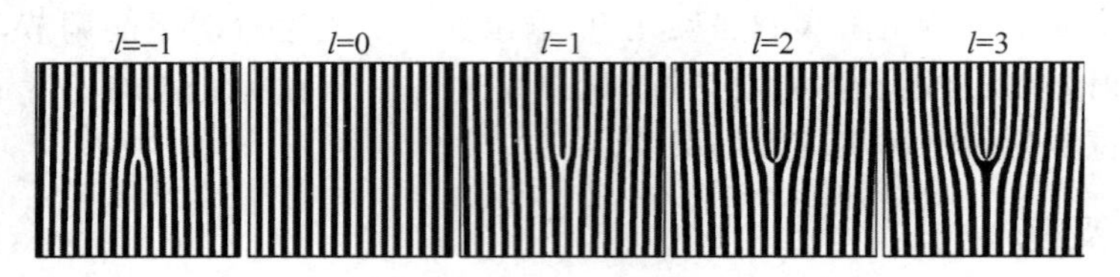

图 3.2.6　不同 l 值的叉形光栅

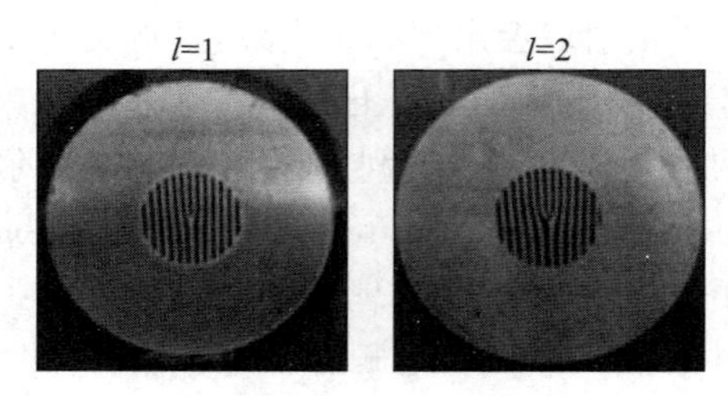

图 3.2.7　通过激光刻蚀制作的叉形光栅实物图

（请扫Ⅵ页二维码看彩图）

下面将讨论叉形光栅如何实现涡旋光束的生成。将式(3.2.17)所述的叉形光栅的透过率函数 $a(\phi)$ 经傅里叶展开后得到

$$a(\phi)=\sum_{b=-\infty}^{+\infty}A_b\exp(\mathrm{i}b\phi) \tag{3.2.20}$$

式中，ϕ 为由式(3.2.16)所决定的相位分布，A_b 为傅里叶展开系数，可表示为

$$A_b=\frac{\sin(b\pi/2)}{b\pi}\exp\left(-\frac{\mathrm{i}b\pi}{2}\right) \tag{3.2.21}$$

当基模高斯光束入射到叉形光栅上时，透过光栅后的光场分布可表示为

$$u_0(r,\varphi)=\sqrt{\frac{2}{\pi}}\,\frac{1}{\omega_0}\exp\left(-\frac{r^2}{\omega_0^2}\right)a(\phi) \tag{3.2.22}$$

由 2.5.1 节中夫琅禾费衍射积分公式(2.5.4)可知，位于夫琅禾费衍射区的远场衍射可以看作初始光场的傅里叶变换，因此，高斯光束经叉形光栅后的远场光场分布为

$$u(r',\varphi')=\mathscr{F}[u_0(r,\varphi)] \tag{3.2.23}$$

式中，(r',φ')为远场空间坐标。进而，式(3.2.23)可写为

$$\begin{aligned}u(r',\varphi')&=\sum_{b=-\infty}^{+\infty}A_b\mathscr{F}[u_0(r,\varphi)\exp(\mathrm{i}bl\varphi)\exp(-\mathrm{i}bkx\sin\theta)]\\&=\sum_{b=-\infty}^{+\infty}A_b\mathscr{F}[u_0(r,\varphi)\exp(\mathrm{i}bl\varphi)]*\mathscr{F}[\exp(-\mathrm{i}bkx\sin\theta)]\end{aligned} \tag{3.2.24}$$

由于

$$\mathscr{F}[\exp(-\mathrm{i}bkx\sin\theta)]=\delta\left(f_x+\frac{bk\sin\theta}{2\pi}\right)\delta(f_y) \tag{3.2.25}$$

式中，(f_x,f_y)为空间频域直角坐标。考虑到：

$$u_0(r,\varphi)\exp(\mathrm{i}bl\varphi)=\sum_{p=0}^{\infty}c_p u_{p,bl}(r,\varphi) \tag{3.2.26}$$

式中，

$$c_p=\int_0^{2\pi}\int_0^{+\infty}u_0(r,\varphi)\exp(\mathrm{i}bl\varphi)\cdot u_{p,bl}^*(r,\varphi)r\mathrm{d}r\mathrm{d}\varphi \tag{3.2.27}$$

由拉盖尔-高斯模式的傅里叶变换性质，可得

$$\mathscr{F}[u_{p,bl}(r,\varphi)]=2\pi\mathrm{i}^{2p+|bl|}u_{p,bl}(r',\varphi') \tag{3.2.28}$$

将式(3.2.25)～式(3.2.28)代入式(3.2.24)，可得

$$u(r',\varphi')=\sum_{b=-\infty}^{+\infty}A_b\sum_{p=0}^{+\infty}c_p\mathrm{i}^{2p+|bl|}u_{p,bl}(r',\varphi')*\delta\left(f_x+\frac{bk\sin\theta}{2\pi}\right) \tag{3.2.29}$$

由式(3.2.29)可以看出，当基模高斯光束照射叉形光栅时，其远场衍射可以看作是所有衍射级的衍射光束的叠加，在 b 衍射级处为一系列的具有相同角量子数 bl 的涡旋光束的叠加，其相对于 0 级衍射中心有$(bk\sin\theta)/(2\pi)$的横向平移。图 3.2.8 分别给出了 $l=1$ 和 $l=-2$ 时的叉形光栅及高斯光束入射时远场衍射光场。

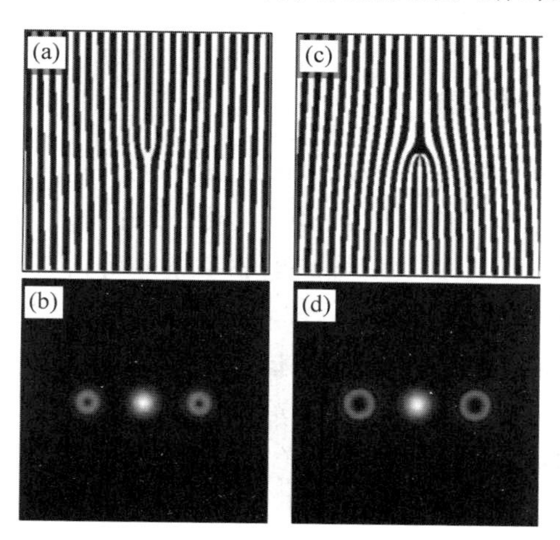

图 3.2.8　叉形光栅及高斯光束入射时的远场衍射光场

(a) $l=1$ 时的叉形光栅；(b) 高斯光束照射叉形光栅(a)时的远场衍射光场；
(c) $l=-2$ 时的叉形光栅；(d) 高斯光束照射叉形光栅(c)时的远场衍射光场

式(3.2.29)同时表明，对于叉形光栅，其远场衍射包含衍射级次为从$-\infty$～$+\infty$的所有衍射级，然而，在图 3.2.8 中，只有-1～$+1$ 级衍射可以被观察到。由物理光学的相关知识可知，对于缝宽与光栅常数的比值为 0.5 的振幅型矩形光栅，其 0 级、±1 级、±2 级、±3 级、±4 级和±5 级的光栅衍射效率分别为：25%、10.13%、0、1.13%、0 和 0.45%。这表明除了 0 级和±1 级外，其他衍射级上的光强极其微弱，可忽略不计。因此，利用叉形光栅生成涡旋光束时，仅考虑在±1 级

位置处的光场，通过合理的选择中间叉数，来决定±1衍射级处涡旋光束的阶次。实际应用中通常采用小孔滤出−1级或+1级衍射来获得较纯净的涡旋光束，此时高斯光束到涡旋光束的理想转化效率仅仅为10.13%。虽然叉形光栅生成涡旋光束的效率并不高，但由于其结构简单、成本较低，依然成为生成涡旋光束的主要方法之一。

3.3 相位型衍射涡旋光栅

相位型衍射涡旋光栅是一种通过对入射高斯光束进行相位调制来生成涡旋光束的光学器件。与振幅型光栅（如叉形光栅等）相比，衍射效率大大提高。然而，相位型衍射涡旋光栅制作过程较为复杂，同时制作成本也较高，因此一直没有得到广泛的应用。液晶空间光调制器的出现，使得利用电信号编码控制液晶分子偏转实现对相位型衍射涡旋光栅的模拟成为可能，在一定程度上推动了相位型衍射涡旋光栅的应用。本节将从液晶空间光调制器出发，先介绍液晶空间光调制器的工作原理，而后讨论如何利用液晶空间光调制器模拟相位型衍射涡旋光栅来生成涡旋光束。

3.3.1 液晶空间光调制器

1. 液晶空间光调制器概述

空间光调制器（spatial light modulators，SLM）是一类可以有效利用光的并行性、固有速度和互连能力，将信息加载于一维或二维的光学数据场上的器件[9]。此类器件可在随时间变化的光驱动信号或电驱动信号等的控制下，影响空间上光分布的相位、振幅、波长和偏振态等信息，或者是改变入射光的相干性等。

按照出射光的方向不同，空间光调制器可分为透射式和反射式。透射式空间光调制器的输入光和输出光分别在空间光调制器的两侧；反射式空间光调制器通过分光器使输出光和输入光分离，输入光和输出光在空间光调制器同侧。按控制信号的方式不同，可分为电寻址和光寻址。综上，按照出射光的方向和寻址方式的不同，可分为如图3.3.1所示的四类。

另外，也可以按照不同的工作原理对空间光调制器进行分类。空间光调制器可利用声光效应、磁光效应、电光效应以及半导体的电光效应等来工作，它所选用的材料可以为声光材料、磁光材料、电光晶体、液晶以及铁电陶瓷等。由于按原理分类种类繁多，本书在此只列出四种常见的类型。

(1) 电光空间光调制器

电光空间光调制器（electro-optic spatial light modulator，EO-SLM）利用电光材料的一次电光效应或二次电光效应实现光调制，即通过改变外加电场的大小，使晶体的折射率发生变化。

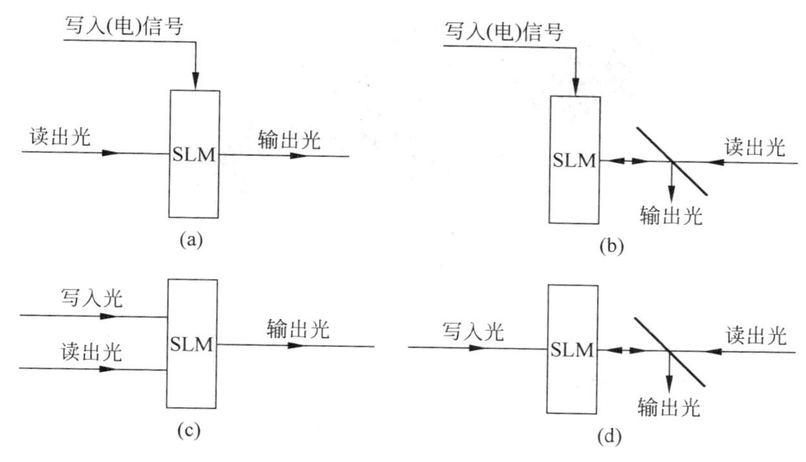

图 3.3.1　空间光调制器的分类

(a) 透射型电寻址空间光调制器；(b) 反射型电寻址空间光调制器；(c) 透射型光寻址空间光调制器；(d) 反射型光寻址空间光调制器

(2) 磁光空间光调制器

磁光空间光调制器(magneto optical spatial light modulator，MO-SLM)利用磁光效应来完成光调制，它的写入信号的调制是由铁磁材料的诱导磁化效应实现的。

(3) 声光空间光调制器

对声光材料施加声波波场，可实现对声光材料折射率的控制，这就是声光空间光调制器(acousto-optic spatial light modulator，AO-SLM)的基本原理。声光空间光调制器适用于一维光信号的调制，因为在一般情况下，其写入信息沿一维分布。

(4) 液晶空间光调制器

液晶空间光调制器(liquid crystal spatial light modulator，LC-SLM)是一类利用液晶分子的电控双折射效应，实现光调制的有源光学器件(图 3.3.2)。它一般是由许多独立的液晶单元组成，这些液晶单元有规则地排列成一维或二维阵列。理论上来说，空间光调制器可灵活改变入射光波的波前。因为每个独立的单元都可以彼此独立地由驱动信号来控制，而这些驱动信号可改变液晶分子的排列取向，进而实现对入射光波的相位或者振幅进行有效调制。液晶空间光调制器是当今空间光调制器的主流，它采用微电子制备技术，具有能耗低、体积小、像素数目多、易于控制以及成本低等特点，是以电写入液晶空间光调制器为核心，结合滤波、CCD(charge coupled device)采集、监视器及计算机，组成实时的、可调控的激光光束空间整形系统。

本书所有关于空间光调制器的讨论，均是围绕液晶空间光调制器来展开的。

图 3.3.2　一种商用液晶空间光调制器(德国 Holoeye 公司产品)
(请扫Ⅵ页二维码看彩图)

2. 液晶空间光调制器的工作原理

液晶空间光调制器实现光调制最主要的组成部分是液晶屏,由许多液晶分子按照一定规律排列制作而成。液晶是一种介于固体和液体之间、具有规则性分子排列的有机化合物,液晶不仅具有液体和晶体的某些性质(如流动性、各向异性等),还有其他独特的性质,近年来在显示器、无损探伤、温度测量、医疗诊断以及环保监测等领域具有重要的应用。

液晶属于各向异性物质,从分子排列的方式上可分为向列相、近晶相和胆甾相三种相态。在不加电场时,它具有与普通单轴晶体(如磷酸二氢钾等)相似的光学性质,存在寻常光折射率 n_o 和异常光折射率 n_e,即一束光如果不沿着光轴方向射入液晶,会发生双折射现象。若对液晶施加外电场且达到一定程度后,液晶的光轴或液晶分子的取向会发生改变,如图 3.3.3 所示,这一变化也称为液晶的弗雷德里克斯(Fredericks)转变。当一束光入射施加了外电场的液晶分子时,就会发生电控双折射效应。

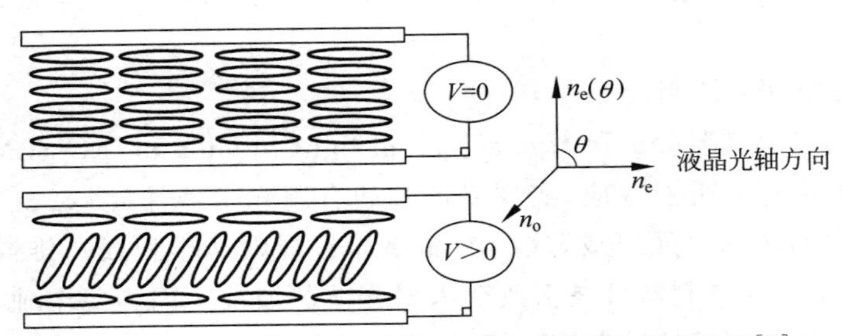

图 3.3.3　液晶分子在电场的作用下光轴方向发生偏转[10]

液晶分子的排列主要受三个力的作用,分别为分子间作用力、界面作用力和外场作用力。一般通过改变外场作用力来改变液晶分子的排列状态。由液晶的连续体理论,用构成物质的原子、分子的微观状态来描述物质的宏观物理特性,因此可把液晶看成是一个弹性连续体,它在外力作用下发生了弹性形变。

设液晶体内发生弹性形变的弹性常数为 K,介电常数为 ε,液晶层厚度为 d,则液晶发生弗雷德里克斯转变时的临界电场 E_c 为

$$E_c=\frac{\pi}{d}\sqrt{\frac{K}{|\varepsilon|}} \tag{3.3.1}$$

上式表明，临界电场 E_c 与介电常数 ε、弹性系数 K 和液晶层的厚度 d 有关。由电势差与电场间的关系：

$$U_{th}=E_c d \tag{3.3.2}$$

可得液晶分子发生弗雷德里克斯转变时的阈值电压 U_{th} 为

$$U_{th}=\pi\sqrt{\frac{K}{|\varepsilon|}} \tag{3.3.3}$$

式(3.3.3)表明，只有对液晶层施加的电压 U 大于其阈值电压 U_{th} 时，液晶分子的排列方向才会发生变化。此时液晶的光轴会在电场作用下沿着电场的方向偏转一定的角度 θ，其与施加电压 U 的关系可表示为[11]

$$\theta=\frac{\pi}{2}-2\arctan\left[\exp\left(-\frac{U-U_{th}}{U_0}\right)\right] \tag{3.3.4}$$

式中，U_0 为 $\theta=49.6°$时的过载电压。式(3.3.4)表明，液晶分子的偏转角度 θ 实际上是关于施加电压 U 的函数，并仅由 U 决定。实际上，液晶层内部的液晶分子的偏转角度与靠近表面的液晶分子并不完全一样，而是有一个微小的差别，这一差别产生的原因可以解释为：液晶屏靠近表面的液晶分子受到边界的束缚较大，使得其偏转角度小于位于屏内部的分子。施加外电场时液晶分子的偏转角度与其所处位置的具体关系较为复杂，本书不作过多赘述。

由于电控双折射效应，施加了外电场的液晶分子，其异常光折射率 n_e 会发生变化。在此引入有效折射率的概念，即施加电场后异常光的折射率 n_{eff}，它与液晶分子偏转角度 θ 的关系可以表示为

$$\frac{1}{n_{eff}^2}=\frac{\cos^2\theta}{n_e^2}+\frac{\sin^2\theta}{n_o^2} \tag{3.3.5}$$

整理后可得

$$n_{eff}(\theta)=\frac{n_o n_e}{\sqrt{n_o^2\cos^2\theta+n_e^2\sin^2\theta}} \tag{3.3.6}$$

令液晶层的厚度为 d，则液晶加电后引入的光程差 Δ 为

$$\Delta=\int_0^d[n_{eff}(\theta)-n_o]\mathrm{d}z \tag{3.3.7}$$

式中，偏转角度 θ 是一与所处位置 z 和被施加的电压 U 有关的函数。此时可得光波的相位变化 $\Delta\phi$ 为

$$\Delta\phi=k\Delta=\frac{2\pi}{\lambda}\cdot\int_0^d[n_{eff}(\theta)-n_o]\mathrm{d}z \tag{3.3.8}$$

这表明，当一束光通过加电后的液晶屏时，会引入如式(3.3.8)所示的相位差 $\Delta\phi$，即发生了相位调制。

与普通的波片相同，对于液晶空间光调制器，入射光的偏振方向不同时，液晶

就会产生不同的调制特性。液晶分子的物理性质和单轴晶体极为相似，通过单轴晶体的折射率椭球(图 3.3.4)可以看出，任何线偏光以波矢平行于光轴的方向射入单轴晶体，即入射光的偏振方向与光轴垂直时($\gamma=0$)，垂直于其传播方向的平面与折射率椭球的交面是一个圆。这说明各个偏振方向的折射率都是相等的，此时这束光是不受液晶分子调制的。当入射光的偏振方向不垂直于光轴时，会发生振幅或相位的调制。图 3.3.5 在极坐标下给出了不同入射线偏光的偏振方向与所对应的液晶空间光调制器的振幅和相位的调制关系[10]，其中 β 表示偏振方向与光轴的夹角。

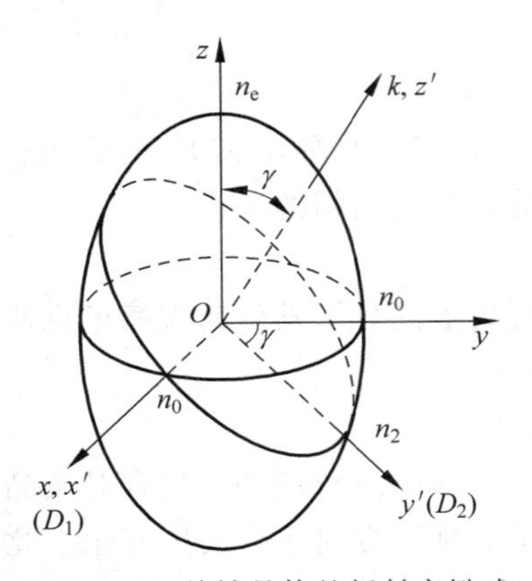

图 3.3.4 单轴晶体的折射率椭球

由图 3.3.5 不难看出，当入射的线偏光的偏振方向与液晶光轴的夹角 $\beta=0$ 时，即入射光的偏振方向平行于光轴时，液晶对光束为纯相位调制，没有振幅调制，出射光的偏振态不变。当入射光的偏振方向与光轴的夹角 $\beta\neq0$ 时，液晶对光束既有相位调制也有振幅调制，出射光的偏振状态会发生改变。

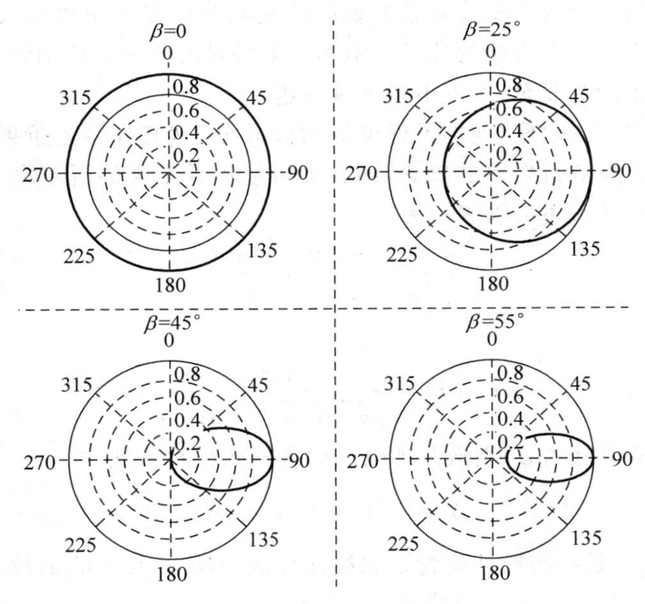

图 3.3.5 不同入射线偏光的偏振方向与所对应的液晶空间光调制器的振幅和相位的调制关系[10]

综上，在使用液晶空间光调制器时，若入射光为非偏振光、椭圆偏振光，或偏振方向不与光轴方向平行的线偏光，其必有与光轴方向非平行的偏振分量，即必然会存在振幅调制。若要实现纯相位调制，必须使用线偏振光照射，且偏振方向必须与液晶分子的光轴方向平行。通常，液晶空间光调制器的光轴呈水平方向，因此一般情况下，需采用水平线偏光照射。

前面已经介绍了液晶空间光调制器的工作原理，即利用液晶分子的电控双折射效应，实现相位调制。在实际应用中，反射式液晶空间光调制器更为常见一些，它采用读取灰度相位信息的方式，以读入光栅图像的灰度值大小，控制施加在液晶分子上的外电场大小，进而在不同位置引入不同的相位调制，实现对相位型衍射光栅的模拟。

3. 液晶空间光调制器的主要参数

为了说明液晶空间光调制器的光学特性、工作方式以及技术性能等，必须使用特定的参数来评价。下文将列出液晶空间光调制器的部分主要参数，包括：光谱范围、相位分辨率、空间分辨率、像元大小、占空比、衍射效率、刷新频率和损伤阈值等。

(1) 光谱范围，即液晶空间光调制器可实现调制的入射波长范围，只有当入射光波长与光谱范围匹配时，才能达到良好的调制效果。

(2) 相位分辨率(灰度等级)，即液晶空间光调制器可调制的最小相位值的大小。当前的液晶空间光调制器一般采用 8 bit(256 阶)灰度值控制，最小可调相位可低至 $\pi/128$。

(3) 空间分辨率，即液晶屏表面的液晶分子数。分辨率越高，液晶空间光调制器的调制精度就越高，调制性能越好。当前部分厂商已经开发出具有 4K 分辨率的液晶空间光调制器。

(4) 像元大小，即液晶屏表面每一个液晶分子的尺寸。通常像元尺寸越小，其模拟复杂相位光栅的能力越高。

(5) 占空比，即液晶屏表面液晶分子的总面积与液晶屏面积的比值。

(6) 衍射效率，即衍射(反射)光与入射光的比值。对于不同光谱范围的液晶空间光调制器，其衍射效率也不尽相同。

(7) 刷新频率，即液晶空间光调制器每秒可切换的相位屏数。在一般的应用中，对刷新频率的要求并不高，但在自适应光学中，刷新频率越高，自适应补偿的实时性就越好。

(8) 损伤阈值，即会使液晶屏发生损坏的临界入射光功率密度。液晶空间光调制器在使用时，必须保证入射光功率密度低于损伤阈值，否则会将液晶屏损坏。

3.3.2　相位光栅模拟振幅光栅的方法

液晶空间光调制器虽可以方便地模拟各种相位型衍射光栅，但在模拟振幅型衍射光栅时却存在一些困难。由图 3.3.5 可以看出，液晶空间光调制器虽可通过调节入射线偏振光的偏振方向来实现纯相位调制，但却无法实现纯振幅调制。然而，在实际应用中，利用液晶空间光调制器来模拟振幅光栅是十分必要的，因为它可实现在实际制作振幅光栅前先期检验所设计的振幅光栅的性能，另外，也可以实现对相位——振幅混合型衍射光栅的模拟。既然液晶空间光调制器可以实现对入射光场的纯相位调制，那么如果可以找到一种用相位光栅模拟振幅光栅的方法，就可以通过液晶空间光调制器的纯相位调制来模拟振幅型衍射光栅。本节将介绍两种相位光栅模拟振幅光栅的方法，即棋盘相格法和闪耀光栅法。

所谓棋盘相格，即相位分别为 0 和 π 的相格交替组成的相位结构。这种棋盘相位，能够实现零振幅调制，进而模拟振幅光栅的不透光部分。棋盘相格中每一个相格单元仅对入射光的相位有调制，对振幅没有影响，因此所有的相位变换都可在复平面单位圆中对应向量表示。考虑相邻两个相位格，一个相位调制为零，一个相位调制为 π 时，即如图 3.3.6(a)所示，在复振幅坐标中，若令 Z_1 等于 0，Z_2 等于 π，则此时 Z_1 与 Z_2 的矢量和 Z_3 等于零。这种分布规律的相位格在大量排列的情况下，其平均作用就会将入射光的振幅调制为零，进而可以模拟振幅衍射元件中不透光的部分。

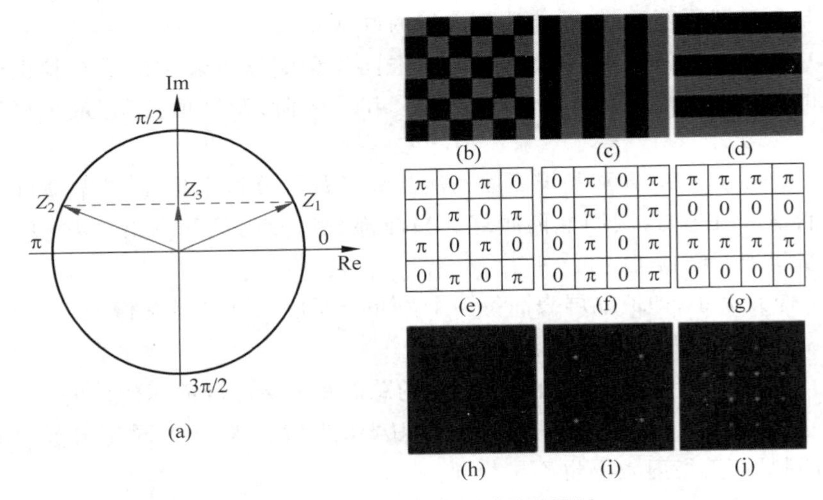

图 3.3.6 棋盘相格法原理说明图

(a) 复平面单位圆，Z_1 与 Z_2 分别表示两个相邻相位格的相位，Z_3 为 Z_1 与 Z_2 和的平均；(b) 棋盘相格分布结构；(c) 棋盘相格纵向组成部分；(d) 棋盘相格横向组成部分；(e) 棋盘相格对应的相位分布；(f) 棋盘相格纵向组成部分对应的相位分布；(g) 棋盘相格横向组成部分对应的相位分布；(h)～(j) 高斯光束入射不同大小的棋盘相格的远场衍射仿真图

(请扫Ⅵ页二维码看彩图)

事实上，棋盘相格对入射光束平均零振幅调制的原理可以用简单的傅里叶变换进行解释[12]。如图 3.3.6(b)、(c)、(d)所示，棋盘相位的透过率函数 $T(x,y)$可简单地看作 x 和 y 两个方向的周期函数 $T(x)$和 $T(y)$的叠加。在 2.5.1 节中已经提到，远场衍射可以看作初始光场的傅里叶变换，当高斯光束照射棋盘相格时，

其远场衍射可以表示为

$$\begin{aligned}\mathscr{F}[G(x,y)\cdot T(x,y)] &= \mathscr{F}(G(x,y)) * \mathscr{F}(T(x,y)) \\ &= G(f_x,f_y) * \mathscr{F}(T(x,y))\end{aligned} \tag{3.3.9}$$

由于周期函数的傅里叶变换必包含 δ 函数，当棋盘相格大小取得极小时，意味着周期函数的周期极小，傅里叶变换后其相频谱峰值的位置与初始位置的距离极大，表现为原入射光路上光会“消失”，进而实现对入射光阻挡。图 3.3.6 中(h)、(i)、(j)分别为棋盘相格单位依次增大后，高斯光束经棋盘调制后的衍射图样。可以看出，棋盘相格单位越小，梳状函数的周期就越小，衍射后高斯光束之间的距离就越大，零振幅调制的效果就越明显。

利用棋盘相格法模拟振幅光栅时，只需将不透光部分设计为棋盘相格，在透光部分相位设置为零即可，此时设计的相位光栅即实现了振幅光栅的功能。图 3.3.7 给出了利用棋盘相格法设计的可实现单缝和叉形光栅功能的相位型衍射光栅，其对应的远场衍射光斑如图 3.3.8 所示。可以看出，棋盘相格法可以很好地实现相位型衍射光栅对振幅型衍射光栅的模拟。

图 3.3.7　用棋盘相格法模拟单缝和叉状振幅光栅

(a) 单缝；(b) 叉形光栅。其中，灰色区域为棋盘相格分布，黑色部分模拟透光区域

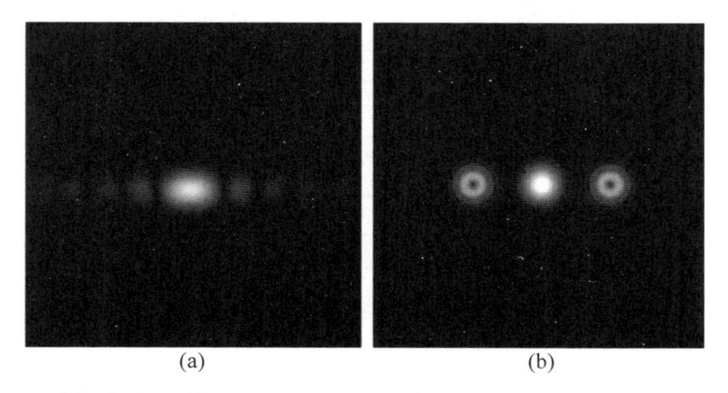

图 3.3.8　高斯光束照射图 3.3.7 所示的光栅时的远场衍射理论仿真计算结果

与棋盘相格法不同，闪耀光栅法即将振幅型衍射光栅透光的部分和不透光的部分沿不同的光路方向分开，两部分光束分别形成衍射图样，间接地实现了振幅调制效

果。闪耀光栅的结构如图 3.3.9 所示,它是一种反射型相位光栅,其相位分布函数为

$$\phi=\frac{2\pi x}{d} \tag{3.3.10}$$

主要的结构参数有:光栅常数 d,即光栅周期;闪耀角 α,光栅的倾斜反射面与水平面 P 之间的夹角;入射角 β,入射光波与水平面 P 的法线 BN 之间的夹角;衍射角 θ,衍射光波与水平面 P 的法线 BN 之间的夹角。

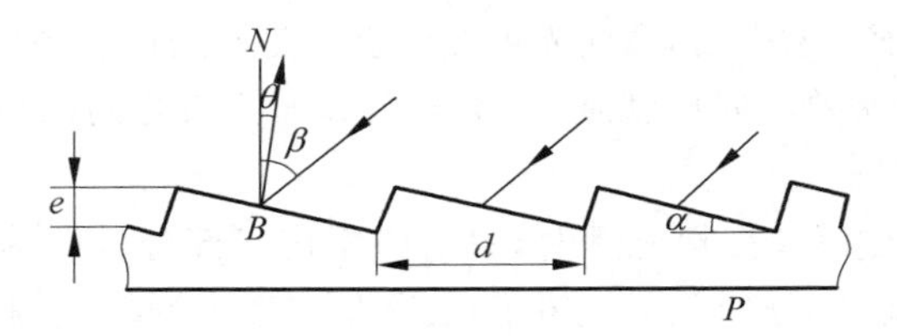

图 3.3.9　闪耀光栅

图中,光栅常数 d、入射角 β 和衍射角 θ 的关系由光栅方程决定:

$$d(\sin\beta+\sin\theta)=\lambda \tag{3.3.11}$$

当正入射光束时,$\beta=0$,在傍轴近似下,由式(3.3.11)可得

$$\theta=\frac{\lambda}{d} \tag{3.3.12}$$

上式表明,正入射光束经过闪耀光栅后,强度不发生变化,仅出射角度发生 $\theta=\lambda/d$ 的偏离,且该偏移量与光波长成正比,与光栅常数成反比。不难看出,闪耀光栅可以看成一倾斜的平面,当一束高斯光束入射时,只有第一衍射级存在,其他衍射级均为缺级。图 3.3.10 给出了高斯光束照射闪耀光栅后的衍射结果,其远场衍射光场与入射光场相比,有明显的位置偏移。

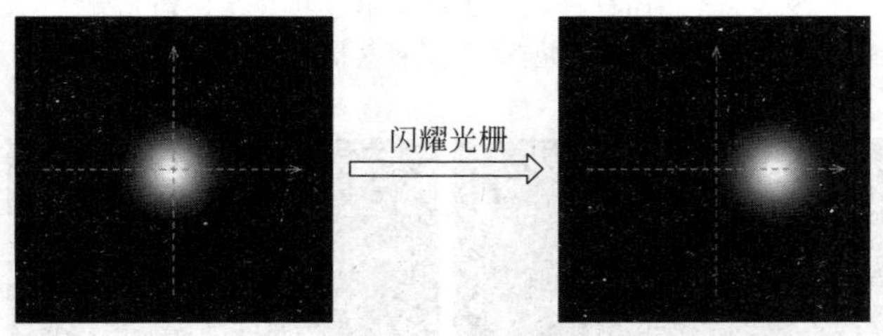

图 3.3.10　高斯光束经闪耀光栅前后的光场分布情况

利用闪耀光栅的这一性质,在模拟振幅型衍射光栅时,可将透光区域的相位调制设为恒定值零,不透光区域的透过率成闪耀光栅分布,从而使两个部分的衍射图样沿光轴传播方向发生分离。

图 3.3.11 给出了通过闪耀光栅法设计的可实现单缝和叉形光栅功能的相位型衍射光栅。其中,对于单缝,希望透光的部分加入纵向闪耀光栅,不希望透光的部分无相位调制,因此,单缝衍射图样和细丝衍射图样沿着光路纵向分开。对于叉形光栅,希望透光的部分加入横向闪耀光栅,不希望透光的部分无相位调制,因此,

两个叉状光栅衍射图样沿着光路横向分开。高斯光束照射图 3.3.11 中衍射光栅时获得的远场衍射光场如图 3.3.12 所示，表明闪耀光栅法模拟振幅光栅实际是将透光与不透光部分分离，以此来达到与振幅光栅相同的衍射效果。

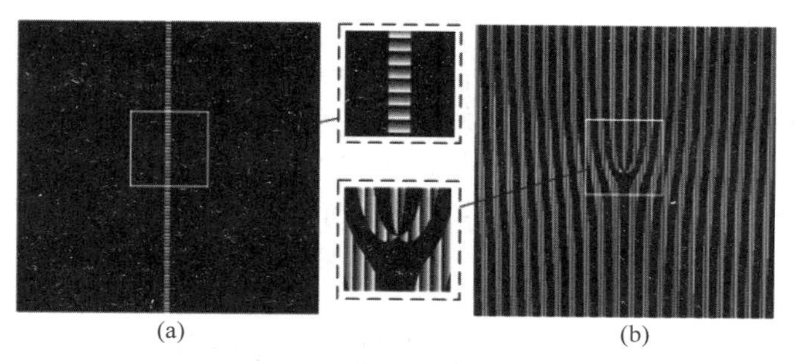

图 3.3.11 用闪耀光栅法模拟单缝和叉状振幅光栅

(a) 单缝；(b) 叉形光栅，其中黑色部分为模拟不透光区域，其他闪耀光栅部分模拟透光区域

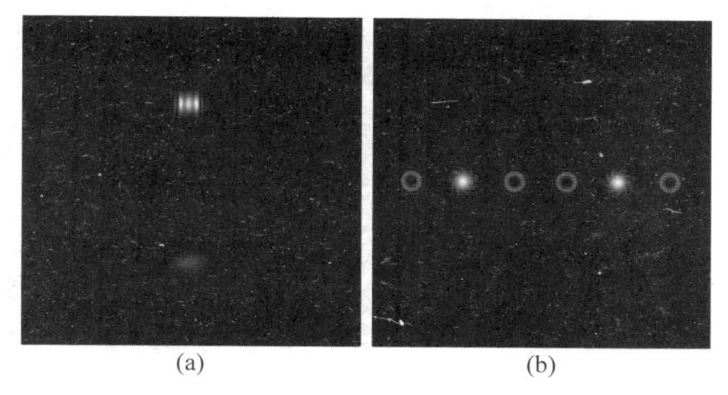

图 3.3.12 高斯光束照射图 3.3.11 所示的光栅时的远场衍射理论仿真计算结果

值得注意的是，在图 3.3.12(b)中，可以看到叉形光栅的 0 级位置，本应是高斯光束，但却出现花瓣状光场分布。这是由于横向闪耀光栅的引入恰好使得两个不同位置的叉形光栅的±3 衍射级和 0 级衍射相叠加，获得干涉后的光场。因此，采用闪耀光栅法模拟振幅光栅时，为了避免上述情况的出现，引入的闪耀光栅方向应与要模拟的振幅光栅的分光方向相垂直，如图 3.3.12(a)所示。

3.3.3 利用相位型衍射涡旋光栅生成涡旋光束

3.2.2 节已经介绍了利用螺旋相位片来生成涡旋光束的方法，其原理简单，转换效率高，但其制作工艺复杂，精度要求较高，生成的涡旋光束的阶次不易切换，在一定程度上限制了其实际应用。然而，如果可以将螺旋相位片的相位表示成相位型衍射光栅的形式，并利用液晶空间光调制器来模拟，则会使得涡旋光束的生成更加容易。这种用液晶空间光调制器模拟的螺旋相位片称为相位型衍射涡旋光栅，通常由于这种螺旋相位光栅以计算全息图的方式获得，因此也称为全息螺旋相位片或全息涡旋光栅。

极坐标下相位型衍射涡旋光栅的透过率函数可以表示为

$$T(r,\varphi)=\exp(\mathrm{i}l\varphi) \tag{3.3.13}$$

式中，l 表示涡旋光栅的阶次，决定了生成涡旋光束的阶次（角量子数）。由此可得衍射涡旋光栅的相位分布为

$$\phi(r,\varphi)=\arg[T(r,\varphi)]=l\varphi \tag{3.3.14}$$

由式(3.3.14)，利用 MATLAB 编写程序生成的不同阶次的涡旋光栅，在高斯光束入射时，其远场衍射光场的光强与相位分布如图 3.3.13 所示。可以看出，相位型衍射涡旋光栅可将入射高斯光束转化为角量子数与其阶次完全相同的涡旋光束。

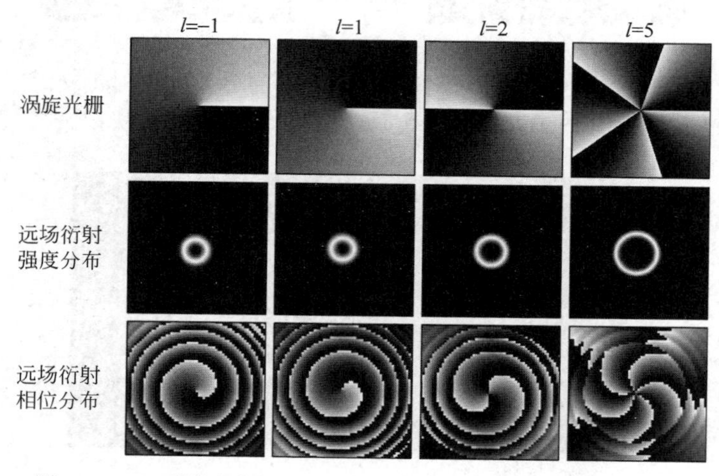

图 3.3.13　不同阶次的相位型衍射涡旋光栅及其远场衍射光场

需要注意的是，实际情况下，若使用反射式液晶空间光调制器模拟相位型衍射涡旋光栅来生成涡旋光束时，转化而来的涡旋光束的阶次与涡旋光栅的阶次是相反的。1.2.4 节介绍了涡旋光束的镜像性，即涡旋光束经奇数次反射后，其角量子数会取相反数。当使用反射式液晶空间光调制器时，由于液晶屏对光束的反射，相当于在生成涡旋光束后引入了一次额外的反射过程，使得生成的涡旋光束的角量子数与涡旋光栅阶次相反。

利用液晶空间光调制器模拟涡旋光栅来生成涡旋光束的方法十分灵活，可根据需要改变给其加载的全息相位。然而当涡旋光栅的阶次很大时，导致其中心相位跃变程度非常高。由于空间光调制的分辨率有限，因此对高阶相位涡旋光栅的模拟存在不足。这种中心分辨率不足会导致生成的螺旋光束环带加宽。图 3.3.14(a)为涡旋光栅阶次取 20 时的全息图样，放大中心部分可以发现，分辨率有明显不足，导致图样发生错误。图 3.3.14(b)为仿真结果，可以看出，涡旋光束环加宽，仿真光斑失真。图 3.3.14(c)为实验结果，可以发现，除了加宽的圆环之外，中间部分也出现一个亮斑。这也是由相位型涡旋光栅中心部分分辨率不足引

起的，导致入射高斯光束中心较强部分几乎“透过”失真部分，使得高阶涡旋光束的生成结果不理想。

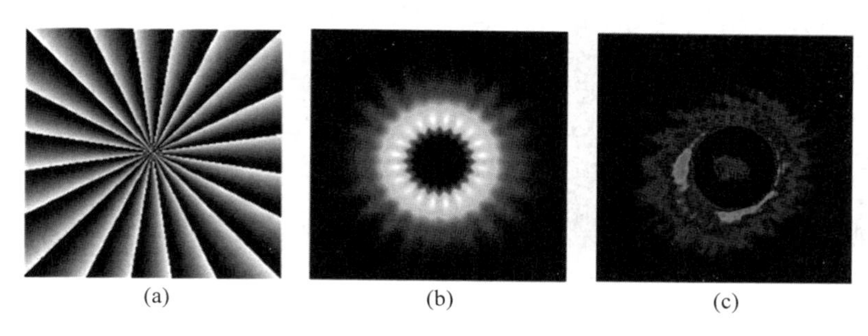

图 3.3.14　20 阶涡旋光栅以及当高斯光束照射时远场衍射的理论仿真与实际实验结果
（请扫Ⅵ页二维码看彩图）

高阶涡旋光栅生成的高阶涡旋光束不理想这一问题，可以利用最佳环带法解决[13,14]。最佳环带的基本思想是，根据极坐标傅里叶变换前后的对应关系，生成的涡旋光束环带展宽是由涡旋光栅的内部引起的；而生成涡旋光束的主亮环及次亮环是由涡旋光栅外部决定的。在这种情况下，就存在一个最佳环带，使生成的涡旋光束模式最好。

如图 3.3.15 所示，仅取涡旋光栅的内部，外部用棋盘相格损耗掉，可以看出衍射图样并没有得到改善。而根据图 3.3.16 所示，将涡旋相位的中间部分用棋盘相格损耗掉，只积分环形外部，避免中心部分的影响。生成的涡旋光束虽得到了明显的改善，圆环宽度变窄，但是由于中间圆屏的衍射效果，生成的涡旋光束存在次级衍射级。根据图 3.3.15 与图 3.3.16 的仿真计算结果，不难发现，高阶涡旋光束生成效果较差的原因，主要源于涡旋光栅的中间部分。

综上，通过取涡旋光栅的一环带结构，并适当改变内外环半径，则必存在一最佳环带结构，使生成的涡旋光束效果最好。设计最佳环带结构的方法很简单，即首先确定入射光斑的大小，之后利用公式求出环带的平均半径，再根据螺旋光束的阶数确定内外环半径大小。本书直接给出最佳环带结构的设计公式，关于其具体的推导过程，读者可自行查阅相关资料[13,14]。

设入射光束半径为 ω，环带平均半径为 R_m，内外环半径分别为 R_i 和 R_o，环宽 $\Delta R=R_o-R_i$，生成的涡旋光束的角量子数为 l，则它们满足下式：

$$\omega=1.43R_m \tag{3.3.15}$$

$$R_m=R_o-\Delta R/2 \tag{3.3.16}$$

$$R_m=R_i+\Delta R/2 \tag{3.3.17}$$

$$\Delta R=1.4043R_o l^{-0.5363} \tag{3.3.18}$$

根据式(3.3.15)～式(3.3.18)，在已知入射高斯光束半径，以及欲生成的涡旋

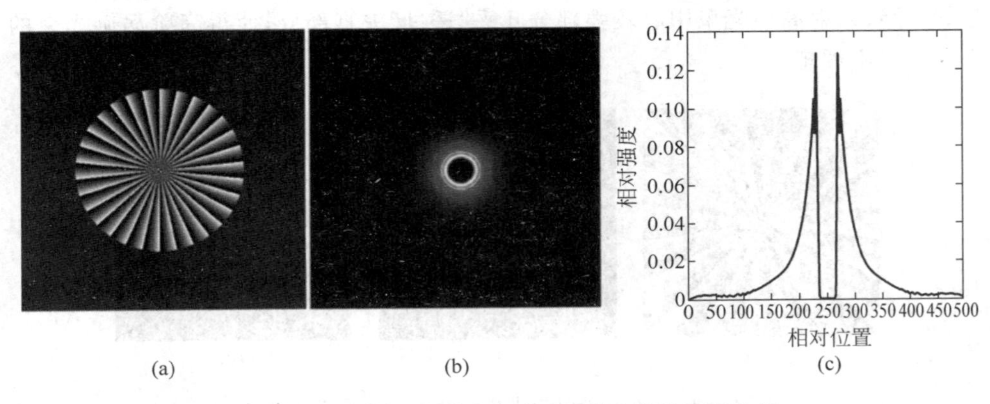

图 3.3.15　仅采用涡旋光栅中心部分光斑的衍射结果

(a) 全息图；(b) 衍射光斑；(c) 光斑强度分布

(请扫Ⅵ页二维码看彩图)

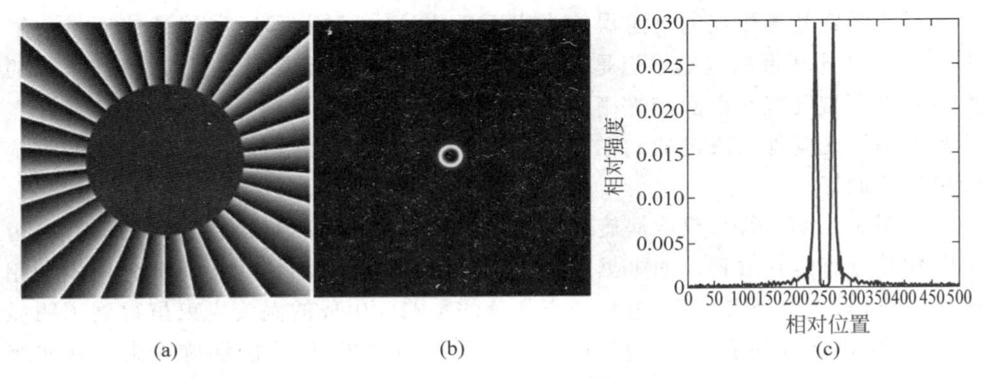

图 3.3.16　积分内部光斑的衍射结果

(a) 全息图；(b) 衍射光斑；(c) 光斑强度分布

(请扫Ⅵ页二维码看彩图)

光束的阶次的情况下，即可算出环带内径、外径和宽度。例如，当入射高斯光束半径 $\omega=5$ mm，角量子数 $l=50$ 时，计算得

$$\begin{cases} R_{\mathrm{m}}=3.50\ \mathrm{mm} \\ R_{\mathrm{o}}=3.82\ \mathrm{mm} \\ R_{\mathrm{i}}=3.18\ \mathrm{mm} \\ \Delta R=0.64\ \mathrm{mm} \end{cases} \tag{3.3.19}$$

此时，按照式(3.3.19)设计的环带涡旋光栅，以及高斯光束照射后的远场衍射光场分布如图 3.3.17 所示。

由图 3.3.17 可以看出，利用最佳环带法生成的高阶涡旋光束环宽得到了明显的改善。然而，最佳环带法也存在缺点，即转化率低：只有环带部分的入射光发生了衍射，而能量最强的中间部分损耗掉，因此降低了转换效率。

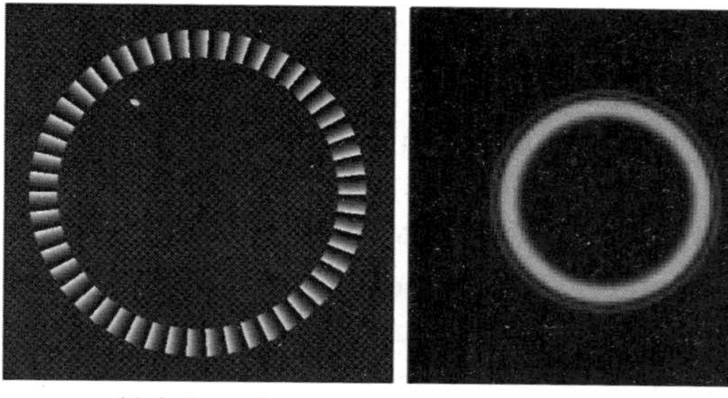

图 3.3.17　入射高斯光束半径为 3 mm,角量子数为 50 时,所设计的环带涡旋光栅及其远场衍射光场分布

3.4　偏振调制法

除了利用前面已经介绍的腔内法等几种生成涡旋光束的方法外,还有一种利用偏振器件实现具有特定偏振态的高斯光束向涡旋光束的转化。这种偏振器件包括组合半波片(spatially variable half-wave plates,SVHWP),q 波片(q-plate)等。

3.4.1　组合半波片

组合半波片是一种具有角向各向异性快轴方向的偏振器件,其结构如图 3.4.1 所示。组合半波片由 M 块快轴方向与 x 轴方向呈

$$\theta(n)=\frac{2\pi m(n-1)}{M} \tag{3.4.1}$$

角度放置的子半波片组合叠加而成。式(3.4.1)中,n 为子半波片的序号,m 定义为组合半波片的阶次。组合半波片的制作过程非常简单:

(1) 根据组合半波片快轴的分布规律,计算和绘制出组合半波片的几何结构图,如图 3.4.2 所示,标出每个波片上快轴的方向和波片的序号,然后将几何结构图拆分成 M 个子波片,通过旋转让所有子波片的快轴方向一致;

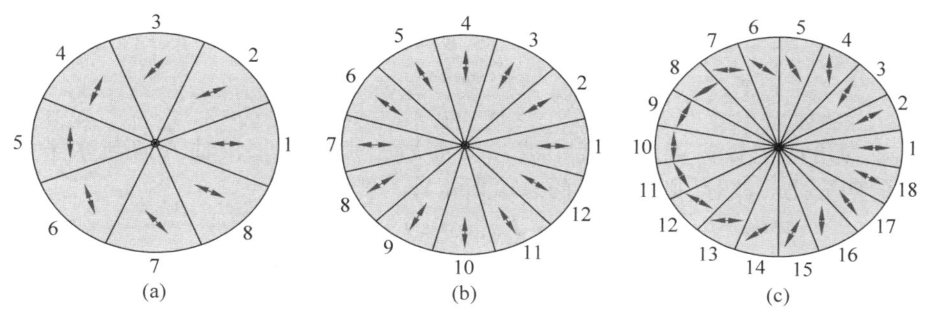

图 3.4.1　(a)～(c)一阶、二阶和三阶组合半波片结构[15]

(请扫Ⅵ页二维码看彩图)

(2) 将快轴一致的子波片进行合理的组合使之紧密地分布在一个圆内，如图 3.4.2(a)和(b)所示；

(3) 对图 3.4.2(a)和(b)所示进行缩放，使其尺寸与要切割的半波片相同，作为衬底；

(4) 将缩放后的图衬放在所要切割的半波片上，用金刚石刀进行切割，得到 M 片等腰三角形形状的子波片；

(5) 对子波片的三个边进行打磨，使之平滑，而后根据序号顺序将其组合起来放置到石英平片上，用硅橡胶粘合其外边缘将其固定。

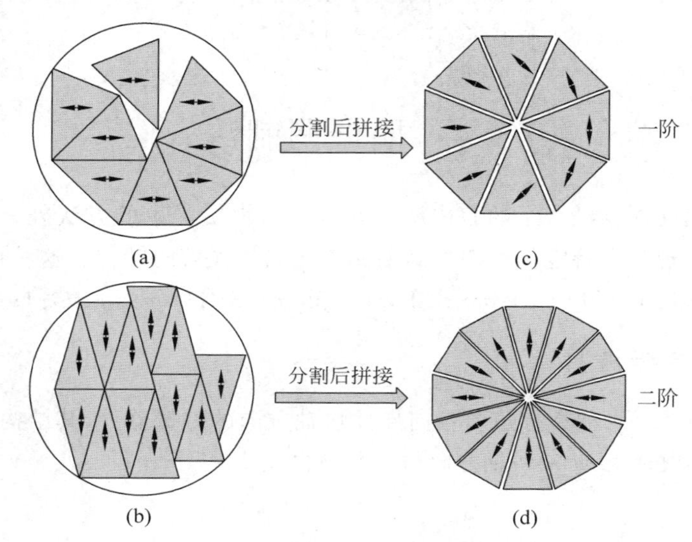

图 3.4.2　组合半波片的分割拼接方案
(请扫Ⅵ页二维码看彩图)

图 3.4.3 给出了按照上述步骤制作的二阶组合半波片($m=2$)的实物图。

m 阶的组合半波片可由琼斯矩阵描述为

$$\boldsymbol{J}_{\text{SVHWP}}=\sum_{n=1}^{M}\begin{bmatrix}\cos 2\theta(n) & \sin 2\theta(n)\\ \sin 2\theta(n) & -\cos 2\theta(n)\end{bmatrix} \tag{3.4.2}$$

当 $M\rightarrow\infty$ 时，组合半波片的角向快轴方向为连续变化，此时式(3.4.2)可化简为

$$\boldsymbol{J}_{\text{SVHWP}}(\varphi)=\begin{bmatrix}\cos m\varphi & \sin m\varphi\\ \sin m\varphi & -\cos m\varphi\end{bmatrix} \tag{3.4.3}$$

式中，φ 为角向坐标。若在组合半波片的前后分别放置一快轴方向与水平面呈 $-45°$ 的四分之一波片，则组合体的总琼斯矩阵为

$$\begin{aligned}\boldsymbol{M}(\varphi)&=\boldsymbol{J}_{\lambda/4}(-45°)\cdot\boldsymbol{J}_{\text{SVHWP}}(\varphi)\cdot\boldsymbol{J}_{\lambda/4}(-45°)\\&=\frac{1}{4}(1+\mathrm{i})^2\begin{bmatrix}1 & \mathrm{i}\\ \mathrm{i} & 1\end{bmatrix}\begin{bmatrix}\cos m\varphi & \sin m\varphi\\ \sin m\varphi & -\cos m\varphi\end{bmatrix}\begin{bmatrix}1 & \mathrm{i}\\ \mathrm{i} & 1\end{bmatrix}\\&=\mathrm{i}\begin{bmatrix}\exp(\mathrm{i}m\varphi) & 0\\ 0 & -\exp(-\mathrm{i}m\varphi)\end{bmatrix}\end{aligned} \tag{3.4.4}$$

图 3.4.3　二阶组合半波片实物图
（请扫Ⅵ页二维码看彩图）

不难发现，式(3.4.4)所示的矩阵中，含有螺旋相位项 $\exp(\mathrm{i}m\varphi)$ 和 $\exp(-\mathrm{i}m\varphi)$。这意味着采用组合半波片来生成涡旋光束是可行的。

当一束偏振方向与水平面呈 β 角的线偏振高斯光束入射到式(3.4.4)所述的组合体时，输出光场为

$$\begin{aligned}\boldsymbol{E}&=\boldsymbol{M}(\varphi)\begin{bmatrix}\cos\beta\\ \sin\beta\end{bmatrix}\\&=\mathrm{i}\exp(\mathrm{i}m\varphi)\cos\beta\begin{bmatrix}1\\0\end{bmatrix}+\mathrm{i}\exp(-\mathrm{i}m\varphi)\sin\beta\begin{bmatrix}0\\1\end{bmatrix}\end{aligned}\tag{3.4.5}$$

式(3.4.5)表明，输出光场为水平线偏光和竖直线偏光的同轴合束，且水平线偏光为涡旋光束 $|m\rangle$，竖直线偏光为涡旋光束 $|-m\rangle$，且它们间的能量比与 β 值有关，表示为 $(\cos\beta/\sin\beta)^2$。因此，在输出光场中，可采用一检偏器来滤出想要的涡旋模式。

特别地，当入射光束为水平或竖直线偏光时，输出分量将不包含竖直或水平偏振成分，此时，可在无检偏器的情况下获得纯度较高的涡旋光束。利用组合半波片生成涡旋光束的转换效率，与子半波片数 M 有关。相关研究表明，M 值越大，转换效率越高。当 $M=8$ 时，转换效率为 74.6%；当 $M\to\infty$ 时，转换效率可达到 78.5%[15]。因此，在实际制作组合半波片时，应尽可能采用较多的子半波片，以获得更高的转换效率。

另外，人们可以容易地发现，水平或竖直线偏振高斯光束入射时，在出射光的偏振态不发生改变的同时，获得了角量子数与组合半波片阶次相同或相反的涡旋光束，即组合半波片与两个四分之一波片的组合体实现了与螺旋相位片完全相同

的功能。因此,组合半波片是一种低成本的模拟螺旋相位片的有效手段。

3.4.2　q 波片

q 波片[16]是一种由向列相液晶制成的可实现光束的自旋角动量与轨道角动量交换的偏振调制器件,其通过控制液晶分子主轴在横截面上的不均匀分布,在横截面每一个点上形成一个局部半波片,给被调制光引入几何螺旋相位,从而使得输出光束携带有轨道角动量,即生成了涡旋光束。

极坐标系下 q 波片的液晶主轴在其横截面上的分布规律为

$$\alpha(r,\varphi)=q\varphi+\alpha_0 \tag{3.4.6}$$

式中,q 为 q 波片的阶次,取值为 0.5 的整数倍。α_0 为 $\varphi=0$ 时的初始主轴方向。图 3.4.4[16]给出了不同阶次下的 q 波片的结构,图中实线表示该点液晶主轴的排列方向。

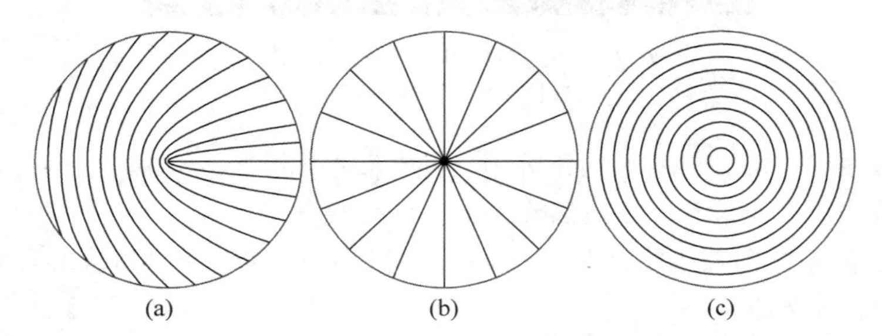

图 3.4.4　q 波片的结构,图中实线表示该点液晶主轴的排列方向[16]

(a) $q=0.5,\alpha_0=0$; (b) $q=1,\alpha_0=0$; (c) $q=1,\alpha_0=\pi/2$

(请扫Ⅵ页二维码看彩图)

q 波片的琼斯矩阵可以表示为[16]

$$\boldsymbol{M}_q=\begin{bmatrix}\cos 2\alpha & \sin 2\alpha\\ \sin 2\alpha & -\cos 2\alpha\end{bmatrix} \tag{3.4.7}$$

其中,α 由式(3.4.6)决定。当一束右旋圆偏振光照射 q 波片时,其出射光场可以表示为

$$\boldsymbol{E}=\boldsymbol{M}_q\begin{bmatrix}1\\ \mathrm{i}\end{bmatrix}=\exp(\mathrm{i}2\alpha)\begin{bmatrix}1\\ -\mathrm{i}\end{bmatrix}=\exp(\mathrm{i}2q\varphi)\exp(\mathrm{i}2\alpha_0)\begin{bmatrix}1\\ -\mathrm{i}\end{bmatrix} \tag{3.4.8}$$

由式(3.4.8)不难看出,出射光场为具有螺旋相位项的角量子数为 $2q$ 的左旋涡旋光束 $|2q\rangle$。类似地,若采用左旋圆偏振光入射,则出射光场为

$$\boldsymbol{E}=\boldsymbol{M}_q\begin{bmatrix}1\\ -\mathrm{i}\end{bmatrix}=\exp(-\mathrm{i}2q\varphi)\exp(-\mathrm{i}2\alpha_0)\begin{bmatrix}1\\ \mathrm{i}\end{bmatrix} \tag{3.4.9}$$

此时出射光场为角量子数为 $-2q$ 的右旋涡旋光束 $|-2q\rangle$。

若入射光束为线偏振光,则输出光场为具有各向异性偏振态分布的矢量光束,这一现象将在第 7 章作详细讨论。

综上，圆偏振光入射 q 波片时，输出光场具有以下几个主要特性：

(1) 圆偏振手性会发生变化，即左旋变为右旋，右旋变为左旋；

(2) 具有统一的相位延迟 $2\alpha_0$；

(3) 输出光束为携带有轨道角动量的涡旋光束，其阶次为 $2q$ 或 $-2q$（与入射圆偏光的旋向有关）。

在实际应用中，q 波片可通过在液晶板面上施加对应的静电场分布控制液晶分子的偏转来获得。或者对包裹液晶板面的上下两块玻璃板按照主轴图形进行打磨，而后在这两块轴心对准的平行玻璃板件填入液晶，待液晶分子各自稳定在最低能态后制得。

本节介绍的组合偏振片和 q 波片，除了可用于生成涡旋光束外，还可用来进行涡旋光束的探测和矢量光束的生成，这两部分应用将在后续章节中具体讨论。

3.5　涡旋光束发射器

前面所介绍的涡旋光束的生成方法，均采用设计并搭建特殊的光学系统来实现，这并不利于涡旋光束在小型化应用中的需要。本节将介绍一种线度在微米量级的涡旋光束发射器，它的结构简单，可与现有集成工艺兼容，尺寸小，易于控制，鲁棒性高，且阶次可调地生成涡旋光束。

3.5.1　回音壁模式

与机械波类似，电磁波可在具有柱对称结构的介质中，通过全反射形成被束缚的回音壁模式(whispering gallery mode，WGM)。常见的柱对称结构介质包括盘形谐振腔和环形谐振腔(图 3.5.1)等。

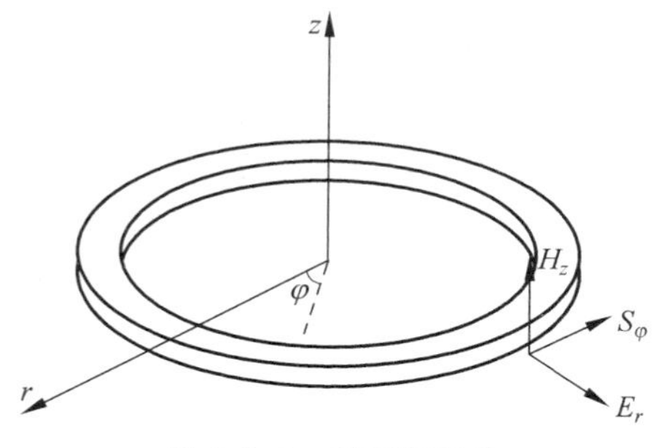

图 3.5.1　环形谐振腔

电磁波的回音壁模式实际上是亥姆霍兹方程的一组解，本书仅考虑其最简单的电场分量[17]：

$$E_r(r,\varphi,z)=E_r(r)E_r(z)\exp(\pm \mathrm{i}p\varphi) \tag{3.5.1}$$

式中，$E_r(r)$为径向电场，通常可写为贝塞尔函数或汉克尔函数的形式。$E_r(z)$为垂直于波导(谐振腔)平面的纵向电场,它与一般平板波导中的纵向电场分量一致。p 为回音壁模式在角向上的模式数。尽管回音壁模式会有在径向上的传播而引起的弯曲损耗,但对于高品质因数的盘形或环形谐振腔来说可以忽略。在这种情况下,回音壁模式在径向或纵向上的分布可以看作是驻波,其唯一的传播项只有角向的 $\exp(\pm ip\varphi)$,其中正负号表示传播方向。此时,通过第 1 章的分析不难得出,回音壁模式中的光子实际上是携带有轨道角动量的。由于回音壁模式需在角向上满足相位自洽条件以形成稳定的模式,因此 p 必为整数,且满足下式:

$$p\lambda = 2\pi n_{\mathrm{eff}} R_{\mathrm{eff}} \tag{3.5.2}$$

式中,n_{eff} 和 R_{eff} 分别为该模式的等效折射率和对应器件的等效半径。由式(3.5.2)可得回音壁模式的角向传播常数为

$$k_{\varphi}^{\mathrm{WGM}} = \frac{2\pi n_{\mathrm{eff}}}{\lambda} = \frac{p}{R_{\mathrm{eff}}} \tag{3.5.3}$$

综上,盘形或环形谐振腔中的回音壁模式本身携带有轨道角动量,但是其为腔内的束缚模式,在纵向传播方向上的净传播系数为零。如果将腔内的轨道角动量模式提取出来,使其具有纵向的动量分量而形成辐射模式,则可获得涡旋光束。这一提取可通过衍射光栅来实现。

3.5.2 角向光栅对模式的选择

一般来说,在直角坐标系下对介质折射率进行一维或多维调制的线性衍射光栅应用较广。对于 3.5.1 节介绍的环形谐振腔,为了使其达到更好的调制效果,应使用具有旋转对称分布的衍射光栅,即角向光栅。在环形谐振腔中,回音壁模式只有沿着角向的传播常数,因此其折射率的调制也应选在角向。图 3.5.2 给出了最简单的角向矩形光栅[18],其环形谐振腔中的回音壁模式衍射为带有螺旋波前的垂直输出模式,注意回音壁模式、角向矩形光栅和输出模式之间满足动量守恒。

对于图 3.5.2 所示的角向光栅,其光栅矢量为

$$\boldsymbol{K} = K_{\varphi}\hat{\varphi} = \frac{2\pi n_{\mathrm{eff}}}{T}\hat{\varphi} \tag{3.5.4}$$

式中,T 为角向光栅周期,定义周期数为 q,则 T 可写为

$$T = \frac{2\pi n_{\mathrm{eff}} R_{\mathrm{eff}}}{q} \tag{3.5.5}$$

将式(3.5.5)代入式(3.5.4),得

$$K_{\varphi} = \frac{q}{R_{\mathrm{eff}}} \tag{3.5.6}$$

式(3.5.6)表明,由于角向空间的取值是以 2π 为周期的,即角向光栅的周期性表现为光栅在 $\varphi\in[0,2\pi)$ 中具有 q 个均匀分布的周期,因此光栅矢量的大小可取一由 q 值决定的离散值。当角向光栅与式(3.5.1)所示的回音壁模式相互作用时,只有满足以下布拉格条件[19]:

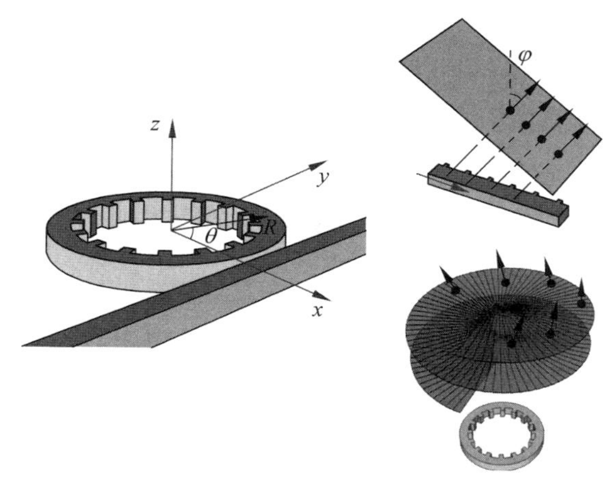

图 3.5.2 角向矩形光栅：环形谐振腔中的回音壁模式经角向光栅衍射后成为带有螺旋波前的垂直输出模式[18]
（请扫Ⅵ页二维码看彩图）

$$k_{\varphi}^{b}=k_{\varphi}^{\mathrm{WGM}}-bK_{\varphi}=\frac{p-bq}{R_{\mathrm{eff}}} \tag{3.5.7}$$

的模式才能形成正反馈，不满足该条件的模式会被抑制。式(3.5.7)中，k_{φ}^{b} 为光栅第 b 衍射级的角向传播常数。式(3.5.7)表明，当角向阶次为 p 的回音壁模式与分布周期数为 q 的角向光栅作用后，在不同的衍射级具有不同的角向传播常数。其实这一现象与常见的线性直角坐标光栅是一致的，对于如前面几节讨论的光栅，其不同的衍射级表现为不同的衍射角；而对于角向光栅来说，表现为不同衍射级上的不同螺旋相位分布。为了使被束缚住的模式辐射出来，其纵向传播常数 k_{z}^{b} 必须非零，因此需满足：

$$|k_{\varphi}^{b}|<k \tag{3.5.8}$$

化简后得

$$(n_{\mathrm{eff}}-1)\frac{T}{\lambda}<b<(n_{\mathrm{eff}}+1)\frac{T}{\lambda} \tag{3.5.9}$$

不难看出，只要选择合适的参数 n_{eff}、T 和 λ，即可使满足条件的第 b 衍射级的模式从环形谐振腔中辐射出来。这表明理论上只需通过一定的手段注入能量，使腔内形成稳定的回音壁模式，带有角向光栅的环形谐振腔即可实现携带有轨道角动量的涡旋光束的生成，这种带有角向光栅的环形谐振腔称为涡旋光束发射器。由于这种光学器件的尺寸可以做得很小，可集成化，因此也称为集成涡旋光束发射器。

下面讨论如何控制所发生的涡旋光束的阶次。若要使涡旋光束发射器所生成的涡旋光束纯度较高，需采用二阶均匀光栅。均匀光栅的布拉格条件[19]为

$$m\lambda=2n_{\mathrm{eff}}T \tag{3.5.10}$$

式中，m 为光栅的阶次。对于二阶光栅，$m=2$，则光栅周期应满足：

$$T=\frac{\lambda}{n_{\mathrm{eff}}} \tag{3.5.11}$$

代入式(3.5.9),得

$$1-\frac{1}{n_{\mathrm{eff}}}<b<1+\frac{1}{n_{\mathrm{eff}}} \tag{3.5.12}$$

因此,b 只能为 1,即只能让第一衍射级成为发射模式。此时,

$$k_{\varphi}^{1}=\frac{p-q}{R_{\mathrm{eff}}} \tag{3.5.13}$$

则生成的涡旋光束的角量子数为

$$l=k_{\varphi}^{1}R_{\mathrm{eff}}=p-q \tag{3.5.14}$$

对于一涡旋光束发射器,q 为固定值,因此可通过适当地调节 p 来控制发射的涡旋光束的阶次。由式(3.5.2)可知,p 值由工作波长 λ 和有效折射率 n_{eff} 决定,这表明,可通过改变环形谐振腔外部耦合波导的输入波长,或改变腔的温度来改变有效折射率的方式实现对角量子数的控制。

2013 年蔡等首次报道了通过在绝缘硅衬底上直接输出环形硅谐振腔及其内壁的矩形光栅而得到的涡旋光束发射器,波导宽度 500 nm,高度 220 nm,谐振腔半径 3.9 μm,光栅周期数 $q=72$,光栅占空比 10%,如图 3.5.3 所示[18]。

图 3.5.3　涡旋光束发射器的扫描电镜照片[18]

图 3.5.4[18]给出了蔡等在谐振腔半径为 7.5 μm 时测得的不同输入波长下的频谱。可以看出,在 0 阶模式($l=0$)的两侧,每隔一个自由光谱范围的距离,依次可得到±1 阶,±2 阶,±3 阶,…模式。当输入波长约为 1525 nm 时,该涡旋光束发射器产生 0 阶模式,同时,存在两个紧邻的分裂模式。0 阶模式的这种分裂是由于该波长附近正好满足光栅的二阶条件($p=q$),而此时光栅的反射作用,即二阶衍射达到最强,使腔内允许存在两个具有相同角向传播常数的简并回音壁模式。然而这两个简并模式在腔内具有不同的等效折射率 n_{eff},最后表现为在不同的波长时出射 0 阶模式。

综上,在环形谐振腔中引入一定的折射率调制以形成二阶衍射光栅,则可以将腔内的回音壁模式与光栅作用后第一衍射级中的涡旋光束发射出来,发射的涡旋光束的阶次由工作波长和腔的有效折射率来控制。基于该原理,研究人员还将涡旋光束

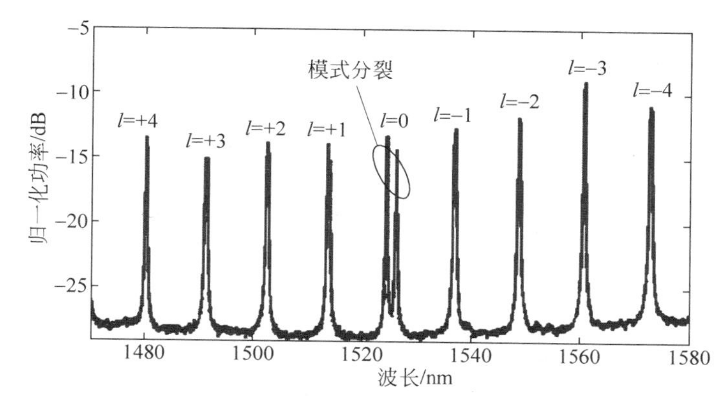

图 3.5.4 蔡等实验测得的谐振腔半径为 7.5 μm 涡旋光束发射器的输出频谱[18]
（请扫Ⅵ页二维码看彩图）

发射器与分布式反馈激光器(distributed feedback laser,DFB)相结合研制出了半导体涡旋光束激光器,如图 3.5.5 所示,并在多种小型化应用场景中得到应用[20]。

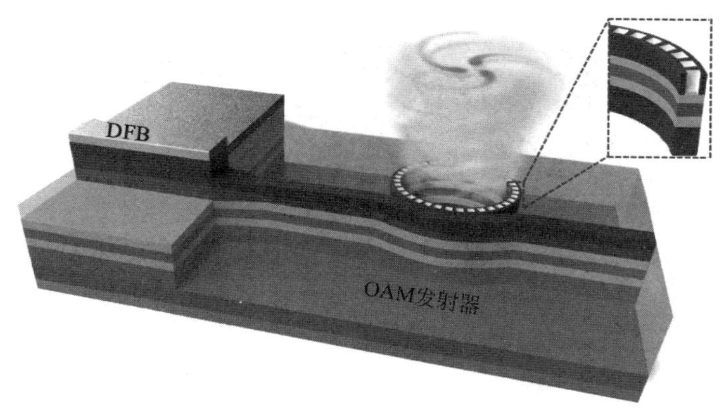

图 3.5.5 半导体涡旋光束激光器[20]
（请扫Ⅵ页二维码看彩图）

3.6 多模混合涡旋光束的生成

多模混合涡旋光束是指一束涡旋光束中含有多个轨道角动量模式,其横截面光场分布呈现为各个模式干涉后的花瓣形。在前面几节中已经介绍了如何生成具有单一模式的涡旋光束,本节我们将具体讨论多模混合涡旋光束的生成方法。

3.6.1 多模混合涡旋光束的光场特征

在第 1 章中已经提到,涡旋光束具有螺旋形相位分布,由于其中心的相位奇点而具有中空的环形,其所包含的每一光子均携带有轨道角动量。当一束涡旋光束中含有不同的模式，即同时具有多个不同的轨道角动量叠加态时，其横截面光场分布会由于不同模式间的干涉呈现出花瓣状图案，其相位分布亦与单一模式时不同。

考虑最简单的情况，即两路涡旋光束等强度合束，设它们的角量子数分别为 l_1 和 l_2，则它们同轴合束后涡旋光束（$|l_1\rangle+|l_2\rangle$）的复振幅为

$$E \propto \exp(\mathrm{i}l_1\varphi)+\exp(\mathrm{i}l_2\varphi) \tag{3.6.1}$$

由此可知，其横截面光强分布满足下式：

$$\begin{aligned}|E|^2 \propto |\exp(\mathrm{i}l_1\varphi)+\exp(\mathrm{i}l_2\varphi)|^2 &= 2+2(\cos l_1\varphi\cos l_2\varphi+\sin l_1\varphi\sin l_2\varphi)\\ &= 2\{1+\cos[(l_1-l_2)\varphi]\}\end{aligned} \tag{3.6.2}$$

式(3.6.2)表明，双路等强度合束后的涡旋光束，其横截面光强分布是关于角向坐标 φ 的函数。同时不难理解，双路涡旋光束等强度合束后的光场具有花瓣状结构，且花瓣数等于 $|l_1-l_2|$。而且，两路单一模式等强度合束后的涡旋光束，其相位分布与单一模式时也不相同，而是两个螺旋相位叠加后的相互作用结果：图 3.6.1 列出了不同 l_1 和 l_2 时，等比例双模混合涡旋光束在束腰处的横截面光强分布和相位分布。

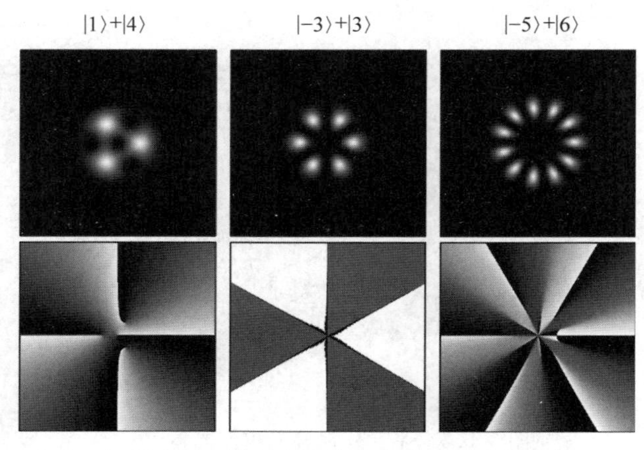

图 3.6.1　不同 l_1 和 l_2 时，等比例双模混合涡旋光束在束腰处的横截面光强分布和相位分布

注意，上述的讨论并没有考虑不同阶次涡旋光束的光斑尺寸的影响，因此只适用于 $|l_1-l_2|$ 较小的情况。事实上，一般涡旋光束的光斑尺寸与角量子数 l 有关，若 l_1 和 l_2 的绝对值相差较大，合束后的光束并不会发生干涉，而是出现“大环套小环”的现象，如图 3.6.2 所示。图 3.6.2 中给出了（$|-30\rangle+|3\rangle$）的横截面光强分布与相位分布，可以看出两个模式并没有发生干涉，它们的相位也没有互相影响。

对于同时含有多种模式且模式不等比例的多模混合涡旋光束，可表示为

$$E \propto \sum_{l=-\infty}^{+\infty} a_l \exp(\mathrm{i}l\varphi) \tag{3.6.3}$$

式中，a_l 为系数，其模方 $|a_l|^2$ 表示模式 $|l\rangle$ 的强度。实际上，$|a_l|^2$ 即 1.3 节所介绍的轨道角动量谱，表征了多模混合涡旋光束不同模式间的能量比例关系。

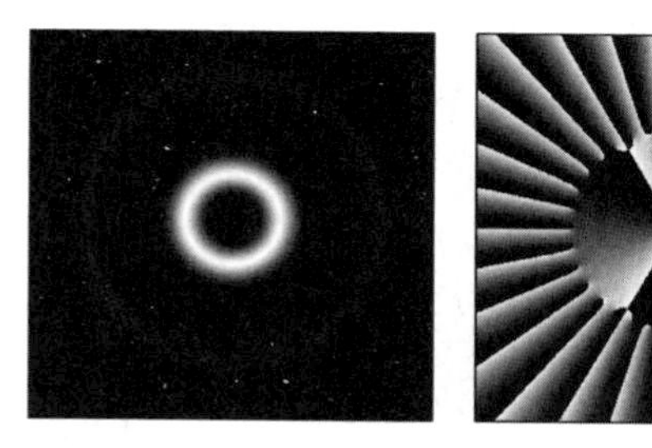

图 3.6.2　$(|-30\rangle+|3\rangle)$的横截面光强分布与相位分布

图3.6.3给出了$|-14\rangle$，$|-11\rangle$，$|-8\rangle$，$|-5\rangle$，$|5\rangle$，$|8\rangle$，$|11\rangle$和$|14\rangle$八路不同比例混合的涡旋光束在束腰处的光强、相位，以及轨道角动量谱的分布，可以看出，由于模式间的干涉产生了更加复杂的光场。此时，无论是从光强分布角度，还是从相位分布角度，均无法直接读出其所包含的轨道角动量信息，这时必须引入轨道角动量谱这一评价标准来表征多模混合涡旋光束。

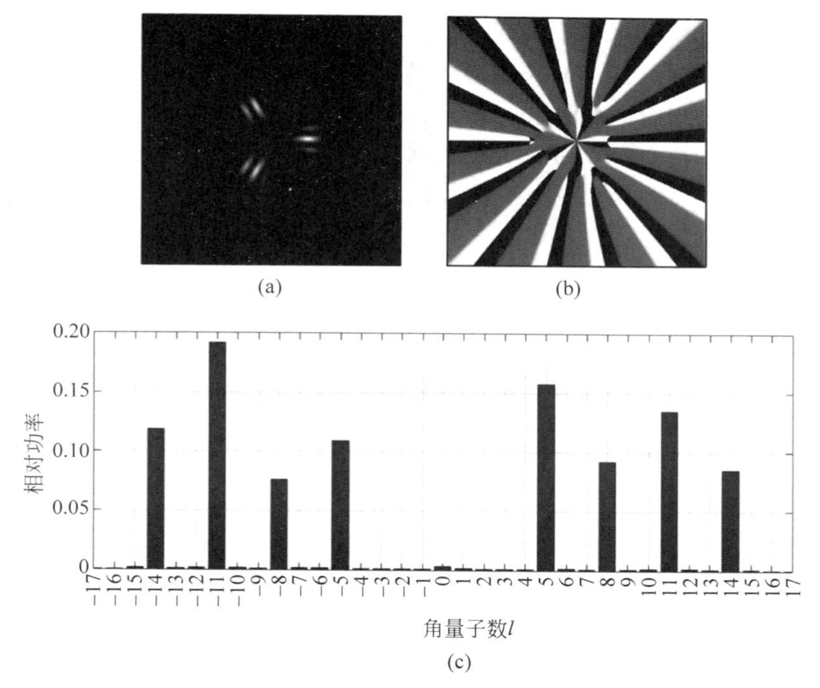

图 3.6.3　八路混合涡旋光束在束腰处的(a) 光强，(b) 相位，以及(c) 轨道角动量谱的分布

3.6.2　合束法

合束法即先用前面几节所介绍的方法生成不同阶次的单路涡旋光束，而后采

用一定的光学手段使其同轴合束，进而获得多模混合涡旋光束。

非偏振五五分光棱镜(图 3.6.4)是一种最常见的合束元件。当一束光沿着光轴方向入射时，会被分成等强度的两束光，一束沿着光轴方向透射，一束则以垂直于入射方向反射。如果将两束涡旋光分别沿着透射方向和反射方向入射分光棱镜，则会在非入射的另外两个方向上获得合束后的涡旋光束。

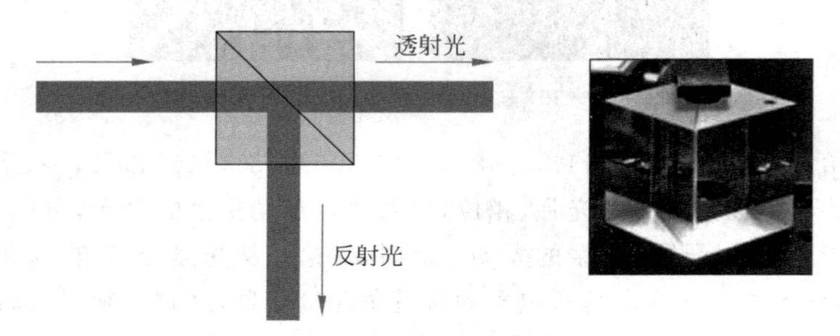

图 3.6.4　非偏振五五分光棱镜
(请扫Ⅵ页二维码看彩图)

类似地，采用多五五分光棱镜级联的方式，即可实现多路单一模式的同轴合束，进而获得多模混合涡旋光束，如图 3.6.5 所示。然而，采用该方法获得多模混合涡旋光束时，由于每一次合束的过程均会产生 50%的光束损耗，效率较低。另外，需要多个子系统来获得单一模式涡旋光束，使得整个系统过于庞大，十分复杂，且十分不稳定。

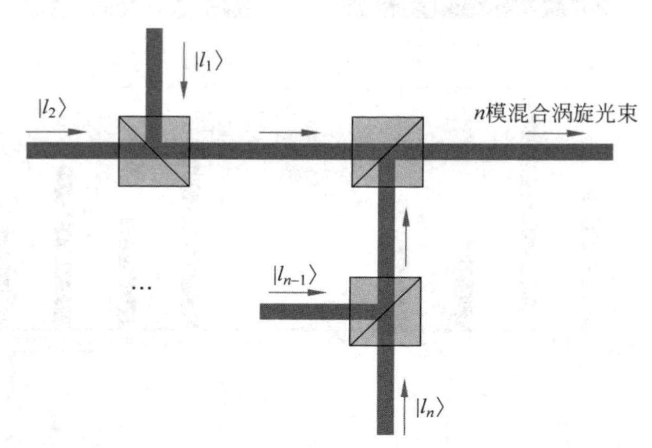

图 3.6.5　非偏振五五分光棱镜级联获得多模混合涡旋光束
(请扫Ⅵ页二维码看彩图)

3.6.3　干涉仪法

干涉仪法的基本思想与合束法本质上相同。其区别在于，干涉仪法可通过采用涡旋光束阵列(将在第 4 章着重介绍)输入的方式，通过控制涡旋光束阵列的旋转，将阵列中处于不同衍射级处的涡旋光束合束，如图3.6.6所示（以二叉叉形光栅获得的远场衍射涡旋光阵列为例）。即干涉仪法一般采用单路光束入射的方式，而不像合束法那样采用多光束同时入射，在一定程度上提高了系统的稳定性。常见的生成多模混合涡旋光束的干涉仪有萨奈克（Sagnac）干涉仪[21]、迈克耳孙（Michelson）干涉仪等[22]。

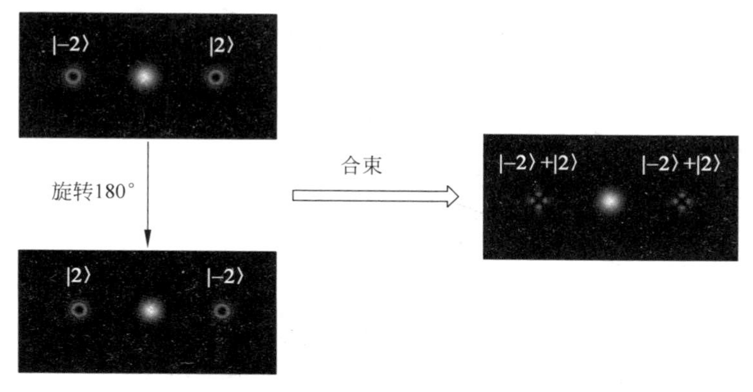

图3.6.6　干涉仪法生成多模混合涡旋光束的原理图

萨奈克干涉仪是将同一光源发出的一束光分解为两束，让它们在同一个环路内沿相反方向循行一周后在分束点汇合形成干涉的干涉仪。图3.6.7给出了利用萨奈克干涉仪生成多模混合涡旋光束的系统图[21]。其核心元件为偏振分光棱镜PBS和两个道威棱镜（Dove prism）D_1 和 D_2，其原理是通过引入道威棱镜来使光栅的衍射光场分束后再分别进行旋转，使得不同的衍射级可以同轴叠加。以3.2.3节介绍的叉形光栅为例，其远场衍射中处于±1衍射级的涡旋光束的角量子数是不同的，则利用图3.6.7所示的萨奈克干涉仪即可将±1衍射级叠加而获得双模混合涡旋光束。

该系统的具体工作过程是：激光器出射的基模高斯光束经起偏器P和四分之一波片QWP之后转化为圆偏振光，然后入射到一叉形光栅FG上，再经过平凸透镜L作光场傅里叶变换来获得远场衍射。这里将高斯光束的偏振态转换成圆偏振的原因，是为了使后面的偏振分光棱镜可以等强度的分光，当然这里若采用偏振方向与水平面呈45°的线偏振光束亦可达到相同的效果。根据傅里叶光学[23]的相关理论，此处叉形光栅应置于平凸透镜的前焦平面上，则叉形光栅的远场衍射可在透镜的后焦平面上观察到。在平凸透镜与其后焦平面之间放置萨奈克环行光路，经过叉形光栅之后的衍射场会经偏振分光棱镜分解成偏振方向为 x 和 y、场分布相同的两个偏振场 E_x 和 E_y，其中衍射场 E_x 将沿着 $R_1 \to R_2 \to R_3$ 方向传输，而 E_y 沿着 $R_3 \to R_2 \to R_1$ 方向传输，最后两束光经偏振分光棱镜同轴合束后输出。

由于环路中的两束线偏振光传输方向相反，经过第一个道威棱镜 D_1 的作用，E_x 将翻转后按照顺时针方向旋转 α，而 E_y 则翻转后按照逆时针方向旋转 α。环路

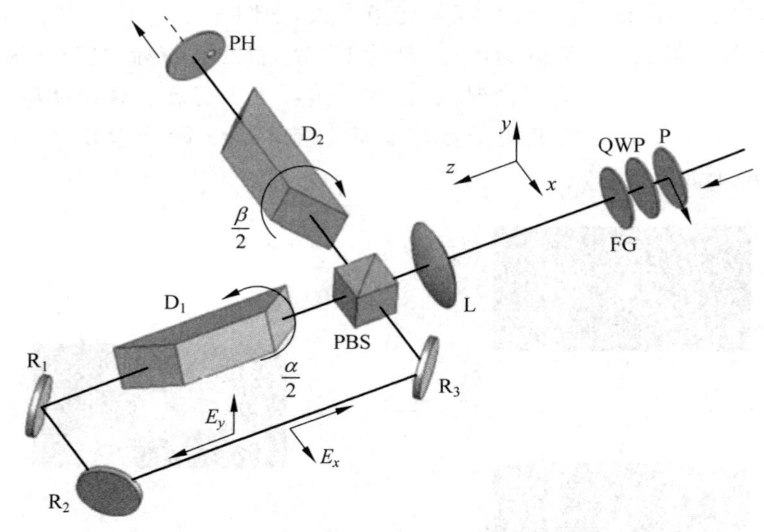

图 3.6.7 利用萨奈克干涉仪生成多模混合涡旋光束

P：起偏器；QWP：四分之一波片；FG：叉形光栅；L：平凸透镜；PBS：偏振分光棱镜；$D_1 \sim D_2$：道威棱镜；$R_1 \sim R_3$：全反镜；PH：小孔光阑(针孔)[21]

外第二个道威棱镜 D_2 则能够使合束后的两束线偏振光翻转后都按照顺时针方向旋转 β。因此经过环路和两个道威棱镜共同作用后两束偏振光的旋转特征为 E_x 顺时针旋转了$(\beta+\alpha)$，E_y 顺时针旋转了$(\beta-\alpha)$。如果在平凸透镜的后焦平面上放置一个小孔光阑，则在位置合适的时候所需要的角量子数的涡旋光束滤出，因而，就可以通过调节两个道威棱镜的旋转角度使叉形光栅不同衍射级处的涡旋光束进行叠加。

特别地，对于 3.2.3 节中提到的叉形光栅，若利用萨奈克干涉仪将±1 衍射级合束，只需保证环路中两束线偏光的旋转角度差为 π，即满足$|(\beta+\alpha)-(\beta-\alpha)|=\pi$，此时 $\alpha=\pm\pi/2$，则道威棱镜 D_1 的 xOz 平面应与水平面呈 $\alpha/2=\pm\pi/4$ 放置，对道威棱镜 D_2 的放置角度 $\beta/2$ 没有具体的要求。图 3.6.7 中道威棱镜 D_1 的作用是使两个偏振方向的光场沿着相反的方向旋转来实现同轴合束，而道威棱镜 D_2 的作用是使合束后的光场旋转来让生成的双模混合涡旋光束从小孔光阑射出。由于在环路中两个不同偏振分量所经历的光程相同，因此该系统对外界环境的影响不是特别敏感，但是对光路的准直有非常高的要求。

另外一种可生成多模混合涡旋光束的干涉仪是迈克耳孙干涉仪，如图 3.6.8 所示。与传统的迈克耳孙干涉仪不同的是，这里使用两个波罗棱镜(Porro prism)代替平面反射镜，通过分别旋转两个波罗棱镜实现入射的涡旋光阵列的旋转，进而使不同的衍射级相叠加获得双模混合涡旋光束[22]。

当一束涡旋光阵列(如叉形光栅的衍射光场等)输入到图 3.6.8 所示的迈克尔逊干涉仪时，经起偏器 P 和四分之一波片 QWP 后转化为圆偏振光。偏振分光棱

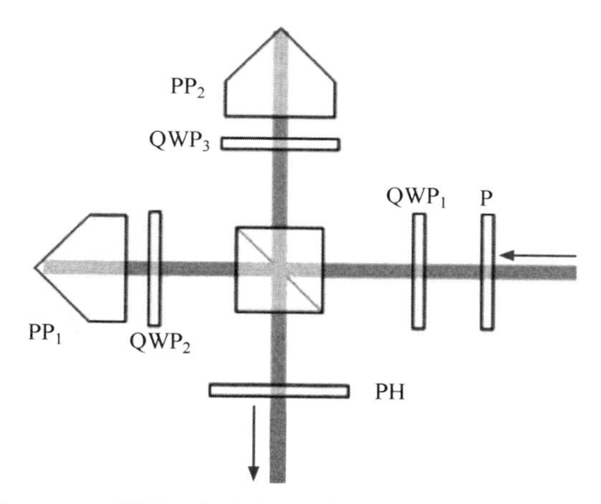

图 3.6.8 利用迈克耳孙干涉仪生成多模混合涡旋光束

P：起偏器；QWP_1～QWP_3：四分之一波片；PBS：偏振分光棱镜；PP_1～PP_2：波罗棱镜；PH：小孔光阑(针孔)[22]

镜 PBS 将光场分为线偏振方向相互正交的两路，进入迈克尔逊干涉仪的两臂。在干涉仪的两臂上各安装一个与水平面分别成 45°和 135°的四分之一波片，将线偏振光转换为圆偏振光。在干涉仪两臂的末端各安装一个波罗棱镜，实现光场的旋转。且当波罗棱镜旋转 θ 时，涡旋光阵列向同样的方向旋转 2θ。经波罗棱镜反射后的圆偏振光再次通过四分之一波片时，再次转换为线偏振光，只不过其偏振方向相比第一次经过四分之一波片前转过了 90°，这使得偏振分光棱镜分光时，反射的部分再次经过分光棱镜时将透射穿过棱镜，而分光时透射的部分再次经过分光棱镜时将发生反射。此时两臂上出射的光经偏振分光棱镜后实现相对旋转同中心轴叠加，即不同衍射级间的涡旋光束实现了同轴合束，进而生成了双模混合涡旋光束。

综上，干涉仪法的实质就是通过改进后的干涉仪，实现对入射涡旋光阵列的旋转，使不同衍射级上的涡旋光束可以同轴叠加，进而输出。然而，在系统中涡旋光束经历多次反射。在 1.2.4 节中，我们已经研究了涡旋光束的反射特性，即当其经历奇数次反射时，其角量子数取反；而经偶数次反射时，角量子数不变。对于图 3.6.7 所示的萨奈克干涉仪，分光后的两束涡旋光阵列分别反射 5 次(两个道威棱镜各反射 1 次，三个全反镜各反射 1 次)和 7 次(两个道威棱镜各反射 1 次，三个全反镜各反射 1 次，偏振分光棱镜反射 2 次)；对于图 3.6.8 所示的迈克耳孙干涉仪，分光后的两束涡旋光阵列分别均反射 3 次(偏振分光棱镜反射 1 次，波罗棱镜的屋脊面等效反射 2 次)。因此，实际上上述两个干涉装置除了使位于不同衍射级的涡旋光束同轴合束以外，还使得它们的角量子数分别取反。对于叉形光栅生成的涡旋光阵列，由于±1 级衍射处的涡旋光束的阶次互为相反数，取反的效果被抵消。然而，若入射光为稍后第 4 章要介绍的复杂涡旋光阵列，则必须考虑反射对生成的双模混合涡旋光束的影响。

干涉仪法虽可在涡旋光阵列入射时稳定生成混合模涡旋光束，但其装置比较复杂，调节的精度要求较高。另外，一个干涉仪只能生成双模涡旋光束，对于更多混合模式的生成，需采用多干涉仪配合合束法来实现，这在一定程度上限制了其实际应用。

3.6.4 相位光栅法

前面介绍的两种方法，本质上都是通过光学系统将单模涡旋光束同轴合束来获得多模混合涡旋光束，虽然原理十分简单，但是光路调节的精度要求较高，系统也较为庞大。那么，可否通过设计特殊的纯相位衍射光栅，当高斯光束照射时可直接生成多模混合涡旋光束呢？

我们先回顾一下在 3.3.2 节所讨论的利用闪耀光栅来实现相位型衍射光栅模拟振幅光栅的方法，即将振幅型衍射光栅透光的部分和不透光的部分沿不同的光路方向分开，两部分光束分别形成衍射图样，间接地实现振幅调制效果。若采用此方法模拟叉形光栅，并适当选取合适的闪耀光栅周期，则必然可以使两组衍射光场的±1衍射级相互叠加，生成混合模涡旋光束，如图 3.6.9 所示。

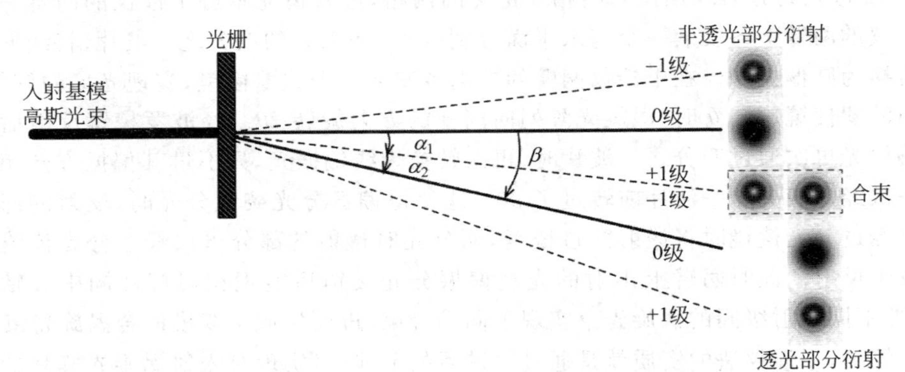

图 3.6.9　叠加闪耀光栅的叉形光栅生成混合模涡旋光束的原理图

图 3.6.9 表明，傍轴近似下，若要使两组衍射光场的±1衍射级相互叠加，必须满足$\alpha_1+\alpha_2=\beta$，其中α_1、α_2、β分别为非透光部分叉形光栅 0 和 1 衍射级间的衍射角、透光部分叉形光栅 0 和 1 衍射级间的衍射角和闪耀光栅的衍射角。通常，叉形光栅的缝宽与光栅常数之比为 0.5，此时$\alpha_1=\alpha_2$，$\beta=2\alpha_1$。设叉形光栅的光栅常数为d，闪耀光栅的光栅常数为Λ，则由光栅方程：

$$\begin{cases}\lambda = d\sin\alpha_1 = d\alpha_1 \\ \lambda = \Lambda\sin\beta = \Lambda\beta\end{cases} \tag{3.6.4}$$

得到

$$d = 2\Lambda \tag{3.6.5}$$

式(3.6.5)表明，当叉形振幅光栅的光场常数为叠加的闪耀光栅的 2 倍时，透光和不透光部分的±1衍射级会同轴叠加，此时用一小孔光阑将合束的衍射级滤出来，则可生成混合模涡旋光束。图 3.6.10 给出了在式(3.6.5)的限定下，不同叉数 l 时的叠加闪耀光栅的叉形光栅，及高斯光束入射时的远场衍射光场。由于叉形光栅±1 衍射级中的涡旋光束的角量子数互为相反数，且光强相同，因此利用该方法只能生成阶次相反的等强度模式合束，而无法生成其他形式的多模混合涡旋光束。同时，衍射光场中由于只有位于±1 衍射级的光束是有用的，其他衍射级的光束均被滤掉，因此该方法生成的混合模涡旋光束的效率非常低。

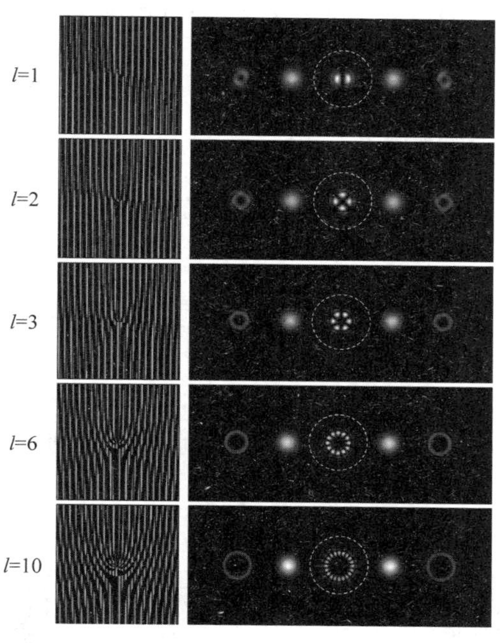

图 3.6.10　叠加闪耀光栅的叉形光栅及高斯光束照射时的远场衍射光场

在 3.2.2 节和 3.3.3 节中讨论的利用螺旋相位片或基于螺旋相位片的相位型涡旋光栅来生成单一模式涡旋光束的原理与方法，给我们提供了一个生成多模混合涡旋光束的新思路：即是否可以通过设计一类似于螺旋相位片的相位型衍射光栅，当采用一束基模高斯光束照射时可直接生成任意强度比例、任意轨道角动量模式混合的多模混合涡旋光束呢？

假设入射光束为一平面波，其振幅分布为 $E_0(r)$。目标多模混合涡旋光束具有 n 个不同的 OAM 模式，其角量子数分布为 $\{l_1, l_2, \cdots, l_n\}$，模式间的归一化能量分布为 $\{p_1, p_2, \cdots, p_n\}$。设相位型衍射光栅仅具有角向变量，径向不变量，其透过率函数为 $T(\varphi)$，则平面波刚刚通过该衍射光栅时其光场应包含 n 个不同能量分布的 OAM 模式：

$$E = E_0(r)T(\varphi) = E_0(r)\sum_{m=1}^{n} A_m \exp(\mathrm{i}l_m\varphi) \tag{3.6.6}$$

因此，

$$T(\varphi)=\sum_{m=1}^{n}A_m\exp(\mathrm{i}l_m\varphi) \tag{3.6.7}$$

式(3.6.6)和式(3.6.7)中，$|A_m|^2=p_m$。式(3.6.7)可以表示为具有有限非零项的傅里叶展开形式：

$$T(\varphi)=\sum_{m=-\infty}^{+\infty}A_m\exp(\mathrm{i}m\varphi) \tag{3.6.8}$$

式中，傅里叶展开系数$\{A_m\}$是一个复数数列，且满足$|A_{l_a}|^2=p_a(a=1,2,\cdots,n)$非零。

通常，式(3.6.8)所表示的光栅并不是一个纯相位光栅。对于一纯相位光栅$T(\varphi)=C\exp[\mathrm{i}\phi(\varphi)]$，必须满足下式：

$$T(\varphi)T^*(\varphi)=|C|^2 \tag{3.6.9}$$

对于式(3.6.8)，结合式(3.6.9)给出的条件，得

$$\sum_{m=-\infty}^{+\infty}\sum_{m'=-\infty}^{+\infty}A_mA_{m'}^*\exp[\mathrm{i}(m-m')\varphi]=|C|^2 \tag{3.6.10}$$

很明显，只有仅存在一个模式的时候，上式才能成立。这表明利用螺旋相位片或相位型涡旋光栅只能生成单一模式的涡旋光束。对于多模混合涡旋光束来说，由于光栅包括振幅调制，仅靠其相位部分调制必然会引起部分入射光束的缺失，而在同一点既引入振幅调制又进行相位调制无法实现，使得生成的多模混合涡旋光束的不同模式间的能量比例不能达到预定要求。图3.6.11给出了(a)三模混合

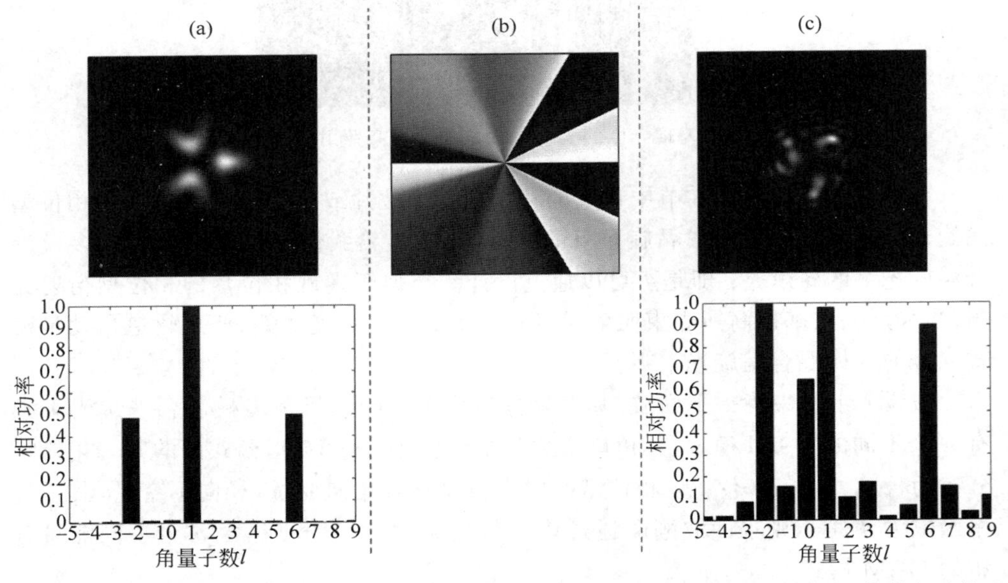

图3.6.11　(a) 三能量比例为1∶2∶1的模式混合的涡旋光束的实际光强分布、轨道角动量谱分布；(b) 利用式(3.6.8)生成的相位光栅；(c) 高斯光束照射(b)所示光栅的衍射光场的光强分布、轨道角动量谱分布

$(|-2\rangle,|1\rangle,|6\rangle)$、能量比例为 1∶2∶1 的涡旋光束的实际光强分布、轨道角动量谱分布，(b)利用式(3.6.8)生成的相位光栅，以及(c)高斯光束照射(b)所示光栅的衍射光场的光强分布、轨道角动量谱分布。(c)中的轨道角动量谱与(a)相差较大，这与前面的理论预测完全相符。

尽管不存在理想的可生成多模混合涡旋光束的纯相位型衍射光栅 $T(\varphi)$，但仍可找到这种光栅的纯相位近似形式，进而生成想要的混合模涡旋光束。这种近似形式，需要通过迭代法来获得。

3.6.5 迭代法

迭代法的基本思想为：通过不断分析相位光栅衍射光场的轨道角动量谱，根据该谱与所希望的模式比例的差异，适当改变光栅中的参数，来使生成的多模混合涡旋光束的模式分布不断趋近理想值。迭代法一般有两种形式：其一为通过计算机内部迭代的形式，直接输出相位光栅，当高斯光束照射该光栅时，直接获得希望得到的多模混合涡旋光束[24]；其二为在光路系统中引入迭代，通过在接收端不断分析涡旋光束的轨道角动量成分来控制加载在液晶空间光调制器上的纯相位型光栅，最终输出所希望的混合模式[25]。这两种方法的中心思想完全相同，区别在于迭代过程中对轨道角动量谱的探测方式，一个是算出来的，而另外一个是实际测出来的。

设纯相位型衍射光栅的透过率函数为

$$g(\varphi)=\exp[\mathrm{i}(\psi(\varphi))] \tag{3.6.11}$$

式中，将 $\psi(\varphi)$ 定义为[24]

$$\psi(\varphi)=\mathrm{Re}\left\{-\mathrm{i}\ln\left[\sum_{m=-\infty}^{+\infty}C_m\exp(\mathrm{i}m\varphi)\right]\right\} \tag{3.6.12}$$

式中，$\mathrm{Re}\{\}$表示取实部，参数$\{C_m\}$的初值为$\{C_m^0\}$。式(3.6.12)中被舍弃的虚部即振幅调制部分。根据傅里叶级数分解，可得

$$g(\varphi)=\sum_{m=-\infty}^{+\infty}B_m\exp(\mathrm{i}m\varphi) \tag{3.6.13}$$

式中，系数 B_m 为

$$B_m=\frac{1}{2\pi}\int_0^{2\pi}g(\varphi)\exp(-\mathrm{i}m\varphi)\mathrm{d}\varphi \tag{3.6.14}$$

下面结合流程图 3.6.12 和图 3.6.13[24]简要讨论迭代计算的具体过程。当高斯光束照射相位光栅 $g(\varphi)$ 时，可获得其衍射光场的轨道角动量谱的分布(图 3.6.13(b))。与要生成的理想混合模涡旋光束的轨道角动量谱(图 3.6.13(a))相比，若$|B_{l_a}|^2<|A_{l_a}|^2$，则将式(3.6.12)中的系数 C_{l_a} 替换为 C'_{l_a}，并满足$|C'_{l_a}|>|C_{l_a}|$，以通过系数 C_{l_a} 的模增加来减小$|A_{l_a}|$和$|B_{l_a}|$之间的差距；反之，若$|B_{l_a}|^2>|A_{l_a}|^2$，

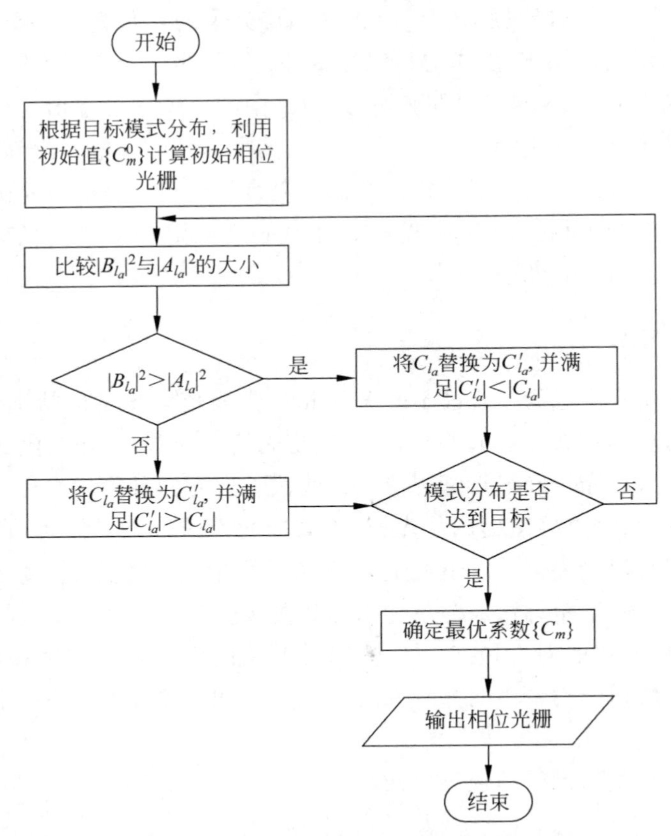

图 3.6.12　迭代计算可生成目标多模混合涡旋光束的相位光栅的流程图

则应满足$|C'_{l_a}|<|C_{l_a}|$，以通过系数C_{l_a}的模减小来减小$|A_{l_a}|$和$|B_{l_a}|$之间的差距。对这一过程进行迭代，直到无法获得更优的结果为止，此时必会找到一组最优的系数$\{C_m\}$，来获得最接近目标模式比例的多模混合涡旋光束。在迭代开始时，需要确定一初始系数$\{C_m^0\}$。对于不同的情形，为了达到最快的迭代收敛速度，初始系数的选择应不同。在大多数情况下，当$\{C_m^0\}=\{|A_m|\}$时，即可满足上述要求[24]。

按照这一迭代规则，对图 3.6.13(b)所示的轨道角动量谱进行优化得到的图 3.6.13(c)，与目标值图 3.6.13(a)十分相似，其唯一的不同在于图 3.6.13(c)有部分能量转移到了无关的模式。这一现象是无法避免的，按照 3.6.4 节的分析，不可能仅通过一纯相位光栅来生成具有特定的轨道角动量谱的多模混合涡旋光束。

通过迭代计算相位光栅来生成多模混合涡旋光束看似十分复杂，同时会出现非目标模式，但通过迭代优化可使其大部分能量集中在目标模式，因此其转换效率

可达 80%以上。另外，对于迭代计算出来的相位光栅，仅用高斯光束照射，就可生成多模混合涡旋光束，光路系统十分简单。然而，在混合的目标轨道角动量模式较多时，由于初始系数选择为$\{C_m^0\}=\{|A_m|\}$，将会出现收敛速度慢，迭代效率低，与目标模式相差较大等特点，因此还需利用模式搜索算法(pattern search algorithm)来继续优化。

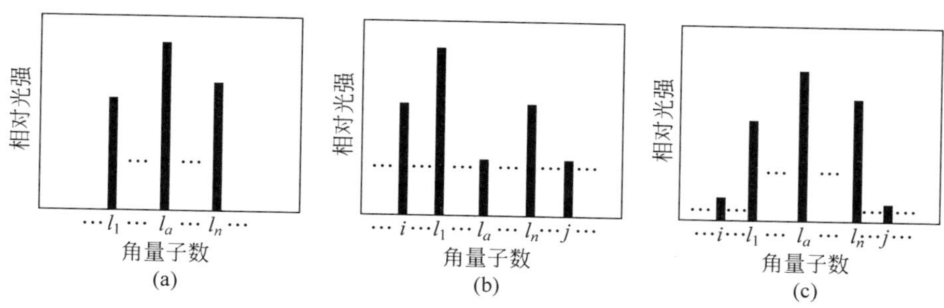

图 3.6.13 生成的多模混合涡旋光束的轨道角动量谱

(a) 目标；(b) 迭代优化前；(c) 迭代优化后[24]

3.6.6 模式搜索算法

模式搜索算法是一种可以用来解决具有 N 个自变量的最优化问题的算法，其中心思想可以理解为不断寻找一系列的点 $x_1, x_2, x_3, \cdots, x_N$，使这些点都尽可能地趋近于最优值点，当达到搜索终止条件时，则将最后一组点作为本次搜索的解。

利用模式搜索算法优化生成多模混合涡旋光束的相位衍射光栅时，需设置一目标函数，以其函数值的变化作为最优值点。这里可以将目标函数选为相对均方根误差 R[26]：

$$R=\sqrt{\frac{\sum_{m=1}^{n}(|C_{l_m}|^2-|A_{l_m}|^2)^2}{n\sum_{m=1}^{n}|C_{l_m}|^2}} \tag{3.6.15}$$

R 值越小，生成的纯相位衍射光栅越趋近于理想值。由于目标模式分布数列$\{A_{lm}\}$已知，故需要优化的参数即为数列$\{C_{lm}\}$。此时将对衍射光栅的优化问题转化为对数列$\{C_{lm}\}$进行优化以找到最小 R 值的问题。

下面结合图 3.6.14 来介绍利用模式搜索算法寻找最小 R 值，以获得可生成具有目标模式分布的多模混合涡旋光束的衍射光栅。在模式搜索开始前，首先设置模式搜索步长 Δ_0，满足 $\Delta_0>0$；初始迭代数列$\{b_{lm}^0\}=\{A_{lm}\}$；迭代计数器 $k=0$。将迭代数列$\{b_{lm}^0\}$替换式(3.6.12)中的数列$\{C_{lm}\}$，通过轨道角动量谱分析后得到新的模式比重分布，再代入式(3.6.15)中以计算 R 值，故可将 R 看作是关于迭代数列$\{b_{lm}^k\}$的函数。接下来开始模式搜索，对迭代数列$\{b_{lm}^k\}$所包含的各个元素分布依次作$+\Delta_k$或$-\Delta_k$的操作，得到$R(b_{lm}^{k+1})$。若$R(b_{lm}^{k+1})<R(b_{lm}^k)$，则更新搜索步长满足$\Delta_{k+1}>\Delta_k$；若$R(b_{lm}^{k+1})\geqslant R(b_{lm}^k)$，则令$\{b_{lm}^{k+1}\}=\{b_{lm}^k\}$，并更新搜索步长满足$\Delta_{k+1}<\Delta_k$。最后，令迭代计数器$k=k+1$，并回到上一步继续迭代计算，直到迭代步长$\Delta_k$趋于稳定，即得到最小$R$值。此时输出迭代数列$\{b_{lm}^k\}$，令$\{C_{lm}\}=\{b_{lm}^k\}$，代入式(3.6.11)和式(3.6.12)得到最终的纯相位衍射光栅。

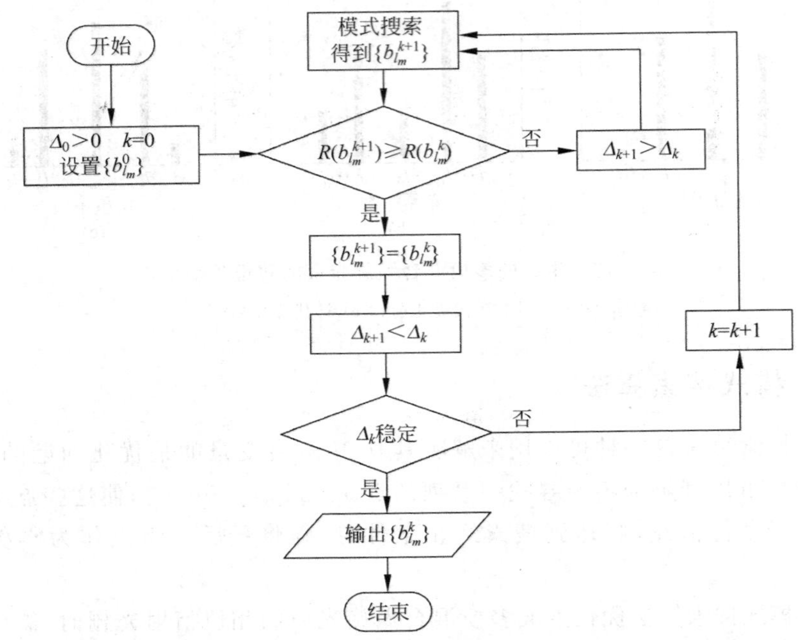

图 3.6.14　利用模式搜索算法生成目标多模混合涡旋光束的相位光栅的流程图

图 3.6.15 分别给出了利用迭代法和模式搜索算法生成相位光栅来生成多模混合涡旋光束的轨道角动量谱。其中图 3.6.15(a)为目标多模混合涡旋光束的轨道角动量谱，其包含有七个不同的轨道角动量模式；图 3.6.15(b)为通过迭代法生成的多模混合涡旋光束的轨道角动量谱；图 3.6.15(c)为通过模式搜索算法生成的多模混合涡旋光束的轨道角动量谱。不难看出，当有较多轨道角动量模式存在时，迭代法不能完全收敛于目标轨道角动量谱，而模式搜索算法的计算结果则与目标轨道角动量谱基本相同。结合式(3.6.15)，可得图 3.6.15(b)的R值为0.0833，图 3.6.15(c)的R值为0.0042，表明模式搜索算法的计算结果更接近于目标。

利用模式搜索算法结合迭代法生成多模混合涡旋光束，与本节前面所介绍的其他方法相比，无论是从转换效率的角度，还是从光路复杂度的角度，都具有很大的进步。另外随着计算机技术的不断发展，使得迭代计算相位光栅更加容易，因此，迭代计算相位光栅已成为当今生成多模混合涡旋光束的重要方法之一。

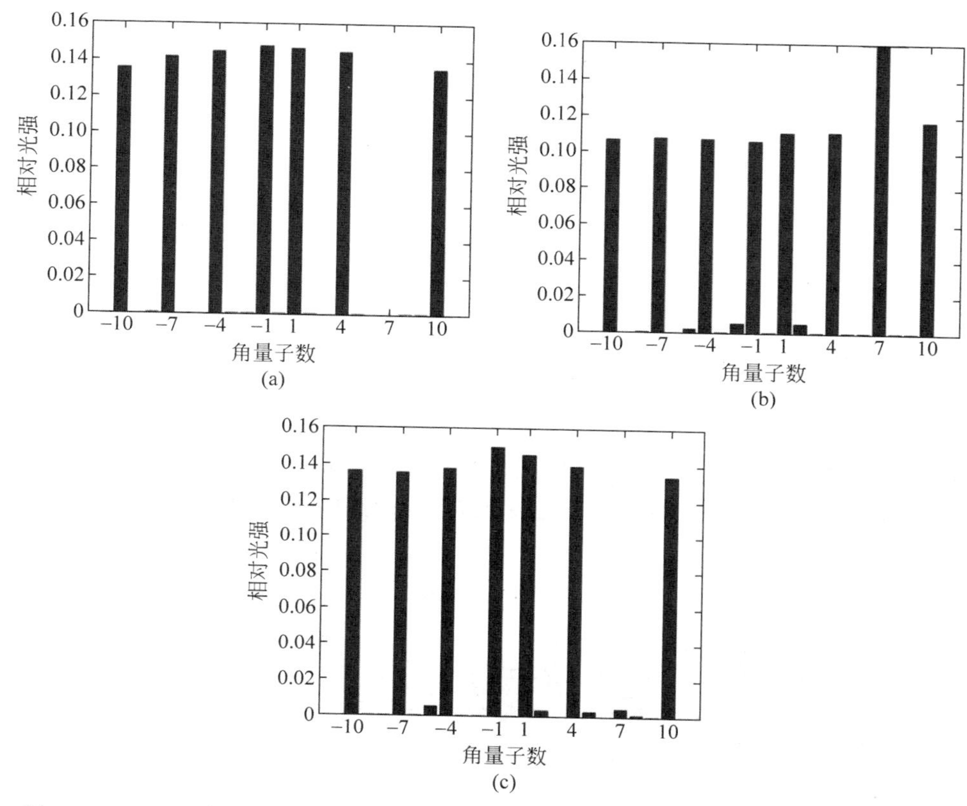

图 3.6.15　(a)目标轨道角动量谱；(b)通过迭代法生成的多模混合涡旋光束的轨道角动量谱；(c)通过模式搜索算法生成的多模混合涡旋光束的轨道角动量谱

3.7　贝塞尔-高斯光束的生成

与常见的拉盖尔-高斯光束等其他的涡旋光束不同，贝塞尔-高斯光束是贝塞尔光束的实际近似，具有与贝塞尔光束相似的无衍射特性，在一定距离内可绕过障碍物来传播[27]。贝塞尔-高斯光束具有多同心环结构，其光场分布相比于拉盖尔-高斯光束要复杂得多。随着人们对无衍射贝塞尔-高斯光束的研究越来越深入，已经提出多种可产生贝塞尔-高斯光束的方法与技术，其中应用最广的主要有轴棱镜法[28]和环形缝法[29]两种，本节将对它们分别作介绍。

3.7.1　轴棱镜法

轴棱镜(axicon)(图 3.7.1)，也称为锥透镜，是一种带一个圆锥面和一个平面的相位型衍射器件。它没有聚焦性能，当平面波入射时，经其作用转化为锥面波并可传播至无穷远，表现为直径与距离成比例的环形激光束，且环宽保持不变。

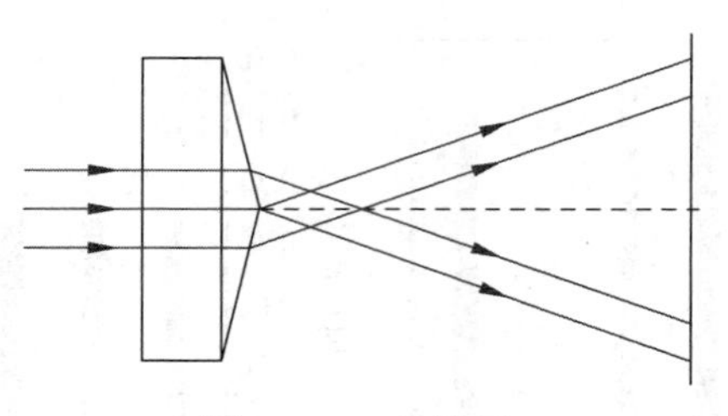

图 3.7.1　轴棱镜

(请扫Ⅵ页二维码看彩图)

轴棱镜的透过率函数 $T_a(r,\varphi)$ 可表示为

$$T_a(r,\varphi)=\exp\left(-\mathrm{i}\frac{2\pi r}{d}\right) \tag{3.7.1}$$

式中，d 为轴棱镜周期，表示径向方向相位改变 2π 的距离。按照式(3.7.1)，可将轴棱镜表示为图 3.7.2 的形式，其剖面图可看作与闪耀光栅类似的锯齿形。

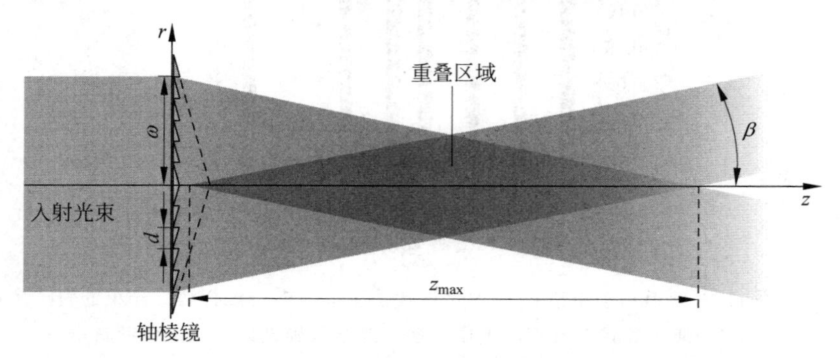

图 3.7.2　轴棱镜后方光场的重叠区域形成贝塞尔-高斯光束

(请扫Ⅵ页二维码看彩图)

在 1.4.2 节和 1.4.3 节中已经讨论过，贝塞尔光束或贝塞尔-高斯光束可以看作是一干涉场，其由许多波矢方向与光轴(z 轴)方向呈相等夹角的等振幅的平面子波叠加而来。由图 3.7.1 可知，当一束有限宽度平面波经过轴棱镜后，衍射光场中所有入射光线均会向着光轴的方向弯折，并且光束中的每一点的波矢方向均与光轴成相同的夹角，其弯折程度或夹角大小与轴棱镜的圆锥顶角有关。在轴棱镜后方靠近轴棱镜($z<z_{\max}$)的区域内，朝着光轴弯折的光束会出现重叠，并发生干涉，而这一干涉场实际就是由波矢方向与光轴呈相等夹角的等振幅的平面子波叠加而来的，如图 3.7.2 所示。因此不难理解，当将入射光束替换为基模高斯光束时，会在轴棱镜后方 $z<z_{\max}$ 的区域内形成贝塞尔-高斯光束，如图 3.7.3(a)所示。由于轴棱镜不会引起角向的调制，而入射基模高斯光束不携带有轨道角动量，故此时生成的是零阶贝塞尔-高斯光束。对于高阶贝塞尔-高斯光束来说，按照上面的分析，类似的可以通过拉盖尔-高斯光束入射来获得，这将在后面详细讨论。

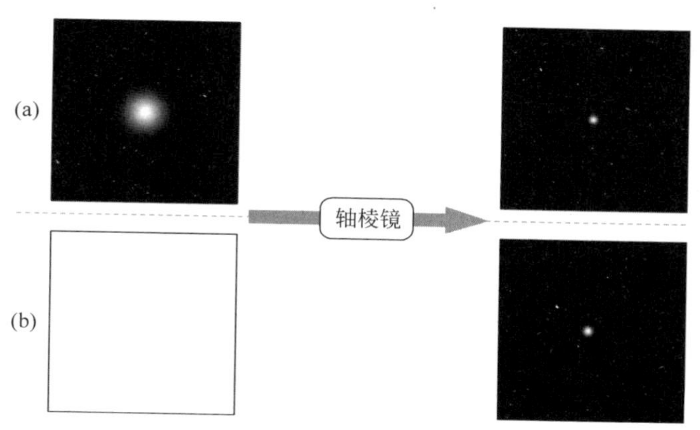

图 3.7.3 (a) 基模高斯光束和(b)无限延展的平面波照射轴棱镜后的衍射光场

若设入射光束的尺寸半径为 ω,光波长为 λ,类似于闪耀光栅,轴棱镜只有一级衍射,故可得光栅方程为

$$\lambda = d\sin\beta \tag{3.7.2}$$

则在傍轴近似下,可得

$$z_{\max} = \omega\cot\beta = \frac{\omega}{\sin\beta} = \frac{d\omega}{\lambda} \tag{3.7.3}$$

式(3.7.3)表明,重叠区域的长度 $z_{\max}$ 与入射光束的尺寸 ω、轴棱镜周期 d 和光波长 λ 有关。当入射光束的尺寸大于轴棱镜的口径时,ω 需用轴棱镜的底面半径来代替。通常,若以轴棱镜与光轴的交点为坐标原点,则将 $z\in[0,z_{\max}]$的重叠区域称为贝塞尔衍射区。

考虑一极端情况,若入射的平面波和轴棱镜均是无限延展的,即 $\omega\to\infty$,此时由式(3.7.3)得 $z_{\max}\to\infty$,表明在轴棱镜后的衍射场中距轴棱镜任意距离的位置处的光场均为倾斜平面波的叠加,此时轴棱镜后的衍射场即为贝塞尔光束,如图 3.7.3(b)所示。这也进一步表明,贝塞尔-高斯光束实际上是加了有限孔径限制的贝塞尔光束。

下面我们利用稳相位法[30]来定量分析轴棱镜是如何将拉盖尔-高斯光束转化为贝塞尔-高斯光束的。根据菲涅尔衍射积分公式,当一束拉盖尔-高斯光束经过轴棱镜时,距轴棱镜距离 z 处的衍射场由式(2.4.4)可表示为

$$E(x,y) = \frac{\exp(\mathrm{i}kz)}{\mathrm{i}\lambda z}\iint_{\infty}\mathrm{LG}_{pl}(u,v)\cdot T_{\mathrm{a}}(u,v)\cdot \exp\left\{\frac{\mathrm{i}k}{2z}\left[(x-u)^2+(y-v)^2\right]\right\}\mathrm{d}u\,\mathrm{d}v \tag{3.7.4}$$

式中,LG_{pl} 为由式(1.4.1)表示的拉盖尔-高斯光束的光场,T_{a} 为由式(3.7.1)表示的轴棱镜的透过率函数。在柱坐标下,式(3.7.4)可表示为角向和径向分离的形式:

$$E(r,\varphi,z)=\frac{1}{\mathrm{i}\lambda z}\exp\left[\mathrm{i}k\left(z+\frac{r^2}{2z}\right)\right]\int_0^R r'\left[A\left(\frac{\sqrt{2}r'}{\omega_0}\right)^l\exp\left(-\frac{r'^2}{\omega_0^2}\right)T_{\mathrm{a}}(r',\varphi')\right]\cdot$$
$$\exp\left(\frac{\mathrm{i}kr'^2}{2z}\right)\int_0^{2\pi}\exp(\mathrm{i}l\varphi)\exp\left[\frac{-\mathrm{i}kr'r\cos(\varphi-\varphi')}{z}\right]\mathrm{d}\varphi'\mathrm{d}r' \quad (3.7.5)$$

式中(r',φ')为初始光场坐标,R 为限制口径,A 为一复常数:

$$\mathrm{A}=\frac{C_{pl}}{\omega_0}\exp(\mathrm{i}\Phi) \quad (3.7.6)$$

式(3.7.6)中各参数的具体含义参见 1.4.1 节。首先对式(3.7.5)的角向进行积分,得

$$E(r,\varphi,z)=\frac{1}{\mathrm{i}\lambda z}\exp\left[\mathrm{i}k\left(z+\frac{r^2}{2z}\right)\right]\exp(\mathrm{i}l\varphi)\cdot$$
$$\int_0^R f_l(r')\exp[-\mathrm{i}k\mu(r')]\mathrm{d}r' \quad (3.7.7)$$

式中,

$$f_l(r')=2\pi(-\mathrm{i})^l\left[A\left(\frac{\sqrt{2}r'}{\omega_0}\right)^l\exp\left(-\frac{r'^2}{\omega_0^2}\right)r'\mathrm{J}_l\left(\frac{krr'}{z}\right)\right] \quad (3.7.8)$$

$$\mu(r')=\frac{r'^2}{2z}-\frac{k_{\mathrm{r}}r'}{k} \quad (3.7.9)$$

式中,$\mathrm{J}_l()$为 l 阶第一类贝塞尔函数,$k_{\mathrm{r}}=2\pi/d$ 为径向波数或径向传播常数。对式(3.7.9)关于 r'求一阶导数,并令其一阶导数等于 0,则可得式(3.7.6)的拐点:

$$r'_{\mathrm{c}}=\frac{k_r z}{k} \quad (3.7.10)$$

上式表明,式(3.7.9)只有一个拐点。根据稳相位法原理,此时若满足 $f_l(r')$在稳相位区中的变化较小,则存在如下近似:

$$\int_0^R f_l(r')\exp[-\mathrm{i}k\mu(r')]\mathrm{d}r'\propto\frac{f_l(r'_{\mathrm{c}})\exp[\mathrm{i}k\mu(r'_{\mathrm{c}})]}{\sqrt{kz^{-1}}} \quad (3.7.11)$$

此时忽略与位置无关的项,则可得轴棱镜后的横截面光强分布为

$$I(r,\varphi,z)\propto z^{2l+1}\exp\left(-\frac{2z^2}{z_{\max}^2}\right)\mathrm{J}_l^2(k_r r) \quad (3.7.12)$$

式中,$z_{\max}$ 如式(3.7.3)所示。式(3.7.12)表明轴棱镜后的衍射场光强分布主要由 l 阶第一类贝塞尔函数 $\mathrm{J}_l(\varsigma)$决定,而式(3.7.7)已经给出衍射场具有螺旋形波前,角量子数为 l。综上,l 阶贝塞尔-高斯光束可由 l 阶拉盖尔-高斯光束经轴棱镜衍射而来,且生成的贝塞尔-高斯光束只在贝塞尔衍射区中存在,如图 3.7.4 所示。

若要将基模高斯光束转化为高阶贝塞尔-高斯光束,可采用螺旋相位片与轴棱镜相级联的方式,使高斯光束先通过螺旋相位片生成 l 阶单环涡旋光束(单环拉盖尔-高斯光束),而后经过轴棱镜转化为 l 阶贝塞尔-高斯光束。另外一种方法即设计一种同时包含螺旋相位和轴棱镜相位的相位型衍射光栅,并通过液晶空间光调

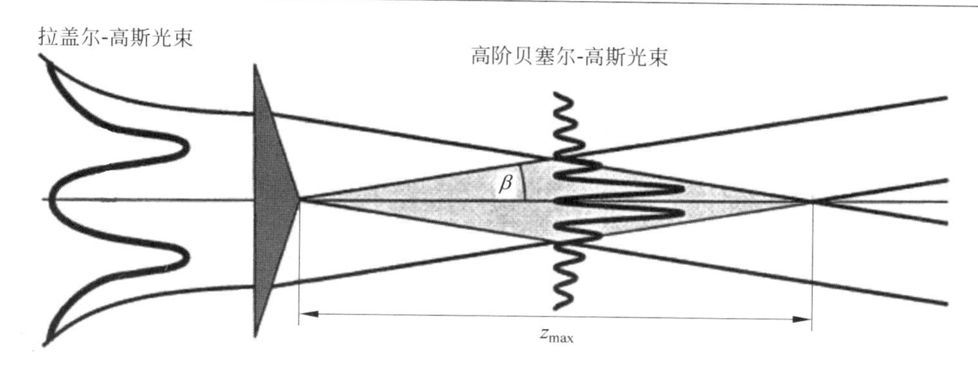

图 3.7.4　l 阶拉盖尔-高斯光束经轴棱镜衍射后可在贝塞尔衍射区中生成 l 阶贝塞尔-高斯光束

制器来模拟，在高斯光束入射时同时进行螺旋相位和轴棱镜的调制，这种相位型衍射光栅称为高阶轴棱镜光栅。由于液晶空间光调制器的灵活性，这种方法可通过计算机控制调制器的方式使生成的贝塞尔-高斯光束的阶次可调，因此已成为当今生成高阶贝塞尔-高斯光束的主流方法。

高阶轴棱镜光栅的制作过程非常简单：根据式(3.7.1)可得轴棱镜的相位分布，则将其与图 3.3.13 给出的相位型涡旋光栅进行简单的叠加即可，如图 3.7.5 所示。图 3.7.6 给出了高斯光束照射不同阶次的高阶轴棱镜光栅后衍射获得的高阶贝塞尔-高斯光束的仿真计算结果。

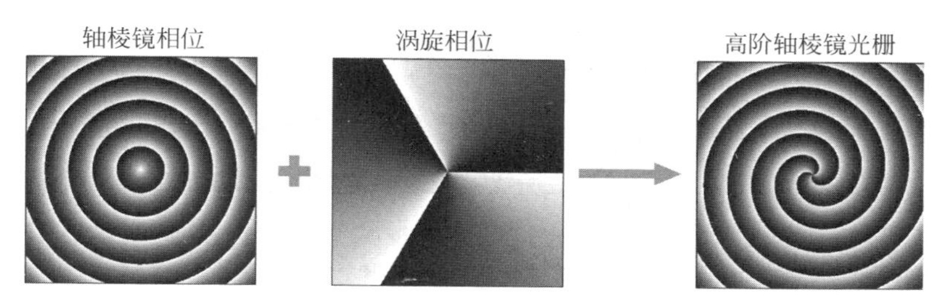

图 3.7.5　高阶轴棱镜光栅的制作过程

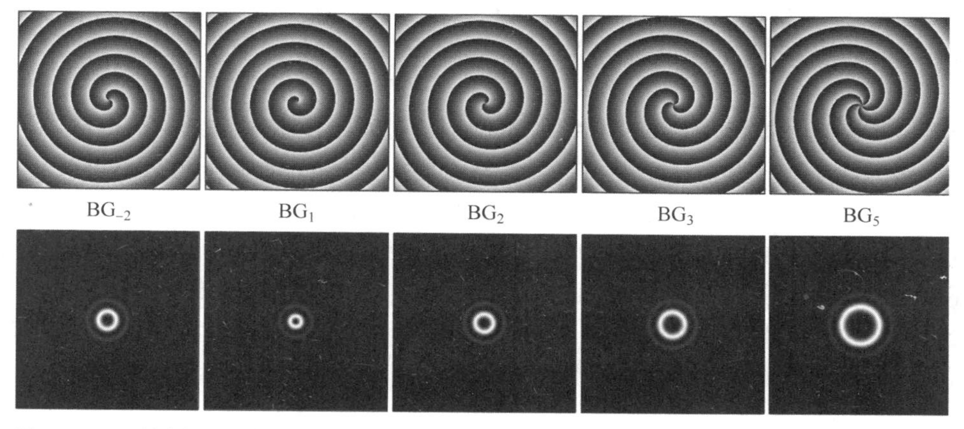

图 3.7.6　不同阶次的高阶轴棱镜光栅及高斯光束入射时衍射获得的高阶贝塞尔-高斯光束

3.7.2 环形缝法

环形缝是一种具有环形透光结构的振幅型光栅，如图 3.7.7 所示，其透过率函数为

$$T_{\mathrm{r}}(r,\varphi)=\begin{cases}1, & |r-r_0|\leqslant \dfrac{\Lambda}{2}\\ 0, & |r-r_0|>\dfrac{\Lambda}{2}\end{cases} \tag{3.7.13}$$

式中，r_0 为环形缝的中心半径，Λ 为缝宽。当高斯光束照射振幅型环形缝光栅时，在其后表面处会形成一圆环形光场，根据惠更斯-菲涅尔原理，圆环形光场中的每一点都可以看作一子光源，其发射的光束经一与环形缝距离为焦距 f 的透镜聚焦，则在透镜后方的重叠区中会干涉形成贝塞尔-高斯光束，如图 3.7.8 所示。根据傅里叶光学基本原理，透镜后焦面处的光场实际是前焦面光场的傅里叶变换。而在夫琅禾费衍射中（式(2.5.4)），衍射场与初始光场呈傅里叶变换关系。因此，不难理解，贝塞尔-高斯光束可看作高斯光束照射环形缝光栅时的夫琅禾费衍射场，感兴趣的读者可以利用式(2.5.4)来进行具体的推导。

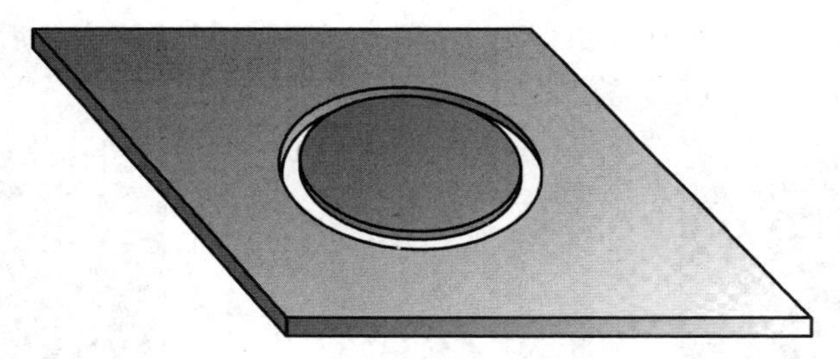

图 3.7.7 振幅型环形缝光栅

（请扫Ⅵ页二维码看彩图）

与轴棱镜法类似，当采用 l 阶拉盖尔-高斯光束照射环形缝时，其夫琅禾费衍射为同阶次的贝塞尔-高斯光束。因此，若要利用环形缝将基模高斯光束转化为高阶贝塞尔光束，可在环形缝前放置一螺旋相位片，先将基模高斯光束转化为拉盖尔-高斯光束，而后再转化为高阶贝塞尔-高斯光束。事实上，该过程也可通过一相位光栅来实现。根据 3.3.2 节介绍的相位型衍射光栅模拟振幅光栅的方法，可在环形缝的透光部分引入叠加了相位型涡旋光栅的闪耀光栅，将环形缝的透光部分与不透光部分的衍射光场分离。由于叠加了涡旋光栅，出射光场将具有螺旋相位。这样当高斯光束照射该相位光栅时，即可在远场获得贝塞尔-高斯光束。这种基于环形缝原理生成高阶贝塞尔-高斯光束的光栅称为相位型环形缝光栅。图 3.7.9 给出了相位型环形缝光栅的制作过程，即先将闪耀光栅与相位型涡旋光栅相叠加，而后乘以环形缝光栅的透过率函数来获得，即

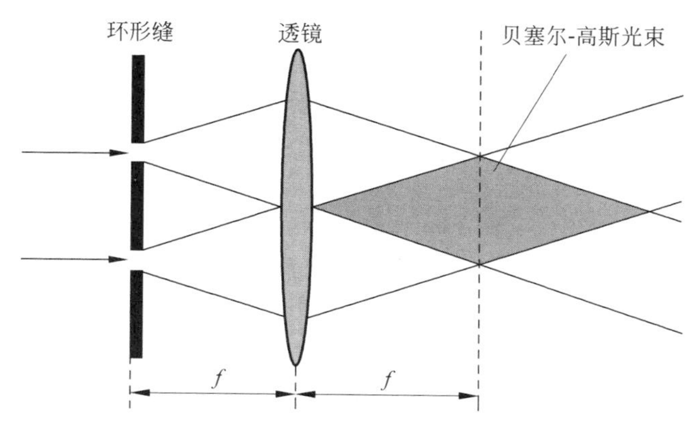

图 3.7.8　环形缝法生成贝塞尔-高斯光束
（请扫Ⅵ页二维码看彩图）

$$T_{pr}(r,\varphi)=T_{r}(r,\varphi)\cdot\exp\left[\mathrm{i}\left(\frac{2\pi x}{d}+l\varphi\right)\right] \tag{3.7.14}$$

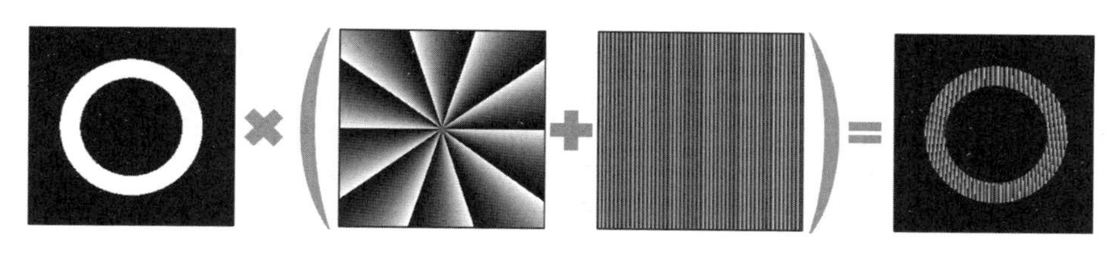

图 3.7.9　相位型环形缝光栅的制作过程

图 3.7.10 给出了不同阶次 l 的相位型环形缝光栅及高斯光束照射时远场衍射仿真计算光强分布，这里我们只截取了透光部分的衍射光场，即生成的贝塞尔-高斯光束。与高阶轴棱镜光栅类似，相位型环形缝光栅也可加载于液晶空间

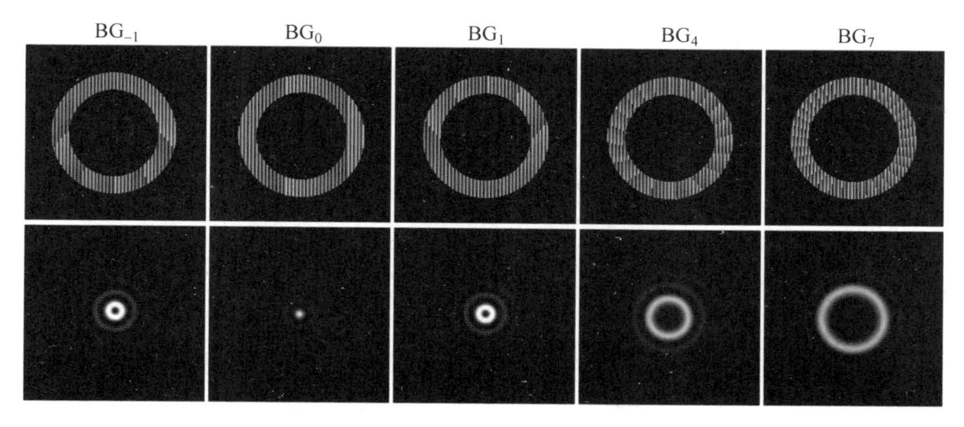

图 3.7.10　不同阶次 l 的相位型环形缝光栅及高斯光束照射时远场衍射仿真计算光强分布

光调制器中，通过计算机控制式(3.7.14)中的参数 l 来控制生成的贝塞尔-高斯光束的阶次，具有很好的灵活性。然而，该方法的效率却不及轴棱镜法，因为入射光束中只有环形缝透过的部分被利用，而大多数入射光均被损耗。因此，考虑到转换效率的因素，一般很少用环形缝法来生成贝塞尔-高斯光束。

参考文献

[1] TAMM C. Frequency locking of two transverse optical modes of a laser[J]. Physical Review A,1988,38(11): 5960-5963.

[2] TAMM C,WEISS C O. Bistability and optical switching of spatial patterns in a laser[J]. Journal of the Optical Society of America B-Optical Physics,1990,7(6): 1034-1038.

[3] KIM D J,KIM J W. Direct generation of an optical vortex beam in a single-frequency Nd: YVO_4 laser[J]. Optics Letters,2015,40(3): 399-402.

[4] NGCOBO S,LITVIN I,BURGER L,et al. A digital laser for on-demand laser modes[J]. Nature Communications,2013,4(4): 2289.

[5] BEIJERSBERGEN M W,ALLEN L,HELO VAN DER V,et al. Astigmatic laser mode converters and transfer of orbital angular momentum[J]. Optics Communications,1993,96(1-3): 123-132.

[6] GAO C, WEI G, WEBER H. Generation of the stigmatic beam with orbital angular momentum[J]. Chinese Physics Letters,2001,18(6): 771-773.

[7] GRADSHTEYN I S,RYZHIK I M. Table of integrals,series,and products[M]. San Diego: Academic Press. Inc. ,1980: 1147.

[8] 李丰,高春清,刘义东,等. 利用振幅光栅生成拉盖尔-高斯光束的实验研究[J]. 物理学报,2008,57(2): 860-866.

[9] 赵达尊,张怀玉. 空间光调制器[M]. 北京: 北京理工大学出版社,1992: 110-135.

[10] 张洪鑫. 相位型液晶空间光调制器特性测试方法及波前校正研究[D]. 哈尔滨: 哈尔滨工业大学,2009.

[11] SOUTAR C. Determination of the physical properties of an arbitrary twisted-nematic liquid crystal cell[J]. Optical Engineering,1994,33(8): 2704-2712.

[12] WONG D W K,CHEN G. Redistribution of the zero order by the use of a phase checkerboard pattern in computer generated holograms[J]. Applied Optics,2008,47(47): 602-610.

[13] GUO C S,LIU X,HE J L,et al. Optimal annulus structures of optical vortices[J]. Optics express,2004,12(19): 4625-4634.

[14] GUO C S,LIU X,REN X Y,et al. Optimal annular computer-generated holograms for the generation of optical vortices[J]. Journal of the Optical Society of America A,2005,22(2): 385.

[15] XIN J,DAI K,ZHONG L,et al. Generation of optical vortices by using spiral phase plates made of polarization dependent devices[J]. Optics Letters,2014,39(7): 1984-1987.

[16] MARRUCCI L, MANZO C, PAPARO D. Optical spin-to-orbital angular momentum conversion in inhomogeneous anisotropic media[J]. Physical Review Letters,2007,96

(16)：163905.

[17] HEEBNER J, GROVER R, IBRAHIM T. Optical microresonators: theory, fabrication, and applications[M]. New York: Springer Science & Business Media, 2007.

[18] CAI X, WANG J, STRAIN M J, et al. Integrated compact optical vortex beam emitters [J]. Science, 2012, 338(6105): 363-366.

[19] LIPSON A, LIPSON S G, LIPSON H. Optical physics [M]. Cambridge: Cambridge University Press, 2010.

[20] ZHANG J, SUN C, XIONG B, et al. An InP-based vortex beam emitter with monolithically integrated laser[J]. Nature Communications, 2018, 9: 2652.

[21] LIU Y D, GAO C, GAO M, et al. Superposition and detection of two helical beams for optical orbital angular momentum communication [J]. Optics Communications, 2008, 281(14): 3636-3639.

[22] GAO C, QI X, LIU Y, et al. Superposition of helical beams by using a Michelson interferometer[J]. Optics Express, 2010, 18(1): 72-78.

[23] GOODMAN J W. 傅里叶光学导论[M]. 秦克诚，等译. 北京：电子工业出版社，2006.

[24] LIN J, YUAN X C, TAO S H, et al. Collinear superposition of multiple helical beams generated by a single azimuthally modulated phase-only element[J]. Optics Letters, 2005, 30(24): 3266-3268.

[25] LI S, WANG J. Adaptive power-controllable orbital angular momentum (OAM) multicasting[J]. Scientific Reports, 2015, 5: 9677.

[26] ZHU L, WANG J. Simultaneous generation of multiple orbital angular momentum (OAM) modes using a single phase-only element[J]. Optics Express, 2015, 23(20): 26221-26233

[27] DURNIN J. Exact solutions for nondiffracting beams. I. The scalar theory[J]. Journal of the Optical Society of America A, 1987, 4: 651-654.

[28] ARLT J, DHOLAKIA K. Generation of high-order Bessel beams by use of an axicon[J]. Optics Communications, 2000, 177(1-6): 297-301.

[29] DURNIN J, JR M J, EBERLY J H. Diffraction-free beams[J]. Physical Review Letters, 1987, 58(15): 1499-1501.

[30] FRIBERG A T. Stationary-phase analysis of generalized axicons[J]. Journal of the Optical Society of America A, 1996, 13(4): 743-750.

第4章 涡旋光束阵列

在基于涡旋光束的光学系统中，通常需要多路不同阶次的涡旋光束。此时若分别生成单路涡旋光束，再将它们引入同一系统，虽可实现上述目的，但会使得整个系统较为庞大、复杂。若采取一定的技术手段，在一个系统中同时生成多路涡旋光束，则可较好地解决上述问题。采用设计特殊的衍射光栅，使得高斯光束入射时，在不同的衍射级上获得不同的涡旋光束，则在接收屏上表现为涡旋光束按照一定的位置规律排布的光场分布形式，即涡旋光束阵列。涡旋光束阵列通常可分为三类：单极涡旋光束阵列、偶极涡旋光束阵列和非单非偶涡旋光束阵列。单极涡旋光束阵列指阵列中所有涡旋光束的阶次或角量子数均相同；而一般来说，偶极涡旋光束阵列指阵列中处于每一个衍射级处的涡旋光束的阶次不相同，处于相反衍射级次的涡旋光束的阶次相反，阵列的总角量子数为零；非单非偶涡旋光束阵列既不满足单极条件也不满足偶极条件的涡旋光束阵列。本章将从衍射光栅的设计出发，重点介绍几种不同空间分布形式的涡旋光束阵列及它们的产生方法。

4.1 基本涡旋光束阵列

4.1.1 复合叉形光栅与3×3偶极涡旋光束阵列

简单回顾一下3.2.3节中介绍的叉形光栅，当高斯光束入射时，其远场衍射具有非常明显的三个衍射级。其中，零级衍射为高斯光束，± 1级衍射分别是角量子数为$\pm l$的涡旋光束。这表明利用叉形光栅可以同时生成三路不同的涡旋光束(高斯光束可以看作角量子数为零的涡旋光束)，此时的衍射光场为一种最基本的1×3涡旋光束阵列的形式。

考虑另外一个方向的叉形光栅，即y轴方向的叉形光栅，则不难理解其远场衍射会呈现出沿着y方向排列的3×1涡旋光束阵列。下面我们来分析这样一种情况。

在x方向上叉数为l_x的叉形光栅，其相位分布可由式(3.2.16)获得为

$$\phi_x(r,\varphi)=l_x\varphi+kr\cos\varphi\sin\theta_x \tag{4.1.1}$$

其光栅透过率函数为

$$a(\phi_x)=\begin{cases}1, & \mathrm{mod}(\phi_x,2\pi)\leqslant\pi\\0, & \text{其他}\end{cases} \tag{4.1.2}$$

在 y 方向上叉数为 l_y 的叉形光栅,其相位分布为

$$\phi_y(r,\varphi)=l_y\varphi+kr\sin\varphi\sin\theta_y \tag{4.1.3}$$

光栅透过率函数为

$$a(\phi_y)=\begin{cases}1, & \operatorname{mod}(\phi_y,2\pi)\leqslant\pi\\ 0, & \text{其他}\end{cases} \tag{4.1.4}$$

若一振幅型光栅由 x 方向叉形光栅和 y 方向叉形光栅组合而成,同时具有 x 方向和 y 方向的叉形分布,则其光栅透过率函数为

$$a(\phi)=a(\phi_x)\cdot a(\phi_y) \tag{4.1.5}$$

这种光栅称为复合叉形光栅。与普通的叉形光栅不同的是,复合叉形光栅并不是传统意义上的光束干涉的结果,而是不同方向叉形光栅相叠加而形成的。图 4.1.1 给出了在 $\theta_x=\theta_y$ 的前提下,$l_x=1$ 及 $l_y=-3$ 时的复合叉形光栅及其生成过程。与普通叉形光栅类似,复合叉形光栅也可通过激光刻蚀法来加工,如图 4.1.2 所示。

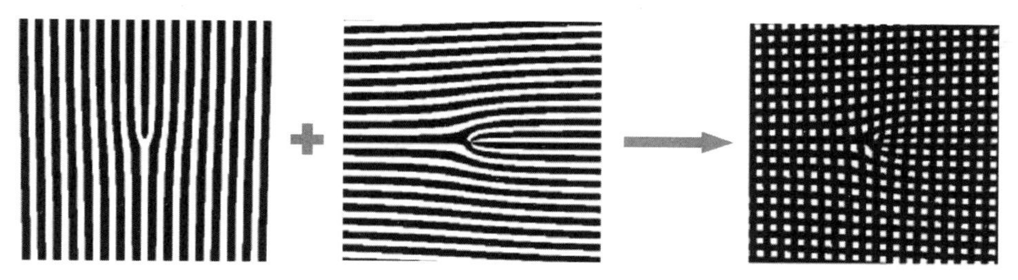

图 4.1.1　$\theta_x=\theta_y$ 的前提下,$l_x=1$ 及 $l_y=-3$ 时的复合叉形光栅及其生成过程

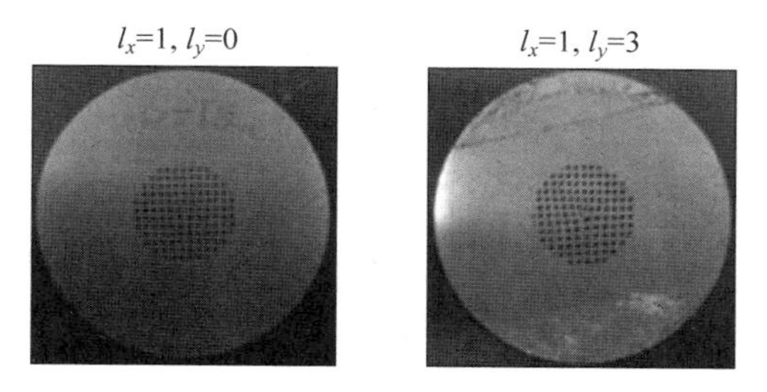

图 4.1.2　通过激光刻蚀制作的复合叉形光栅
(请扫Ⅵ页二维码看彩图)

由式(4.1.5)可以看出,复合叉形光栅的透过率函数相当于两个方向相互正交的叉形光栅的透过率函数的叠加,因此,将式(4.1.5)按照 3.2.3 节介绍的方法进行傅里叶展开,并进行类似的推导,可得远场衍射光场为

$$u(r',\varphi')=\sum_{b_x=-\infty}^{+\infty}\sum_{b_y=-\infty}^{+\infty}A_{b_x,b_y}\sum_{p=0}^{+\infty}C_p\mathrm{i}^{2p+|b_xl_x+b_yl_y|}u_{p,b_xl_x+b_yl_y}(r',\varphi')*$$
$$\delta\left(f_x+\frac{b_xk\sin\theta_x}{2\pi}\right)*\delta\left(f_y+\frac{b_yk\sin\theta_y}{2\pi}\right) \tag{4.1.6}$$

其中，各参数的定义与式(3.2.29)相同。

式(4.1.6)表明，远场衍射光场可看作一 3×3 偶极涡旋光束阵列，其为 x 方向上的衍射级 b_x 和 y 方向上的衍射级 b_y 的叠加，且两个方向上相对于零级衍射中心分别有$(b_x k\sin\theta_x)/(2\pi)$和$(b_y k\sin\theta_y)/(2\pi)$的位置平移。特别地，当 $\theta_x=\theta_y$ 时，由式(3.2.19)可知 x、y 两个方向上的光栅常数相等，此时这两个方向上的各个相邻衍射级间的距离相等。本书将涡旋光束阵列各个衍射级以二维坐标的形式直观表示为(b_x,b_y)，则对于复合叉形光栅来说，位于衍射级(b_x,b_y)处的涡旋光束的角量子数 l_{b_x,b_y} 为

$$l_{b_x,b_y}=b_x l_x+b_y l_y \tag{4.1.7}$$

由以上分析可知，对于复合叉形光栅，可在光栅设计时通过参数 θ_x 和 θ_y 来控制 x 和 y 两个方向上相邻衍射级间的距离，通过参数 l_x 和 l_y 来控制处于不同衍射级(b_x,b_y)中涡旋光束的阶次。当 $l_x=1$，$l_y=3$ 时，由式(4.1.7)可得在 9 个不同的衍射级处，其阶次或角量子数分布如图 4.1.3 所示。这表明，此时可获得角量子数为$-4\sim+4$的 9 束涡旋光束。

(−1, 1) l=2	(0, 1) l=3	(1, 1) l=4
(−1, 0) l=−1	(0, 0) l=0	(1, 0) l=1
(−1, −1) l=−4	(0, −1) l=−3	(1, −1) l=−2

图 4.1.3　复合叉形光栅参数 $l_x=1$，$l_y=3$ 时，位于 9 个不同的衍射级处的涡旋光束角量子数分布

图 4.1.4 给出了 $l_x=1$，$l_y=3$ 时的复合叉形光栅，以及高斯光束照射时的仿真远场衍射光场。可以看出，衍射场的能量主要集中于(0,0)衍射级，其次是(1,0)、(−1,0)、(0,1)和(0,−1)这四个衍射级。同时，随着$|b_x|+|b_y|$值的增加，其对应的涡旋光束的强度越来越弱。复合叉形光栅其实是一种缝宽与光栅常数的比值为 0.5 的振幅型矩形光栅，其具有振幅型矩形光栅的全部特性，因此(1,0)、(−1,0)、(0,1)和(0,−1)这四个衍射级强度相同，(−1,−1)、(−1,1)、(1,−1)和(1,1)这四个衍射级的强度也相同，但比(1,0)、(−1,0)、(0,1)和(0,−1)的光强要弱。然而，从直观上来看，位于(0,1)和(0,−1)衍射级处的涡旋光束的强度要比(1,0)和(−1,0)衍射级弱一些。实际上，位于(0,1)和(0,−1)衍射级处的涡旋光束的阶次的绝对值要比(1,0)和(−1,0)衍射级大。根据 1.4 节可知，其光斑尺寸要更大一些，因此功率密度较低，在光场分布图中表现为灰度值较低。对于(−1,−1)和(1,1)这两个衍射级，其强度本来就比较弱，再加上其角量子数的绝对值最大，故

功率密度最低，使得这两个衍射级基本不可见。这表明高斯光束照射复合叉形光栅生成的涡旋光束阵列中，位于满足 $|b_x|+|b_y|=2$ 衍射级处高阶模式强度最弱，而(0,0)位置处高斯光束的强度最大，即不同衍射级处的涡旋光束强度不等，成为复合叉形光栅的主要缺陷。

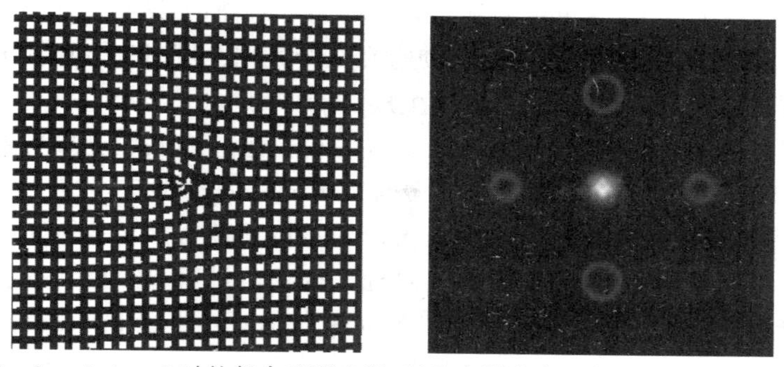

图 4.1.4　$l_x=1, l_y=3$ 时的复合叉形光栅，以及高斯光束照射时的仿真远场衍射光场

4.1.2　3×3 单极涡旋光束阵列

高斯光束照射复合叉形光栅生成的 3×3 涡旋光束阵列，若要使位于各个衍射级的涡旋光束具有相同的阶次，即要生成单极涡旋光束阵列，则必须满足：对于任意的 b_x 和 b_y，使得 $b_xl_x+b_yl_y$ 的值相同，因此必有 $l_x=l_y=0$。此时复合叉形光栅退化为复合振幅型矩形光栅，如图 4.1.5 所示。由于 $l_x=l_y=0$ 时的复合叉形光栅不具有叉形结构，其对入射光的角量子数不存在调制，因此当高斯光束照射时，其远场衍射为一 3×3 高斯光束阵列。类似地，若采用涡旋光束照射，则其远场衍射会呈现出一 3×3 涡旋光束阵列且位于所有衍射级的角量子数相同，如图 4.1.5 所示。

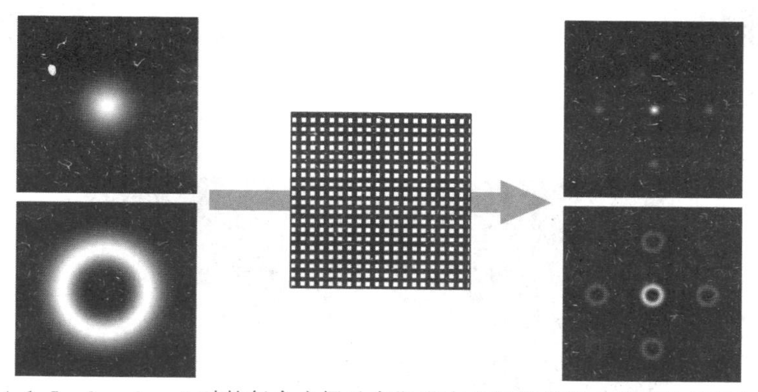

图 4.1.5　$l_x=l_y=0$ 时的复合光栅及高斯光束和涡旋光束入射时的远场衍射

由前面的分析可知，若要获得 3×3 单极涡旋光束阵列，需满足两个条件：①复合叉形光栅的 $l_x=l_y=0$；②涡旋光束照射。这表明，在生成各级阶次相同的

3×3 涡旋光束阵列时，需先通过第 3 章介绍的方法来生成单模涡旋光束，而后使该涡旋光束照射复合光栅。由于在实际的应用中，激光器产生的一般为基模高斯光束，而在光路中引入螺旋相位片、液晶空间光调制器等其他光学器件会在一定程度上增加系统的复杂性与不稳定性。虽然仅采用高斯光束照射一个振幅型复合叉形光栅无法达到生成 3×3 单极涡旋光束阵列的目的，但如果我们在复合叉形光栅的基础上，对其进行一些改造和升级，使得在一个光栅上同时引入螺旋相位和复合叉形光栅，则可通过基模高斯光束直接生成目标阵列。

根据第 3 章介绍的知识，采用 3.3.3 节的相位型衍射涡旋光栅可高效地将基模高斯光束转化为涡旋光束。因此，在复合叉形光栅的透光部分，叠加一相位型涡旋光栅，即可实现在一个光栅上同时引入螺旋相位和复合叉形光栅的调制。复合叉形光栅为一振幅型光栅，若要使其与涡旋光栅完美结合，需将其转化为相位型，即用一相位型光栅来模拟振幅型复合叉形光栅的功能。我们采用 3.3.2 节介绍的闪耀光栅法，即在透光部分引入闪耀光栅，以此将透光部分与不透光部分分离。对于透光的闪耀光栅部分，再叠加一涡旋光栅来产生螺旋相位，则此时当高斯光束照射时，可直接在闪耀光栅的一级衍射处获得各级阶次均相同的 3×3 涡旋光束阵列。注意，叠加后的复合叉形光栅是一相位光栅，在实际应用中，可通过液晶空间光调制器等相位调制器件来模拟。

图 4.1.6 给出了 $l_x=l_y=0, l=3$(式(3.3.13)给出的涡旋光栅的参数)时上述光栅的制作过程，图 4.1.7 给出了高斯光束入射时的远场衍射仿真光场分布和相位分布，可以看出，其生成了各衍射级均为 3 阶的 3×3 单极涡旋光束阵列。

图 4.1.6　基于复合叉形光栅的可生成各级阶次相等的相位光栅的制作过程($l_x=l_y=0, l=3$)

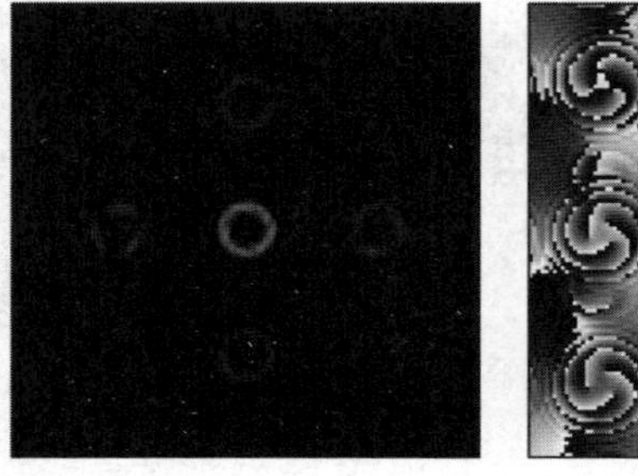
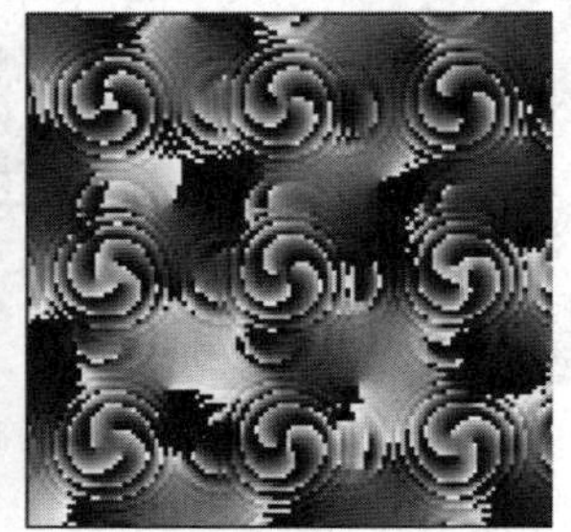

图 4.1.7　基模高斯光束照射图 4.1.6 所示的光栅后的远场衍射仿真光场分布和相位分布

4.1.3　阶次非对称分布的 3×3 涡旋光束阵列

前面介绍的利用复合叉形光栅生成的 3×3 涡旋光束阵列中，其阶次或角量子数分布是以(0,0)衍射级为中心的对称分布，即(0,0)衍射级阶次为零，位置上关于(0,0)对称的衍射级中的涡旋光束的阶次互为相反数。这一现象可以很容易地理解为入射的基模高斯光束实际上可以看作一阶次为零的涡旋光束，故(0,0)衍射级阶次必为零。

若照射复合叉形光栅的光束不是普通的基模高斯光束，而是一阶次为 l_0 的涡旋光束 $|l_0\rangle$，则结合式(3.2.22)～式(3.2.29)的推导，可得到与式(4.1.6)类似的形式，区别在于此处包含了初始的螺旋相位项。此时不难得出位于衍射级 (b_x,b_y) 处的涡旋光束的角量子数 l_{b_x,b_y} 为

$$l_{b_x,b_y}=l_0+b_xl_x+b_yl_y \tag{4.1.8}$$

式(4.1.8)表明，涡旋光束照射复合叉形光栅时，其远场 3×3 涡旋光束阵列中，所有 9 个衍射级的阶次会在原有基础上增加 l_0。这意味着，对于一特定的复合叉形光栅，可通过控制入射的涡旋光束的阶次来控制远场衍射的涡旋光束阵列的阶次分布。

按照 4.1.2 节介绍的方法，可以采用相位光栅模拟振幅光栅的方式，将 l_0 阶相位型涡旋光栅与复合叉形光栅整合为一个光栅，这样在高斯光束照射的时候，就可以在远场直接获得阶次或角量子数满足式(4.1.8)分布的 3×3 涡旋光束阵列。图 4.1.8(a)给出了按照这一方法，将图 4.1.4 所示的 $l_x=1,l_y=3$ 时的复合叉形光栅与阶次 $l_0=5$ 的涡旋光栅整合后的新的相位型衍射光栅，其透光部分由闪耀光栅和涡旋光栅叠加而来。根据式(4.1.8)可得，高斯光束照射时远场衍射中位于 9 个不同衍射级处的涡旋光束的阶次或角量子数，从左下至右上为＋1～＋9，如图 4.1.8(b)所示。图 4.1.9 给出了当高斯光束照射图 4.1.8(a)所示相位型光栅时远场衍射的仿真光场分布和相位分布，通过其光场结构和相位分布结构可知，其阶次或角量子数分布与图 4.1.8(b)中的理论预测吻合。

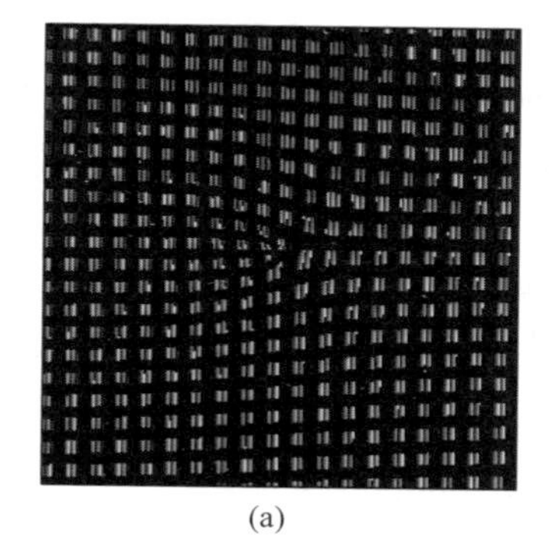

(a)

(−1, 1) l=7	(0, 1) l=8	(1, 1) l=9
(−1, 0) l=4	(0, 0) l=5	(1, 0) l=6
(−1, −1) l=1	(0, −1) l=2	(1, −1) l=3

(b)

图 4.1.8　(a) $l_x=1,l_y=3$ 时的复合叉形光栅与阶次 $l_0=5$ 的涡旋光栅整合后得到的相位型衍射光栅；(b) 基模高斯光束照射时远场衍射的角量子数分布

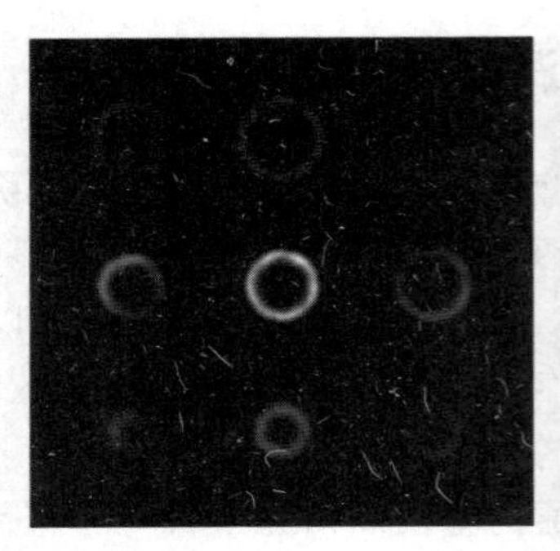

图 4.1.9　基模高斯光束照射图 4.1.8(a) 所示的光栅后的远场衍射仿真光场分布和相位分布

综上,将复合叉形光栅与涡旋光栅相结合,可以生成各级阶次均相同或非对称分布的 3×3 涡旋光束阵列。然而,这一方法也存在很多问题。首先,所要生成的涡旋光束阵列只存在于复合叉形光栅透光部分所叠加的闪耀光栅的一级衍射中,而很大一部分的入射光能量被损耗掉,使得整体的效率不高;其次,这种结合后的光栅也同时具有复合叉形光栅的缺陷,即各衍射级光强分布不均。衍射级次($|b_x|+|b_y|$)越高,其能量比例越低,使得高衍射级次的光束能量过低,故只能生成 3×3 阵列。因此,若要获得衍射级数、各衍射级中涡旋光束的阶次、强度均可调的涡旋光束阵列,需要重新设计新的衍射光栅。

4.2　复杂阵列的设计与优化

4.2.1　衍射光栅的傅里叶展开

传统的复合叉形光栅依靠振幅调制来生成涡旋光束阵列,虽然我们采用相位光栅模拟并叠加涡旋光栅的方式实现了阵列中角量子数的控制,但是其衍射场实际上也是通过振幅调制得到的,其高衍射级相比于(0,0)级由于强度过于微弱而无法显现,最终只能生成 3×3 涡旋光束阵列。同时,由于其基于基本的叉形光栅,使得阵列中的涡旋光束的阶次或角量子数的分布只能按照位置规律递增、递减或相同,无法实现阶次任意分布的涡旋光束阵列。因此,需要重新设计衍射光栅,找到可生成任意位置分布,任意角量子数分布的涡旋光束阵列的新方法。

下面将介绍一种通过对衍射光栅进行傅里叶展开实现特殊衍射级、强度和相位的控制方法[1,2]。仅考虑生成一维(直角坐标系 xOy 下的 x 轴方向)阵列情况时,定义目标光场分布为

$$s(x)=\sum_a \mu_a \exp(\mathrm{i}\alpha_a)\exp(\mathrm{i}a\gamma x) \tag{4.2.1}$$

式中,a 表示目标衍射级次,不包含非目标衍射级,即缺级。参数 μ_a 和 α_a 表征衍射级 a 处的振幅和相位,γ 为光栅空间角频率,表征光栅周期的大小,定义为

$$\gamma=\frac{2\pi}{T} \tag{4.2.2}$$

式中,T 为光栅常数。

通常,$s(x)$为一复值光栅,将其纯相位化可得:

$$T_P(x)=\exp[\mathrm{i}\phi(x)]=\frac{s(x)}{|s(x)|} \tag{4.2.3}$$

由于式(4.2.3)的纯相位化过程中引入了额外的谐波分量,因此式(4.2.3)可傅里叶展开为

$$\exp[\mathrm{i}\phi(x)]=\sum_{b=-\infty}^{+\infty}c_b\exp(\mathrm{i}b\gamma x) \tag{4.2.4}$$

式中,傅里叶系数 c_b 为

$$c_b=\frac{1}{2\pi/\gamma}\int_{-\frac{\pi}{\gamma}}^{\frac{\pi}{\gamma}}\exp[\mathrm{i}\phi(x)]\exp(-\mathrm{i}b\gamma x)\mathrm{d}x \tag{4.2.5}$$

式(4.2.5)中给出的傅里叶系数 c_b 是一个复数,实际上可理解为衍射级 b 处的光场的复振幅分布:

$$c_b=|c_b|\exp(\mathrm{i}\tau_b)\exp(\mathrm{i}l_b\varphi) \tag{4.2.6}$$

式中,$|c_b|$、τ_b 和 l_b 分别为衍射级 b 处光束的振幅、相位和角量子数。此时,式(4.2.3)定义的纯相位光栅的衍射效率为

$$\eta=\frac{\sum\limits_a|c_a|^2}{\sum\limits_{b=-\infty}^{+\infty}|c_b|^2} \tag{4.2.7}$$

该式分子表示目标衍射级的强度和,分母表示所有衍射级的强度和,其效率值 $\eta\leqslant1$。

综上,可依照以下两个步骤来设计衍射光栅:

(1) 定义目标衍射级 b;

(2) 定义位于目标衍射级 b 中的光束的振幅$|c_b|$、相位 τ_b 和角量子数 l_b,对于缺级,振幅$|c_b|$设为 0。

图 4.2.1(a)和(b)分别给出了按照上述步骤设计的可生成只有第 1 衍射级和同时具有等强度分布的±1 级衍射级的高斯光束阵列的衍射光栅和其远场衍射仿真光场分布。可以看出,对于只有第 1 衍射级的情形,按照上述步骤计算出来的衍射光栅就是闪耀光栅。而对于具有等强度分布的±1 级衍射级的情形,其光栅为一二值化的 0—π 光栅,而其远场衍射除了包含所需要的±1 衍射级,在±3 衍射级处仍有非常微弱的光斑。这表明利用上述步骤来设计衍射光栅并不是完美的。

接下来考虑一种更为复杂的情况,即在−1、+1 和+2 衍射级出现强度相等的高斯光束,而其他衍射级均表现为缺级。此时按照前面所述的步骤,设置参数为$|c_{-1}|=|c_{+1}|=|c_{+2}|=1$,对于其他 b 值,$|c_b|=0$,$\tau_{-1}=\tau_{+1}=\tau_{+2}=l_{-1}=l_{+1}=$

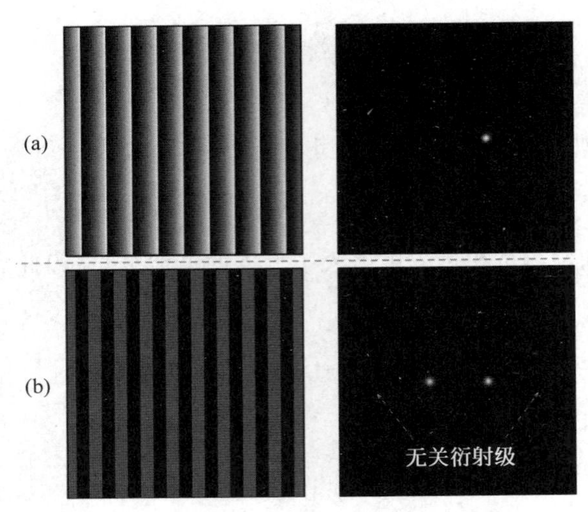

图 4.2.1　所设计的衍射光栅及其远场衍射仿真光场分布

(a) 仅存在第 1 衍射级；(b) 同时具有±1 衍射级，且能量比为 1∶1

$l_{+2}=0$。则生成的纯相位光栅如图 4.2.2(a)所示。图 4.2.2(b)所示为高斯光束照射时其远场衍射光场分布，其横向(x 轴方向)光强分布曲线如图 4.2.2(c)所示。不难看出，生成的光束阵列中所希望的三个衍射级并不是等光强的，这与我们当初的设计差别很大。通常，当所希望出现的衍射级相对于 0 级在位置上呈非对称分布时，这种差异会更加明显。

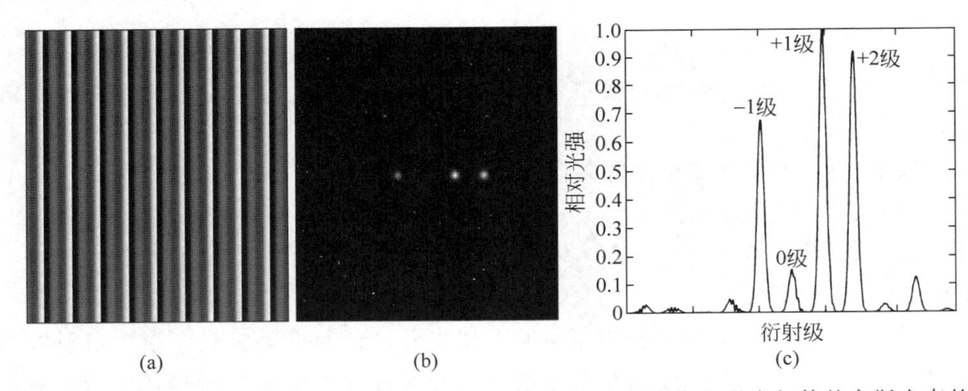

图 4.2.2　(a) 按照前述步骤设计的可在−1、+1 和+2 衍射级产生强度相等的高斯光束的衍射光栅；(b)，(c) 分别为高斯光束照射(a)时的远场衍射仿真光场分布及横向光强分布

产生这一现象的原因可以从纯相位光栅属性的角度来分析。考虑到式(3.6.9)给出的纯相位光栅条件，对于式(4.2.3)来说需满足 $T(x)\cdot T^*(x)$为一常数，即

$$\sum_{b=-\infty}^{+\infty}\sum_{b'=-\infty}^{+\infty} c_b c_{b'}^* \exp[\mathrm{i}(b'-b)\gamma x]=|C|^2 \tag{4.2.8}$$

显然式(4.2.8)仅对于唯一的 b 才能成立。因此,对于该方法设计的衍射光栅,无法通过纯相位调制生成理想的预期阵列,必存在无关衍射级,使得实际获得的阵列中各衍射级能量分布与理论值不符。这表明,必须通过一定的算法对在前述两个步骤的基础上对设计好的衍射光栅进行优化,在将无关衍射级的强度降到最低的同时,使希望呈现的衍射级的光强分布等信息满足预期。

4.2.2 GS算法与光栅的优化

GS算法(GS algorithm)全称为Gerchberg-Saxton算法,由格希伯格(Gerchberg)和萨克斯顿(Saxton)两位学者于20世纪70年代提出[3],其实质是初始输入平面和接收的输出平面间不断迭代的衍射计算过程,可用于设计特殊的衍射光学元件。GS算法可以实现根据已知的输入平面上光场振幅分布和要求的输出平面上光场振幅分布,计算得到所需的输入平面上光场相位分布,最终使得光学系统能够按照我们所需的要求来调制入射光束。这里我们可以采用GS算法对4.2.1节中所介绍的光栅进行优化,进而将能量集中于所希望的衍射级上,并且不同衍射级间的能量比例也符合我们的预期,而对于无关衍射级使其 $|c_b|$ 尽可能小,即 $|c_b|\to 0$。

GS算法的流程图如图4.2.3所示,首先已知输入(初始)平面中光场振幅 E_i 和经衍射后的输出(接收)平面中光场振幅 E_o,设定一初始相位 ϕ_0,而后初始相位与输入光场的振幅组成衍射计算输入光场的复振幅 $E_i\exp(\mathrm{i}\phi_0)$;接下来利用第2章介绍的衍射理论进行光场传输的计算,得到接收平面上的复振幅 $E_m\exp(\mathrm{i}\phi_m)$;将 $E_m\exp(\mathrm{i}\phi_m)$ 的振幅用已知的输出光场振幅代替,得到 $E_o\exp(\mathrm{i}\phi_m)$;对 $E_o\exp(\mathrm{i}\phi_m)$ 进行衍射逆运算,得到 $E'_m\exp(\mathrm{i}\phi'_m)$;用初始的输入光场振幅 E_i 代替 E'_m,得到下次迭代的初始光场复振幅 $E_i\exp(\mathrm{i}\phi'_m)$。如此进行反复迭代运算,直到满足一定的迭代条件时,跳出循环,输出此时初始输入平面的相位,即所需的相位信息。

在生成涡旋光束阵列时,由于我们关心的是远场衍射的光场分布情况,故迭代中的衍射计算实际是计算从近场到远场的夫琅禾费衍射,根据2.5节所介绍的内容,这里的衍射计算可直接通过傅里叶变换来实现,而衍射逆运算可用傅里叶反变换来代替。

GS算法是一种迭代算法,能很快收敛于一个最优解,其运算速度很快。然而,由于GS算法也是一种局部优化算法,故很容易收敛于局部的最优解,得不到需要的结果。在进行光学相位的计算时,合理的旋转初始相位可以改善GS算法的收敛性。在对衍射光栅进行优化时,通常将初始相位设定为[4]

$$\phi_0=\arg\left[\sum_{b\in B}c_b\exp(\mathrm{i}b\gamma x)\right] \tag{4.2.9}$$

式中,B 为所有希望出现的衍射级次,$\arg(\varsigma)$ 表示对复数 ς 取辐角,此时GS算法具有良好的收敛性。

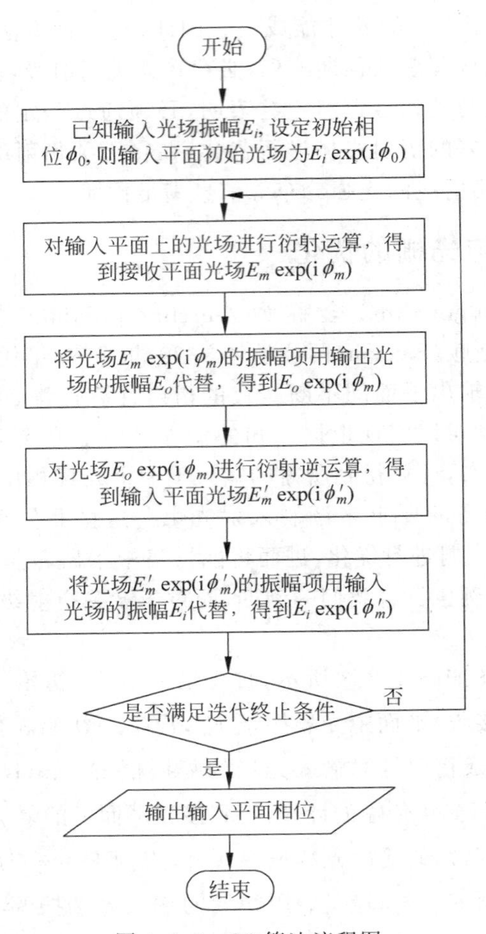

图 4.2.3　GS 算法流程图

下面给出两个具体的事例，来直观检验 GS 算法的优化效果。先考虑各衍射级光强相同的情况。图 4.2.4 给出了当要在 $-4\sim+4$ 的 9 个衍射级生成一等强度分布的 1×9 阵列时，通过 GS 算法优化后的衍射光栅在一个光栅常数(T)内的相位分布情况，同时也给出了通过光学仿真获得的各衍射级能量分布情况，这与预期基本吻合。

图 4.2.5 给出了优化后的可生成等强度分布且角量子数为 $-4\sim+4$ 的 1×9 涡旋光束阵列的衍射光栅，其一个光栅常数内的相位变化曲线与图 4.2.4 相同。图 4.2.5 同时也给出了高斯光束照射时通过仿真计算获得的远场衍射，其 9 个衍射级均等强度显现。注意，这里由于不同阶次的涡旋光束光斑尺寸不同，处于高衍射级的涡旋光束尺寸较大，使得其在光强相等的情况下功率密度较低，看起来要相对弱一些。

对于非等强度分布的阵列，GS 算法亦有很好的优化效果。图 4.2.6 和

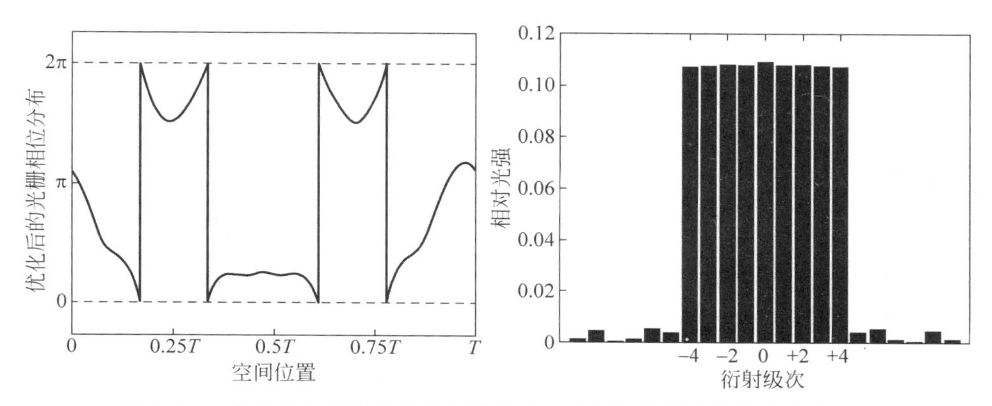

图 4.2.4　优化后的衍射光栅的相位分布与空间相位周期的关系曲线以及仿真得到的各衍射级能量分布情况[4]

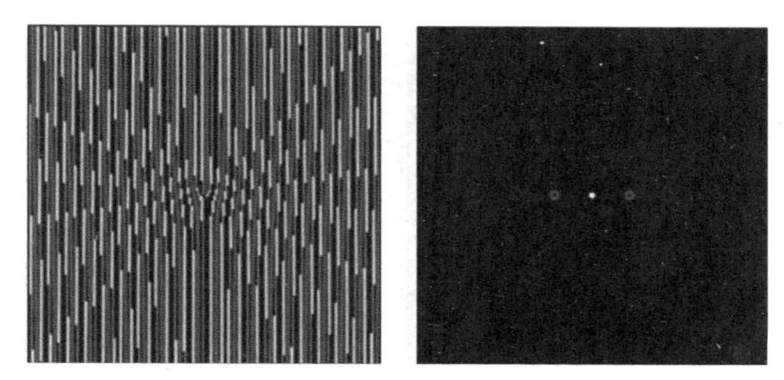

图 4.2.5　优化后的可生成等强度分布且角量子数为 −4～+4 的 1×9 涡旋光束阵列的衍射光栅及高斯光束照射时的仿真远场衍射光场

图 4.2.7 所示为经优化后能量以 1∶2∶1∶2 分布在 0、+1、+2、+3 四个衍射级上的一维相位光栅，可在这四个衍射级上生成阶次或角量子数分别为 0、+1、+2、+3 的涡旋光束。图 4.2.7 也同时给出了高斯光束照射时通过仿真计算获得的远场衍射光场。图 4.2.4～图 4.2.7 中，通过 GS 算法对衍射光栅进行优化，可以理解为将普通振幅型叉形光栅无法显现的衍射级按照特定的比例显示出来，使得涡旋光束的阶次分布满足 3.2.3 节中给出的规律。实际上，这一方法亦适用于阶次或角量子数任意分布的涡旋光束阵列的生成，这将在接下来的 4.3.2 节具体讨论。

综上，在 4.2.1 节的基础上，引入 GS 算法可实现对衍射光栅的优化，使得其衍射场满足我们的预期。然而，优化的过程中需要不停迭代，在一定程度上增加了衍射光栅设计的计算时间和复杂性。当所需的各个衍射级强度相等时，可通过一种更为简单的光栅设计方法来实现，即 4.2.3 节要介绍的达曼光栅。

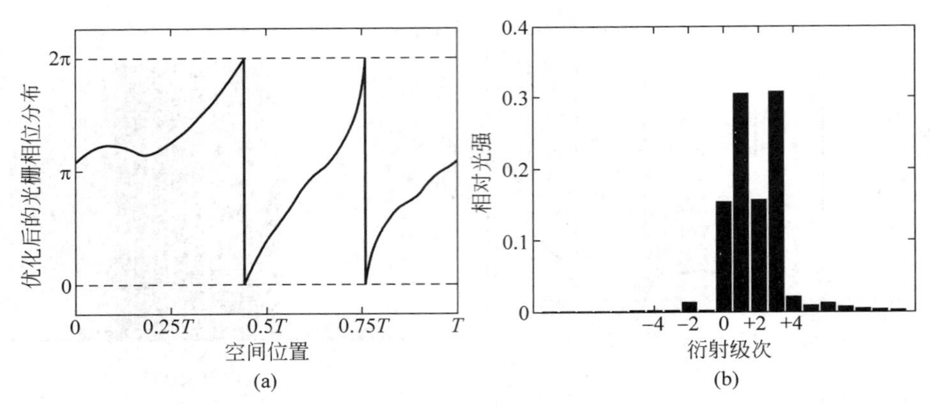

图 4.2.6　优化后的可在 0～+3 衍射级生成能量比为 1∶2∶1∶2 的衍射光栅的相位分布与空间相位周期的关系曲线以及仿真得到的各衍射级能量分布情况[4]

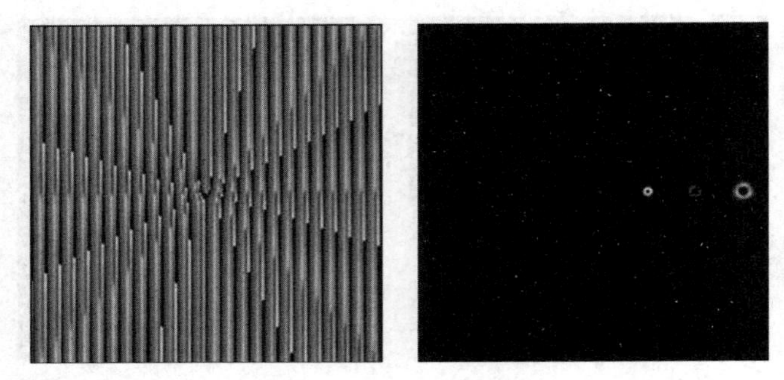

图 4.2.7　优化后的可在 0～+3 衍射级生成能量比为 1∶2∶1∶2，且角量子数为 0～+3 的 1×4 涡旋光束阵列的衍射光栅，及高斯光束照射时的仿真远场衍射光场

4.2.3　达曼光栅

达曼光栅(Dammann grating)最早是在 1971 年由达曼(H. Damman)等提出的，利用二值化 0～π 相位光栅生成平行光束阵列[5]。达曼光栅可产生任意排列方式的点阵，且光栅的均匀性及参数不受入射光波的影响，近年来已在生成等强度光阵列[6]、光耦合等[7]领域有较多应用。达曼光栅的结构可通过优化设计实现，设计过程的实质是寻找一组最优参数使得生成的光束均匀分布。这种优化算法可通过解析算法直接求出解析解，再通过迭代算法进行优化设计，如局部搜索算法、全局搜索算法等。

设一维达曼光栅的透过率函数为 $\phi_D(x)$，由于达曼光栅是一种二值化的 0～π 相位光栅，因此其一个光栅常数 T 内透过率函数随着空间位置的变化可由图 4.2.8 表示。其中，x_κ 为拐点坐标。在拐点 $x_\kappa T$ 处，$\arg[\phi_D(x)]$的值会发生跃变，即从 0 变为 π，或从 π 变为 0。由式(4.2.4)～式(4.2.6)可知，衍射光栅的透过

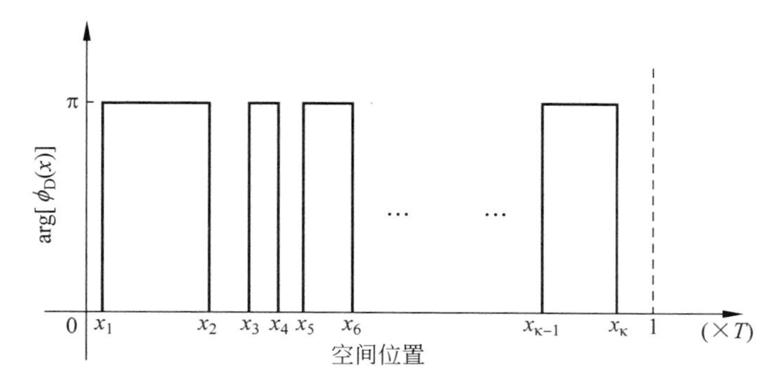

图 4.2.8 一维达曼光栅在一个光栅常数 T 内透过率函数随着空间位置的变化

率函数可进行傅里叶展开,其每一项的傅里叶系数 c_b 表示衍射级 b 处的光场分布。对图 4.2.8 所示的达曼光栅进行展开,可得 0 级衍射的光场分布为[6]

$$c_0 = 2\sum_{\kappa=1}^{N}(-1)^{\kappa}x_{\kappa} \tag{4.2.10}$$

式中,N 为一个光栅常数内的拐点总数,且必为偶数。对于非零衍射级,其光场分布为

$$c_b = \frac{1}{\pi b}\sum_{\kappa=1}^{N}(-1)^{\kappa}\exp(-\mathrm{i}2\pi b x_{\kappa}) \tag{4.2.11}$$

衍射级 b 处光场的强度 $P_b = |c_b|^2$,结合式(4.2.10)和式(4.2.11),可知达曼光栅的衍射场中,各个衍射级的强度与光栅常数 T 无关,仅与拐点总数 N 和拐点坐标 x_κ 有关。光栅常数 T 的大小只决定了相邻衍射级间的距离。令希望显现的衍射级构成的集合为 B,则若要使所有可显现的衍射级光束的强度相等,需满足:

$$\begin{cases} |c_0|^2 = |c_b|^2, & b \in B \\ |c_b|^2 = 0, & b \notin B \end{cases} \tag{4.2.12}$$

根据条件式(4.2.12),可利用 4.2.2 节所介绍的 GS 算法等优化算法来计算拐点总数 N 和拐点坐标 x_κ,进而制作达曼光栅。定义达曼光栅的衍射效率为

$$\eta = \frac{\sum_{b\in B}|c_b|^2}{\sum_{b=-\infty}^{+\infty}|c_b|^2} \tag{4.2.13}$$

表明达曼光栅的衍射效率必小于等于 1。达曼光栅的另一个重要参数为均匀度值,表征了达曼光栅衍射场各个光束间的强度均匀性,定义为

$$U = \frac{\max\{|c_b|^2\} - \min\{|c_b|^2\}}{\max\{|c_b|^2\} + \min\{|c_b|^2\}}, \quad b \in B \tag{4.2.14}$$

式中,$\max\{\varsigma\}$和 $\min\{\varsigma\}$分别表示取数列$\{\varsigma\}$时的最大值和最小值。均匀度值越趋近于 0,各衍射级间的光强分布越均匀。

对达曼光栅优化的终极目标是衍射效率 η 达到最大，同时使均匀度 U 达到最小。通常，这一优化计算的过程较为复杂，为了使达曼光栅的设计更为简便，这里直接给出生成不同一维阵列的一维达曼光栅拐点坐标 x_κ 的数值解[8]，可用来达曼光栅的直接编译。

表 4.2.1 中，每一行均省略了第一个拐点坐标值 0。另外，对于可生成偶数阵列的一维达曼光栅，只列出了前半个光栅周期（$0\sim0.5T$）内的拐点坐标，其后半个光栅周期（$0.5T\sim T$）内的拐点分布情况与前半个周期相同，具体的拐点坐标值为前半个光栅周期内的坐标值加 0.5[9]。需要注意的是，对于生成偶数阵列（$1\times M$，$M=2m, m\in\mathbb{Z}_+$）的达曼光栅，其远场衍射中偶数衍射级均设置为缺级，即衍射级分布为 $-2m+1, -2m+3, \cdots, 2m-3, 2m-1$，使得相邻的可显现的衍射级间距离相等。

表 4.2.1　一维达曼光栅拐点坐标 x_κ 的数值解[8]

阵　列　数	拐点坐标 x_κ	效率 η	均匀度值 U
1×2	0.5	0.8106	0.000 01
1×3	0.735 26	0.6642	0.000 02
1×4	0.220 57, 0.445 63	0.7063	0.000 01
1×5	0.038 63, 0.390 84, 0.655 52	0.7738	0.000 01
1×6	0.114 44, 0.208 97	0.8452	0.000 01
1×7	0.231 91, 0.425 20, 0.525 71	0.7863	0.000 01
1×8	0.061 85, 0.176 54, 0.208 58, 0.317 97	0.7615	0.000 04
1×9	0.066 68, 0.128 71, 0.285 89, 0.456 66, 0.590 90	0.7249	0.000 04
1×10	0.108 38, 0.118 57, 0.196 79, 0.235 59, 0.315 24, 0.373 00	0.7590	0.000 44
1×11	0.150 15, 0.363 89, 0.541 03, 0.553 44, 0.713 18, 0.766 12, 0.911 07	0.7664	0.000 67
1×12	0.019 69, 0.087 13, 0.126 96, 0.189 22, 0.248 77, 0.356 09	0.7997	0.000 30
1×13	0.177 65, 0.313 52, 0.412 44, 0.498 46, 0.576 33, 0.708 57, 0.730 41	0.7962	0.000 45
1×14	0.051 99, 0.129 88, 0.191 38, 0.242 10, 0.272 99, 0.311 91, 0.359 22, 0.494 99	0.8008	0.001 27
1×15	0.182 40, 0.274 24, 0.585 81, 0.679 67, 0.719 17, 0.822 17, 0.906 42	0.8318	0.000 33
1×16	0.140 83, 0.175 69, 0.221 47, 0.267 00, 0.356 51, 0.395 36, 0.439 34, 0.452 35	0.8152	0.000 07
1×17	0.122 71, 0.368 12, 0.385 08, 0.468 44, 0.560 10, 0.720 61, 0.803 10, 0.860 00, 0.937 12	0.8085	0.000 37
1×18	0.037 13, 0.065 31, 0.113 24, 0.118 04, 0.135 44, 0.182 21, 0.252 35, 0.399 99, 0.428 91, 0.464 60	0.8124	0.000 39

续表

阵　列　数	拐点坐标 x_κ	效率 η	均匀度值 U
1×19	0.085 70,0.140 57,0.358 09,0.445 35,0.501 40,0.507 81,0.611 68,0.651 43,0.741 79,0.890 57,0.939 47	0.7966	0.000 80
1×20	0.046 10,0.154 87,0.179 04,0.213 14,0.245 48,0.271 22,0.304 07,0.381 82,0.394 22,0.440 93	0.8193	0.002 04
1×21	0.075 05,0.226 56,0.478 86,0.536 61,0.616 83,0.630 09,0.681 94,0.738 70,0.800 83,0.844 69,0.921 96	0.8201	0.000 78
1×22	0.055 94,0.154 05,0.190 38,0.215 83,0.240 74,0.271 38,0.308 09,0.316 84,0.350 07,0.361 46,0.432 54,0.462 41	0.7987	0.000 97
1×23	0.104 35,0.157 04,0.219 12,0.256 53,0.261 53,0.278 28,0.317 07,0.365 36,0.424 46,0.557 44,0.652 60,0.899 53,0.940 99	0.8134	0.000 76
1×24	0.024 29,0.054 14,0.063 57,0.092 89,0.11691,0.142 55,0.165 72,0.203 59,0.235 21,0.343 09,0.418 65,0.447 07	0.8226	0.004 27
1×25	0.153 87,0.164 52,0.272 98,0.332 11,0.381 20,0.449 09,0.523 49,0.643 96,0.768 23,0.820 82,0.859 80,0.916 39,0.958 32	0.8283	0.000 30
1×26	0.022 97,0.049 00,0.065 75,0.094 19,0.108 44,0.214 26,0.275 27,0.302 98,0.307 78,0.334 68,0.362 83,0.411 60,0.437 72,0.472 29	0.8105	0.002 77
1×27	0.028 59,0.086 92,0.138 12,0.240 35,0.369 42,0.439 61,0.486 55,0.539 40,0.597 54,0.761 60,0.769 25,0.843 37,0.882 57,0.921 16,0.974 17	0.8035	0.001 79
1×28	0.016 44,0.043 17,0.060 95,0.116 48,0.144 44,0.219 11,0.238 95,0.269 30,0.288 23,0.323 89,0.387 98,0.398 53,0.425 12,0.478 21	0.8238	0.001 83
1×29	0.015 82,0.114 94,0.232 03,0.269 29,0.368 68,0.407 86,0.434 97,0.440 45,0.470 31,0.526 54,0.687 21,0.743 26,0.795 53,0.824 70,0.865 63,0.907 09,0.946 19	0.7846	0.000 46
1×30	0.017 71,0.046 88,0.072 17,0.077 82,0.088 59,0.138 49,0.186 76,0.210 26,0.228 39,0.249 44,0.271 77,0.285 82,0.310 38,0.352 88,0.373 14,0.395 57	0.8101	0.002 49

续表

阵列数	拐点坐标 x_κ	效率 η	均匀度值 U
1×31	0.092 41,0.142 99,0.190 31,0.239 82,0.346 95,0.454 54,0.482 63,0.630 78,0.673 71,0.712 56,0.752 91,0.793 16,0.828 55,0.853 38,0.858 86,0.928 31,0.948 24	0.8184	0.008 05
1×32	0.055 40,0.089 00,0.110 10,0.133 40,0.173 20,0.195 80,0.210 90,0.230 60,0.248 70,0.330 10,0.348 20,0.401 00,0.433 20,0.441 10,0.465 30,0.484 00	0.8303	0.007 07
1×64	0.010 41,0.017 43,0.029 51,0.040 58,0.047 68,0.060 88,0.070 56,0.083 98,0.097 37,0.102 75,0.128 50,0.143 24,0.212 78,0.246 61,0.262 68,0.280 20,0.288 95,0.296 65,0.317 67,0.324 16,0.337 71,0.361 76,0.382 81,0.396 22,0.412 80,0.423 74,0.433 36,0.438 16,0.448 59,0.459 44,0.4669,0.474 27,0.483 92,0.489 35	0.8072	0.005 34

下面以生成1×5和1×6高斯光束阵列为例，来简要介绍利用拐点坐标数值解来设计奇数点阵和偶数点阵一维达曼涡旋光栅的过程。对于1×5阵列，由表4.2.1可知存在四个拐点，其坐标值分别为：$x_1=0$，$x_2=0.038\,63$，$x_3=0.390\,84$，$x_4=0.655\,52$。对于每一个拐点，分别设计二值化0～2π子光栅：

$$\arg[\phi_\kappa(x)]=\begin{cases}2\pi, & \mathrm{mod}(x,T)\leqslant x_\kappa T\\ 0, & \mathrm{mod}(x,T)>x_\kappa T\end{cases} \tag{4.2.15}$$

式中，$\mathrm{mod}(\varsigma,\varepsilon)$表示$\varsigma$对$\varepsilon$取余数。因此，根据图4.2.8，达曼光栅可以表示为它们的线性组合：

$$\arg[\phi_\mathrm{D}(x)]=\frac{1}{2}\sum_{\kappa=1}^{N}(-1)^\kappa\arg[\phi_\kappa(x)] \tag{4.2.16}$$

对于可生成1×5阵列的达曼光栅，拐点总数$N=4$，其设计过程如图4.2.9所示。首先根据拐点坐标值和式(4.2.15)分别做出4个二值化的0～2π子光栅，而后按照式(4.2.16)将它们进行线性组合，再进行0～π二值化，最终得到达曼光栅。图4.2.10同时也给出了高斯光束照射1×5达曼光栅时仿真计算得到的远场衍射光场，其5个子光斑分别位于−2～+2衍射级，且它们的强度基本相等。

对于1×6阵列，由表4.2.1可知存在6个拐点，其坐标值分别为：$x_1=0$，$x_2=0.114\,44$，$x_3=0.208\,97$，$x_4=0.5$，$x_5=0.614\,44$，$x_6=0.708\,97$。则仿照图4.2.9给出的步骤，可得1×6达曼光栅如图4.2.11(a)所示。当高斯光束照射时，其远场衍射仿真光场分布如图4.2.11(b)所示。

至此，我们可以得出一维达曼光栅的具体设计步骤如下：

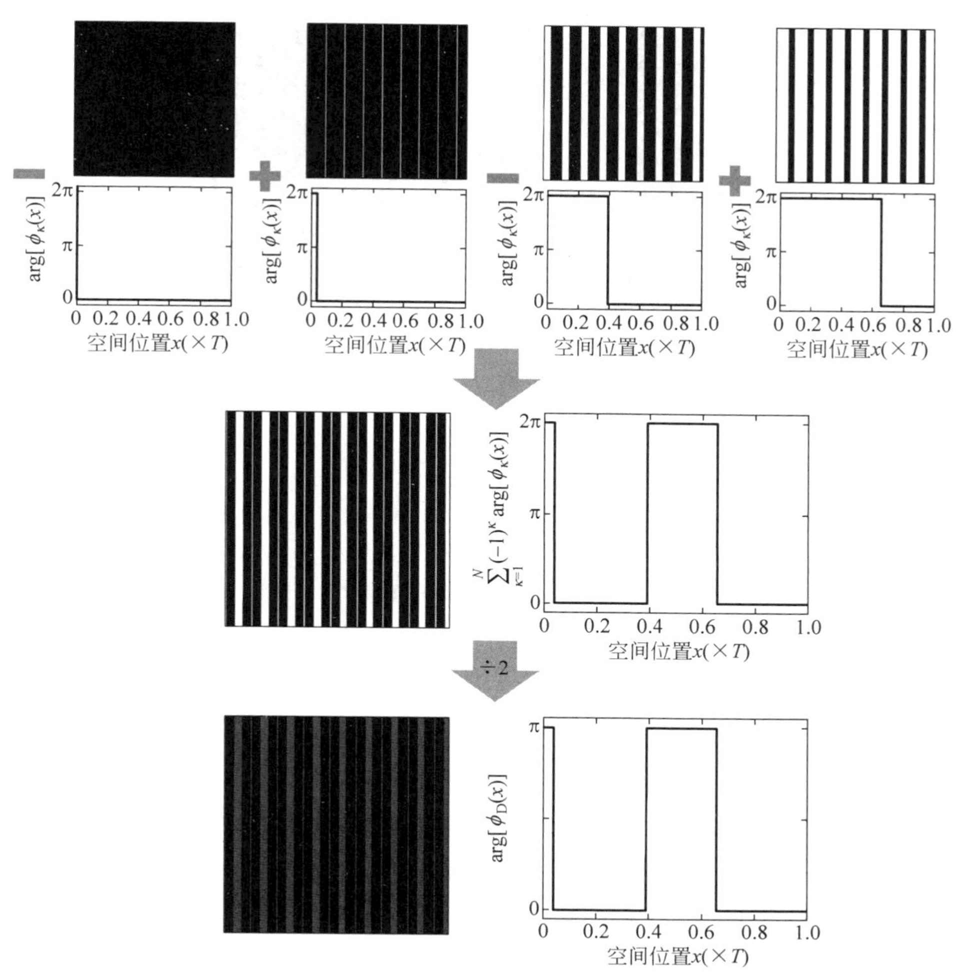

图 4.2.9　一维 1×5 达曼光栅的设计过程

图 4.2.10　高斯光束照射一维 1×5 达曼光栅时的远场衍射光场

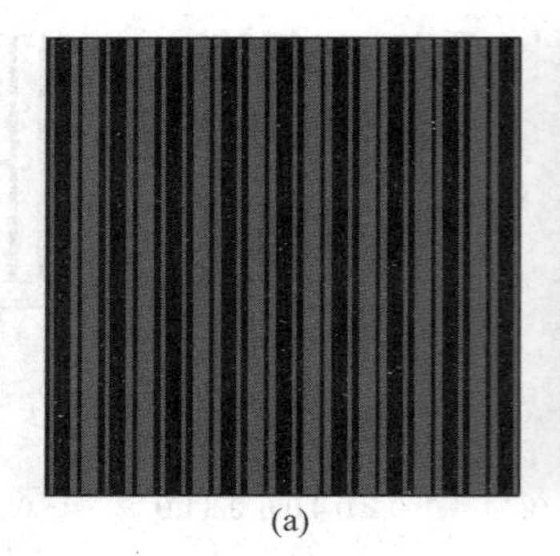
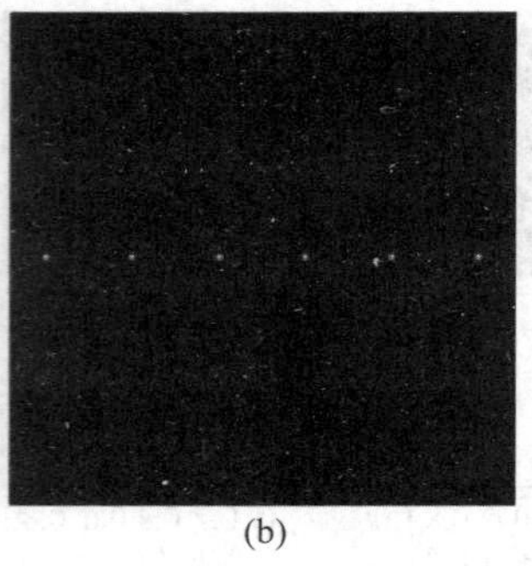

(a)　　(b)

图 4.2.11 (a) 1×6 达曼光栅；(b) 高斯光束照射时的远场衍射光场

(1) 确定要生成的光束阵列中的光束数目；

(2) 根据光束数目查阅表 4.2.1,获得拐点坐标值 x_κ；

(3) 根据式(4.2.15)设计二值化 0～2π 子光栅；

(4) 将设计好的子光栅代入式(4.2.16),生成一维达曼光栅。

不难看出,对于二值化 0～π 达曼光栅来说,由于光场周期的大小并不会影响各个衍射级的强度大小,只决定了相邻衍射级间的距离,因此可利用拐点坐标的数值解来直接编译。在设计各衍射级等光强分布的衍射光栅时,相比于前面所介绍的光栅优化方法,达曼光栅的设计步骤十分简单,这使得其在光束阵列等新型结构光场的生成技术中,具有十分重要的意义。

在一维达曼光栅的基础上,亦可设计二维达曼光栅。所谓二维达曼光栅即高斯光束入射时,其远场衍射会呈现出一具有矩形结构的二维光束阵列。二维达曼涡旋光栅可由两个不同方向的一维达曼涡旋光束叠加而成：设 x 方向的一维达曼光栅,可生成一个 $1\times n$ 一维光束阵列,设 y 方向的一维达曼光栅,可生成一个 $m\times 1$ 一维光束阵列,则它们叠加后的二维达曼光栅可生成一个 $m\times n$ 二维光束阵列,其叠加的过程可以看作一逻辑运算,定义为

$$\alpha\odot\beta=\begin{cases}\pi, & \alpha=\beta\\ 0, & \alpha\neq\beta\end{cases}\tag{4.2.17}$$

式中,α 和 β 为二值化数,只能为 0 或 π,即当 $\alpha=\beta$ 时,运算结果为 π,当 $\alpha\neq\beta$ 时,运算结果为 0。令 x 方向和 y 方向的一维达曼光栅的透过率函数分别为 $\phi_{\mathrm{D}x}(x)$ 和 $\phi_{\mathrm{D}y}(y)$,则二维达曼光栅的透过率函数 $\phi_{\mathrm{D2}}(x,y)$ 可表示为

$$\arg[\phi_{\mathrm{D2}}(x,y)]=\arg[\phi_{\mathrm{D}x}(x)]\odot\arg[\phi_{\mathrm{D}y}(y)]\tag{4.2.18}$$

下面以生成 6×7 阵列为例,介绍二维达曼光栅的生成过程。首先设计 y 轴方向的 6×1 一维达曼光栅,如图 4.2.12(a)所示,其设计过程与前面介绍的 1×6 一维达曼光栅相同,只是将 x 坐标换成了 y 坐标,从坐标轴间的位置关系不难理解,图 4.2.12(a)可由图 4.2.11(a)直接绕其中心逆时针旋转 90°获得。接下来设计 x 轴方向的 1×7 一维达曼光栅,如图 4.2.12(b)所示。最后,将两个光栅进行

式(4.2.18)所给出的运算，得到最终的 6×7 二维达曼光栅，如图 4.2.12(c)所示。图 4.2.12 也同时给出了高斯光束照射所设计的 6×7 二维达曼光栅时，通过仿真计算获得的远场衍射光场，其为一 6×7 高斯光束阵列，这与我们的预期相同。

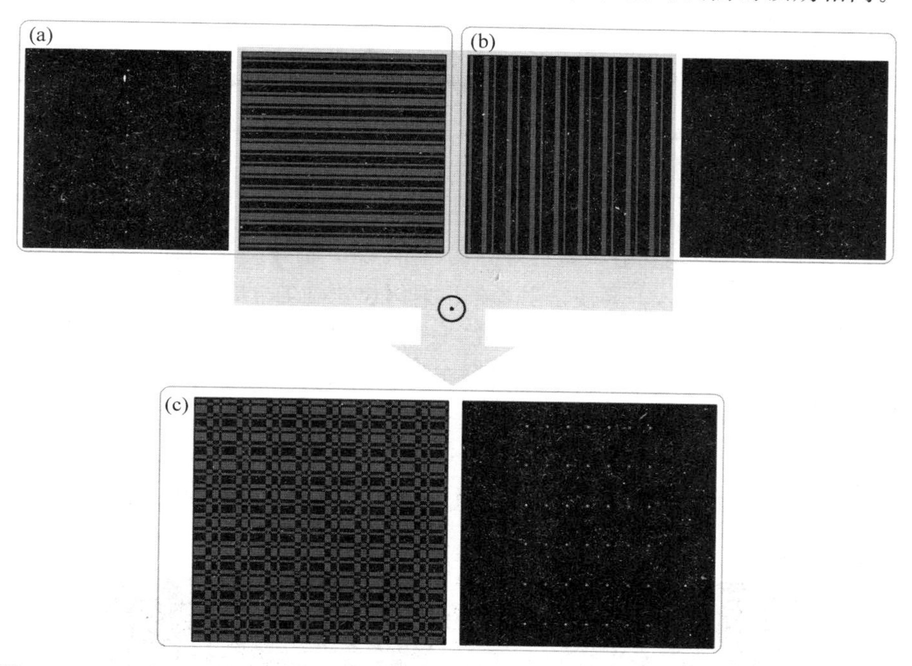

图 4.2.12　(a) 6×1 一维达曼光栅及高斯光束照射时的远场衍射光场；(b) 1×7 一维达曼光栅及高斯光束照射时的远场衍射光场；(c) 由(a)和(b)所示的一维达曼光栅经运算叠加后获得的 6×7 二维达曼光栅，及高斯光束照射时的远场衍射光场

图 4.2.12 中，所生成的 6×7 高斯光束阵列，其纵向(y 轴方向)所呈现的相邻衍射级间的距离与横向(x 轴方向)不同。其原因是在纵向具有偶数个可显现的衍射级，由于衍射光场关于 0 级对称，则纵向的 −5、−3、−1、+1、+3 和 +5 衍射级显现，而 −4、−2、0、+2、+4 衍射级为缺级。因此纵向显现的相邻衍射级间的距离为实际相邻衍射级间距离的 2 倍，即纵向相邻光束间的距离为横向的 2 倍，使得阵列中光束的空间分布不均匀，这对阵列照明等部分实际应用是十分不利的，需采取一定的措施来补偿。前面已经提到，达曼光栅的光栅周期 T 决定了相邻衍射级间的距离，因此，可在横向和纵向设置不同的光栅周期，使阵列的空间分布均匀。

仅考虑一维达曼光栅，设 b 衍射级处的衍射角为 α_b，在傍轴近似下 $\sin\alpha_b = \alpha_b$，则由正入射下的光栅方程为

$$b\lambda = T\sin\alpha_b \tag{4.2.19}$$

可得衍射角为

$$\alpha_b = \frac{b\lambda}{T} \tag{4.2.20}$$

设达曼光栅与接收屏间的距离为 d_f，由几何关系，在 α_b 很小时，处于 b 衍射级的光束距离中心 0 衍射级的距离为

$$d_b = d_f \alpha_b = \frac{d_f b\lambda}{T} \tag{4.2.21}$$

则相邻衍射级间的距离为

$$\Delta d = d_{b+1} - d_b = \frac{d_f \lambda}{T} \tag{4.2.22}$$

对于图 4.2.12 所示偶数乘奇数阵列的情形，设 x 轴和 y 轴方向的相邻衍射级间距离分别为 Δd_x 和 Δd_y，若要使衍射场各衍射级位置均匀分布，需满足 $2\Delta d_y = \Delta d_x$，结合式(4.2.22)，可得 $T_y = 2T_x$。因此，只需将纵向(y 轴方向)的光栅周期设为横向(x 轴方向)的二倍，即可获得位置分布均匀的光束阵列。类似地，对于奇数乘偶数阵列的情形，需满足 $2T_y = T_x$。

图 4.2.13 给出了满足 $T_y = 2T_x$ 的 6×7 二维达曼光栅及高斯光束照射时的远场衍射光场，相比于图 4.2.12(c)，其衍射级位置分布更为均匀，在两个方向上相邻显现的衍射级间的距离均相等。

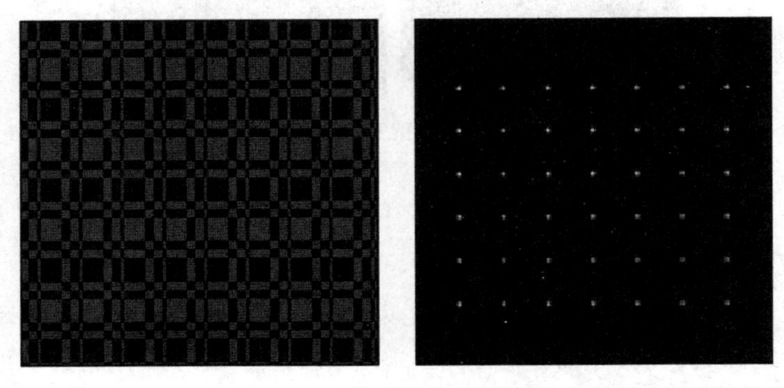

图 4.2.13　满足 $T_y = 2T_x$ 的 6×7 二维达曼光栅及高斯光束照射时的远场衍射光场

综上，达曼光栅可较为理想地生成我们所期望的等光强分布的直线形或矩形高斯光束阵列。若对达曼光栅进行适当的改进，其亦可生成角量子数成一定规律分布的等光强涡旋光束阵列，这一话题将在 4.3 节具体讨论。

4.3　二维涡旋光束阵列

4.3.1　达曼涡旋光栅与基本矩形阵列

既然达曼光栅可以产生二维高斯光束矩形阵列，那么在此基础上对其进行结

构改造，则在满足一定条件的情况下可在高斯光束照射时获得二维涡旋光束阵列。与 4.1 节介绍的关于复合叉形光栅及其变形光栅的内容类似，可通过两种方式来改进达曼光栅：①直接叠加其他相位光栅；②在达曼光栅设计时引入叉形结构来获得具有达曼光栅性质的新型二值化 0—π 相位型衍射光栅，即达曼涡旋光栅(Dammann vortex grating)[10,11]。

在 4.2.3 节中关于达曼光栅的讨论，只局限于高斯光束照射的情形。当涡旋光束照射时，由于达曼光栅不具有叉形结构，对入射光的角量子数不存在调制作用，此时其远场衍射即为一单极涡旋光束阵列，如图 4.3.1 所示。

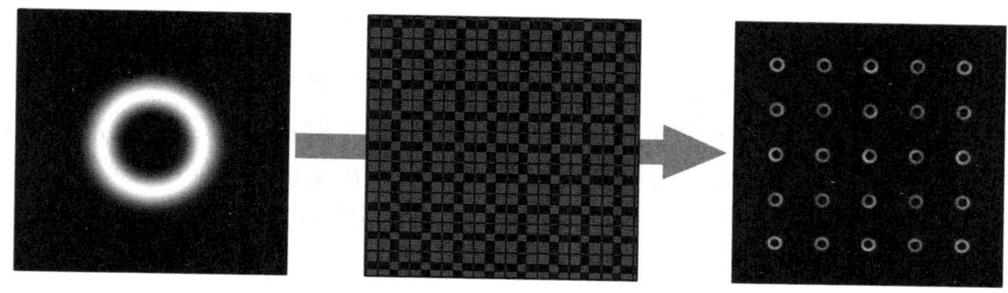

图 4.3.1　涡旋光束(|+3⟩)照射 5×5 达曼光栅时的远场衍射光场

由于常见的激光器出射的光束通常为高斯光束，若在达曼光栅前置入光学器件先将高斯光束转化为涡旋光束，则会在一定程度上增加系统的复杂性。因此，我们的目标是在高斯光束入射时，也可生成涡旋光束阵列，这就要求我们需要在一个衍射光栅上同时实现引入螺旋相位和分光的功能。这里可以采用与 4.1.2 节介绍的复合叉形光栅相类似的改进方法，即在达曼光栅上叠加一涡旋相位光栅。与复合叉形光栅不同的是，达曼光栅为一相位型衍射光栅，因此其可与涡旋光栅直接叠加，而不必像复合叉形光栅那样先用相位光栅模拟而后再叠加，如图 4.3.2 所示。图 4.3.3 给出了高斯光束照射图 4.3.2 所示的叠加后的衍射光栅时，远场衍射的光场及相位分布情况，可以看出，位于每一个衍射级的光束均具有螺旋形相位，其阶次或角量子数与所叠加的涡旋光栅的阶次完全相同，即生成了二维单极涡旋光束阵列。

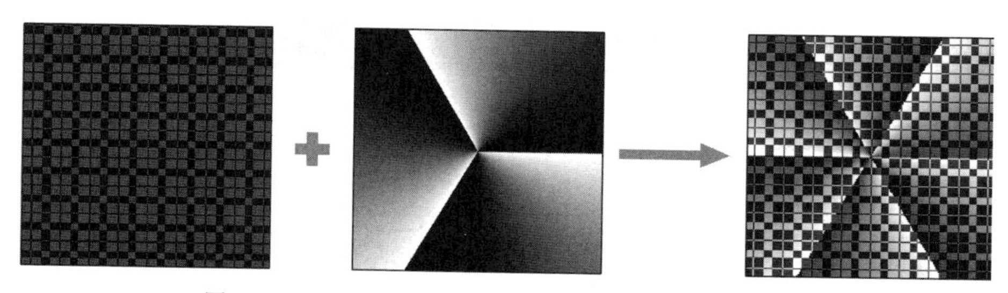

图 4.3.2　达曼光栅叠加涡旋相位光栅(+3 阶)的过程

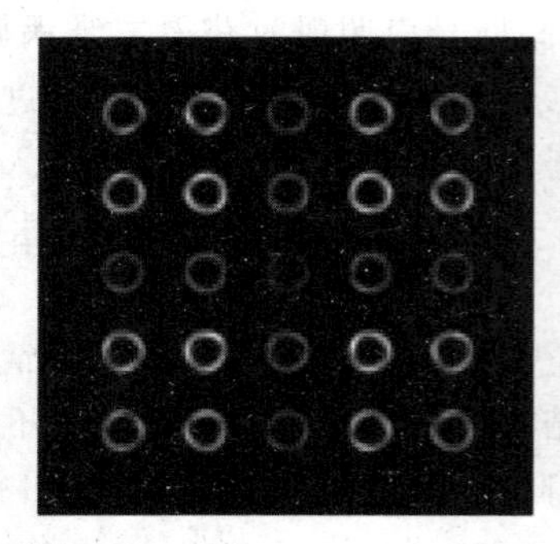
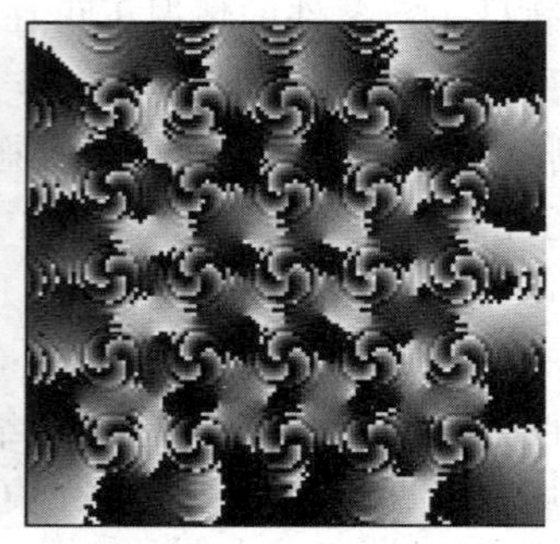

图 4.3.3　高斯光束照射图 4.3.2 所示的叠加后的衍射光栅时，远场衍射的光场及相位分布

由于图 4.3.2 所示的光栅由涡旋相位光栅和达曼光栅叠加而来，而涡旋相位光栅仅控制远场衍射光场中位于各衍射级的涡旋光束阶次，故衍射场涡旋光束阵列的衍射级次仍由达曼光栅来决定。根据表 4.2.1 给出的数值解合理地设置拐点坐标参数 x_κ，可有效地生成任意 $m\times n$ 二维单极涡旋光束阵列，如图 4.3.4 所示。

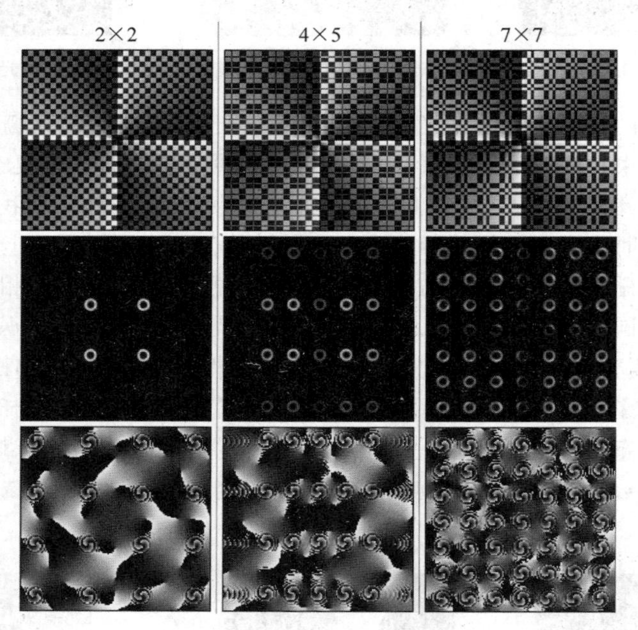

图 4.3.4　几种不同的叠加＋2 阶涡旋相位光栅后的达曼光栅及高斯光束照射时获得的 $m\times n$ 二维单极涡旋光束阵列

一个有趣的现象是，在图 4.3.4 第一列中，我们生成的是一 2×2 各级阶次均为＋2 的单极涡旋光束阵列，而在衍射场的相位分布图中，无关衍射级上依旧表现出螺旋相位结构。其原因为达曼光栅实际上是二值化 0—π 光栅经过优化后的最优结果，在部分无关衍射级必存在不希望得到的强度较弱的光束，由于我们在 2×2 达曼光栅上叠加了＋2 阶涡旋光栅，其对所有的入射光进行调制，使得无关衍射

级上存在的强度较弱的光束亦具有螺旋相位结构。

利用达曼光栅叠加涡旋相位光栅的方法,虽可较为理想地生成涡旋光束阵列,但位于各衍射级的涡旋光束的阶次均相同,这仍不能满足部分应用的需要。下面将介绍一种基于达曼光栅的新型光栅——达曼涡旋光栅,其远场衍射中处于各衍射级的涡旋光束的阶次或角量子数将随着衍射级次的变化呈一定的规律排布。

与普通的达曼光栅类似,达曼涡旋光栅也可看作是多个二值化 0—2π 子光栅的线性组合,其拐点坐标为 x_κ 的子光栅定义为

$$\arg[\phi_\kappa(x)] = \begin{cases} 2\pi, & \mathrm{mod}[S(x), 2\pi] \leqslant 2\pi x_\kappa \\ 0, & \mathrm{mod}[S(x), 2\pi] > 2\pi x_\kappa \end{cases} \tag{4.3.1}$$

式中,

$$S(x) = l_x\varphi + \frac{2\pi x}{T} \tag{4.3.2}$$

式中,l_x 为达曼涡旋光栅的阶次,φ 为角向坐标,T 为光栅常数(周期)。当 $l_x=0$ 时,将式(4.3.2)代入式(4.3.1),可得式(4.3.1)与式(4.2.15)完全相同,即达曼涡旋光栅退化为达曼光栅,也可理解为达曼光栅是阶次 $l_x=0$ 的达曼涡旋光栅。

达曼涡旋光栅的设计过程也与普通的达曼光栅相同,首先根据拐点坐标值 x_κ ($\kappa\in\{1,2,3,\cdots,N\}$)和式(4.3.1)分别做出 N 个二值化的 0—2π 子光栅,而后按照式(4.2.16)将它们进行线性组合。图 4.3.5 以 $l_x=1$ 的 1×5 达曼涡旋光栅为例,给出了达曼涡旋光栅的设计过程。

从图 4.3.5 不难看出,达曼涡旋光栅具有与叉形光栅类似的叉形结构。另外,式(4.3.2)与式(3.2.16)极其相似,这也预示着达曼涡旋光栅具有与普通振幅型叉形光栅类似的衍射性质。图 4.3.6 给出了高斯光束照射图 4.3.5 所示的达曼涡旋光栅后的远场衍射光场,其为 1×5 涡旋光束阵列,从左至右涡旋光束的阶次为 −2,−1,0,+1 和 +2。这表明,达曼涡旋光栅具有与振幅型叉形光栅相似的调制作用,其远场衍射中,处于 b 衍射级中的涡旋光束阶次为 bl_x。与叉形光栅不同的是,达曼涡旋光栅是二值化的 0—π 相位型衍射光栅,其可通过合理的设置拐点来使叉形光栅无法显现的衍射级等强度出现,最终获得各衍射级等强度分布的涡旋光束阵列。因此,达曼涡旋光栅也可以看作经优化处理后的叉形光栅,是叉形光栅的延伸。

将 x 轴方向的横向 $1\times n$ 一维达曼涡旋光栅与 y 轴方向的纵向 $m\times 1$ 一维达曼涡旋光栅按照式(4.2.17)所给出的运算进行叠加,可获得 $m\times n$ 二维达曼涡旋光栅,如图 4.3.7 所示。对于一维达曼涡旋光栅来说,由于处于不同衍射级的涡旋光束具有不同的阶次,因此两个方向正交的一维达曼光栅结合后,会呈现出更加复杂的阶次或角量子数分布。这一过程的理论推导较为复杂,感兴趣的读者可自行推导,这里直接给出结论:处于二维达曼涡旋光栅的(b_x, b_y)衍射级的涡旋光束,

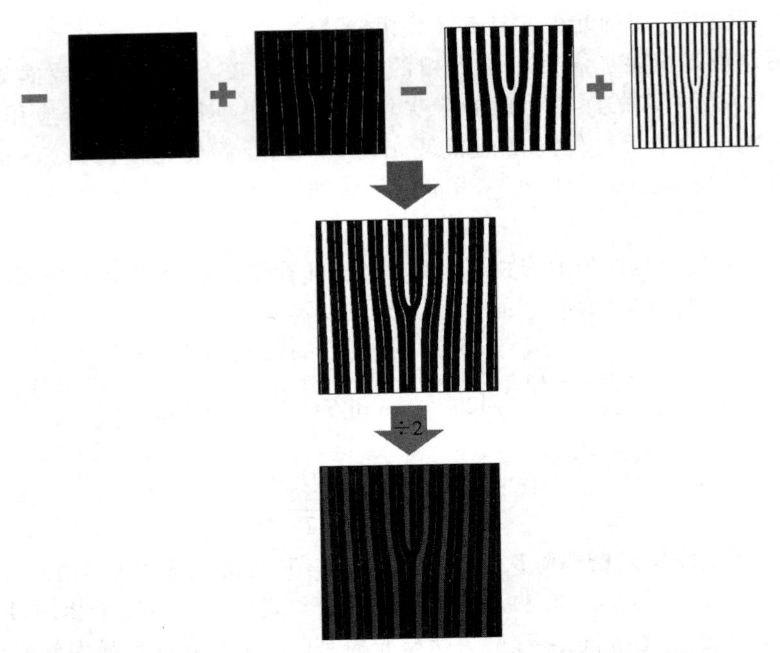

图 4.3.5　$l_x=1$ 时的 1×5 一维达曼涡旋光栅的设计过程

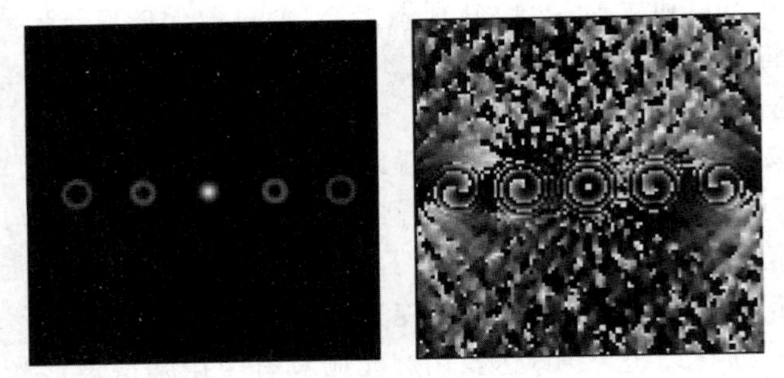

图 4.3.6　高斯光束照射图 4.3.5 所示的达曼涡旋光栅后的远场衍射光场及相位分布

其阶次为$(b_xl_x+b_yl_y)$。这与复合叉形光栅(式(4.1.7))是一致的。这表明,二维达曼涡旋光栅可看作复合叉形光栅的延伸,其可通过合理的设计使所期望的衍射级显现,同时它们的强度均相等。另外,由于处于二维达曼涡旋光栅关于中心(0,0)级位置对称的相反的衍射级的涡旋光束的阶次必然是相反的,因此阵列的总角量子数为0,表明高斯光束照射二维达曼涡旋光栅时生成的是偶极涡旋光束阵列。

特别地,设计一5×5二维达曼涡旋光栅,设定参数为$l_x=1$和$l_y=5$,光栅常数$T_x=T_y$。则根据图4.3.5和图4.3.7设计的光栅如图4.3.8(a)所示。根据前面介绍的二维达曼涡旋光栅衍射场角量子数的分布规律,可得其衍射场角量子数分布如图4.3.8(b)所示。图4.3.8(c)和图4.3.8(d)分别为高斯光束照射时的远

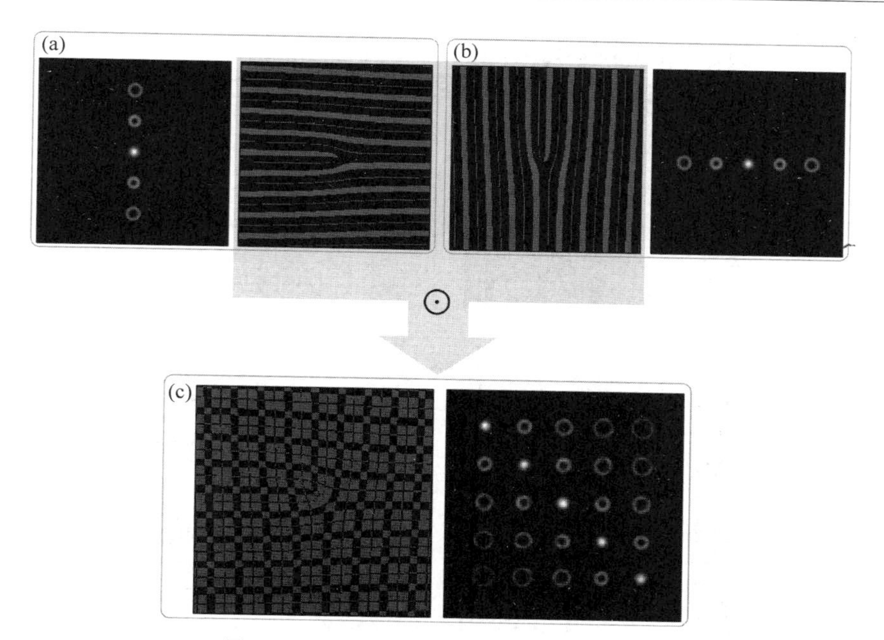

图 4.3.7 二维达曼涡旋光栅的生成过程

(a) $l_x=1$,5×1 一维达曼涡旋光栅及高斯光束照射时的远场衍射光场；(b) $l_y=1$,1×5 一维达曼光栅及高斯光束照射时的远场衍射光场；(c) 由(a)和(b)所示的一维达曼光栅经运算叠加后获得的 5×5 二维达曼光栅，及高斯光束照射时的远场衍射光场

场衍射光场和相位分布。图 4.3.8 表明，当高斯光束照射 $l_x=1$ 且 $l_y=5$ 的 5×5 二维达曼涡旋光栅时，其衍射场包含 25 个衍射级，各个衍射级涡旋光束的阶次依次为 −12～+12，即利用该光栅可同时生成阶次为 −12～+12 的 25 路涡旋光束。这种二维达曼涡旋光栅称为标准 5×5 达曼涡旋光栅，其在多模混合涡旋光束的探测[11]、涡旋光束轨道角动量谱分析[12]等技术中具有十分重要的意义，稍后将在第 5 章具体介绍。

将标准 5×5 达曼涡旋光栅推广到更普遍的情况，即标准 $m\times m$ 达曼光栅，定义为：满足 m 为奇数，$l_x=1$，$l_y=m$，且两个正交方向上的光栅常数相同的 $m\times m$ 二维达曼光栅称为标准 $m\times m$ 达曼光栅。当高斯光束照射标准 $m\times m$ 达曼光栅时，其远场衍射具有 m^2 路涡旋光束，且它们的角量子数从左下到右上依次为 $-(m^2-1)/2\sim(m^2-1)/2$。标准达曼光栅的设计并不复杂，在设计时只要满足其所定义的四个条件：①m 为奇数；②$l_x=1$；③$l_y=m$；④$T_x=T_y$ 即可。标准达曼光栅的意义在于，其衍射场包含阶次在 $-(m^2-1)/2\sim(m^2-1)/2$ 内的所有涡旋光束，且它们的强度均相等。

在标准 $m\times m$ 达曼光栅的基础上，将其与 $+(m^2-1)/2$ 阶或 $-(m^2-1)/2$ 阶涡旋相位光栅叠加，得到一种新的衍射光栅，称为整合达曼涡旋光栅[13]，如图 4.3.9 所示。当高斯光束照射整合达曼光栅时，由于涡旋相位光栅的引入，使得其远场衍射各

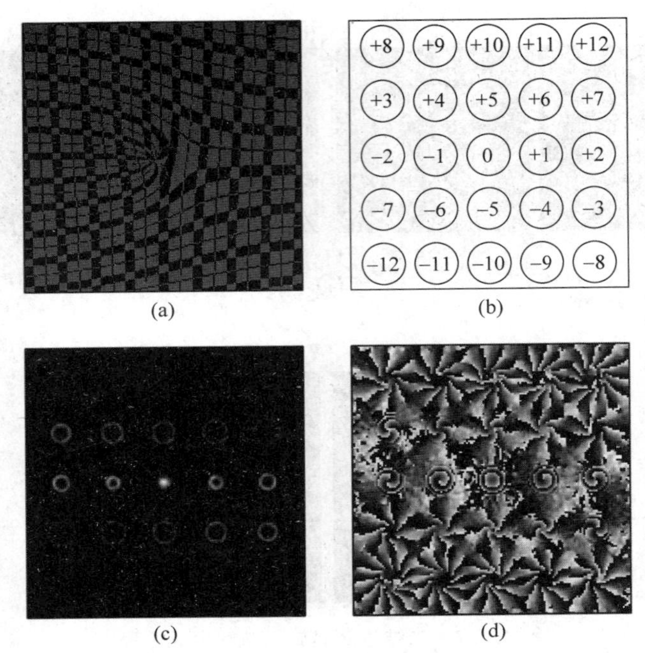

图 4.3.8　标准 5×5 达曼涡旋光栅(a)及其衍射场的(b) 角量子数、(c) 光场和(d) 相位分布

衍射级的涡旋光束阶次发生平移,最终生成了阶次依次为$-(m^2-1)\sim0$ 或 $0\sim(m^2-1)$的 m^2 路涡旋光束,如图 4.3.10 所示。整合达曼涡旋光栅在高阶次多模混合涡旋光束的探测技术[13]中具有较为重要的应用,将在第 5 章作详细介绍。

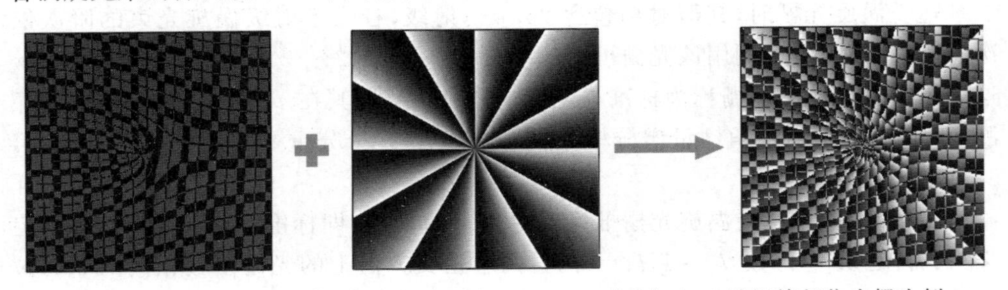

图 4.3.9　整合达曼涡旋光栅的生成过程,以 $m=5$ 时叠加$+12$ 阶涡旋相位光栅为例

本节介绍了利用达曼涡旋光栅及其改进变形来生成涡旋光束阵列的方法,与 4.1 节的复合叉形光栅相比,具有衍射效率高、各级强度相同、可生成任意 $m\times n$ 阵列的优点。达曼涡旋光栅的设计也十分简便,根据表 4.2.1 给出拐点坐标的数值解可直接得到。这一方法亦存在不足,阵列中同一方向上涡旋光束的阶次或角量子数分布必然是随着衍射级次递增或递减的。另外,无法生成各级强度非均匀分布的涡旋光束阵列。

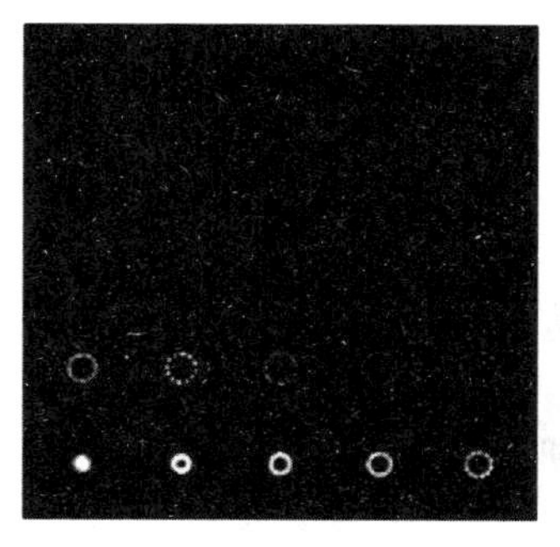
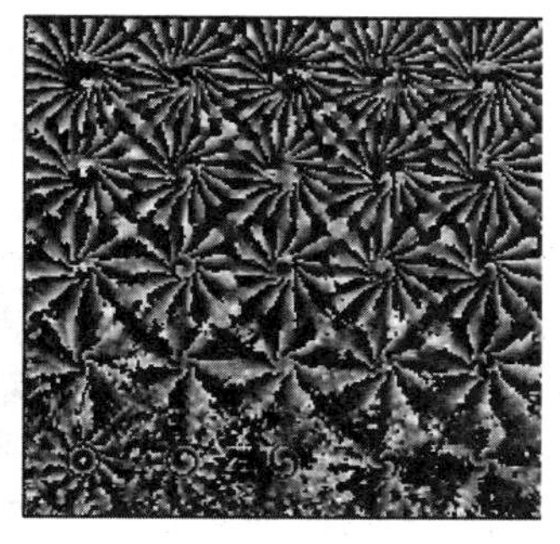

图 4.3.10　高斯光束照射图 4.3.9 所示的整合达曼涡旋光栅时远场衍射的光场和相位分布

4.3.2　特殊矩形阵列

达曼涡旋光栅在生成各级强度相等的涡旋光束阵列中展现出非常好的性能。然而,若要生成各级强度不等,或同一方向上角量子数任意排布(非递增或递减)的涡旋光束阵列,传统的达曼涡旋光栅显然是无能为力的,这就需要我们设计新型的二维衍射光栅。

设一直角坐标系下的二维纯相位衍射光栅,其透过率函数为 $\exp[\mathrm{i}\phi(x,y)]$,可傅里叶展开为

$$\exp[\mathrm{i}\phi(x,y)]=\sum_{a,b=-\infty}^{+\infty} c_{a,b}\exp[\mathrm{i}(a\gamma_x x+b\gamma_y y)] \tag{4.3.3}$$

式中,a、b 分别为向 x、y 方向的衍射级次,γ_x 和 γ_y 分别为光栅在 x 和 y 方向上的空间角频率,表征光栅周期的大小,定义为

$$\begin{cases}\gamma_x=\dfrac{2\pi}{T_x}\\[2ex]\gamma_y=\dfrac{2\pi}{T_y}\end{cases} \tag{4.3.4}$$

式中,T_x、T_y 分别为 x 和 y 方向上的光栅常数。傅里叶系数 $c_{a,b}$ 为衍射级(a,b)处的光束的复振幅:

$$c_{a,b}=|c_{a,b}|\exp(\mathrm{i}\tau_{a,b})\exp(\mathrm{i}l_{a,b}\varphi) \tag{4.3.5}$$

式中,$|c_{a,b}|$、$\tau_{a,b}$ 和 $l_{a,b}$ 分别为衍射级(a,b)处光束的振幅、相位和角量子数,φ 为角向坐标。式(4.3.3)～式(4.3.5)表明,在设计二维衍射光栅时,可通过设定位于每一个衍射级的光束的振幅、相位、角量子数等信息,而后将它们累加得到。这一过程与 4.2.1 节中讨论的一维衍射光栅是相同的。

然而,回顾 4.2.1 节中的讨论可知,这种方法生成的衍射光栅并不是完美的,当期望的衍射级的数目 N 大于 1 时,必存在无关衍射级,使得整体的衍射效率为

$$\eta=\frac{\sum\limits_{(a,b)\in B}|c_{a,b}|^2}{\sum\limits_{a,b=-\infty}^{+\infty}|c_{a,b}|^2} \tag{4.3.6}$$

式(4.3.6)表明，η 小于 1。式(4.3.6)中，B 表示由期望的衍射级构成的集合。

根据式(4.3.3)～式(4.3.5)给出的衍射光栅设计方法，以生成一特殊的 3×3 矩形涡旋光束阵列为例，来设计衍射光栅。目标 3×3 涡旋光束阵列的 9 个衍射级中，其中(−1,1)级、(1,0)级、(0,−1)级和(1,−1)级分别为＋1 阶、＋2 阶、＋3 阶和＋3 阶涡旋光束，它们的能量比为 0.5∶1∶1∶1，其他 5 个衍射级为缺级。因此，根据式(4.3.3)和式(4.3.5)，设置参数如下：

$|c_{-1,1}|=\sqrt{0.5}=0.707$；

$|c_{1,0}|=|c_{0,-1}|=|c_{1,-1}|=1$；

其他所有 $|c_{a,b}|=0$；

对 $\forall a,b\in\{-1,0,1\}$，$\tau_{a,b}=0$；

$l_{-1,1}=1$；

$l_{1,0}=2$；

$l_{0,-1}=l_{1,-1}=3$。

则设计的衍射光栅如图 4.3.11 所示。图 4.3.12 给出了高斯光束照射时，其远场衍射的光场分布、相位分布和各衍射级的能量分布。可以发现，衍射场具有非常明显的四个“环”，处于各显现的衍射级的涡旋光束的阶次与我们的预期相符，但本应缺级位置却出现了微弱的光强分布，而期望出现的四个衍射级，其能量比例并不是 0.5∶1∶1∶1。产生这一现象的原因与 4.2.1 节介绍的一维衍射光栅是相同的，即用一个以傅里叶叠加形式的纯相位透过率函数来近似理想的衍射光栅函数，是一个近似逼近的过程，不可能实现绝对相等。因此，对于利用傅里叶展开法设计的二维衍射光栅，仍需采用 4.2.2 节介绍的 GS 算法等优化算法进行优化。

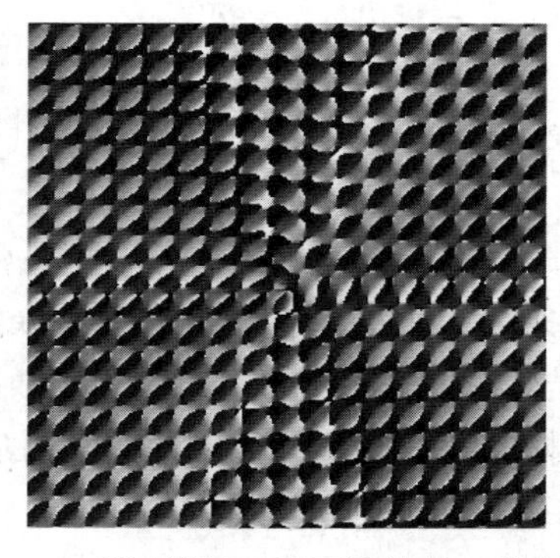

图 4.3.11　利用傅里叶展开设计的二维衍射光栅

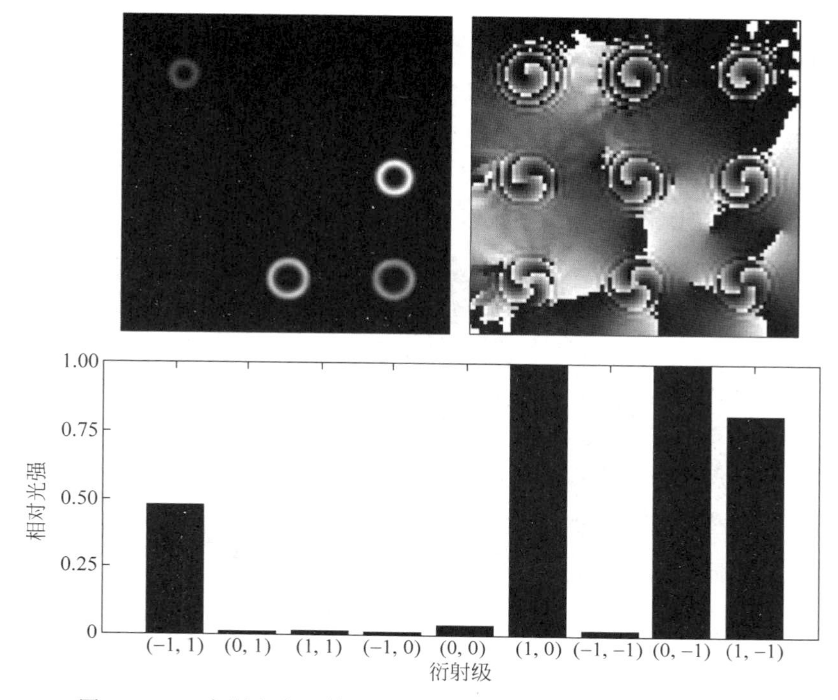

图 4.3.12　高斯光束照射图 4.3.11 所示的衍射光栅时远场衍射的光场、相位以及各衍射级能量分布

经过优化后的衍射光栅如图 4.3.13 所示。当高斯光束照射时，其远场衍射的光场和各衍射级的能量分布情况如图 4.3.14 所示。对比图 4.3.11 和图 4.3.13，虽然差别不大，通过肉眼无法明显地辨别出来，但从图 4.3.14 可以看出，优化后的衍射场各个希望显现的衍射级的能量分布与预期几乎相同。然而优化后本应缺级的衍射级仍有微弱的光强分布，表明利用 GS 算法等对衍射光栅进行优化，得到的是非常逼近于理想值的结果，并不完全等于理想值。

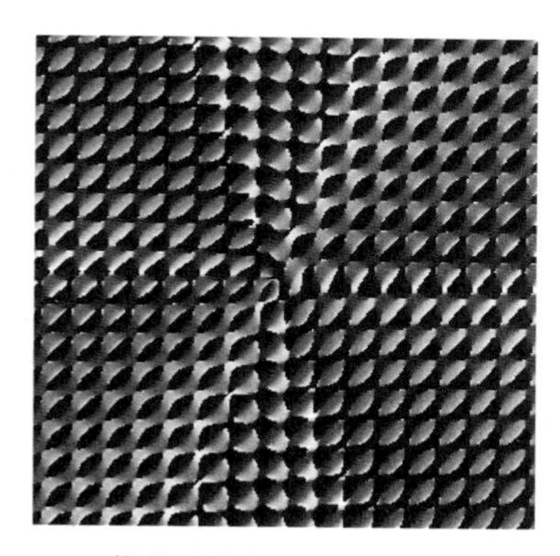

图 4.3.13　优化后的图 4.3.11 所示的衍射光栅

综上，通过对二维衍射光栅的傅里叶展开来设计衍射光栅，首先应根据预期衍射场分布确定傅里叶展开系数中各参数的具体数值，而后利用 GS 算法等优化算法对光栅进行优化。由于纯相位型光栅不可能严格等于理想的衍射光栅函数，因此优化后的衍射场十分逼近于理想预期，但不可能完全相同，必存在无关衍射级等。相比于达曼涡旋光栅，这种方法设计的衍射光栅可生成任意特殊位置、强度、角量子数分布的矩形涡旋光束阵列，但其设计过程较为复杂。

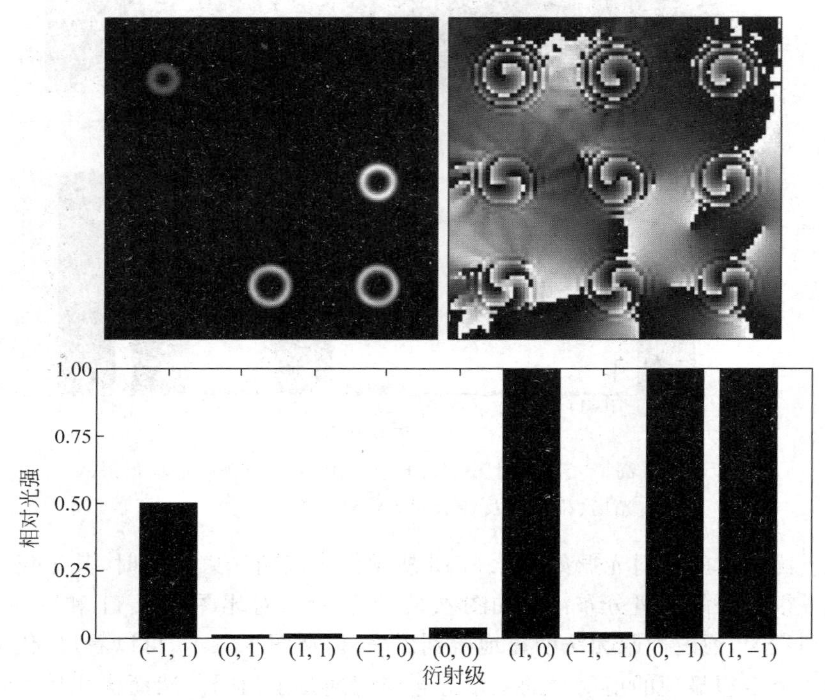

图 4.3.14 高斯光束照射图 4.3.13 所示的优化后的光栅时远场衍射的光场、相位以及各衍射级能量分布

4.3.3 环形阵列

环形涡旋光束阵列是指不同阶次的涡旋光束在一圆周上均匀分布，这种阵列在光子的轨道角动量编码[14]等技术中具有较为重要的应用。由于环形涡旋光束阵列仿佛是一颗颗“珍珠”（涡旋光束）围成的“项链”，因此也被形象地称作“珍珠项链光”。环形涡旋光束阵列由于其所包含的每一束涡旋光束均处于一圆周上，它们距环中心的距离均相等。回顾图 4.3.4 给出的 2×2 矩形阵列，其所包含的四束涡旋光束分别处于(−1,−1)、(−1,1)、(1,−1)和(1,1)衍射级，距中心的距离相同且均匀地处于一个圆周上，这意味着 2×2 矩形阵列也可看作一环形阵列。类似地，1×2 或 2×1 线形阵列也是特殊的环形阵列。

对于前面提到的三种特殊的环形阵列来说，可利用本章前几节介绍的方法来生成。而若生成较为复杂的如包含 $2N(N\in\mathbb{Z}_+)$ 路涡旋光束的环形阵列，则需要找到新的衍射光栅设计方法。考虑一个含有多个等振幅涡旋光束的光场，其光场表达式可写为

$$s(r,\varphi)=\sum_{b=-N}^{N-1}\exp(\mathrm{i}l_b\varphi)\exp[\mathrm{i}kr\rho_b\cos(\varphi-\theta_b)] \tag{4.3.7}$$

式中，(ρ_b,θ_b) 为 b 级衍射中心坐标，处于该衍射级的涡旋光束阶次为 l_b。若令对任意的衍射级次 b，ρ_b 为常数，同时令 θ_b 为区间 $[0,2\pi)$ 中的等间隔值，则式(4.3.7)描述的光场为均匀分布在以 ρ_b 为半径的圆周上的 $2N$ 个阶次分布为 l_b 的涡旋光束。对式(4.3.7)进行纯相位化，得到一透过率函数为 $T(r,\varphi)$ 的纯相位光栅

$$T(r,\varphi)=\exp[\mathrm{i}\varphi(r,\varphi)]=\frac{s(r,\varphi)}{|s(r,\varphi)|} \tag{4.3.8}$$

如 4.2.1 节所述，由于纯相位光栅不包含振幅调制信息，其衍射场未必能达到预期，因此需利用 GS 算法对 $\phi(r,\varphi)$ 进行优化，使得其衍射场无限趋近于 $s(r,\varphi)$。通常，这种优化后可生成环形涡旋光束阵列的光栅称作衍射调制板。当高斯光束照射衍射调制板时，其远场衍射会呈现出环形涡旋光束阵列。

在设计衍射调制板时，将式(4.3.6)中的 l_b 设为一定值时，生成的是各衍射级阶次均相同的单极环形涡旋光束阵列，如图 4.3.15 所示。若令 $l_b=b$，则环形阵列中各涡旋光束的阶次会随着位置(衍射级)的改变而改变，图 4.3.16 给出了三种不同形式衍射调制板及其环形涡旋光束阵列，其衍射场中分别包含 8 路、12 路和 18 路涡旋光束，角量子数分布分别为 $\pm1\sim\pm4$、$\pm1\sim\pm6$ 和 $\pm1\sim\pm9$。此时，生成的是偶极环形涡旋光束阵列。在设计时，可为 l_b 设定其他任意值，以此来获得任意阶次分布的环形涡旋光束阵列。亦可给式(4.3.6)中加入振幅因子，以控制衍射场各衍射级的强度，其方法与 4.3.2 节介绍的矩形阵列的相关设计完全相同，这里不再赘述。

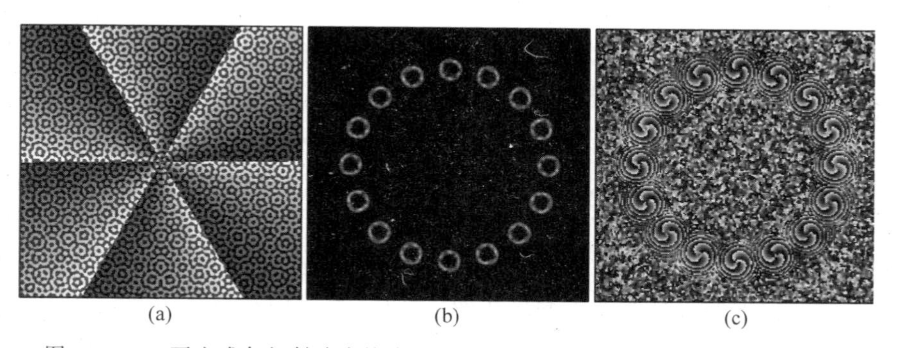

图 4.3.15　可生成各衍射阶次均为 3 的环形涡旋光束阵列的(a) 衍射调制板，及其(b) 远场衍射光场和(c) 相位分布

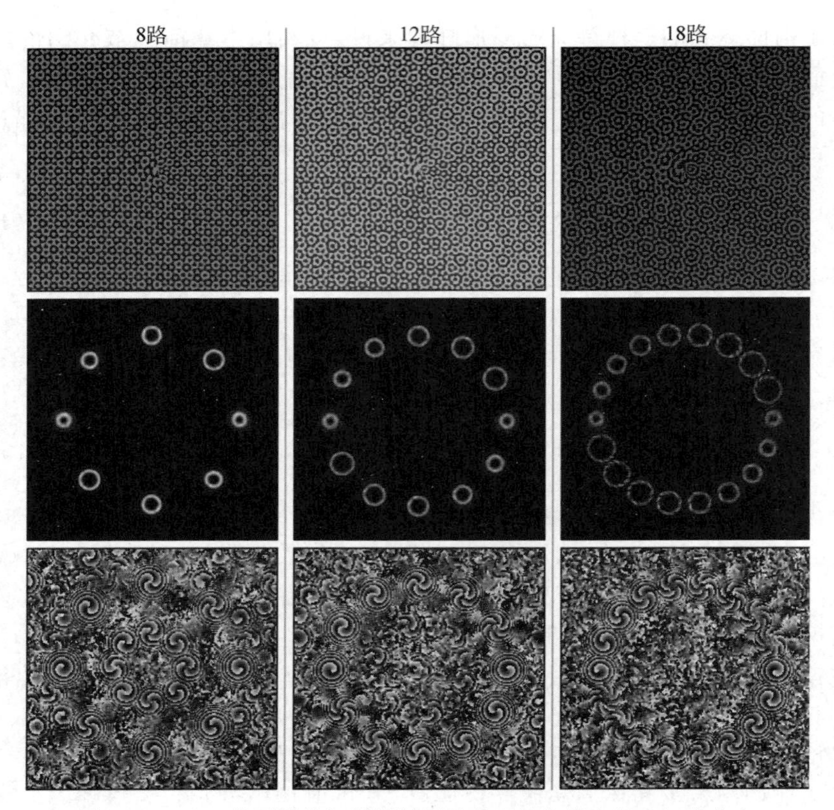

图 4.3.16　三种不同的衍射调制板及其远场衍射光场和相位分布

4.4　三维涡旋光束阵列

$m\times n\times p$ 三维涡旋光束阵列是一空间分布结构，由 p 个在光轴上不同位置的 $m\times n$ 二维阵列叠加而来，如图 4.4.1 所示。若要生成三维涡旋光束阵列，首先应设计一种光学器件，其对入射光束具有聚焦作用，且可在衍射场光轴的不同位置处产生多个聚焦光斑。菲涅尔波带板可实现此功能，它可将入射光波聚焦为衍射场光轴上无穷多个点，其中主焦点强度最高，其余焦点的强度随着衍射级次的增加而迅速衰减。这意味着，菲涅尔波带板虽可产生无穷多的焦点，但只有主焦点是可被利用的，仅起到类似于透镜的作用。萨韦德拉(G. Saavedra)等提出了一种分形波带板(fractal zone plates)，使得衍射场的每一个焦点附近均出现一系列类似于旁瓣的分形焦点，形成一轴向的多焦点光场，但各个焦点的强度分布是不均匀的[15]。后来，达曼波带片(Dammann zone plate)的提出有效地解决了各个焦点强度分布不均的问题，其基于二值化 0—π 达曼光栅等强度分光的原理，对传统的二值化的相位型菲涅尔波带板进行优化改造，使得在衍射场轴向的不同位置获得多个等强度焦斑[16]，为各级强度均匀分布的三维光束阵列的生成提供了良好的基础。

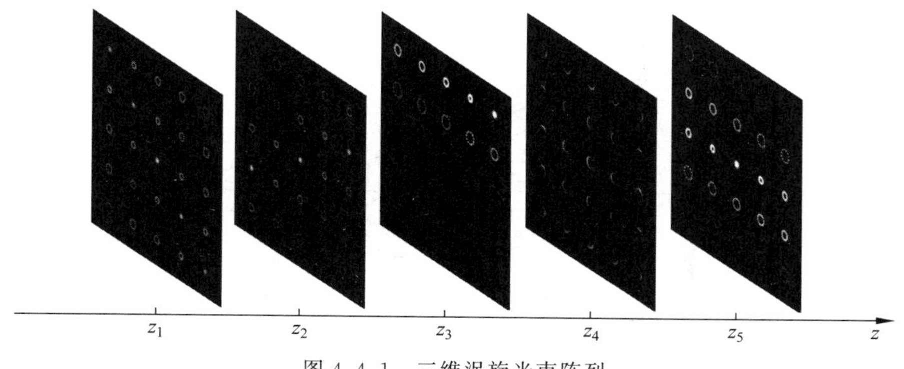

图 4.4.1　三维涡旋光束阵列

4.4.1　达曼波带片

达曼波带片是一种在传统的二值化 0—π 菲涅尔波带片中，相对于径向坐标平方的每个周期内加入相位调制细节（拐点），从而可以在衍射场一定范围内产生轴向等强度的任意数目的焦斑分布[16]，其基本结构如图 4.4.2 所示。图 4.4.3 给出了达曼波带片透过率函数（$\phi_{\mathrm{DZP}}(r)$）随着归一化径向坐标的分布情况，可以看出，达曼波带片具有与 4.2.3 节介绍的达曼光栅类似的二值化结构，存在多个拐点，每经过一个拐点，相位值发生 0～π 或 π～0 的突变。

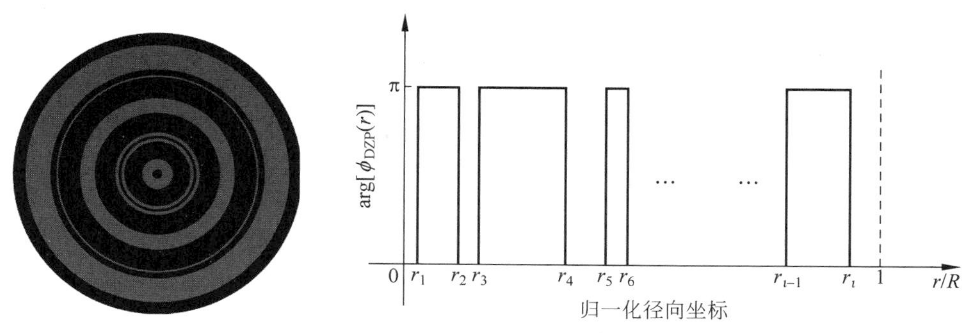

图 4.4.2　达曼波带片的基本结构　　图 4.4.3　达曼波带片透过率函数的分布情况

利用达曼波带片生成轴向等强度的任意数目的焦斑分布的光路模型如图 4.4.4 所示。首先达曼波带片对入射光波进行相位调制，而后通过透镜来聚焦，则在透镜的像方焦点两侧还会出现多个等强度的焦点。以透镜焦点为圆心，z 轴为光轴方向，建立柱坐标系。则根据衍射理论，在透镜焦点附近的衍射光场为[16]

$$E(u,v)=2\int_0^1 \phi_{\mathrm{DZP}}(r)J_0(vr_t)\exp\left(\frac{-\mathrm{i}ur_t^2}{2}\right)r_t\,\mathrm{d}r_t \tag{4.4.1}$$

式中，r_t 为拐点坐标的归一化值，表示为 $r_t=r/R$，r 和 R 分别为达曼波带片所处平面的径向坐标和系统的入瞳半径；$J_0(\varsigma)$为 0 阶第一类贝塞尔函数；u 和 v 分别

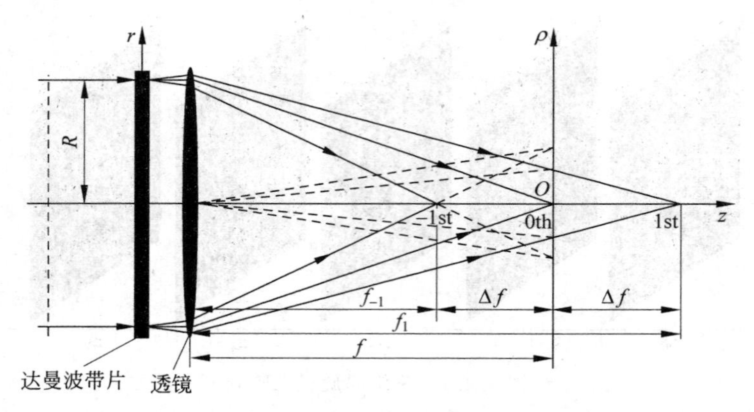

图 4.4.4　利用达曼波带片生成轴向等强度的任意数目的焦斑分布的光路模型[16]

定义为

$$u=\frac{2\pi(\mathrm{NA})^2 z}{\lambda} \tag{4.4.2}$$

$$v=\frac{2\pi(\mathrm{NA})\rho}{\lambda} \tag{4.4.3}$$

式中,NA 为透镜的数值孔径,ρ 为透镜焦点所处平面的径向坐标。
令

$$\xi=\frac{r_\kappa^2-0.5}{4\pi} \tag{4.4.4}$$

则由式(4.4.1)可得光轴上($v=0$)轴向光场分布为

$$E(u,0)=4\pi\int_{-\infty}^{+\infty}T(\xi)\exp(-\mathrm{i}2\pi u\xi)\mathrm{d}\xi \tag{4.4.5}$$

式中,

$$T(\xi)=\begin{cases}\phi_{\mathrm{DZP}}(r), & -\dfrac{1}{8\pi}<\xi<\dfrac{1}{8\pi}\\ 0, & \text{其他}\end{cases} \tag{4.4.6}$$

式(4.4.5)表明,经达曼波带片和透镜衍射后的轴向光场分布,可看作达曼波带片透过率函数的傅里叶变换。而在 4.2.3 节中介绍的达曼光栅,根据夫琅禾费衍射积分的特性,当平面波入射时其远场衍射亦可看作达曼光栅透过率函数的傅里叶变换,这表明达曼波带片与达曼光栅具有一致性。与达曼光栅类似,在达曼波带片透过率函数相对于径向坐标的平方的每个周期内加入一系列的拐点,即在传统的菲涅尔波带板中的每一个等面积同心环中加入数目相同的多个不同半径的相位调制环,即可在轴向生成一系列的等强度焦斑。

这里直接给出 b 衍射级处焦斑的位置[16]:

$$z_b=f+\frac{2N_p b\lambda}{(\mathrm{NA})^2} \tag{4.4.7}$$

式中，f 为透镜焦距，N_p 为达曼波带片的周期数，可以理解为引入拐点前二值化 0—π 菲涅尔波带板所包含的等面积同心环的个数。由式(4.4.7)可得，相邻两个焦斑间的距离为

$$\Delta z = z_{b+1} - z_b = \frac{2N_p\lambda}{(\mathrm{NA})^2} \tag{4.4.8}$$

式(4.4.8)表明，轴向相邻衍射级间的距离只与周期数 N_p、光波长 λ 和透镜的数值孔径 NA 有关。与达曼光栅类似，达曼波带片的衍射效率和均匀度值可分别定义为

$$\eta = \frac{\sum\limits_{b\in B} I_b}{\sum\limits_{b=-\infty}^{+\infty} I_b} \tag{4.4.9}$$

$$U = \frac{\max\{I_b\} - \min\{I_b\}}{\max\{I_b\} + \min\{I_b\}}, \quad b \in B \tag{4.4.10}$$

在式(4.4.9)和式(4.4.10)中，I_b 为 b 衍射级位置处焦斑的强度，B 为由期望的衍射级构成的集合。接下来在设定好衍射焦斑数 p、周期数 N_p 等参数的情况下，通过一定的优化算法对波带片进行优化，使得其衍射效率达到最高，同时均匀度值达到最低，即得到最终的达曼波带片。

由于达曼波带片与达曼光栅具有一致性，因此，亦可通过表 4.2.1 给出的达曼光栅的拐点坐标 x_κ 分布，来直接计算达曼波带片的拐点坐标归一化值 r_ι 分布。需要注意的一点是，与达曼光栅不同，达曼波带片是在相对于径向坐标的平方 r^2 的每个周期 Δr^2 内引入一系列的拐点，而在实际设计时，是以透过率函数相对于径向坐标来设计的，因此无法像达曼光栅那样算出一个光栅周期内的拐点坐标值即可，而是需要算出[0,R]区间内所有的拐点。这也表明，当生成的衍射焦斑数目 p 一定时，若[0,R]区间内所包含的周期数 N_p 发生改变，则拐点坐标的归一化值 r_ι 亦会发生改变。

在计算 r_ι 时，首先确定要生成的衍射焦斑数目 p，而后对照到表 4.2.1 中，找到生成 $1\times p$ 阵列的拐点坐标值 x_κ 和拐点总数 N，则所设计的达曼波带片总共具有 NN_p 个拐点坐标，它们可分别表示为

$$r'_\iota = q + x_\kappa, \quad \begin{cases} q = 0,1,2,\cdots,N_p - 1 \\ \kappa = 1,2,3,\cdots,N \end{cases} \tag{4.4.11}$$

即对应的径向坐标的平方 r^2 的每个周期内的拐点。因此，径向归一化拐点坐标值为

$$r_\iota = \sqrt{\frac{r'_\iota}{N_p}} \tag{4.4.12}$$

至此，在计算归一化拐点坐标值 r_ι 时，不必通过复杂的算法对波带板进行优化，可直接通过表 4.2.1 给出的一维达曼光栅的拐点坐标 x_κ 结合式(4.4.11)和

式(4.4.12)直接计算得到。表 4.4.1 给出了部分情况下由式(4.4.11)和式(4.4.12)算得的归一化拐点坐标值 r_t,在编译达曼波带片时可直接使用。

表 4.4.1　达曼波带片的归一化拐点坐标值 r_t[16]

焦斑数 p	周期数 N_p	归一化拐点坐标值 r_t	效率 η	均匀度值 U
2	10	0,0.2236,0.3162,0.3873,0.4472,0.5000,0.5477,0.5916,0.6325,0.6708,0.7071,0.7416,0.7746,0.8062,0.8367,0.8660,0.8944,0.9220,0.9487,0.9747	0.8130	9.3×10^{-6}
2	20	0,0.1581,0.2236,0.2739,0.3162,0.3536,0.3873,0.4183,0.4472,0.4743,0.5000,0.5244,0.5477,0.5701,0.5916,0.6124,0.6325,0.6519,0.6708,0.6892,0.7071,0.7246,0.7416,0.7583,0.7746,0.7906,0.8062,0.8216,0.8367,0.8515,0.8660,0.8803,0.8944,0.9083,0.9220,0.9354,0.9487,0.9618,0.9747,0.9874	0.8112	3.8×10^{-6}
3	10	0,0.2712,0.3162,0.4166,0.4472,0.5230,0.5477,0.6112,0.6325,0.6881,0.7071,0.7573,0.7746,0.8207,0.8367,0.8795,0.8944,0.9346,0.9487,0.9867	0.6679	4.2×10^{-3}
3	15	0,0.2214,0.2582,0.3401,0.3651,0.4270,0.4472,0.4990,0.5164,0.5619,0.5774,0.6183,0.6325,0.6701,0.6831,0.7181,0.7303,0.7631,0.7746,0.8056,0.8165,0.8460,0.8563,0.8845,0.8944,0.9214,0.9309,0.9569,0.9661,0.9911	0.6658	1.9×10^{-3}
4	5	0,0.2100,0.2985,0.3162,0.3796,0.4349,0.4472,0.4941,0.5377,0.5477,0.5866,0.6238,0.6325,0.6664,0.6994,0.7071,0.7376,0.7675,0.7746,0.8026,0.8301,0.8367,0.8626,0.8883,0.8944,0.9188,0.9429,0.9487,0.9717,0.9945	0.7126	4.4×10^{-2}
4	10	0,0.1485,0.2111,0.2236,0.2684,0.3075,0.3162,0.3494,0.3802,0.3873,0.4148,0.4411,0.4472,0.4712,0.4945,0.5000,0.5216,0.5427,0.5477,0.5675,0.5870,0.5916,0.6100,0.6281,0.6325,0.6497,0.6668,0.6708,0.6871,0.7033,0.7071,0.7225,0.7379,0.7416,0.7563,0.7711,0.7746,0.7887,0.8028,0.8062,0.8198,0.8334,0.8367,0.8497,0.8629,0.8660,0.8787,0.8914,0.8944,0.9067,0.9190,0.9220,0.9338,0.9458,0.9487,0.9602,0.9719,0.9747,0.9859,0.9973	0.7079	1.4×10^{-4}

续表

焦斑数 p	周期数 N_p	归一化拐点坐标值 r_t	效率 η	均匀度值 U
5	5	0,0.0879,0.2796,0.3621,0.4472,0.4558,0.5274,0.5754,0.6325,0.6385,0.6915,0.7288,0.7746,0.7796,0.8235,0.8550,0.8944,0.8987,0.9371,0.9649	0.8032	2.9×10^{-2}
5	10	0,0.0622,0.1977,0.2560,0.3162,0.3223,0.3729,0.4069,0.4472,0.4515,0.4890,0.5153,0.5477,0.5512,0.5823,0.6046,0.6325,0.6355,0.6626,0.6823,0.7071,0.7098,0.7342,0.7520,0.7746,0.7771,0.7994,0.8158,0.8367,0.8390,0.8597,0.8750,0.8944,0.8966,0.9160,0.9304,0.9487,0.9507,0.9691,0.9826	0.7812	7.6×10^{-3}

图 4.4.5 给出了焦斑数 p 为 5 时，周期数 N_p 为 10 时所设计的达曼波带片的聚焦光场沿着 z 轴方向分布的仿真计算结果，表明其所产生的 5 个焦斑的强度基本相等。

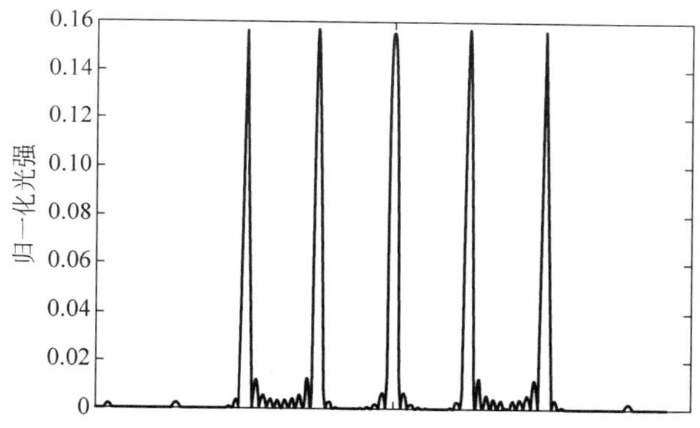

图 4.4.5　达曼波带片的聚焦光场随 z 轴坐标的变化[16]

在普通达曼波带片的基础上，还可通过在设计时引入螺旋相位 $\exp(\mathrm{i}l_{\mathrm{DZP}}\varphi)$，来获得螺旋达曼波带片，其中，$l_{\mathrm{DZP}}$ 称为螺旋达曼波带片的阶次，亦可称为基拓扑荷。螺旋达曼波带片具有与一维达曼涡旋光栅相似的性质，只不过它是在光轴上，而不是在衍射平面上产生焦斑。由于引入了螺旋相位，螺旋达曼波带片的聚焦光场为携带有轨道角动量的涡旋光束，处于衍射级次 b 位置处的涡旋光束，其阶次或角量子数为 bl_{DZP}。螺旋达曼波带片的其他如相邻焦斑间的距离、衍射效率、均匀度值等参数性质以及设计方法等与普通的达曼波带片相同，这里不再赘述。图 4.4.6 给出了 $p=7$，$N_p=8$ 时设计的螺旋达曼波带片，它们的阶次分别为 $-1\sim+4$。不难发现，0 阶螺旋达曼波带片就是普通的达曼波带片，阶次相反的螺旋波带片的螺旋方向相反。

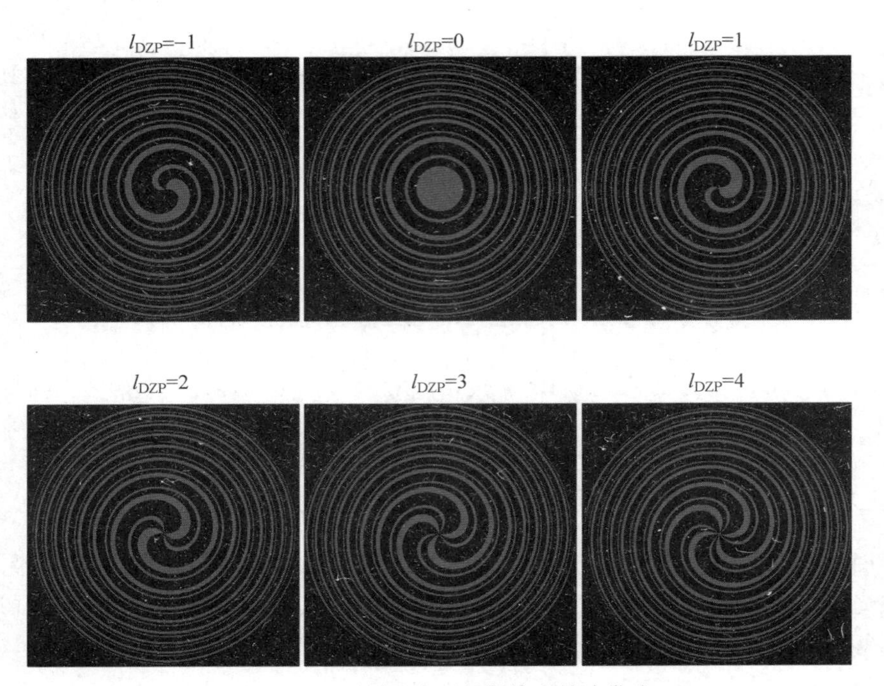

图 4.4.6　不同阶次下的螺旋达曼波带片

4.4.2　三维涡旋光束阵列的生成

达曼波带片使得在衍射场光轴(z 轴)方向产生等强度分布的一系列焦斑成为可能。在达曼波带片中引入螺旋相位,还可在各个焦点处获得阶次不同的涡旋光束。回顾 4.3.1 节中提到的达曼涡旋光栅,其在高斯光束照射时可在远场垂直于光轴的平面 xOy 上获得 $m\times n$ 涡旋光束阵列。因此,生成三维涡旋光束阵列的一个可行方案,是将螺旋达曼波带片与达曼涡旋光栅结合在一起,得到一个新的衍射光栅,可在获得多个聚焦平面的同时,使得每一个聚焦平面均包含一 $m\times n$ 阵列,从而使光场整体表现为 $m\times n\times p$ 三维涡旋光束阵列。这种将螺旋达曼波带片与达曼涡旋光栅结合获得的二值化相位型 0—π 衍射光栅称为三维达曼涡旋光栅[17-19]。

对于二维达曼涡旋光栅,其可傅里叶展开为

$$T_{\mathrm{D}}(x,y)=\sum_{a,b=-\infty}^{+\infty}c_{a,b}\exp[\mathrm{i}(a\gamma_x x+b\gamma_y y)]\exp[\mathrm{i}(al_x+bl_y)\varphi] \tag{4.4.13}$$

式中,a、b 分别为 x 轴和 y 轴方向的衍射级次,$c_{a,b}$ 为傅里叶展开系数,l_x 和 l_y 为二维达曼涡旋光栅的阶次,φ 为角向坐标。γ_x 和 γ_y 分别为光栅空间角频率,表征光栅周期的大小,由式(4.3.4)定义。

对于螺旋达曼波带片，其可傅里叶展开为

$$T_{\mathrm{DZP}}(r,\varphi)=\sum_{q=-\infty}^{+\infty} c_q \exp[\mathrm{i}q\gamma_\xi \xi]\exp(\mathrm{i}ql_z\varphi) \tag{4.4.14}$$

式中，(r,φ)为入瞳平面的归一化极坐标，l_z 为螺旋达曼波带片的阶次，c_q 为傅里叶展开系数，q 为衍射级次，ξ 定义为

$$\xi=\sqrt{1-(r\sin\alpha)^2} \tag{4.4.15}$$

式中，α 为半孔径角。式(4.4.14)中，γ_ξ 为相对于 ξ 的空间角频率：

$$\gamma_\xi=\frac{2\pi}{T_\xi} \tag{4.4.16}$$

式中，T_ξ 为相对于 ξ 的空间周期。则将式(4.4.13)所示的二维达曼涡旋光栅和式(4.4.14)所示的达曼波带片整合后，透过率函数为

$$\begin{aligned}T_{\mathrm{TD}}(r,\varphi)&=\sum_{a,b=-\infty}^{+\infty} c_{a,b}\exp[\mathrm{i}(a\gamma_x x+b\gamma_y y)]\exp[\mathrm{i}(al_x+bl_y)\varphi]\cdot\\&\quad\sum_{q=-\infty}^{+\infty} c_q\exp[\mathrm{i}q\gamma_\xi\xi]\exp(\mathrm{i}ql_z\varphi)\\&=\sum_{a,b,q=-\infty}^{+\infty} c_{a,b}c_q\exp[\mathrm{i}(a\gamma_x r\cos\varphi+b\gamma_y r\sin\varphi+q\gamma_\xi\xi)]\cdot\\&\quad\exp[\mathrm{i}(al_x+bl_y+ql_z)\varphi]\end{aligned} \tag{4.4.17}$$

式中，第一个指数项决定了阵列中各涡旋光束在三维空间中的位置分布，第二个指数项决定了处于各衍射级次涡旋光束的阶次，即

$$l_{a,b,q}=al_x+bl_y+ql_z \tag{4.4.18}$$

下面讨论三个正交方向(x 轴、y 轴和 z 轴)上各个相邻衍射级间的距离。在 xOy 平面内，相邻衍射级间的距离由二维达曼涡旋光栅的光栅周期 T_x 和 T_y 决定，以 x 轴方向为例，根据已在4.2.3节中的结论式(4.2.22)，直接给出：

$$\Delta x=\frac{d_f\lambda}{T_x} \tag{4.4.19}$$

设 x 轴方向的光栅周期数为 N_x，x 轴方向光栅的线度为 a_x，则 $T_x=a_x/N_x$。又由于在半孔径角 α 较小时，线度 a_x 与 d_f 满足 $a_x=2d_f\sin\alpha$。因此式(4.4.19)可写为

$$\Delta x=\frac{N_x\lambda}{2\sin\alpha} \tag{4.4.20}$$

类似地，y 轴方向相邻衍射级间的距离为

$$\Delta y=\frac{N_y\lambda}{2\sin\alpha} \tag{4.4.21}$$

式中，N_y 为 y 轴方向的光栅周期数。设所叠加的达曼波带片相对于 ξ 的空间周期数为 N_ξ，则由式(4.4.8)可得

$$\Delta z=\frac{2N_{\xi}\lambda}{(\mathrm{NA})^{2}} \tag{4.4.22}$$

由数值孔径的定义：

$$\mathrm{NA}=n_{0}\sin\alpha \tag{4.4.23}$$

而光栅后方衍射场中空气介质的折射率 $n_0\approx1$，将式(4.4.23)代入式(4.4.22)，并经化简得 z 轴方向相邻衍射级间的距离为

$$\Delta z=\frac{N_{\xi}\lambda}{1-\cos\alpha} \tag{4.4.24}$$

至此，我们得到了三维涡旋光束阵列在三个正交方向上各相邻衍射级间的距离，它们具有相对统一的形式，只与光波长、半孔径角和光栅周期数有关。

由于达曼涡旋光栅和螺旋达曼波带片均为二值化的 0—π 相位型光栅，要使所生成的三维达曼涡旋光栅 0—π 二值化，仍需使用由式(4.2.17)所定义的运算方式来对达曼涡旋光栅和螺旋达曼波带片进行叠加，叠加的过程及生成的三维达曼涡旋光栅如图 4.4.7 所示。

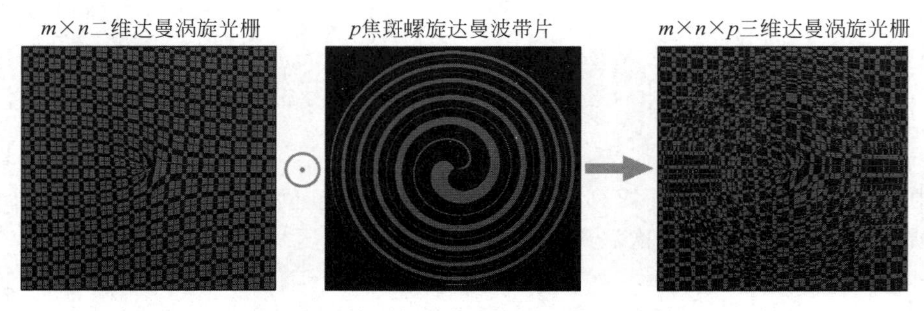

图 4.4.7　5×5 达曼涡旋光栅和焦斑数 $p=5$ 的螺旋达曼波带片叠加生成 5×5×5 三维达曼涡旋光栅

利用三维达曼涡旋光栅生成 $m\times n\times p$ 三维涡旋光束阵列的光路系统如图 4.4.8 所示，其还包括一薄凸透镜。在 4.4.1 节已经提到，(螺旋)达曼波带片需配合透镜，才能实现多焦点的功能。而在实际条件下，达曼涡旋光栅的后方也需放置一薄凸透镜来聚焦才可在有限距离内观察到位于远场的二维阵列。当准直程度较好的高斯光束(近似于平行光或平面波)入射时，远场衍射可在薄凸透镜的后焦面上观察到。因此，在三维达曼涡旋光栅后放置一薄凸透镜是十分必要的。也有文献[18]采用将薄凸透镜的透过率函数(式(2.5.7))与三维达曼涡旋光栅以叠加的方式整合到一起，如图 4.4.9 所示，注意需合理设计透镜焦距值使其与螺旋达曼波带片里的 NA 值相符合，这样无须在光栅后放置透镜，可通过光栅直接生成三维涡旋光束阵列。

三维达曼涡旋光栅实质上是一个二维达曼光栅和一个达曼波带片的叠加，这种叠加使得其所包含的相位信息量大大增加，光栅细节变得非常杂乱。通常这种复杂的相位光栅制作起来较为困难，因此一般采用液晶空间光调制器来模拟。然

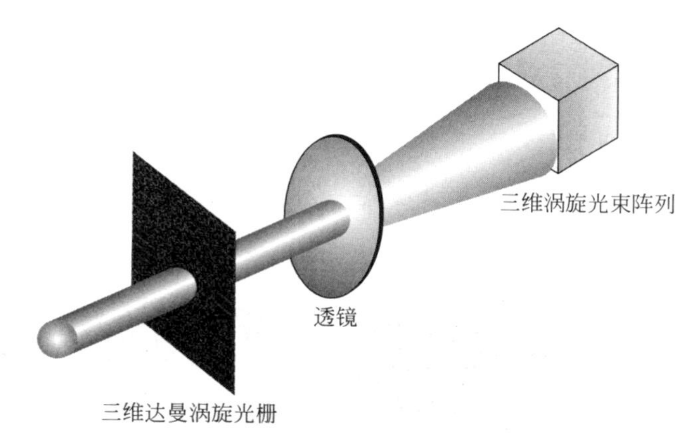

图 4.4.8　利用三维达曼涡旋光栅生成三维涡旋光束阵列的光路系统
（请扫Ⅵ页二维码看彩图）

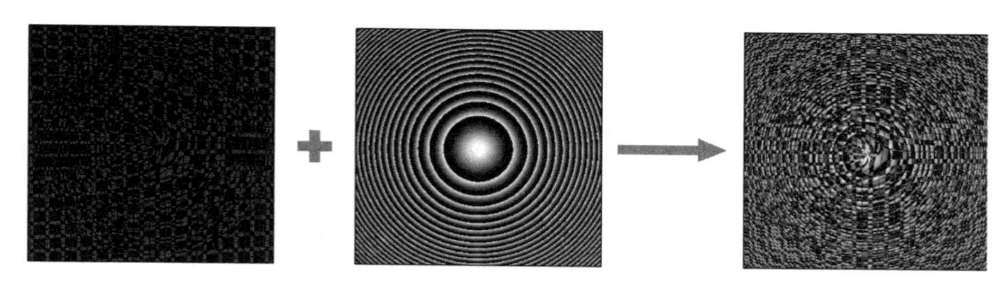

图 4.4.9　三维达曼涡旋光栅与薄凸透镜的叠加

而，受液晶空间光调制器的分辨率所限，三维达曼涡旋光栅只能用在低数值孔径透镜聚焦场中。而在部分实际的应用中（如光子晶体制作等），往往要求聚焦透镜数值孔径足够大，这样才能提供足够高的能量密度和微米，甚至亚微米级的聚焦光斑。虽然理论上可采用三维达曼光栅配合高数值孔径的物镜来实现，然而这种物镜的通光孔径一般在几个毫米，使得基于空间光调制器的三维达曼光栅在孔径内的周期数和总的像素数受限，进而使得导致所生成的三维阵列均匀性和效率大大降低。因此，对于高数值孔径的情形，采用三维达曼涡旋光栅是不完善的，此时可采用图 4.4.10 所示的光路系统来生成三维涡旋光束阵列[19]。

图 4.4.10 中，从左至右分别为高数值孔径下二维达曼光栅、共焦透镜组、高数值孔径下达曼波带片和消像差聚焦物镜。其中，共焦透镜组可以根据需要压缩或放大二维达曼光栅的发散角。另外在共焦透镜组的频谱面上还可以加入空间滤波片，以根据需求改变达曼阵列的分布。在光路搭建时，需首先保证达曼波带片中心与聚焦物镜中心对准，并在此前提下，再在共焦透镜组前面加入一个针对该聚焦物镜设计的 $m\times n$ 二维达曼光栅，即可在物镜聚焦场中获得高数值孔径下的三维的聚焦光斑达曼阵列。

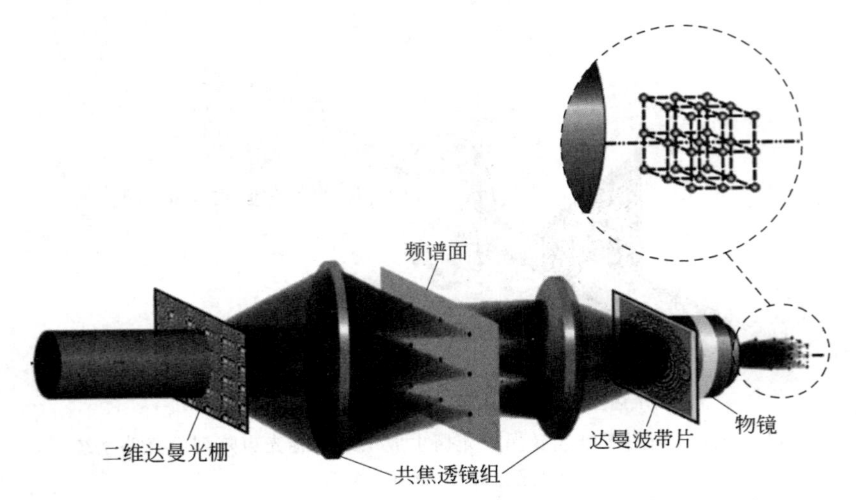

图 4.4.10 高数值孔径下生成三维涡旋光束阵列的光路系统[19]
(请扫Ⅵ页二维码看彩图)

参 考 文 献

[1] ROMERO L A, DICKEY F M. Theory of optimal beam splitting by phase gratings. I. One-dimensional gratings[J]. Journal of the Optical Society of America A Optics Image Science & Vision,2007,24(8):2280-2295.

[2] ROMERO L A,DICKEY F M. The mathematical theory of laser beam-splitting gratings [J]. Progress in Optics,2010,54(10):319-386.

[3] GERCHBERG R W,SAXTON W O. A practical algorithm for the determination of phase from image and diffraction plane pictures[J]. Optik,1972,35:237-250.

[4] 齐晓庆,高春清,刘义东. 利用相位型衍射光栅生成能量按比例分布的多个螺旋光束的研究[J]. 物理学报,2010,59(1):264-270.

[5] DAMMANN H, GÖRTLER K. High-efficiency in-line multiple imaging by means of multiple phase holograms[J]. Optics Communications,1971,3(5):312-315.

[6] DAMMANN H,KLOTZ E. Coherent optical generation and inspection of two-dimensional periodic structures[J]. Journal of Modern Optics,1977,24(4):505-515.

[7] 底彩慧,周常河. 基于达曼光栅的动态光耦合器[J]. 光学学报,2007,27(7):1275-1278.

[8] ZHOU C,LIU L. Numerical study of Dammann array illuminators[J]. Applied Optics, 1995,34(26):5961-5969.

[9] MORRISON R L,WALKER S L,CLOONAN T J. Beam array generation and holographic interconnections in a free-space optical switching network[J]. Applied Optics,1993,32 (14):2512-2518.

[10] MORENO I,DAVIS J A,COTTRELL D M,et al. Encoding generalized phase functions on Dammann gratings[J]. Optics Letters,2010,35(10):1536-1538.

[11] ZHANG N,YUAN X C,BURGE R E. Extending the detection range of optical vortices by

Dammann vortex gratings[J]. Optics Letters,2010,35(20): 3495-3497.

[12] FU S,ZHANG S,WANG T,et al. Measurement of orbital angular momentum spectra of multiplexing optical vortices[J]. Optics Express,2016,24(6): 6240-6248.

[13] FU S,WANG T,ZHANG S,et al. Integrating 5×5 Dammann gratings to detect orbital angular momentum states of beams with the range of −24 to +24[J]. Applied Optics, 2016,55(7): 1514-1517.

[14] GAO C,QI X,LIU Y, et al. Superposition of helical beams by using a Michelson interferometer[J]. Optics Express,2010,18(1): 72-78.

[15] SAAVEDRA G,FURLAN W D,MONSORIU J A. Fractal zone plates[J]. Optics Letters, 2003,28(12): 971-973.

[16] 周常河,余俊杰. 达曼波带片: 201010585480. 4[P]. 2011-05-18.

[17] DAVIS J A, MORENO I, MARTÍNEZ J L, et al. Creating three-dimensional lattice patterns using programmable Dammann gratings[J]. Applied Optics, 2011, 50(20): 3653-3657.

[18] 黄玲玲,宋旭,王涌天. 一种空间分布的三维涡旋阵列的集成方法: 201610833910. 7[P]. 2016-12-07.

[19] YU J,ZHOU C,JIA W, et al. Three-dimensional Dammann array[J]. Applied Optics, 2012,51(10): 1619-1630.

第 5 章　涡旋光束的测量技术

涡旋光束的测量，主要指对涡旋光束所包含的轨道角动量成分及其所占比重的测量。由于角量子数 l 是涡旋光束的特征值，决定了其螺旋波前的分布，且涡旋光束中每一个光子携带的轨道角动量仅与角量子数 l 有关，因此对涡旋光束轨道角动量的测量，实际上就是测量其阶次或角量子数 l。对于单一模式涡旋光束，测量的目的仅仅是确定 l 值；而对于多模混合涡旋光束，除了要确定其所包含的所有轨道角动量成分外，还应测量各个成分的强度比例关系，即轨道角动量谱。准确测量涡旋光束所包含的轨道角动量成分及其所占的比重，对于涡旋光束在实际中的应用非常重要。本章将着重介绍几种当前常用的涡旋光束测量方法，主要包括干涉测量法、衍射测量法和偏振测量法等。

5.1　轨道角动量的基本测量方法

5.1.1　扭矩测量法

扭矩测量法[1,2]是通过涡旋光束在传递过程中其所携带的轨道角动量对相关装置引起的机械旋转来测量的。扭矩测量法的一个典型测量系统如图 5.1.1(a)所示，该系统是由一个柱透镜 CL、反射镜 M_1、全反射镜 M_2、固定矩形支架和悬垂细线组成，其中柱透镜 CL 与全反射镜 M_2 由矩形支架固定在一起，并由细线悬挂起来，反射镜 M_1 通过外部结构固定。入射的厄米-高斯光束从下方入射到柱透镜 CL，经过特定距离由 M_1 镜面反射回来，再通过柱透镜，从而形成携带轨道角动量的涡旋光束。由于涡旋光束携带的轨道角动量在光束传输过程中守恒，故导致柱透镜会发生轻微扭转，从而引起全反射镜 M_2 一同发生扭转，其扭转的角度可通过另外一束照射在全反镜 M_2 上的激光束的反射角变化来确定。经过相关力学关系的推导，可以通过扭矩的变化计算出涡旋光束所携带的轨道角动量。

另外一种扭矩测量法是通过测量悬挂的胶皮包裹的丙烯酸薄圆片在产生涡旋光束过程中的旋转角度来确定轨道角动量的大小，如图 5.1.1(b)所示。

5.1.2　光强二阶矩分析法

包括涡旋光束在内的任意光束均可用光强二阶矩来表征[3]，光强二阶矩中包含与角动量相关的项，因此可用来测量光束的轨道角动量。一般情况下，任意光束

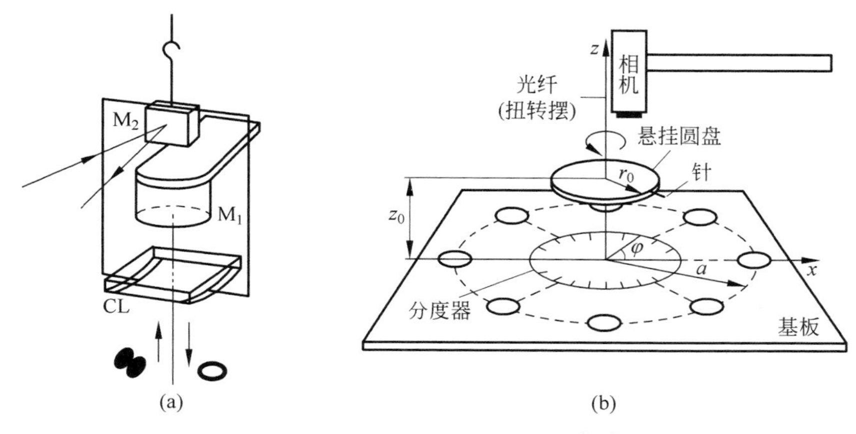

图 5.1.1　扭矩测量法实验装置[1,2]

最多可有 10 个独立的光强二阶矩参数，它们可用一个 4×4 的矩阵 $\mathbf{V}$ 表示为

$$\mathbf{V}=\begin{bmatrix}\langle x^2\rangle & \langle xy\rangle & \langle x\theta_x\rangle & \langle x\theta_y\rangle\\ \langle xy\rangle & \langle y^2\rangle & \langle y\theta_x\rangle & \langle y\theta_y\rangle\\ \langle x\theta_x\rangle & \langle y\theta_x\rangle & \langle\theta_x^2\rangle & \langle\theta_x\theta_y\rangle\\ \langle x\theta_y\rangle & \langle y\theta_y\rangle & \langle\theta_x\theta_y\rangle & \langle\theta_y^2\rangle\end{bmatrix}\tag{5.1.1}$$

式中，各个参数的物理意义分别为：$\langle x^2\rangle$与$\langle y^2\rangle$正比于 x、y 两个方向束宽的平方；$\langle\theta_x^2\rangle$与$\langle\theta_y^2\rangle$正比于 x、y 两个方向远场发散角的平方；$\langle x\theta_x\rangle$与$\langle y\theta_y\rangle$反比于光束在 x、y 两个方向等相位面的曲率半径；$\langle xy\rangle$与$\langle\theta_x\theta_y\rangle$分别表示光束在近场和远场的取向；$\langle x\theta_y\rangle$与$\langle y\theta_x\rangle$为光束的扭转参量。

下面讨论光束的轨道角动量与光强二阶矩之间的关系。光场 $E(x,y)$的二阶矩参数$\langle x\theta_y\rangle$、$\langle y\theta_x\rangle$分别定义为[4]

$$\langle x\theta_y\rangle=\frac{1}{2P(-\mathrm{i}k)}\iint xE(x,y)\frac{\partial}{\partial y}E^*(x,y)\mathrm{d}x\mathrm{d}y+c.c\tag{5.1.2}$$

$$\langle y\theta_x\rangle=\frac{1}{2P(-\mathrm{i}k)}\iint yE^*(x,y)\frac{\partial}{\partial x}E(x,y)\mathrm{d}x\mathrm{d}y+c.c\tag{5.1.3}$$

对于沿 z 轴方向传播的光束，其电场强度可表示为

$$\boldsymbol{E}(x,y,z,t)=E_0\cdot u(x,y,z)\cdot\boldsymbol{e}(x,y,z)\cdot\exp[\mathrm{i}(kz-\omega t)]\tag{5.1.4}$$

式中，k 为光波数，ω 为角频率。$E_0\cdot u(x,y,z)$表示电场强度的振幅，其中 $u(x,y,z)$是归一化的复标量函数，用以描述光场振幅的分布，$u(x,y,z)$满足近轴近似条件下的波动方程，$\boldsymbol{e}(x,y,z)$表示单位偏振矢量。将式(5.1.4)代入式(5.1.2)和式(5.1.3)得

$$\langle x\theta_y\rangle=\frac{\mathrm{i}\lambda}{4\pi}\iint xu\frac{\partial u^*}{\partial y}\mathrm{d}x\mathrm{d}y+c.c\tag{5.1.5}$$

$$\langle y\theta_x\rangle=\frac{\mathrm{i}\lambda}{4\pi}\iint yu\frac{\partial u^*}{\partial x}\mathrm{d}x\mathrm{d}y+c.c\tag{5.1.6}$$

将式(5.1.5)和式(5.1.6)作差可得：

$$\langle x\theta_y\rangle-\langle y\theta_x\rangle=\frac{\mathrm{i}\lambda}{4\pi}\iint\left(xu\frac{\partial u^*}{\partial y}-yu\frac{\partial u^*}{\partial x}\right)\mathrm{d}x\,\mathrm{d}y+c.c \tag{5.1.7}$$

比较式(1.2.35)和式(5.1.7)可得光束的轨道角动量 J_{zl} 与光强二阶矩间的关系为

$$J_{zl}=\frac{P}{c}(\langle x\theta_y\rangle-\langle y\theta_x\rangle) \tag{5.1.8}$$

式中，P 为光束的总功率，c 为真空中的光速。式(5.1.8)表明，只要测出光束的二阶矩，即可测得光束携带的轨道角动量，进而可推知阶次或角量子数等信息。利用光强二阶矩测量涡旋光束的轨道角动量的实验装置如图 5.1.2 所示。

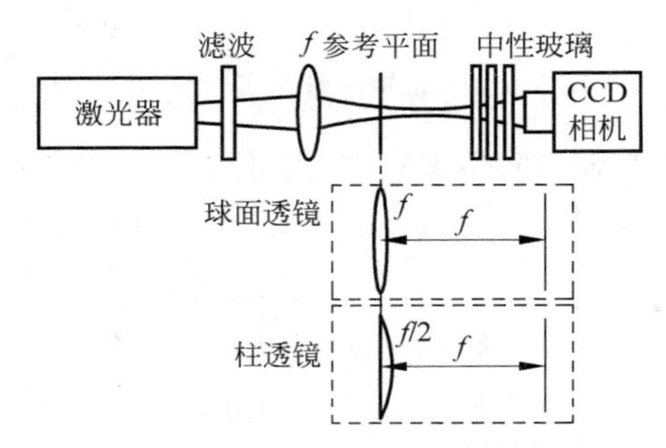

图 5.1.2　利用光强二阶矩测量涡旋光束的轨道角动量的实验装置

下面结合图 5.1.2，给出利用光强二阶矩测量轨道角动量的具体步骤：

(1) 首先任意选择一个参考面，并测量在此参考面处的二阶矩 $\langle xy_{\text{ref}}\rangle$：

$$\langle xy_{\text{ref}}\rangle=\frac{1}{P}\iint xyI(x,y,z)\mathrm{d}x\,\mathrm{d}y \tag{5.1.9}$$

式中，P 是光束的功率，$I(x,y,z)$ 是被测参考面位置的光强分布。

(2) 在参考面上放置一个焦距为 f 的透镜，在该透镜的焦平面处测量二阶矩 $\langle xy_{\text{sph}}\rangle$，$\langle xy_{\text{sph}}\rangle$ 与原始光束的交叉矩 $\langle\theta_x\theta_y\rangle_{\text{ref}}$ 之间满足：

$$\langle xy_{\text{sph}}\rangle=f^2\cdot\langle\theta_x\theta_y\rangle_{\text{ref}} \tag{5.1.10}$$

(3) 在完成步骤(2)后，将球面透镜用一个焦距是 $f/2$ 的柱透镜来代替，并测量光束在平面 $z=f$ 处的交叉矩 $\langle xy_{\text{cyl}}\rangle$。$\langle xy_{\text{cyl}}\rangle$ 与初始光束的二阶矩之间满足如下关系：

$$\langle xy_{\text{cyl}}\rangle=-\langle xy_{\text{ref}}\rangle+f\cdot\langle y\theta_x\rangle_{\text{ori}}-f\cdot\langle x\theta_y\rangle_{\text{ori}}+f^2\langle\theta_x\theta_y\rangle_{\text{ref}} \tag{5.1.11}$$

因此，由式(5.1.11)可得出初始光束的二阶矩参数为

$$\langle y\theta_x\rangle_{\text{ori}}-\langle x\theta_y\rangle_{\text{ori}}=\frac{1}{f}\cdot(\langle xy_{\text{cyl}}\rangle-\langle xy_{\text{sph}}\rangle+\langle xy_{\text{ref}}\rangle) \tag{5.1.12}$$

此时，将式(5.1.12)代入式(5.1.8)，即可得到待测涡旋光束的轨道角动量值。

5.1.3 利用旋转多普勒效应测量轨道角动量

多普勒效应是一个非常著名的物理现象，可以理解为：如果波源与观察者间存在相对运动，则波的频率会发生变化。多普勒频移既存在于机械波中，也存在于电磁波中。对于光波来说，光源与观察者间的相对运动会引起光波的频率变化，这个频率变化可以表示为：$\Delta f = f_0 v/c$，其中 f_0 为初始光频，v 为相对运动速度，c 为光速。多普勒频移在交通测速、流体探测等领域都具有十分重要的应用。

具有螺旋波前的涡旋光束，其横向的旋转可等效为纵向的平移，如图 5.1.3 所示，因此涡旋光束的旋转也必将导致光束的频移，此效应即旋转多普勒效应。对不同阶次的涡旋光束，其波前的转速不同，使得其频移不同。关于涡旋光束的旋转多普勒效应的具体内容，将在本书第 9 章讨论，这里先直接给出涡旋光束的频移 Δf 与其旋转角频率 Ω、角量子数 l 之间的关系：

$$\Delta f = \frac{l\Omega}{2\pi} \tag{5.1.13}$$

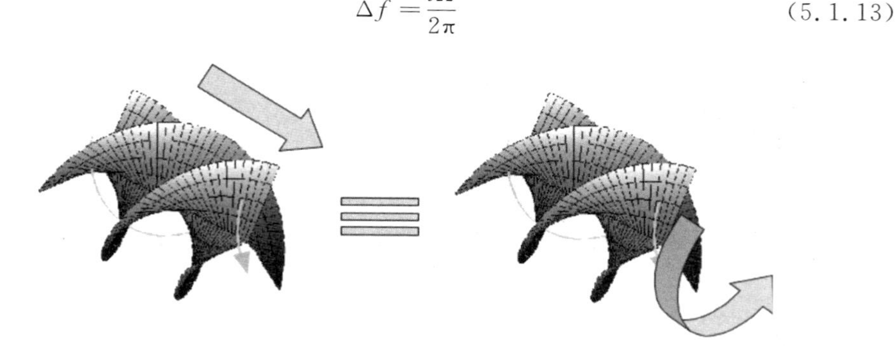

图 5.1.3 涡旋光束的纵向运动与角向旋转等价示意图[5]

基于涡旋光束的旋转多普勒效应，瓦斯涅佐夫(M. V. Vasnetsov)等给出一个测量涡旋光束轨道角动量的方案，如图 5.1.4 所示[6]。基模高斯光束经过分光镜之后，一束作为参考光，另一束通过光栅衍射来模拟信号光。参考光被压电陶瓷驱动的反射镜(PM)调制产生边频 $f=10$ Hz，然后与信号光叠加。通常要观察到旋转多普勒效应，光束与观察者之间必须产生相对角运动，一般可采用道威棱镜对光束进行旋转，也可以对探测器进行旋转。图 5.1.4 所示的方案中用一个离轴小孔的旋转代替了探测器的旋转，旋转频率为 $\Omega=1.67$ Hz，即 100 r/s。图 5.1.4(b)给出了角量子数为+1 的涡旋光束与平面波相干叠加，小孔不旋转时的信号谱，在 10 Hz 出现一单峰；图 5.1.4(c)给出了小孔正向旋转时，会发生频率偏移，频率变为 $f+\Omega=11.67$ Hz；图 5.1.4(d)给出了小孔反向旋转的时候，亦会发生频率偏移，频率变为 $f-\Omega=8.33$ Hz。图 5.1.4(e)、(f)和(g)给出了混合多模涡旋光束($|0\rangle+|+1\rangle$)时的情况，可以看出，在旋转小孔的时候还会出现 10 Hz 和 1.67 Hz 的频率分量，此频率分量是移频后的信号与直流信号的差频结果。在更多个轨道

角动量态叠加时，频移信号将会越来越复杂。

此方案主要存在以下几点不足：首先，对由多个非零径向量子数 p 叠加的多模混合涡旋光束，不能用点强度来区分光束的轨道角动量；其次，对于多模混合单环涡旋光束来说，在调制频率 f 不够大时，会出现其他频率成分干扰项，不能区分与低频对应的轨道角动量分量。最后，该方案需要一束基模高斯光束作为参考光束，装置较为复杂，因而难以用于实际的涡旋光束探测中。

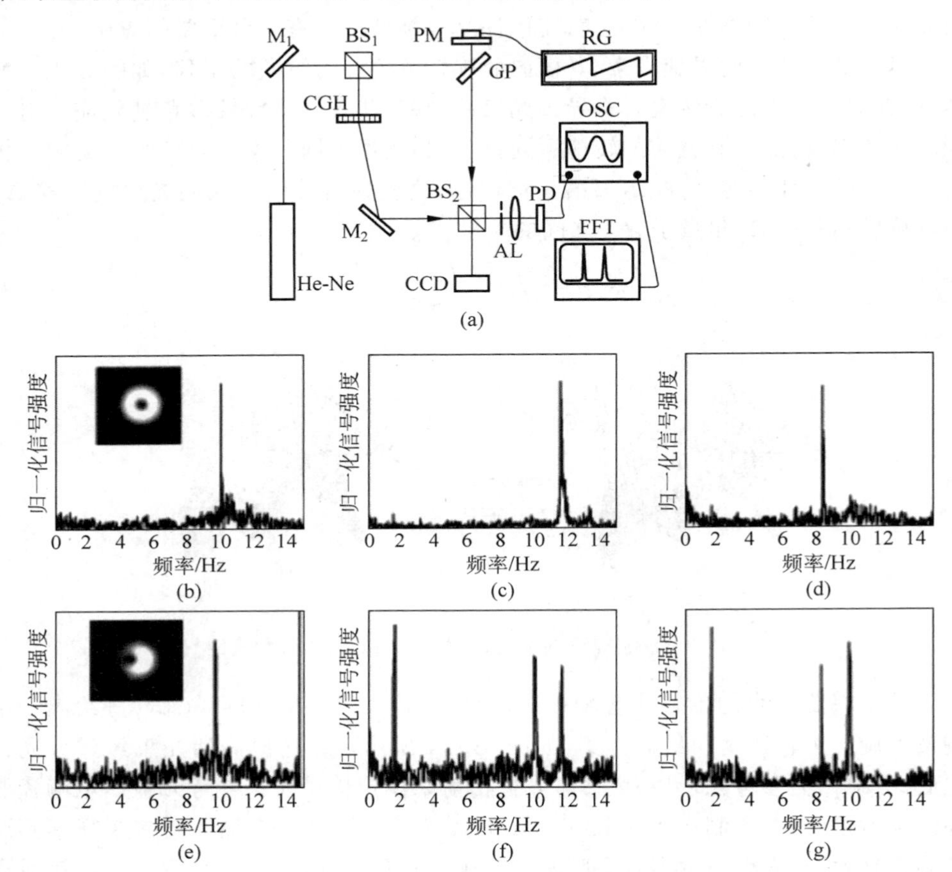

图 5.1.4　利用涡旋光束的旋转多普勒效应测量轨道角动量的实验系统与结果[6]

图(a)中，He-Ne：氦氖激光器；M_1 和 M_2：全反镜；BS_1 和 BS_2：分光棱镜；CGH：叉形光栅；GP：平片；PM：压电陶瓷；RG：压电陶瓷驱动器；A：离轴小孔；L：聚焦透镜；CCD：相机；PD：光电探测器；OSC：示波器

5.1.4　利用轨道角动量谱与旋转算符全平均值共轭关系测量轨道角动量

在 1.3.2 节已经提到，轨道角动量谱与旋转算符在光波场函数里的全平均值成傅里叶变换关系，因此可以利用这一关系实现涡旋光束轨道角动量的测量。设

入射光束波函数为 ψ，光束的旋转角度 θ 可表示为 $\exp(\mathrm{i}\theta\hat{l})$，则可得旋转算符的平均值为[7]

$$M(\theta)=\frac{\iint \mathrm{d}^2 x\psi^* \exp(\mathrm{i}\theta\hat{l})\psi}{\iint \mathrm{d}^2 x \mid \psi \mid^2} \tag{5.1.14}$$

这里 $M(\theta)$是一个复数，对其作傅里叶变换即可得到其轨道角动量谱分量：

$$P_l=\frac{1}{2\pi}\int M(\theta)\exp(-\mathrm{i}\theta l)\mathrm{d}\theta \tag{5.1.15}$$

这表明，在进行涡旋光束的测量时，可先测得旋转算符的平均值，而后作傅里叶变换得到其轨道角动量谱。

利用旋转算符平均值测涡旋光束的轨道角动量分布的实验系统如图 5.1.5 所示[8]。图 5.1.5 中两个输出光束的输出光强差与旋转算符的平均值 $M(\theta)$的实部成正比，插入半波片（HWP）后两个输出光束的输出光强差与旋转算符的平均值 $M(\theta)$的虚部成正比。旋转道威棱镜到不同的 θ 角位置，在获得所有 $M(\theta)$的实部和虚部之后，可以利用式(5.1.15)直接计算出光束的轨道角动量成分及轨道角动量谱。

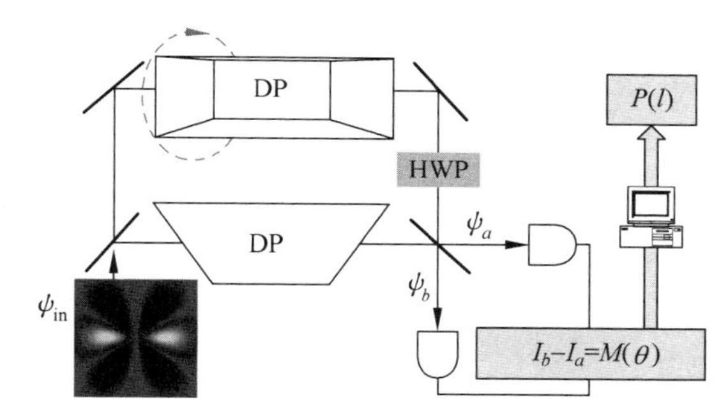

图 5.1.5　利用旋转算符平均值测量涡旋光束的轨道角动量分布的实验系统[8]
DP：道威棱镜；HWP：半波片
（请扫Ⅵ页二维码看彩图）

这种利用旋转算符平均值的方法可以测量任何空间形状的光束的轨道角动量谱，对入射光束的径向量子数 p、光束的纯度等也没有要求。对于对称的轨道角动量谱结构（$P_l=P_{-l}$）不需要插入额外的半波片；而对于非对称结构（$P_l \neq P_{-l}$）的测量则比较麻烦，需要对插入和不插入半波片这两种不同情况进行综合分析。另外该方案也存在如何保证在道威棱镜旋转的时候光束的同轴干涉和两臂相差稳定的问题。

5.2　干涉测量法

涡旋光束轨道角动量的干涉测量法是指引入参考光与涡旋光束干涉，或将待测涡旋光束分光后再互相干涉，通过干涉场的特性来确定待测涡旋光束的阶次或角量子数。

5.2.1　涡旋光束与平面波的干涉

平面波与涡旋光束具有两种干涉形式，即平行干涉与非平行干涉。平行干涉是指涡旋光束的光轴与平面波的波矢方向平行，否则即为非平行干涉。由于涡旋光束具有螺旋形波前，使得这两种干涉获得的光场完全不同。

首先考虑非平行干涉的情况。为了简化运算，我们仅考虑涡旋光束的螺旋相位，并令传播距离 $z=0$，则可在极坐标(r,φ)下可将其表示为

$$E_{OV}(r,\varphi)=\exp(\mathrm{i}l\varphi) \tag{5.2.1}$$

式中，l 为角量子数。设在直角坐标系中 $z=0$ 处一波矢方向在 xOz 平面内且与光轴(z 轴)成 θ 角，同时振幅分布为 1 的平面波为

$$E_0(x,y)=\exp(\mathrm{i}kx\sin\theta) \tag{5.2.2}$$

式中，$k=2\pi/\lambda$ 为光波数。则它们的干涉场的光强可表示为

$$I=|E_{OV}+E_0|^2=(E_{OV}+E_0)(E_{OV}+E_0)^* \tag{5.2.3}$$

将式(5.2.1)和式(5.2.2)代入式(5.2.3)得

$$I=[\cos(l\varphi)+\cos(kx\sin\theta)]^2+[\sin(l\varphi)+\sin(kx\sin\theta)]^2 \tag{5.2.4}$$

利用和差化积公式，并令 $x=r\cos\varphi$，式(5.2.4)可化简为

$$I(r,\varphi)=4\cos^2\left\{\frac{1}{2}[l\varphi-kr\cos\varphi\sin\theta]\right\} \tag{5.2.5}$$

式(5.2.5)与式(3.2.18)基本一致，表明倾斜平面波与涡旋光束干涉后，干涉场光强会呈叉形分布，如图 5.2.1 所示。其中心叉数的数目与涡旋光束的阶次 l 的绝对值相同，叉的开口方向由 l 的符号决定。当 $l=0$ 时，干涉场退化为常见的两平面波干涉所得的干涉条纹。

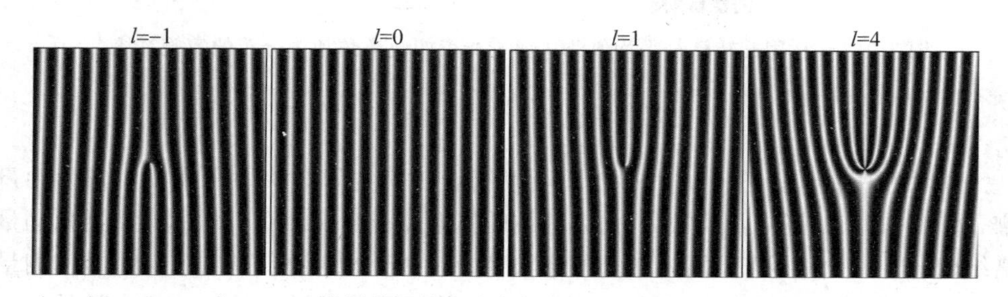

图 5.2.1　式(5.2.5)算得的涡旋光束与倾斜平面波的非平行干涉场光强分布

这表明，在测量涡旋光束时，可采用一倾斜平面波与涡旋光束干涉，通过干涉场中心叉数和叉的开口方向来确定入射涡旋光束的角量子数。

然而，由于涡旋光束具有中空的环形结构，其光束中心是不存在光强的，使得干涉场的中心只有平面波成分，却不包含涡旋光束成分，即在光场的中心没有涡旋光束来与平面波干涉。按照前面的分析，干涉场的叉形结构存在于其中心，这意味

着实际中通过干涉场虽具有叉形结构，此时虽可通过叉的开口方向确定角量子数的符号，但是干涉场的中心由于不存在涡旋光束，使得无法准确输出叉数。实际涡旋光束与倾斜平面波干涉的干涉场如图 5.2.2 所示。

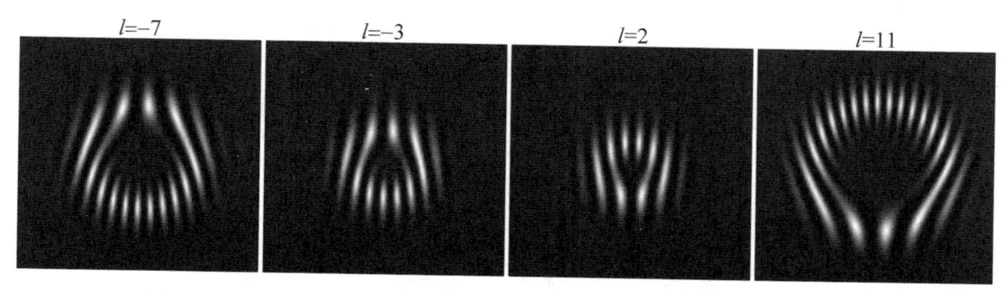

图 5.2.2　涡旋光束与倾斜平面波的实际非平行干涉场光强分布

由式(5.2.5)可得干涉场叉形条纹的空间周期为

$$T=\frac{\lambda}{\sin\theta}=\lambda\csc\theta \tag{5.2.6}$$

式(5.2.6)表明在光波长一定时 T 仅与倾斜角 θ 有关，且 θ 越小，空间周期 T 越大。当 $\theta=0$ 时，涡旋光束的光轴与平面波的波矢方向平行，即它们发生平行干涉，此时 $T\to\infty$，干涉场将不具有强度周期分布的结构。将 $\theta=0$ 代入式(5.2.5)得：

$$I(r,\varphi)=4\cos^2\left(\frac{1}{2}l\varphi\right)=2[1+\cos(l\varphi)] \tag{5.2.7}$$

式(5.2.7)表明干涉场的光强沿着角向具有周期性的余弦分布，呈花瓣状，且花瓣的数目与角量子数 l 的绝对值相同，如图 5.2.3 所示。

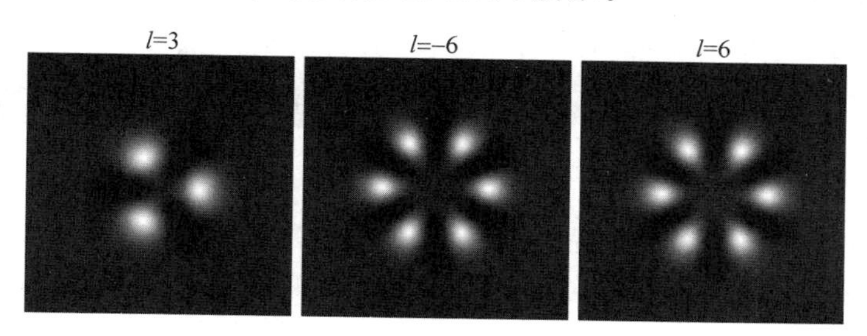

图 5.2.3　涡旋光束与平面波平行干涉的干涉场光强分布

此时干涉场的中心虽依旧没有涡旋光束，但是我们可以根据其呈现的花瓣数来直接读出涡旋光束角量子数的绝对值。与平面波平行同轴虽很好地解决了非同轴干涉时无法读取叉数具体值的问题，但此时却无法判断涡旋光束角量子数的符号。

实际激光器产生的是高斯光束，因此在用该方法测量涡旋光束时，一般采用高斯光束为参考光。高斯光束虽在束腰处和无穷远处可看作一平面波，但在其他位置的波前是一个曲率很小、呈一定规律分布且与位置 z 有关的曲面。涡旋光束作为基模高斯光束的一种高阶模形式，其在非束腰和无穷远处的波前亦为螺旋形波前，与这曲率很小的曲面的叠加，如图 5.2.4 所示。那么当涡旋光束不处于束腰位置($z=0$)时，由于其所包含的微小曲率的曲面波前，其与基模高斯光束同轴干涉场在表现出花瓣结构的同时，也可呈现出涡旋光束角量子数的符号信息。注意，这里所说的同轴干涉，是指涡旋光束的光轴与高斯光束的光轴重合，也是平行干涉的一种。图 5.2.5 给出了 $z\neq0$ 时，涡旋光束与高斯光束同轴干涉的干涉场强度分布，可以很明显地看出，此时干涉场呈一旋涡形的花瓣状，花瓣数等于涡旋光束角量子数的绝对值，而旋涡旋转的方向则与角量子数的符号相关。这意味着当涡旋光束处于非束腰位置时，可以采用与基模高斯光束同轴干涉的方式来探测涡旋光束。

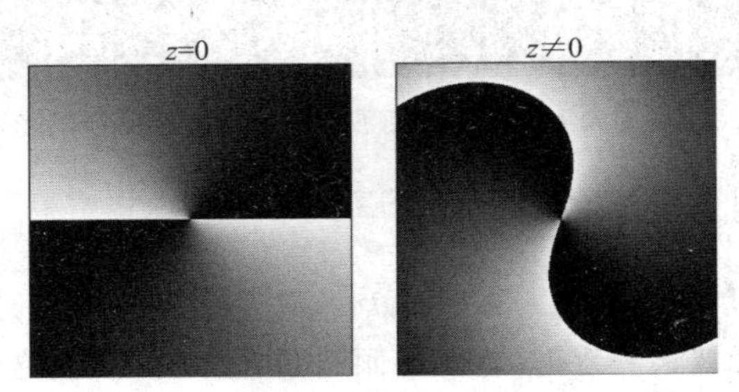

图 5.2.4　$z=0$ 时和 $z\neq0$ 时涡旋光束 $|+2\rangle$ 的螺旋相位

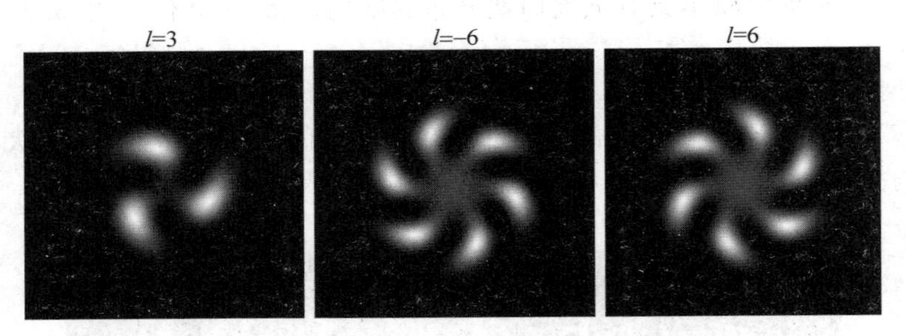

图 5.2.5　$z\neq0$ 时涡旋光束与高斯光束同轴干涉的干涉场光强分布

利用高斯光束干涉来测量涡旋光束是一种较为简单的方法，其只需一束额外的基模高斯光束和一个如五五分光棱镜等合束器件即可实现。但读者应知基模高斯光束的尺寸必须比涡旋光束大，否则无法获得很好的干涉效果。这种方法也存在一定不足，即需要引入额外的参考光束使得测量系统较为复杂，另外，必须保证高斯光束与涡旋光束共轴干涉，使得光路调节较为困难。

5.2.2　干涉法测螺旋相位

涡旋光束的特征值——角量子数 l 决定了其螺旋相位或波前分布，一旦我们知道了涡旋光束的相位分布，则可直接得出其阶次、角量子数或所携带的轨道角动量信息。本节将介绍一种涡旋光束相位分布的干涉测量方法，这种方法既适用于涡旋光束，也可用于其他结构光场相位分布的测量。

引入基模高斯光束作为参考光束与待测涡旋光束干涉，除了可根据5.2.1节所讨论的方法直接从干涉场光强分布读出涡旋光束的角量子数值外，还可通过一定的图像处理计算出涡旋光束的螺旋相位[9]。

仅考虑两束激光束，其分别表示为

$$E_1 = |E_1| \cos\phi_1 \tag{5.2.8}$$

$$E_2 = |E_2| \cos\phi_2 \tag{5.2.9}$$

对于这两束光，$|E_1|$、$|E_2|$分别为它们的振幅，ϕ_1、ϕ_2分别为它们的相位。注意这里所说的相位是光束的总相位，可包含螺旋相位信息。当E_1和E_2同轴干涉时，干涉场的强度分布为

$$|E_1 + E_2|^2 = |E_1|^2 + |E_2|^2 + 2|E_1||E_2|\cos(\phi_1 - \phi_2) \tag{5.2.10}$$

若给光束E_2引入$\pi/2$的附加相位，则它们的干涉场强度分布为

$$\left|E_1 + E_2 \exp\left(\frac{\mathrm{i}\pi}{2}\right)\right|^2 = |E_1|^2 + |E_2|^2 + 2|E_1||E_2|\sin(\phi_1 - \phi_2) \tag{5.2.11}$$

将式(5.2.10)和式(5.2.11)整理后可得

$$\tan(\phi_1 - \phi_2) = \frac{\left|E_1 + E_2 \exp\left(\frac{\mathrm{i}\pi}{2}\right)\right|^2 - |E_1|^2 - |E_2|^2}{|E_1 + E_2|^2 - |E_1|^2 - |E_2|^2} \tag{5.2.12}$$

当E_2的相位ϕ_2已知时，则可求得E_1的相位为

$$\phi_1 = \phi_2 + \arctan\left[\frac{\left|E_1 + E_2 \exp\left(\frac{\mathrm{i}\pi}{2}\right)\right|^2 - |E_1|^2 - |E_2|^2}{|E_1 + E_2|^2 - |E_1|^2 - |E_2|^2}\right] \tag{5.2.13}$$

注意，式(5.2.13)中反正切函数中的项均为强度分布项，包括E_1和E_2的光强、E_1和E_2干涉场的光强，以及E_1和引入了额外$\pi/2$相位的E_2干涉场的光强，这些光强分布均可通过如CCD相机等的面阵探测器来获得。将E_1定义为待测光束，E_2定义为参考光束，则当参考光束的相位已知时，可通过面阵探测器测量两束光同轴干涉时的强度等信息，结合参考光束的相位ϕ_2来直接得到待测光束的相位分布ϕ_1。

在测量涡旋光束的相位分布时，通常选择扩束后的基模高斯光束作为参考光束，由于其相位可近似看作一平面，此时可直接令式(5.2.13)中的ϕ_2等于零，这样只需测出式(5.2.13)中的四个强度分布即可。基于干涉法测量涡旋光束的相位分布的实验系统原理图如图5.2.6所示，利用多个五五分光镜，将待测涡旋光束和参考光束分别进行分束，对其中一束参考光束引入$\pi/2$的相位延迟，而后再分别合束，以分别获得两个干涉场的强度分布$|E_1+E_2|^2$和$|E_1+E_2\exp(\mathrm{i}\pi/2)|^2$。这里的相位延迟可由液晶相位延迟器(liquid crystal retarder，LCR)来实现。

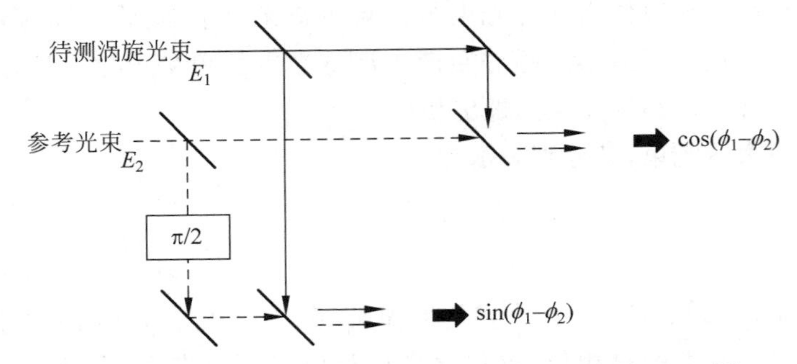

图 5.2.6　干涉法测量涡旋光束相位的实验系统原理图[9]

图 5.2.7(a)分别给出了在仿真计算中获得的束腰位置处($z=0$)待测涡旋光束($|+5\rangle$)和参考高斯光束的光强$|E_1|^2$、$|E_2|^2$分布，以及干涉场光强$|E_1+E_2|^2$、$|E_1+E_2\exp(\mathrm{i}\pi/2)|^2$分布。可以看出，对高斯光束引入了额外的π/2相位后，其干涉场图形会发生旋转。另外，这里$|E_1|^2$和$|E_2|^2$的强度分布对干涉场的强度最大值作了归一化处理，因此看起来要稍微暗一些。如果不对其作这样的处理，仿真计算中所使用的强度图像将不满足实际强度分布规律，最终使得相位计算出错。图 5.2.7(b)给出了利用(a)中给出的强度分布，结合式(5.2.13)算得的待测涡旋光束的相位；图 5.2.7(c)则为涡旋光束的实际相位分布。图 5.2.7 表明，通过式(5.2.13)计算的涡旋光束的螺旋相位与理论值十分吻合。

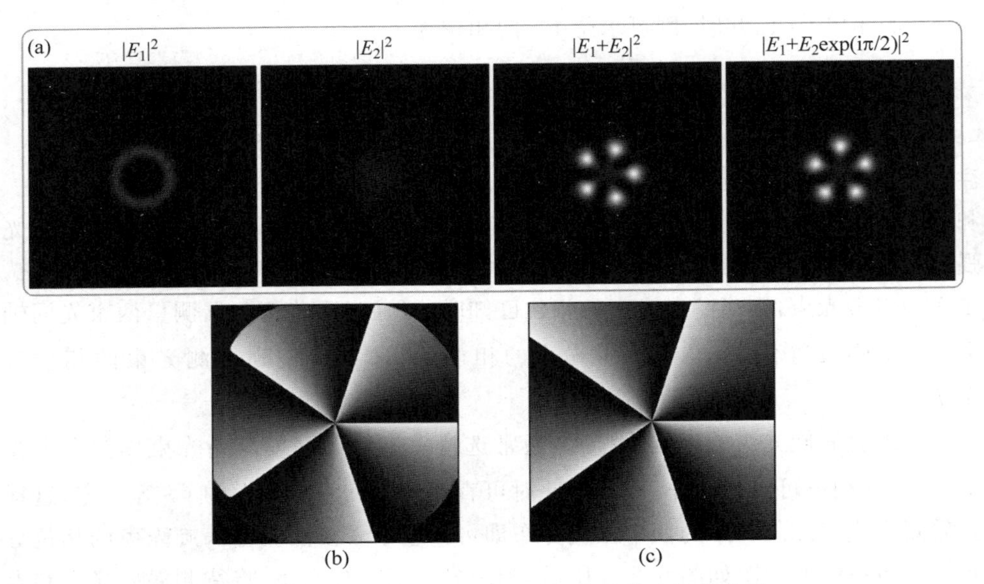

图 5.2.7　干涉法测量涡旋光束相位的仿真计算结果

图 5.2.8 给出了干涉法测量涡旋光束的实验结果[9]，其中，图 5.2.8(a)～(d)为实验测得的不同阶次的待测涡旋光束的强度分布($|E_1|^2$)；图 5.2.8(e)～(h)为

利用干涉法实验测得涡旋光束的相位；图5.2.8(i)～(l)为利用干涉法仿真计算测得涡旋光束的相位。与仿真计算结果相比，实验测得相位中心区域和超出涡旋光束光斑范围的区域十分模糊，其原因主要在于实验中涡旋光束在此区域基本没有强度分布。考虑到相机的动态范围和噪声的限制，使得在此区域实际测得强度分布具有较低的信噪比，进而产生模糊。由于高阶涡旋光束的光斑尺寸要更大一些，因此不难理解其实际测得的相位中心的模糊区域相比于低阶模式会更大。另外，实验结果中相位虽与仿真计算结果基本一致，但仔细观察可以发现，实验测得的相位要比仿真计算超前一些，这是由于实验中使用的高斯光束的相位 ϕ_2 并非为严格的平面，而是有微小弯曲的曲面，又因为在利用式(5.2.13)进行图像处理时，把 ϕ_2 近似为零，使得最终的实验结果与仿真计算结果产生了微小的差异。

将待测涡旋光束与参考光束同轴干涉，理论上可测出涡旋光束的理想相位。尽管在实际的实验中，受面阵探测器动态范围、噪声等的限制，使得最终的测量结果与理论值稍有偏差，但是干涉法仍是目前测量涡旋光束螺旋相位分布的最有效方法之一。

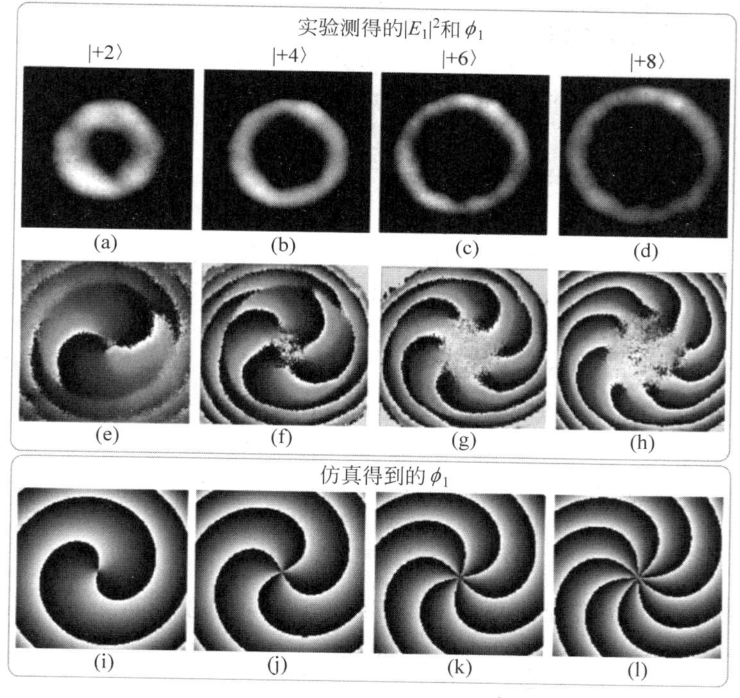

图5.2.8 干涉法测量涡旋光束相位的实验结果[9]

5.2.3 涡旋光束的杨氏双缝干涉

杨氏双缝干涉(Young's double-slit interference)是非常著名的光学实验，它

表明，当一点光源发出的球面波经过双缝后，会在接收屏上产生明暗相间的干涉条纹，且干涉条纹的强度分布 $I(x)$ 满足：

$$I(x) \propto \cos^2\left(\frac{\pi a x}{\lambda d}\right) \tag{5.2.14}$$

式中，λ 为光波长，a 为双缝间距离，d 为双缝到观察屏的距离。若入射光波为具有螺旋形波前的涡旋光束，透过双缝的部分会存在如图 5.2.9 所示的沿着 y 方向的相位差，使得杨氏双缝干涉产生的干涉条纹发生扭曲。注意，图 5.2.9 中为了显示清晰，将缝宽作了放大化处理，在实际的双缝干涉中，缝宽应取很小。y 方向的相位差大小与螺旋波前的倾斜程度有关，而倾斜程度由涡旋光束的角量子数 l 决定。因此，干涉条纹的扭曲程度可以看作涡旋光束的角量子数 l 的函数。这表明，当涡旋光束照射双缝时，可根据干涉条纹的扭曲程度来确定涡旋光束的阶次或角量子数[10,11]。

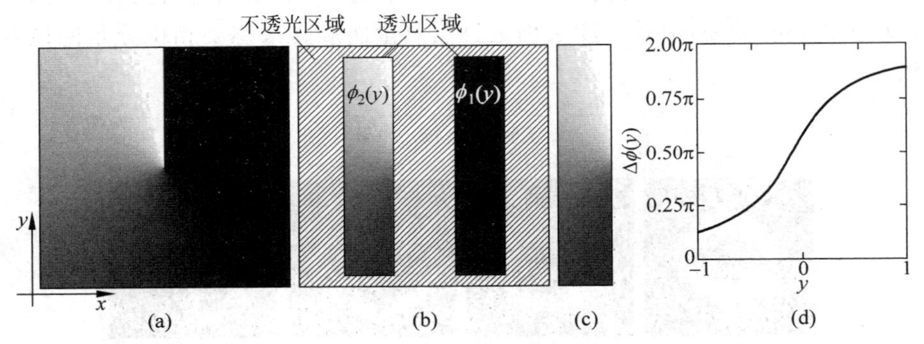

图 5.2.9　(a) +1 阶涡旋光束的螺旋相位；(b) 可透过双缝的螺旋相位；(c) 双缝间 y 轴方向的相位差；(d) y 轴方向的相位差随归一化位置坐标 y 的函数曲线

涡旋光束照射双缝时，式(5.2.14)中应加入由螺旋相位引起的 y 方向附加相位差 $\Delta\phi(y)$：

$$\Delta\phi(y) = \phi_2(y) - \phi_1(y) \tag{5.2.15}$$

结合图 5.2.10，不难理解 $\Delta\phi(y)$ 的大小与坐标 y 的关系满足：

$$\Delta\phi(y) = 2l\theta = 2l\arctan\frac{a}{2y} \tag{5.2.16}$$

结合式(5.2.14)，得到涡旋光束的杨氏双缝干涉光场强度分布为

$$I(x,y) \propto \cos^2\left(\frac{\pi a x}{\lambda d} + \frac{\Delta\phi(y)}{2}\right) = \cos^2\left(\frac{\pi a x}{\lambda d} + l\arctan\frac{a}{2y}\right) \tag{5.2.17}$$

表明其与入射涡旋光束的阶次 l 有关。通过图 5.2.10 可以看出，当 $y\to+\infty$ 时，$\theta\to 0$，此时干涉条纹分布与高斯光束照射时相同；当 $y\to-\infty$ 时，$\theta\to\pi$，由式(5.2.16)可知，此时 $\Delta\phi(y)=2\pi l$，即引入了额外 $2\pi l$ 的相位。根据杨氏干涉条纹的明暗条件及式(5.2.17)，$\Delta\phi(y)$ 每额外引入 2π 相位，条纹就要相对移动

一个位置周期，即产生一个错位，故此时条纹相对于 $y\to+\infty$ 时要平移 l 个条纹距离，即干涉条纹中心产生 l 个错位。这意味着可通过式(5.2.17)给出的关系通过干涉场的强度分布获得待测涡旋光束的角量子数 l 值。

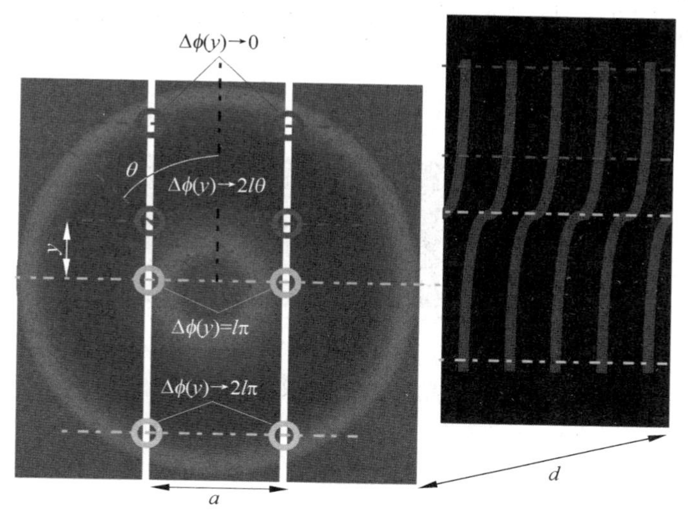

图 5.2.10　l 阶涡旋光束照射双缝时，两缝间的相位差与坐标 y 的关系

（请扫Ⅵ页二维码看彩图）

图 5.2.11 给出了涡旋光束照射双缝后干涉场的强度分布，其具有明显的错位，且错位的条纹数与角量子数的绝对值相等。另外由于具有相反角量子数的涡旋光束，被双缝透过部分的相位差沿着 y 轴的梯度方向不同，因此其错位方向相反，即可通过条纹错位的方向来确定角量子数的符号。这表明通过涡旋光束的杨氏双缝干涉场可以非常直观地得到涡旋光束的阶次或角量子数，进而可算出其包含的每一个光子所携带的轨道角动量值。

5.2.4　利用马赫-曾德尔干涉仪分离光束的轨道角动量

干涉法除了可用于直接测量涡旋光束的阶次外，还可将多模混合涡旋光束各轨道角动量成分分离，而后在对分离出来的单模涡旋光束作进一步测量。分离多模混合涡旋光束各轨道角动量成分的最典型的干涉装置即两臂带有道威棱镜的马赫-曾德尔干涉仪(M-Z 干涉仪)[12,13]，如图 5.2.12 所示。

图 5.2.12 中，涡旋光束始终沿着 z 轴方向传播，x 轴和 y 轴分别垂直和平行于纸面。两块分光比为 1∶1 的分光平片 S_1、S_2 与两块 45°全反射镜 R_1、R_2 的四个镜面相互平行。道威棱镜 DP_1 相对于道威棱镜 DP_2 旋转过 $\pi/2$ 的角度，这意味着光束传输经过道威棱镜 DP_2 时垂直于 z 轴截面内的光场分布将相对 x 轴翻转，而相同的光束传输经过道威棱镜 DP_1 时垂直于 z 轴截面内的光场分布将相对 x 轴翻转，并且旋转过 π 的角度。由于角量子数为 l 的涡旋光束包含相位因子

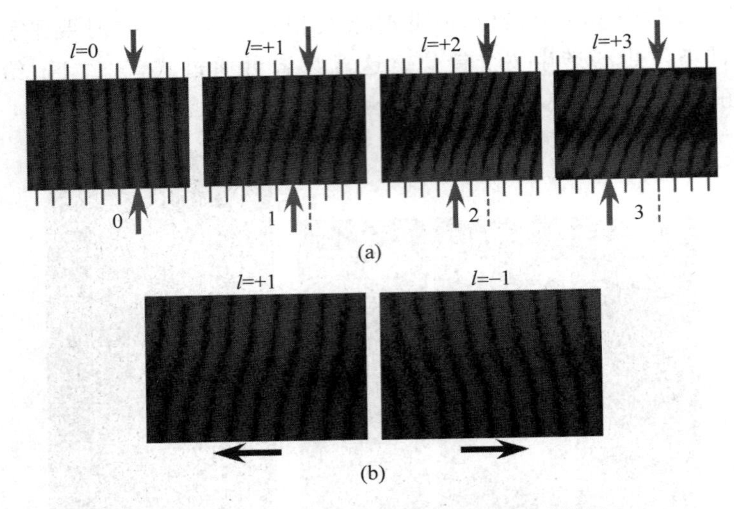

图 5.2.11 涡旋光束杨氏双缝干涉实验结果

(a) 干涉条纹的错位与角量子数的绝对值相同；(b) 干涉条纹的错位方向与角量子数的符号相关[11]

(请扫Ⅵ页二维码看彩图)

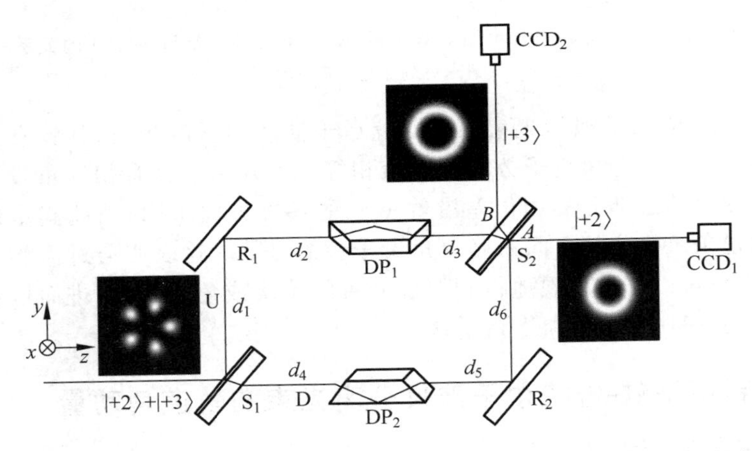

图 5.2.12 利用 M-Z 干涉仪分离多模混合涡旋光束各轨道角动量成分的光路系统图

S_1 和 S_2：分光平片；DP_1 和 DP_2：道威棱镜；R_1 和 R_2：全反镜；CCD_1 和 CCD_2：CCD 相机

$\exp(\mathrm{i}l\varphi)$，该涡旋光束传输经过道威棱镜 DP_2 时螺旋相位因子变为 $\exp[\mathrm{i}l(-\varphi)]$，而传输经过道威棱镜 DP_1 时螺旋相位因子变为 $\exp[\mathrm{i}l(\pi-\varphi)]$，显然，相同角量子数 l 的涡旋光束分别传输经过道威棱镜 DP_1 和 DP_2 时将产生 $l\pi$ 的相位差。

两臂带有道威棱镜的 M-Z 干涉仪分离涡旋光束的轨道角动量的原理可以通过“干涉相消”来理解。定义两个算符 $S(\theta)$ 和 $R(\theta)$，其作用于涡旋光场 $E(r,\varphi)$ 时，满足下式：

$$S(\theta)E(r,\varphi)=E(r,2\theta-\varphi) \tag{5.2.18}$$

$$R(\theta)E(r,\varphi)=E(r,\theta+\varphi) \tag{5.2.19}$$

式中，$E(r,\varphi)$可表示为

$$E(r,\varphi)=E(r)\exp(\mathrm{i}l\varphi) \tag{5.2.20}$$

式(5.2.20)表明，$S(\theta)$作用于光场使得光场相对于直线 $\varphi=\theta$ 对称；而 $R(\theta)$作用于光场时将使光场旋转 θ 角。因此，反射镜的作用算符可表示为 $S(0)$，道威棱镜对光场的作用算符 $D(\theta)$可表示为

$$D(\theta)E(r,\varphi)=R(2\theta)S(0)E(r,\varphi)=E(r,2\theta-\varphi) \tag{5.2.21}$$

图5.2.12中，$d_1\sim d_6$ 表示M-Z干涉仪中各光学元件间距，通过调节光路使之满足：

$$d_1+d_2+d_3=d_4+d_5+d_6 \tag{5.2.22}$$

若用U和D表示M-Z干涉仪的上行光路($S_1\rightarrow R_1\rightarrow DP_1\rightarrow S_2$)和下行光路($S_1\rightarrow DP_2\rightarrow R_2\rightarrow S_2$)，则进入 CCD_1 的两束光在各自光程中发生如下相变：上行光路U中，入射光被分光平片 S_1 反射产生由半波损失引起的 π 的相变，被全反镜 R_1 反射产生 π 的相变，传输经过道威棱镜 DP_1 产生一个固定相变 σ_D 和相位延迟 $l\pi$，之后透过分光平片 S_2 产生一个固定相变 σ，该过程可表示为

$$\begin{aligned}E_1=&\exp(\mathrm{i}\sigma)\exp(\mathrm{i}kd_3)\exp(\mathrm{i}\sigma_D)D\left(\frac{\pi}{2}\right)\exp(\mathrm{i}kd_2)\cdot\\&\exp(\mathrm{i}\pi)S(0)\exp(\mathrm{i}kd_1)\exp(\mathrm{i}\pi)S(0)E(r,\varphi)\\=&E(r,\pi-\varphi)\exp\{\mathrm{i}[2\pi+\sigma_D+\sigma+k(d_1+d_2+d_3)]\}\end{aligned} \tag{5.2.23}$$

下行光路D中，入射光透射经过分光平片 S_1 产生一个固定相变 σ，传输经过道威棱镜 DP_2 产生一个固定相变 σ_D，被全反镜 R_2 反射产生 π 的相变，被分光平片 S_2 反射产生 π 的相变，该过程可表示为

$$\begin{aligned}E_2=&\exp(\mathrm{i}\pi)S(0)\exp(\mathrm{i}kd_6)\exp(\mathrm{i}\pi)S(0)\exp(\mathrm{i}kd_5)\cdot\\&\exp(\mathrm{i}\sigma_D)D(0)\exp(\mathrm{i}kd_4)\exp(\mathrm{i}\sigma)E(r,\varphi)\\=&E(r,-\varphi)\exp\{\mathrm{i}[2\pi+\sigma_D+\sigma+k(d_4+d_5+d_6)]\}\end{aligned} \tag{5.2.24}$$

此时 S_2(A)处光场 E_A 为 E_1 和 E_2 的叠加，可表示为

$$E_A=E_1+E_2 \tag{5.2.25}$$

由式(5.2.22)～式(5.2.25)可知，当入射涡旋光束具有螺旋相位项 $\exp(\mathrm{i}l\varphi)$ 时，则上行光路U和下行光路D进入 CCD_1 的两束光相位差为 $l\pi$。

类似地，对于进入 CCD_2 的两束光在各自光程中发生如下相变：上行光路U中，入射光束被分光平片 S_1 反射产生 π 的相变，被全反镜 R_1 反射产生 π 的相变，传输经过道威棱镜 DP_1 产生一个固定相变 σ_D 和相位延迟 $l\pi$，透射经过分光平片 S_2 产生一个固定相变 σ，被分光平片 S_2 反射不产生相变(由光密介质到光疏介质，不发生半波损失)，第二次穿过分光平片 S_2 产生一个固定的相变 σ：

$$E_3 = \exp(\mathrm{i}\sigma)S(0)\exp(\mathrm{i}\sigma)\exp(\mathrm{i}kd_3)\exp(\mathrm{i}\sigma_D)D\left(\frac{\pi}{2}\right)\cdot$$
$$\exp(\mathrm{i}kd_2)\exp(\mathrm{i}\pi)S(0)\exp(\mathrm{i}kd_1)\exp(\mathrm{i}\pi)S(0)E(r,\varphi)$$
$$= E(r,\pi+\varphi)\exp\{\mathrm{i}[2\pi+\sigma_D+2\sigma+k(d_1+d_2+d_3)]\} \quad (5.2.26)$$

下行光路 D 中，入射光穿透分光平片 S_1 产生一个固定相变 σ，传输经过道威棱镜 DP_2 产生一个固定相变 σ_D，被全反镜 R_2 反射产生 π 的相变，穿过分光平片 S_2 产生一个固定相变 σ：

$$E_4 = \exp(\mathrm{i}\sigma)\exp(\mathrm{i}kd_6)\exp(\mathrm{i}\pi)S(0)\exp(\mathrm{i}kd_5)\cdot$$
$$\exp(\mathrm{i}\sigma_D)D(0)\exp(\mathrm{i}kd_4)\exp(\mathrm{i}\sigma)E(r,\varphi)$$
$$= E(r,\varphi)\exp\{\mathrm{i}[\pi+\sigma_D+2\sigma+k(d_4+d_5+d_6)]\} \quad (5.2.27)$$

S_2(B)处的光场 E_B 分布为

$$E_B = E_3 + E_4 \quad (5.2.28)$$

对于具有螺旋相位项 $\exp(\mathrm{i}l\varphi)$ 的涡旋光束，上行光路 U 和下行光路 D 进入 CCD_2 的两束光相位差恰好为 $(l+1)\pi$。

以上分析表明，对于角量子数 l 为偶数的涡旋光束经两臂上装有道威棱镜的 M-Z 干涉仪之后，在 S_2(B)处，两束光的相位差为 π 的奇数倍，产生干涉相消，$E_B=0$，故光场能量将仅从 CCD_1 端输出。类似地，对于角量子数 l 为奇数的螺旋光束，在 S_2(A)处，两束光的相位差为 π 的奇数倍，产生干涉相消，$E_A=0$，经此 M-Z 干涉仪后光场能量从 CCD_2 端输出。此处还需注意的是，从 CCD_1 端出射的 U 和 D 光路中的光束传输过程中均发生了三次反射，根据 1.2.4 节介绍的镜像性，导致涡旋光束的阶次或携带的轨道角动量符号取反；而从 CCD_2 端出射的 U 和 D 光路中的光束传输过程中分别发生了四次和两次全反射，出射光束的阶次或携带的轨道角动量符号不变。

图 5.2.13 是利用 M-Z 干涉仪测量涡旋光束的实验结果示意图。当入射涡旋光束角量子数为 −2 和 −6 时，经过 M-Z 干涉仪后光束能量主要从 CCD_1 端口输出；当入射涡旋光束角量子数为 +3 时，经过 M-Z 干涉仪后光束能量主要从 CCD_2 端口输出；当双模混合涡旋光束($|-2\rangle+|+3\rangle$)入射时，经过 M-Z 干涉仪后分别在 CCD_1 和 CCD_2 端口观察到 +2 阶和 +3 阶单模涡旋光束。这也印证了我们之前的理论分析，采用两臂带有道威棱镜的 M-Z 干涉仪分离出了角量子数为奇数和偶数的涡旋光束。

这种利用 M-Z 干涉仪分离多模混合涡旋光束各轨道角动量成分的方法也存在一些不足，即对于具有多个相同奇偶性角量子数成分的多模混合涡旋光束是无效的。另外，这种方法对于单模涡旋光束只能实现其阶次奇偶性的判断，对于角量子数的具体值还需配合衍射光栅等其他探测手段才能得到。

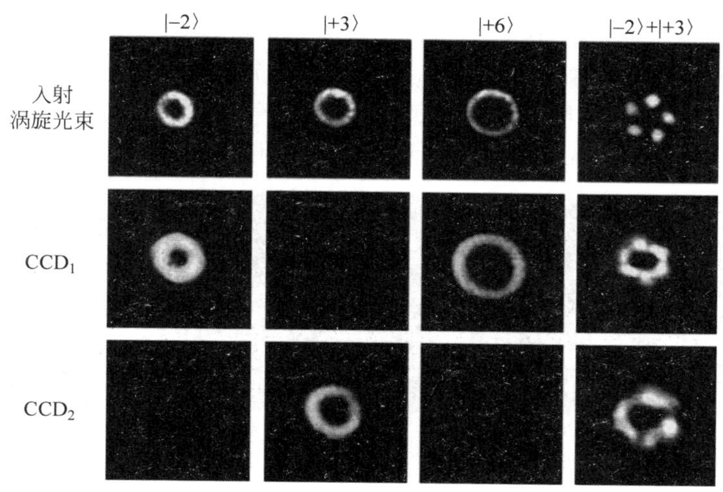

图 5.2.13　利用 M-Z 干涉仪分离多模混合涡旋光束各轨道角动量成分的实验结果[13]

5.3　衍射测量法

当涡旋光束照射特殊设计的衍射光栅时，其远场衍射会表现出与其阶次或角量子数相关的特殊形态，即根据衍射场的光场分布即可推知入射涡旋光束的角量子数分布，实现涡旋光束的测量。常见的可测量涡旋光束的衍射光栅主要有三角孔、角向双缝、柱透镜、周期渐变光栅、复合叉形光栅、达曼涡旋光栅等，本节将依次对其作一介绍。

5.3.1　三角孔衍射

近年，科研人员提出了一种利用三角孔测量涡旋光束的方案，但其只对单模涡旋光束有效，对多模混合涡旋光束无效[14,15]。三角孔即一透光区域为三角形的振幅型光栅，如图 5.3.1 所示，其中黑色为不透光部分，白色为透光部分。

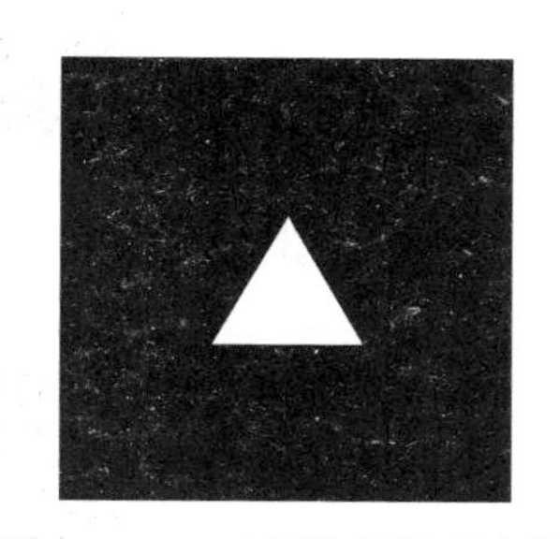

图 5.3.1　三角孔振幅型光栅

涡旋光束经三角孔后，其远场衍射会呈现特殊的三角形光斑阵列，光斑阵列的排列方向决定角量子数的正负，光斑阵列里的光斑个数则与角量子数的绝对值相关。即通过远场光束阵列的光斑个数和光斑排列方向，可以确定入射涡旋光束的角量子数。其原理可简单理解为，涡旋光束经过三角孔后的远场衍射，可以看作光波经过三角孔的三个边的衍射光波在远场的干涉[14]，如图 5.3.2 所示。其中，图 5.3.2(a)～(c)分别为－1 阶涡旋光束 $l=-1$ 经三角孔的三个边衍射后的远场光斑图样，图 5.3.2(d)为(a)～(c)三个光斑干涉后得到的三角形光阵列，即涡旋光场经过三角孔后的远场衍射光斑。图 5.3.3 给出了＋1 阶、＋2 阶和＋3 阶涡旋光束分别照射三角孔后的远场衍射光斑的理论仿真结果和实验结果。不难看出,当+1阶涡旋光束经过三角孔衍射时,其远场衍射光斑呈三角形,其每一边的光斑数减1即入射光束角量子数的绝对值。当具有符号相反的角量子数的涡旋光束经三角孔衍射后,发现其衍射场光斑排列方向相反,如图5.3.4所示。

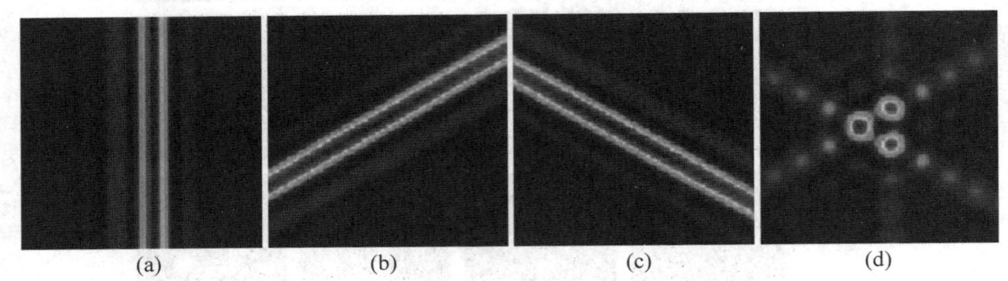

图5.3.2　涡旋光场($l=-1$)经三角孔的三个边衍射后的远场光斑图样

(a) 底边;(b) 右边;(c) 左边;(d) 为(a)、(b)、(c)三个光斑干涉后得到的三角形光阵列,即涡旋光场经过三角孔后的远场衍射光斑[14]

(请扫Ⅵ页二维码看彩图)

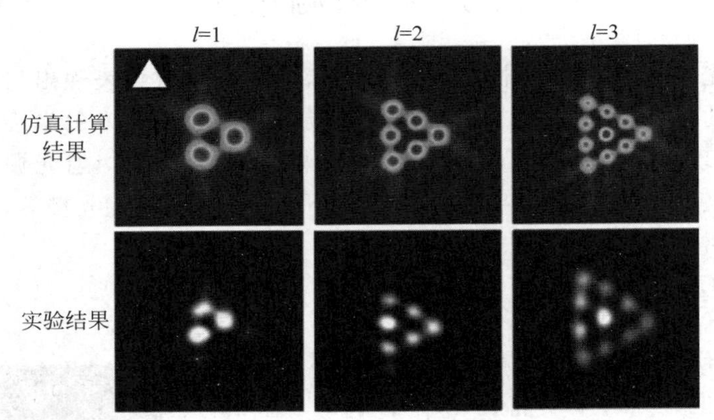

图5.3.3　不同阶次的涡旋光束经三角孔衍射后的理论仿真结果与实验结果[14]

(请扫Ⅵ页二维码看彩图)

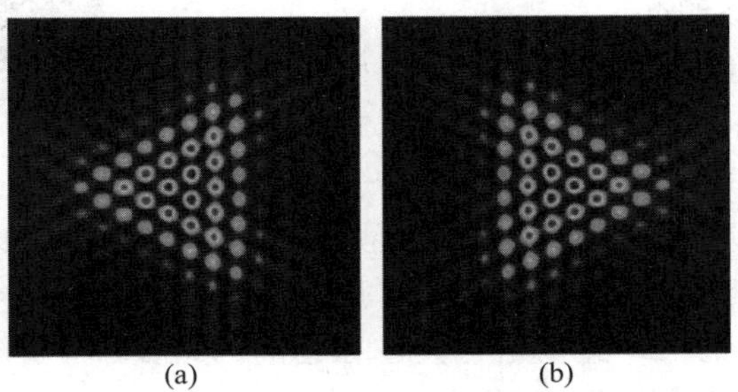

图5.3.4　具有相反角量子数($|l|=7$)的涡旋光束经三角孔衍射后的理论仿真结果

(a) $l=-7$;(b) $l=7$[14]

(请扫Ⅵ页二维码看彩图)

与三角孔类似，如图 5.3.5 所示的三角形缝振幅型光栅也可实现类似的功能[16]，并可得到比三角孔更清晰的衍射结果。在三角形缝中，引入一个新的表征缝宽的参数即三角形缝内外边长的比率 η，当 $\eta=0$ 时，三角缝退化为三角孔。文献[16]的研究表明，η 越大，远场衍射光阵列越清晰。如图 5.3.6 所示，其中，(a)～(c)，$\eta=0$，(d)～(f)，$\eta=0.8$。

图 5.3.5　三角形缝振幅型光栅

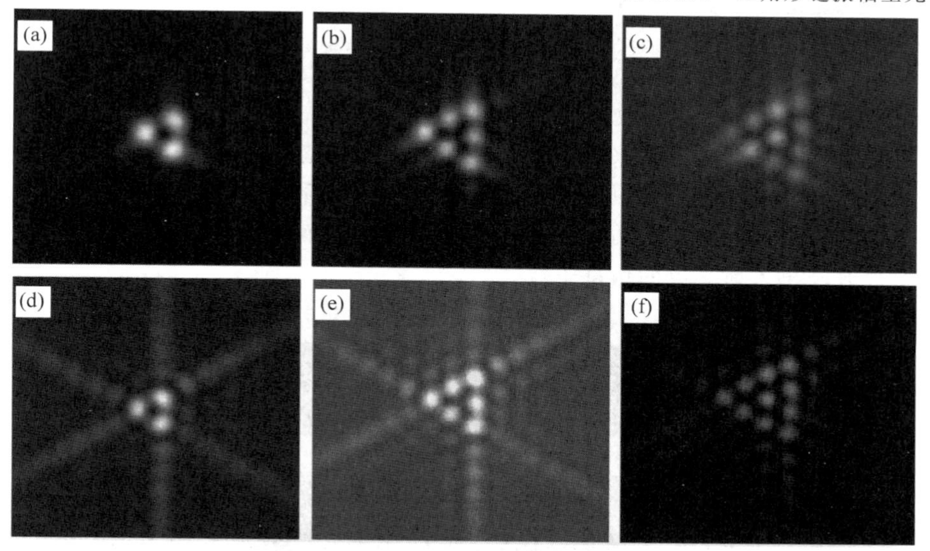

图 5.3.6　不同阶次的涡旋光束经过三角缝后的远场衍射光斑

(a)～(c)$\eta=0$；(d)～(f) $\eta=0.8$；(a)，(d) $l=1$；(b)，(e) $l=2$；(c)，(f) $l=3$[16]

5.3.2　角向双缝衍射

在 5.2.3 节提到的双缝准确地说是在直角坐标 x 轴方向上的，如果将直角坐标换成极坐标，在极坐标 $rO\varphi$ 中的 φ 方向上引入双缝，就会形成角向双缝(angular double slits)，如图 5.3.7 所示，其中，黑色表示不透光部分，白色表示透光部分。角向双缝也是一种振幅型光栅，其仅对入射光的振幅进行调制，其衍射场亦可理解为从角向双缝透过的光线形成的干涉场。

与杨氏双缝类似，角向双缝也可用来测量涡旋光束，它也利用了两个缝所透过的涡旋光束相位不同的原理[17]。如图 5.3.7 所示，当角量子数为 l 的涡旋光束入射时，路径 q_1p_1 和 q_2p_1 间的相位差可表示为

$$\Delta\phi=l\Delta\varphi+2\pi\frac{|q_1p_1|-|q_2p_1|}{\lambda}\tag{5.3.1}$$

式中，$\Delta\varphi=\varphi_2-\varphi_1$ 为两个缝间的夹角，λ 为光波长。当 $\Delta\phi=N\pi$，且 N 为偶数时，

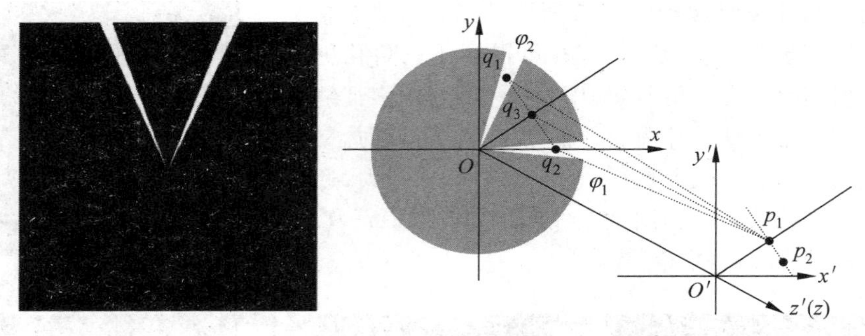

图 5.3.7　角向双缝及其衍射原理图[17]

接收面轴线 $o'p_1$ 出现亮条纹，N 为奇数时出现暗条纹。由于 $\Delta\phi$ 与角量子数 l 相关，因此可根据条纹的形态来确定入射光束的 OAM 态。图 5.3.8 给出了双缝测量 OAM 态的实验结果，图中虚线表示轴 $o'p_1$。可以看出，在角向双缝的角平分线处，会出现以不同的方向排布的明暗相间的条纹。从而根据条纹的移动及移动方向，可以判断出入射光束的角量子数。

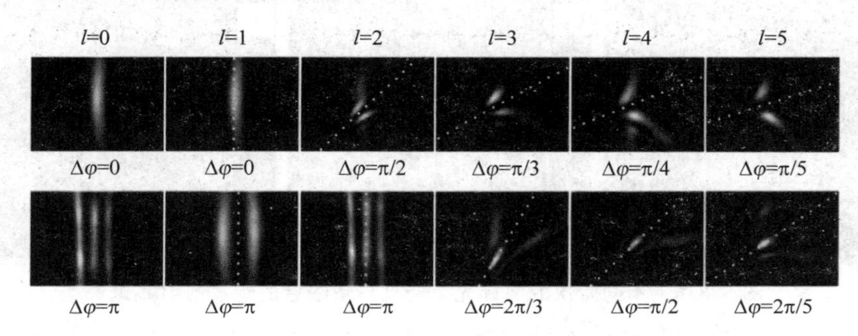

图 5.3.8　利用角向双缝进行涡旋光束测量的实验结果[17]

由于仅通过角向双缝衍射场光强分布来测量涡旋光束需要采集一系列的光斑且不够精确，故在此基础上，可对测量系统进行改进，得到更精确的用角向双缝进行涡旋光束测量的结果[18]。在此方案中，在保证图 5.3.7 中 $|q_1p_1|$ 和 $|q_2p_1|$ 不变的前提下，给其中一个缝上引入附加相位 σ，此时，经过角向双缝衍射后的两束光波在 p_1 处的相位差可表示为

$$\Delta\phi = l\Delta\varphi + \sigma \tag{5.3.2}$$

此时，根据干涉的相关理论，可以得到 p_1 点光强 I 与两个角向缝间的夹角 $\Delta\varphi$ 之间的函数关系为

$$\begin{aligned} I &= |E_1 + E_2|^2 \propto 2\cos^2\frac{\Delta\phi}{2} = (1+\cos\Delta\phi) \\ &= \left\{1+\cos\left[l\left(\Delta\varphi + \frac{\sigma}{l}\right)\right]\right\} \end{aligned} \tag{5.3.3}$$

式(5.3.3)表明，当 $\Delta\varphi\in[0,2\pi]$时，I-$\Delta\varphi$ 曲线中会出现$|l|$个尖峰，因此可根据尖峰数来确定角量子数 l 的绝对值。同时可以看出，若 σ 的数值发生改变时，I-$\Delta\varphi$ 曲线会发生平移，且平移的方向与 l 的符号有关，故可通过改变观察曲线移动方向来确定角量子数 l 的符号。

图 5.3.9 所示为改进后的角形双缝探测涡旋光束的实验结果，分别为在 $\sigma=0$ 和 $\sigma=\pi/2$ 的前提下，测得不同阶次涡旋光束入射时 p_1 点强度 I 随两个角向缝间

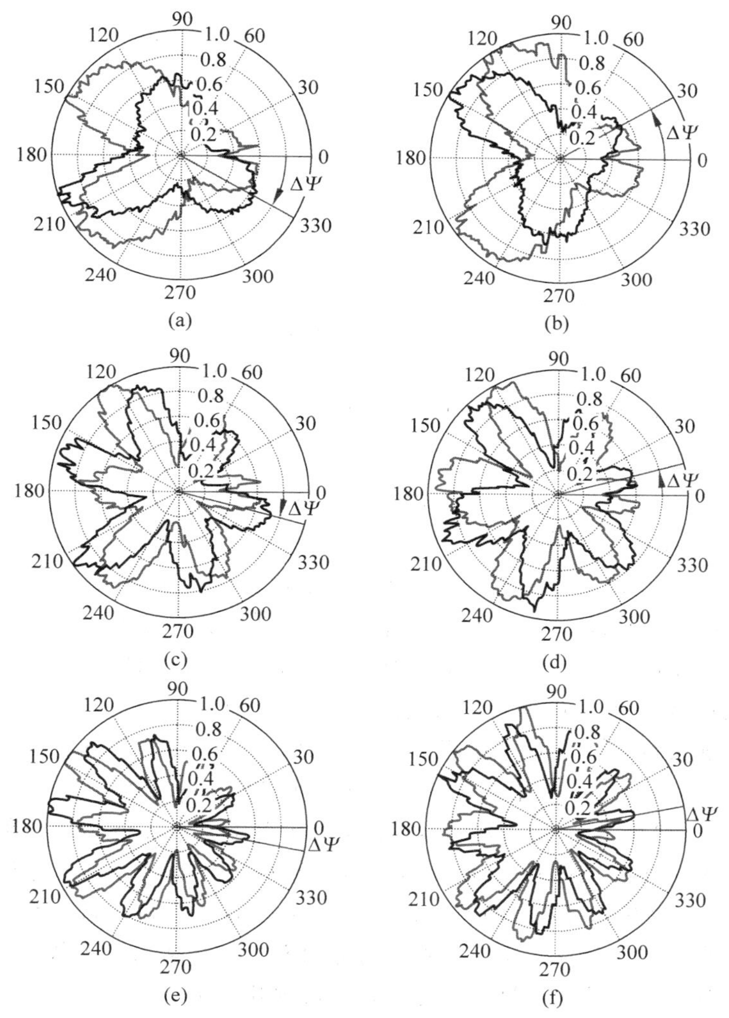

图 5.3.9　不同阶次涡旋光束入射时图 5.3.7 中 p_1 点强度 I 随两个角向缝间的夹角 $\Delta\varphi$ 之间的函数关系，其中，绿曲线：$\sigma=0$；蓝曲线：$\sigma=\pi/2$[18]

(a) $l=3,\Delta\Psi=30°$；(b) $l=-3,\Delta\Psi=30°$；(c) $l=6,\Delta\Psi=15°$；(d) $l=-6,\Delta\Psi=15°$；(e) $l=10,\Delta\Psi=9°$；(f) $l=-10,\Delta\Psi=9°$

（请扫Ⅵ页二维码看彩图）

的夹角 $\Delta\varphi$ 之间的函数关系。是以极坐标下的 I-$\Delta\varphi$ 曲线的形式表现的，角向坐标为自变量 $\Delta\varphi$，一圈正好为 2π，曲线上点到原点的距离即光强 I 的值。可以看出，当角量子数为 l 的涡旋光束照射时，测得的 I-$\Delta\varphi$ 曲线会出现 $|l|$ 个尖峰，同时，在这项实验中，由于 σ 从 0 变为 $\pi/2$，故 I-$\Delta\varphi$ 曲线将旋转 $\Delta\Psi=\pi/(2l)$，其中，l 为正时，顺时针旋转，l 为负时，逆时针旋转。实验结果与式(5.3.3)给出的理论预测完全相符，表明利用改进后角向双缝可十分有效地测量涡旋光束，其通过 I-$\Delta\varphi$ 曲线尖峰数确定角量子数 l 的绝对值，根据改变 θ 时曲线的旋转方向来确定 l 的符号。这种方法的缺点是进行每一次测量时均需改变角形双缝间的夹角 $\Delta\varphi$ 来在 $\Delta\varphi\in[0,2\pi]$ 这一区间内进行两次完整的扫描，且两次扫描中 σ 值必须不同，这样才能够确定角量子数 l 的符号，使得测量过程较复杂。

5.3.3 柱透镜

本节前面介绍的方法，均是利用孔或者缝类的振幅型光栅进行涡旋光束的测量，然而它们需要使衍射光栅的中心与被测光束的中心重合，另外衍射器件的结构和尺寸对测量结果也有影响。为了使涡旋光束的测量方法更加简便，可借助常见的光学透镜来实现。

柱透镜是一种非球面透镜，可以有效减小球差和色差，具有一维放大的功能，其相位分布函数为

$$\phi(x,y)=k\left(f-\sqrt{f^2+x^2}\right) \tag{5.3.4}$$

式中，f 为柱透镜的焦距。

在本书 3.2.1 节曾经介绍了由两个或三个柱透镜构成的模式转换器，可将厄米-高斯光束转化为涡旋光束。根据光路的可逆性，模式转换器也必可以将涡旋光束转化为厄米-高斯光束。由于模式转换器生成涡旋光束的阶次是与入射的厄米-高斯光束的阶次 m 和 n 的值相关的(式(3.2.10))，而厄米-高斯光束的光场分布为一与其阶次相关的多光斑有序排列结构。因此，可通过柱透镜将涡旋光束转化为类似的结构，而后通过衍射光场分布情况直接确定其角量子数[19-22]。

图 5.3.10 给出了仿真计算得到的不同阶次涡旋光束经柱透镜衍射后在其后焦面处的光场分布。不难看出，柱透镜后焦面处的光场具有类似于厄米-高斯光束的光场结构，它的形态与入射的涡旋光束阶次有关，即子光斑的数目减 1 等于涡旋光束角量子数的绝对值 $|l|$，通过子光斑的排列方向可判断角量子数 l 的符号。这表明可用柱透镜对涡旋光束聚焦的方式直接得到其阶次。

利用柱透镜测量涡旋光束的原理亦可通过图 5.3.11 来理解。由于涡旋光束具有螺旋形波前及相位分布，且在 1.2.1 节已经讨论了其坡印亭矢量方向并不平行于光轴，而是一与径向坐标 r 有关的函数(式(1.2.26))。当涡旋光束照射柱透镜时，其关于中心对称的两个点上波前梯度或坡印亭矢量的方向是关于光轴对称的(图 5.3.11(c))，经柱透镜单一方向聚焦调制后，这两点被聚焦到柱透镜后焦面

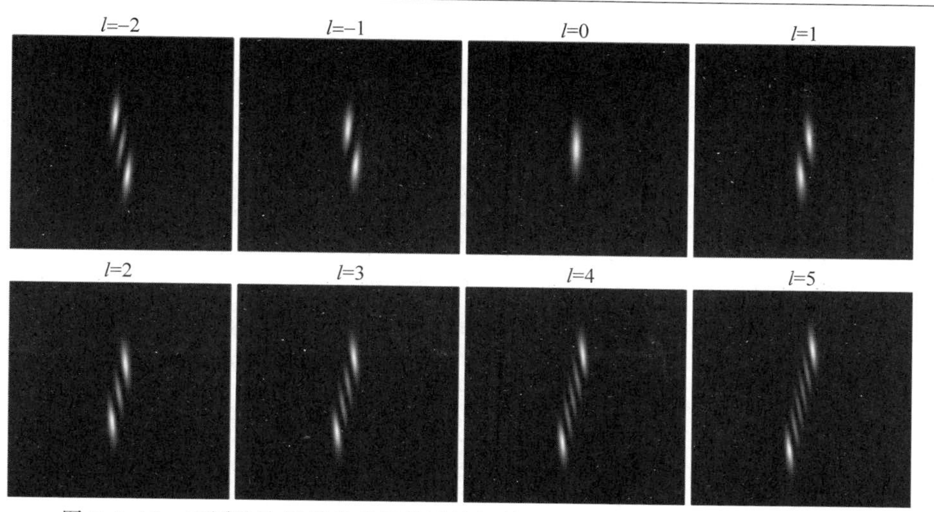

图 5.3.10 不同阶次涡旋光束经柱透镜衍射后在其后焦面处的光场分布情况

上的不同位置处(图 5.3.11(d))。推广到涡旋光束横截面光场所包含的所有点，即可理解在柱透镜后焦面上出现类似于厄米-高斯光束的光场分布。

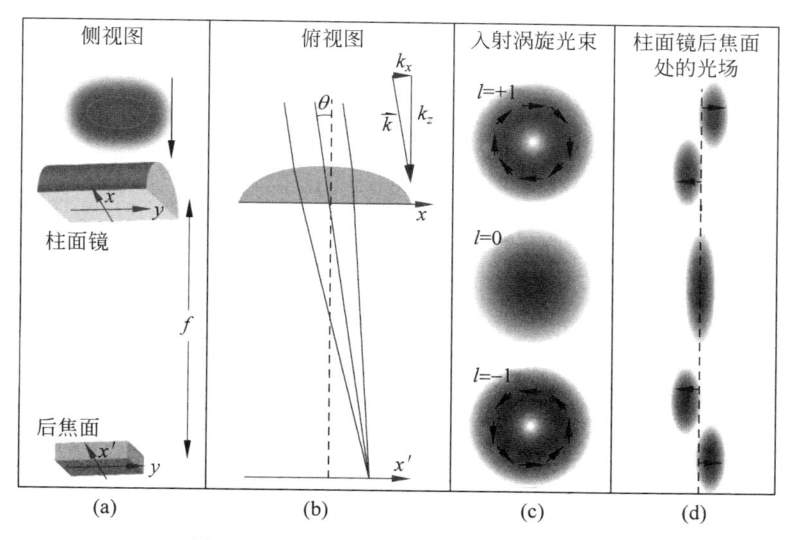

图 5.3.11 柱透镜探测涡旋光束示意图

(a) 光束经过柱透镜衍射的侧视图；(b) 光束经过柱透镜衍射的俯视图；(c) 入射光束，其中箭头方向表明该点坡印亭矢量方向；(d) 柱透镜的后焦面接收到的仿真光斑。图(c)、(d)中蓝色箭头方向表明了入射的涡旋光束是如何发生改变的[22]

(请扫Ⅵ页二维码看彩图)

在利用柱透镜测量涡旋光束时，除了利用上述的测量规则外，还可通过分析计算后焦面处的光场的方式，理论计算出入射光束的角量子数。这种光场分析虽较为复杂，不如直接观察聚焦光场强度分布简便直接，但其对于测量非整数角量子数的新型结构涡旋光场具有较为重要的意义[22]。本节接下来的内容将对这种柱透镜聚焦光场的分析方法进行简要的介绍。

根据角动量与动量间的关系，可得一束沿着光轴(z 轴)方向传播的涡旋光束，其角动量可表示为

$$L_z = \boldsymbol{r} \times \boldsymbol{p} \cdot \hat{z} = xp_y - yp_x = (xk_y - yk_x)\hbar \tag{5.3.5}$$

式中，$\hbar$为约化普朗克常量，p_x 和 p_y 分别为 x、y 轴方向的动量分量，k_x 和 k_y 分别为 x、y 轴方向的光波数。设柱透镜所在的初始衍射平面为 xOy，柱透镜后焦面为 $x'Oy$，柱透镜焦距为 f，则由简单的几何光学知识结合图 5.3.11 可得

$$\tan\theta = \frac{x'}{f} = \frac{k_x}{k_z} \tag{5.3.6}$$

故

$$k_x = \frac{k_z x'}{f} \tag{5.3.7}$$

式中，$k_z = k\cos\gamma$，γ 为坡印亭矢量与光轴间的夹角。对于涡旋光束来说，由式(1.2.26)可知，相比于光波数 k，γ 可忽略不计，故 $\cos\gamma = 1$，$k_z = k$。进而，式(5.3.7)化简为

$$k_x = \frac{2\pi x'}{\lambda f} \tag{5.3.8}$$

类似地，

$$k_y = \frac{2\pi y'}{\lambda f} \tag{5.3.9}$$

则式(5.3.5)可写为

$$L_z = \frac{2\pi\hbar}{\lambda f}(xy' - yx') \tag{5.3.10}$$

故该涡旋光束中，每一个光子的平均角动量为

$$\langle L_z \rangle = \frac{2\pi\hbar}{\lambda f}(\langle xy' \rangle - \langle yx' \rangle) \tag{5.3.11}$$

式中，$\langle\zeta\rangle$表示对 ζ 整体取平均。由于柱透镜仅对一个方向(这里为 x 轴方向)有聚焦作用，因此其后焦面上的光场可看作入射光场的一维傅里叶变换，故可通过后焦面光场分布来推得$\langle xy' \rangle$与$\langle yx' \rangle$，进而推导出$\langle L_z \rangle$。考虑到柱透镜后焦面处光强分布的 x' 与 y 的协方差 $V_{x',y}$[22]：

$$V_{x',y} = -\langle yx' \rangle = \frac{\iint\limits_{\infty} I(x',y)_l x' y \, \mathrm{d}x' \mathrm{d}y}{\iint\limits_{\infty} I(x',y)_l \, \mathrm{d}x' \mathrm{d}y} \tag{5.3.12}$$

式中，$I(x',y)_l$ 表示角量子数为 l 的涡旋光束入射柱透镜后在其焦面处的光强分布。由角量子数 l 与单光子轨道角动量的关系：

$$\langle L_z \rangle = l\hbar \tag{5.3.13}$$

可得

$$l = \frac{2\pi}{\lambda f}(V_{x',y} - V_{x,y'}) \tag{5.3.14}$$

由图 5.3.11(d)不难看出，若不考虑位置因素，聚焦光场强度分布具有关于中心虚线的镜像对称性，可得 $V_{x,y'} = -V_{x',y}$。则将式(5.3.12)代入式(5.3.14)，得

$$l = \frac{4\pi}{f\lambda}V_{x',y} = \frac{4\pi}{f\lambda}\frac{\iint\limits_{\infty} I(x',y)_l x' y \mathrm{d}x' \mathrm{d}y}{\iint\limits_{\infty} I(x',y)_l \mathrm{d}x' \mathrm{d}y} \tag{5.3.15}$$

式(5.3.15)表明，通过柱透镜后焦面处的光场强度分布，结合式(5.3.15)，即可准确地计算出入射涡旋光束的角量子数值。图 5.3.12 给出了该方法的实验结果，实际测得的角量子数 l 与入射的涡旋光束吻合。

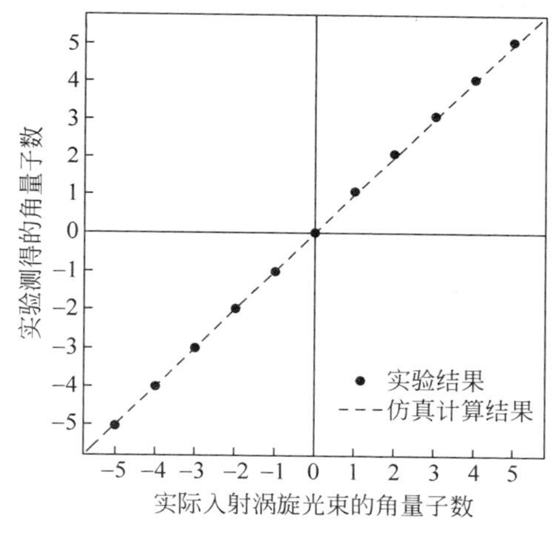

图 5.3.12　柱透镜定量测量涡旋光束实验结果[22]

5.3.4　倾斜透镜

柱透镜测量 OAM 态实际可理解为在 x 和 y 两个方向上对光场引入了不同傅里叶变换。类似地，采用倾斜放置的薄凸透镜也可实现涡旋光束的定性测量[23]，同时，倾斜透镜测量法对第 8 章要介绍的理想涡旋光束同样适用[24]。

倾斜放置的薄凸透镜，其在 x 和 y 两个方向上的等效焦距是不同的，因此可在上述两个方向上对光场进行不同的傅里叶变换。最终将入射的涡旋光束衍射为类似于厄米-高斯模式的光场，实现涡旋光束的探测。图 5.3.13 给出了涡旋光束照射倾斜透镜后距离透镜 z_c 位置处的衍射场，它与柱透镜相似，从子光斑数目和排列方向即可确定待测涡旋光束的角量子数。但读者应知该衍射场并不是在后焦面位置得到的，即 $z_c \neq f$，而是在焦平面附近一特殊位置的平面处得到的[23]。

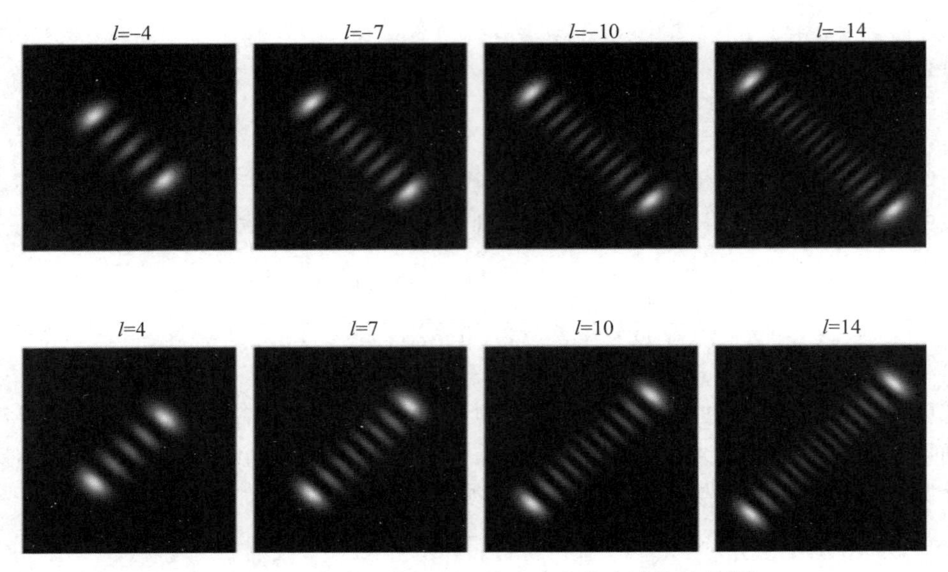

图 5.3.13　倾斜透镜探测涡旋光束的仿真计算结果[23]

5.3.5　周期渐变光栅

最近，研究人员提出了一种用周期渐变光栅(gradually-changing-period grating，GCPG)测量涡旋光束的轨道角动量态的方法[25]。如图 5.3.14 所示，周期渐变光栅是一种振幅型光栅，包含两大类，其透过率函数为

$$T_1(x,y)=\begin{cases}1, & \cos\left[\dfrac{2\pi x}{d_0+ny}\right]\geqslant 0\\ 0, & \cos\left[\dfrac{2\pi x}{d_0+ny}\right]<0\end{cases}\tag{5.3.16}$$

以及

$$T_2(x,y)=\begin{cases}1, & \cos\left[\dfrac{2\pi x}{d_0+nx}\right]\geqslant 0\\ 0, & \cos\left[\dfrac{2\pi x}{d_0+nx}\right]<0\end{cases}\tag{5.3.17}$$

式(5.3.16)和式(5.3.17)中，d_0 为 $x=0$ 时的光栅常数。n 为周期渐变因子，表示光栅常数变化的速率。具有式(5.3.16)所示的透过率函数的光栅，其周期沿着 y 轴方向渐变，称为第一类周期渐变光栅；透过率函数如式(5.3.16)所示的光栅，其周期沿着 x 轴方向渐变，称为第二类周期渐变光栅。当涡旋光束照射周期渐变光栅时，其远场会呈现出与入射涡旋光束阶次相关的衍射场分布，进而通过衍射场可确定待测涡旋光束的角量子数。

根据标量衍射理论，图 5.3.15(a)和(b)分别给出了不同阶次的涡旋光束照射

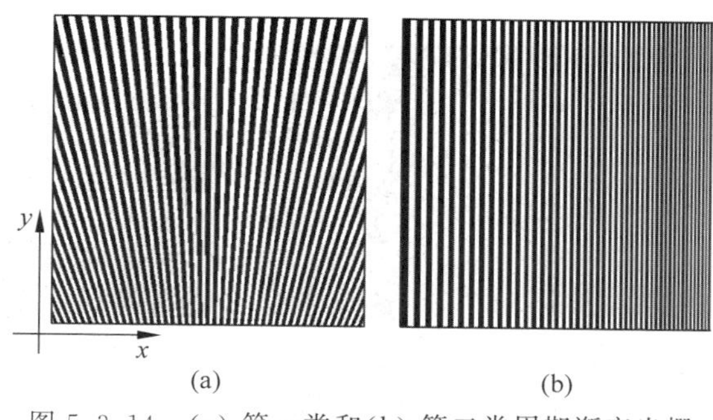

图 5.3.14 (a) 第一类和(b) 第二类周期渐变光栅

第一类和第二类周期渐变光栅时,远场衍射的光场强度分布情况。其远场衍射可看作为多个子光斑按特殊位置排列而成,相邻子光斑间有较暗的节线,节线数目和节线方向与入射涡旋光束的角量子数相关。首先,+1、−1 衍射级次的衍射光斑节线方向与入射涡旋光束轨道角动量态的阶数的正负有关。当入射涡旋光束的阶次为正时,对于第一类周期渐变光栅,+1 衍射级次的衍射光斑节线方向为竖直方向,−1 衍射级次的衍射光斑节线方向为水平方向;对于第二类周期渐变光栅,+1 衍射级次的衍射光斑节线方向为左下到右上方向,−1 衍射级次的衍射光斑节线方向为左上到右下方向。当入射涡旋光束的阶次为负时,对于第一类周期渐变光栅,+1 级次的衍射光斑节线方向为水平方向;−1 级次的衍射光斑节线方向为竖直方向;对于第二类周期渐变光栅,+1 衍射级次的衍射光斑节线方向为左上到右下方向;−1 衍射级次的衍射光斑节线方向为左下到右上方向。其次,一级衍射光斑的节线数与入射涡旋光束的角量子数的绝对值有关。当入射涡旋光束的轨道角动量态的阶数为+1 时,1 衍射级次的节线数均为 1;当入射涡旋光束的轨道角动量态的阶数为−4 时,1 衍射级次的节线数均为 4。因此,无论是第一类还是第二类周期渐变光栅,通过观察+1、−1 级次的衍射光斑的节线方向,就可以测量出入射涡旋光束的角量子数的符号;通过观察一级衍射级次的节线数,就可以测量出入射涡旋光束的角量子数的绝对值的大小。

由于周期渐变光栅是一种振幅型光栅,故其可采用与叉形光栅等相同的制作方法,即通过激光刻蚀法来制作。在实验中,亦可通过打印机直接将光栅打印在高透相纸上来获得,如图 5.3.16(a)所示,具有制作容易、成本低等特点。图 5.3.16(b)给出了涡旋光束照射打印在相纸上的第一类周期渐变光栅时实验得到的远场衍射光场分布,与图 5.3.15 给出的仿真计算结果十分吻合。

与其他利用衍射方法检测 OAM 态的方法相比,周期渐变光栅的主要优点为光路准直要求低、调整容易、实际制作的振幅型周期渐变光栅体积很小等,当入射涡旋光束偏离周期渐变光栅中心时,衍射光场并不影响轨道角动量态阶数的判断,如图 5.3.17 所示。周期渐变光栅虽使用方便,但仍存在一定的局限性,例如,其衍射效率较低,无法实现多模复用涡旋光束的检测等。

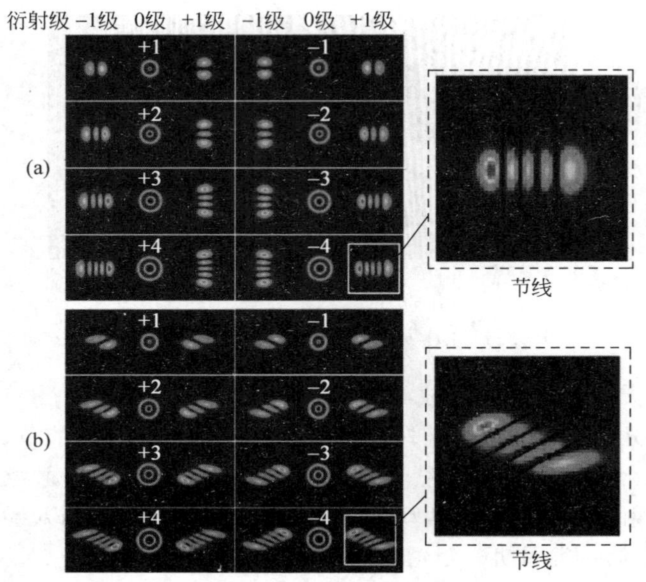

图 5.3.15　不同阶次的涡旋光束分别照射第一类和第二类周期渐变光栅时，远场衍射的光场强度分布情况[25]

（请扫Ⅵ页二维码看彩图）

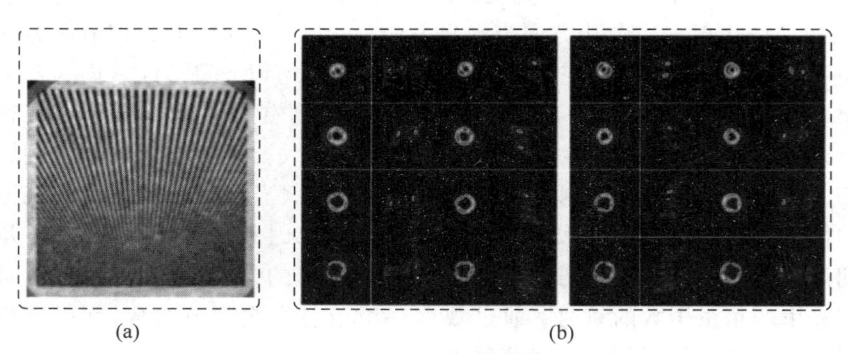

图 5.3.16　实验用周期渐变光栅及其远场衍射[25]

（请扫Ⅵ页二维码看彩图）

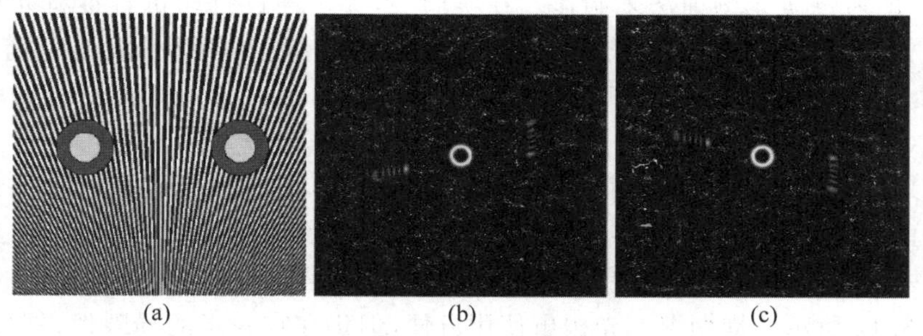

图 5.3.17　涡旋光束照射周期渐变光栅不同位置时的远场衍射仿真结果

(a) +5 阶 OAM 光束两次的入射位置；(b),(c) 两次的仿真结果

（请扫Ⅵ页二维码看彩图）

5.3.6　相位型周期渐变衍射光栅

在 5.3.5 节介绍的利用周期渐变光栅探测涡旋光束的方法中，实际上我们需要的只是远场衍射中的+1 级或−1 级衍射。对于缝宽和光栅常数比值为 0.5 的振幅型周期渐变光栅来说，其+1 级或−1 级衍射的强度仅仅为整体的 10.13%，故其衍射效率较低。为了克服这一问题，在周期渐变光栅的基础上，科研人员设计了相位型周期渐变衍射光栅[26,27]，可将所有入射光束衍射到第一衍射级中，进而使衍射效率显著提高。

相位型周期渐变衍射光栅的相位分布为[26]

$$\phi(x,y)=2\pi\cdot\mathrm{frac}\left(\frac{x}{a+by}\right) \tag{5.3.18}$$

式中，frac(ζ)表示取 ζ 的小数部分，a 和 b 是周期渐变衍射光学器件的两个基本参数，其决定了周期渐变的梯度。根据式(5.3.18)生成的相位型周期渐变衍射光栅如图 5.3.18 所示。

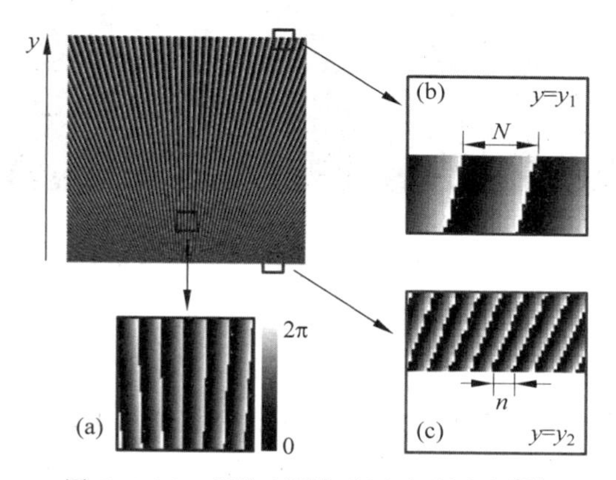

图 5.3.18　相位型周期渐变衍射光栅[26]

下面讨论如何确定式(5.3.18)中参数 a 和 b 的值。图 5.3.18 中，假设光栅 y 轴坐标的最大值为 y_1，最小值为 y_2，在 $y=y_1$ 处光栅常数为 N，在 $y=y_2$ 处光栅常数为 n，且满足 $N>n$。由于在此相位型周期渐变衍射光栅中，光栅常数随着 y 轴坐标线性变化，故可得

$$\begin{cases} N=a+by_1 \\ n=a+by_2 \end{cases} \tag{5.3.19}$$

通过式(5.3.19)即可解得参数 a 和 b 的值。

由于相位型光栅的制作十分复杂，因此可生成该器件的全息光栅，并将其加载在一纯相位液晶空间光调制器上来模拟。图 5.3.19(a)和(b)分别给出了正数阶涡旋光束和负数阶涡旋光束照射相位型周期渐变衍射光栅后，远场衍射的仿真与实验结果。不难看出，实验结果与仿真结果吻合良好。

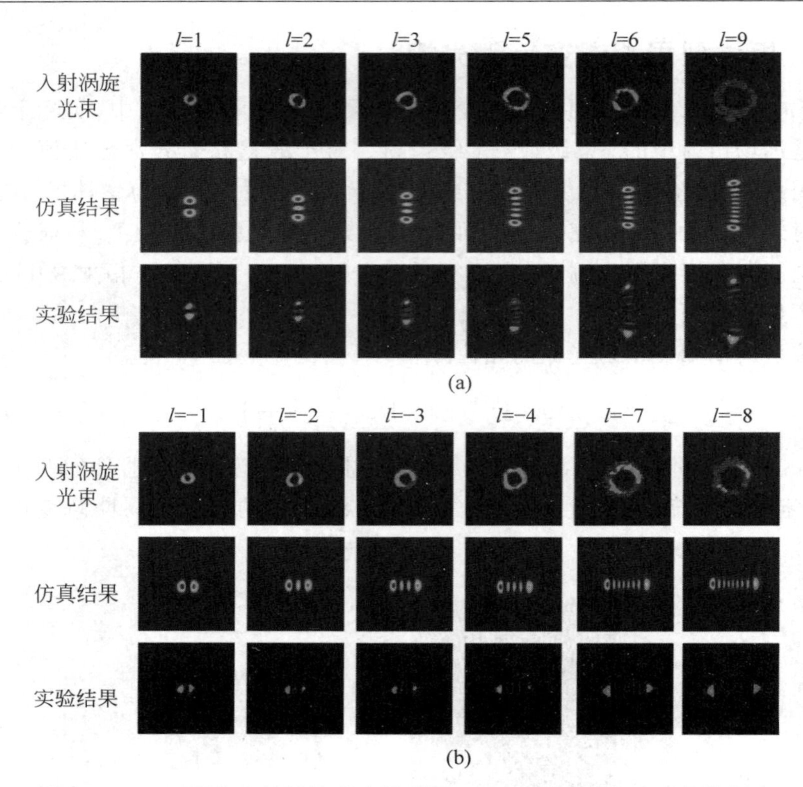

图 5.3.19　不同阶次的涡旋光束照射图 5.3.18 所示的相位型周期渐变衍射光栅后的远场衍射的仿真光斑与实验光斑[26]

（请扫Ⅵ页二维码看彩图）

相位型周期渐变衍射光栅相比于 5.3.5 节介绍的周期渐变光栅，由于其衍射效率大大提高，因此也可用来测量多环涡旋光束（径向量子数 $p\neq0$）。对于多环涡旋光束来说，除了要确定角量子数 l 外，还应确定其径向量子数 p。图 5.3.20 给出了多环涡旋光束入射时远场衍射的仿真与实验结果，此时衍射场呈现出较为复杂的类似于厄米-高斯模式的光场分布。

与图 5.3.19 对比可以发现，单环涡旋光束入射时，其衍射场的子光斑呈一排或一列排布，而多环涡旋光束入射时，子光斑呈多排或多列分布，这一现象可以直观地理解为涡旋光束的每一个环均被衍射成一行或一列。因此，设衍射场的子光斑为 $m\times n$ 排布，则待测涡旋光束的环数应与 m 和 n 值中较小的相同，因为涡旋光束的环数等于 $p+1$，故不难得到：

$$p=\min(m,n)-1 \tag{5.3.20}$$

式中，$\min(m,n)$表示取 m 和 n 中的最小值。

在确定好径向量子数 p 后，需确定角量子数 l 的值。与周期渐变光栅类似，通过观察衍射光斑的排布方向，可确定角量子数 l 的符号，横向排列为负，纵向排列

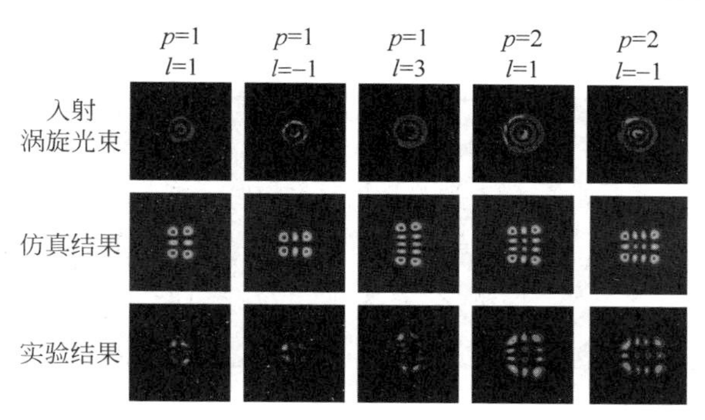

图 5.3.20　多环涡旋光束照射图 5.3.18 所示的相位型周期渐变衍射光栅后的远场衍射的仿真光斑与实验光斑[26]

（请扫Ⅵ页二维码看彩图）

为正。衍射光场的子光斑数目与$|l|$即径向量子数 p 有关：

$$|l|=\frac{mn}{p+1}-(p+1) \tag{5.3.21}$$

综上可以得出，通过相位型周期渐变衍射光栅的远场衍射光场推得待测涡旋光束的角量子数 l 的普适方法：

由式(5.3.20)确定径向量子数 p；

根据衍射光斑的排布方向确定角量子数 l 的符号；

根据式(5.3.21)确定角量子数的绝对值$|l|$。

基于上述步骤，图 5.3.21 给出了两个探测实例，供读者参考。

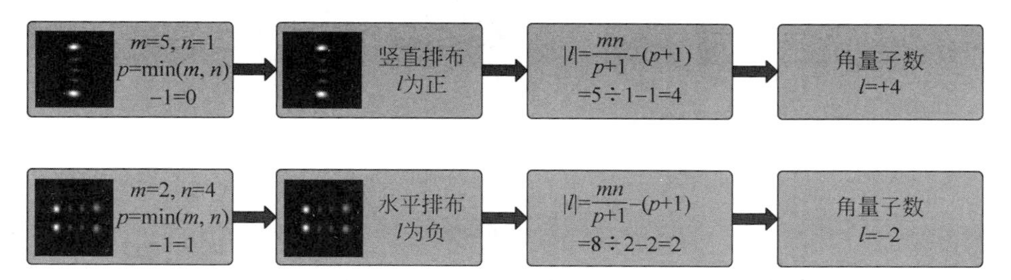

图 5.3.21　通过相位型周期渐变衍射光栅衍射场确定涡旋光束角量子数的实例

（请扫Ⅵ页二维码看彩图）

5.3.7　环形光栅

环形光栅(annular grating)是一种具有环形结构的光栅[28]，如图 5.3.22 所示。环形光栅具有振幅型和相位型两种，其透过率函数分别为

$$T_A(r)=\begin{cases}1, & \cos(2\pi r/\Lambda)\geqslant 0\\ 0, & \cos(2\pi r/\Lambda)<0\end{cases} \tag{5.3.22}$$

$$T_p(r)=\exp(\mathrm{i}2\pi r/\Lambda) \tag{5.3.23}$$

式中，r 为径向坐标，Λ 为环形光栅周期。

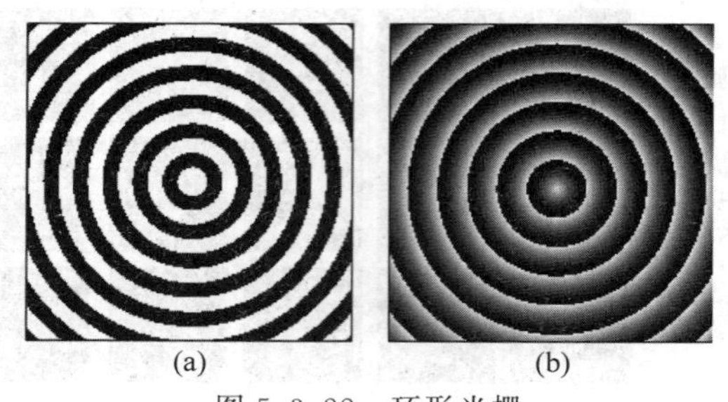

图 5.3.22　环形光栅

(a) 振幅型；(b) 相位型

式(5.3.23)与式(3.7.1)完全相同，这意味着相位型环形光栅与轴棱镜具有相同的相位分布函数，相位型环形光栅就是 0 阶轴棱镜光栅。在第 3 章已经提到，涡旋光束沿着光轴照射轴棱镜时，可生成高阶贝塞尔-高斯光束。若入射涡旋光束不沿着光轴，而是偏离光轴但平行于光轴入射，则其衍射场会呈现出与涡旋光束阶次相关的形态，可反映出入射涡旋光束的阶次或角量子数，如图 5.3.23 所示。

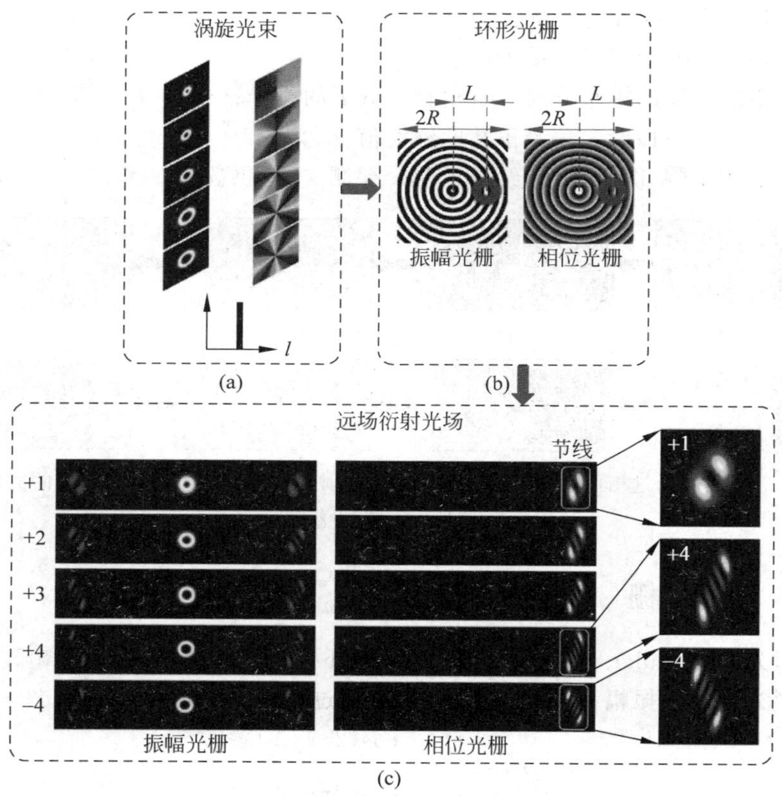

图 5.3.23　利用环形光栅探测涡旋光束[28]

(请扫Ⅵ页二维码看彩图)

当涡旋光束离轴但平行于光轴经过环形光栅时，会产生如图 5.3.24 所示的与 5.3.5 节中第二类周期渐变光栅相似的实验结果，其角量子数的判断方法也与第二类周期渐变光栅相同，此处不再赘述。

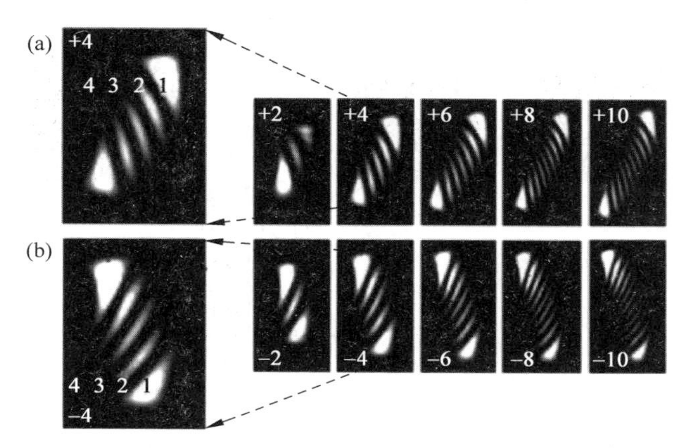

图 5.3.24　相位型环形光栅探测涡旋光束的实验结果[28]
（请扫Ⅵ页二维码看彩图）

5.3.8　复合叉形光栅测量法

前面介绍的测量方法中，对单一模式的涡旋光束十分有效，但对多模混合涡旋光束却显得无能为力。复合叉形光栅测量法[29,30]则可以很好地解决这一问题。

在第 4 章已经介绍，复合叉形光栅可用于生成 3×3 涡旋光束阵列，而利用复合叉形光栅测量涡旋光束，实际上可看作生成的逆过程。由式(4.1.8)可知，当采用 l 阶涡旋光束照射时，位于衍射级(b_x,b_y)处的涡旋光束的角量子数 l_{b_x,b_y} 为

$$l_{b_x,b_y}=l+b_xl_x+b_yl_y \tag{5.3.24}$$

式中，l_x 和 l_y 分别为 x 轴方向和 y 轴方向的叉数。特别地，如果将复合叉形光栅的中心位错数与入射光的角量子数 l 匹配，即可以使式(5.3.24)中 $l_{b_x,b_y}=0$，则必能使衍射级(b_x,b_y)处的涡旋光束发生退化，得到角量子数为零的基模光束：

$$|l\rangle\cdot\exp[\mathrm{i}(b_xl_x+b_yl_y)\varphi]\rightarrow|0\rangle \tag{5.3.25}$$

此光束的中心不再存在相位奇点，也就不具有环状结构，而是一个亮实心结构，如图 5.3.25 所示。根据远场衍射图样中亮点出现的位置及复合叉形光栅的中心叉数 l_x 和 l_y 的情况，即可得到入射涡旋光束的阶次或角量子数：

$$l=-b_xl_x-b_yl_y \tag{5.3.26}$$

图 5.3.26 给出了利用复合叉形光栅测量单模涡旋光束仿真计算结果，所使用的复合叉形光栅的具体参数为 $l_x=1$ 和 $l_y=3$。在其远场衍射中，只需找到实心光斑出现的位置，根据其衍射级次(b_x,b_y)并结合式(5.3.26)，即可算得入射光束的角量子数。

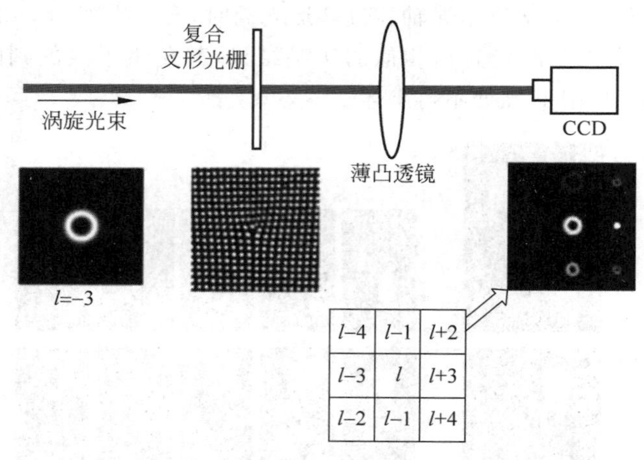

图 5.3.25　利用复合叉形光栅测量涡旋光束

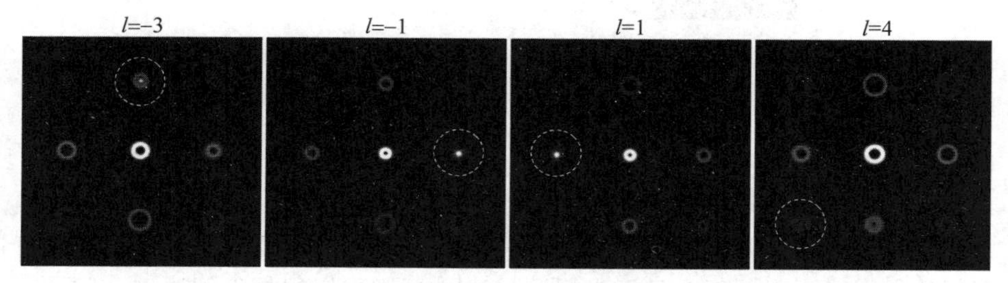

图 5.3.26　利用复合叉形光栅($l_x=1,l_y=3$)测量单模涡旋光束仿真计算结果

复合叉形光栅测量法不仅适用于单环涡旋光束，对径向量子数 p 不为零的多环涡旋光束同样有效。回顾 1.4.1 节的内容，角量子数为零的多环涡旋光束，其光场表现为多个同心环套一实心中心亮斑的结构，因此当多环涡旋光束照射复合叉形光栅时，通过远场衍射中“多环套实心”出现的位置，即可采用与单环同样的方法确定其角量子数，如图 5.3.27 所示。

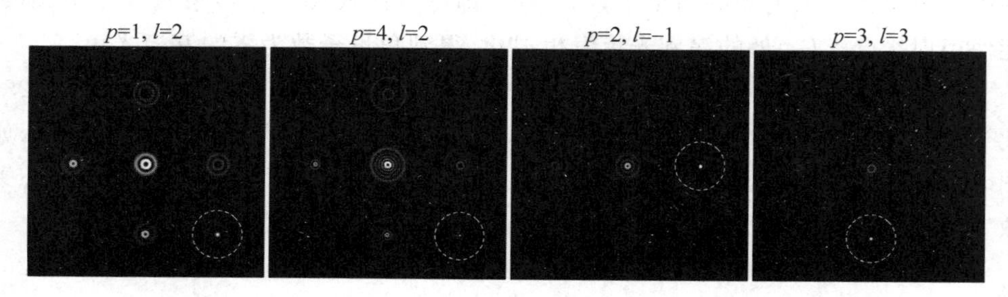

图 5.3.27　利用复合叉形光栅($l_x=1,l_y=3$)测量多环($p\neq0$)单模涡旋光束仿真计算结果

不难看出，复合叉形光栅测量法的精髓即查找衍射场出现实心光斑的位置。当 N 模混合涡旋光束入射时，衍射场可简单地表示为

$$\left(\sum_{a=1}^{N} | l_a \rangle\right) \cdot \exp[\mathrm{i}(b_x l_x + b_y l_y)\varphi] \rightarrow \sum_{a=1}^{N} | l_a + b_x l_x + b_y l_y \rangle \tag{5.3.27}$$

若式(5.3.26)右边的某一项满足 $l_a + b_x l_x + b_y l_y = 0$,则多模混合涡旋光束中会包含0阶涡旋光束,即光束的中心仍会出现实心结构。这表明复合叉形光栅对多模混合涡旋光束同样有效,当多模混合涡旋光束入射时,远场衍射会出现多个实心光斑,根据实心光斑的位置即可测出待测光束包含的各个轨道角动量成分。图5.3.28给出了双模混合涡旋光束($|-4\rangle + |2\rangle$)照射复合叉形光栅的远场衍射分布,可以明显看到衍射场存在两个实心光斑。

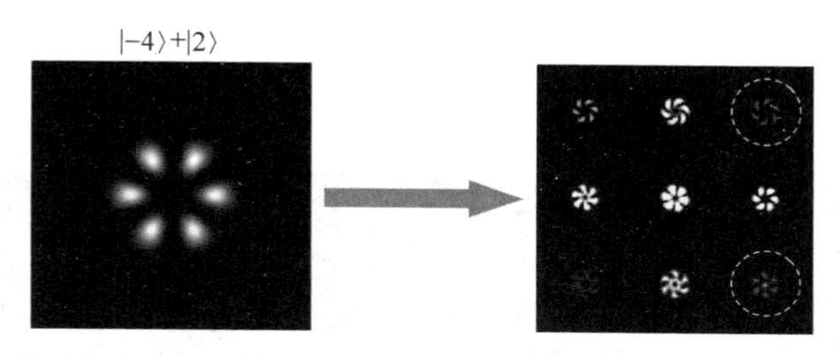

图5.3.28 利用复合叉形光栅($l_x=1, l_y=3$)测量多模混合涡旋光束仿真计算结果

复合叉形光栅的不足之处在于高衍射级次的相对能量较低不易观察,同时其衍射场仅包含9个可明显观察的衍射级,因此其连续可测量的角量子数范围仅仅为$-4 \sim +4$。而在关于涡旋光束的实际应用中,所使用的涡旋光束的阶次不仅只局限于$-4 \sim +4$,还可能包含更高的阶次,这在一定程度上限制了复合叉形光栅测量法在实际中的使用。

5.3.9 标准达曼涡旋光栅测量法

回顾4.3.1节介绍的 $m \times m$ 标准达曼光栅[31],它在达曼涡旋光栅的基础上,满足 m 为奇数,$l_x = 1, l_y = m$,且两个正交方向上的光栅常数相同。当高斯光束照射时,其远场衍射具有 m^2 路涡旋光束,且它们的角量子数从左下到右上依次为$-(m^2-1)/2 \sim (m^2-1)/2$。与复合叉形光栅相同,当涡旋光束照射时,位于衍射级(b_x, b_y)处的涡旋光束的角量子数 l_{b_x,b_y} 为

$$l_{b_x,b_y} = l + b_x + m b_y \tag{5.3.28}$$

若在某一衍射级,存在 $l_{b_x,b_y} = 0$,则此衍射级会出现实心亮斑,则可根据实心亮斑的衍射级次来推得确定入射涡旋光束的角量子数。

标准达曼涡旋光栅测量法与复合叉形光栅测量法的原理是完全相同的,但标准达曼涡旋光栅的显著优势在于,可通过合理的设定 m 的值来大大拓展涡旋光束角量子数的连续可探测范围。例如,当 $m=5$ 时,衍射场具有25路涡旋光束,角量子数分布为$-12 \sim +12$;当 $m=9$ 时,衍射场具有81路涡旋光束,角量子数分布为$-40 \sim +40$,即此时涡旋光束角量子数的连续可测范围可达$-40 \sim +40$。即使在

$m=3$ 时，标准达曼涡旋光束与复合叉形光栅的连续可测范围相同，但此时 9 个衍射级的强度是相等的，相比于复合叉形光栅仍具有一定的优势。

由于达曼涡旋光栅是一种二值化的相位型光栅，制作起来较为复杂，一般通过液晶空间光调制器来模拟。前面已经讨论过，在进行光栅设计时，m 越大，测量范围也就越大。然而当 m 比较大时，光栅中心的相位跃变的空间频率非常高，使得其中心的刻画精度要求也较高，不易制作。另外，即使采用液晶空间光调制器来模拟，现有的调制器的分辨率也无法匹配如此高的精度。因而，采用标准达曼涡旋光栅探测涡旋光束时，通常将 m 设为 5[31]，此时其角量子数连续可探测范围为 −12～+12。图 5.3.29 给出了 5×5 标准达曼涡旋光栅探测涡旋光束的仿真计算结果，其对多模混合涡旋光束同样有效。

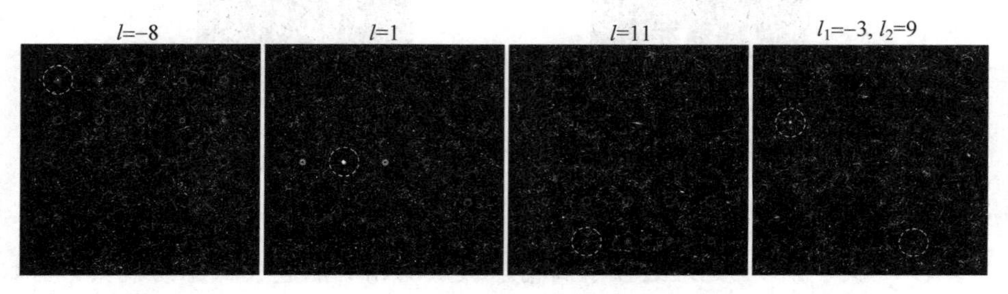

图 5.3.29　利用 5×5 标准达曼涡旋光栅探测涡旋光束的仿真计算结果

5.3.10　整合达曼涡旋光栅测量法

5×5 标准达曼涡旋光栅的角量子数连续可测量范围为 −12～+12，若要继续拓展测量范围，可通过设计更大 m 值的 $m\times m$ 标准达曼涡旋光栅来实现。这种方法虽然理论上十分简单，但就目前的技术来看，实现起来并不容易。首先，如 5.3.9 节所述，这种光栅在制作或模拟时需要较高的精度。另外，远场衍射光束阵列面积较大，通过一般面阵探测器不易观察。此时可利用整合达曼涡旋光栅来拓展涡旋光束的角量子数测量范围[32]。

4.3.1 节已经介绍了整合达曼涡旋光栅，它由标准 $m\times m$ 达曼涡旋光栅与 $+(m^2-1)/2$ 阶或 $-(m^2-1)/2$ 阶相位型涡旋光栅叠加而来。当高斯光束照射整合达曼光栅时，由于涡旋相位光栅的引入，使得其远场衍射各衍射级的涡旋光束阶次发生平移，最终生成了阶次或角量子数依次为 $-(m^2-1)$～0 或 0～(m^2-1) 的 m^2 路涡旋光束。图 5.3.30 给出了 $m=5$ 时整合达曼涡旋光栅的生成过程，此时与其叠加的相位型涡旋光栅的阶次为 +12 或 −12。

当一束高斯光照射图 5.3.30(d)所示的整合达曼涡旋光栅时，远场衍射图样为一 5×5 的涡旋光束阵列。阵列中所有光斑的能量均相同，轨道角动量态从左下至右上分别为 0～+24，如图 5.3.31(a)所示。同样，若使用整合达曼光栅(图 5.3.30(e))，则得到的远场衍射的涡旋光束阵列的轨道角动量态分布从右上

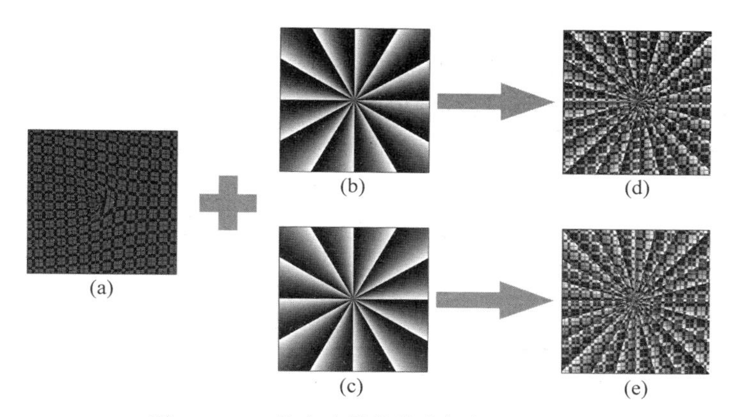

图 5.3.30　整合达曼涡旋光栅的生成过程

(a) 5×5 二维达曼涡旋光栅；(b) +12 阶相位型涡旋光栅；(c) −12 阶相位型涡旋光栅；(d)，(e) 叠加生成的整合达曼涡旋光栅[32]

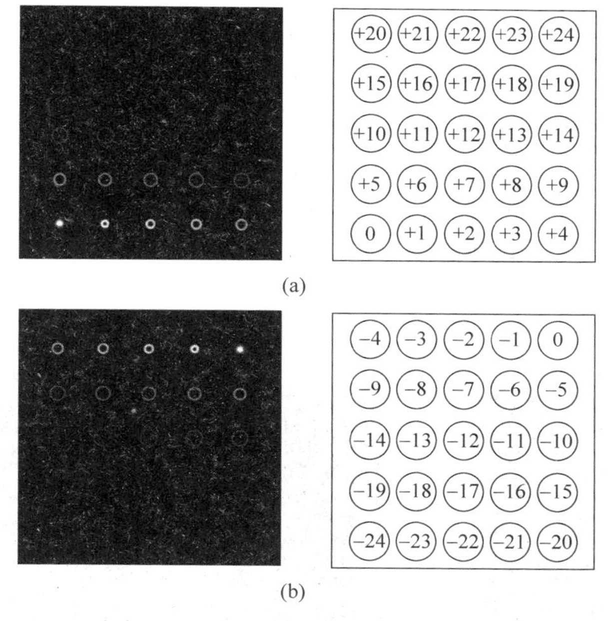

图 5.3.31　高斯光束照射图 5.3.30(d)和(e)所示的整合达曼涡旋光栅后的远场衍射光场及角量子数分布

至左下分别为 0～−24，如图 5.3.31(b)所示。

整合达曼涡旋光栅测量涡旋光束的原理与前面介绍的复合叉形光栅和标准达曼涡旋光栅完全相同，即查找远场衍射实现光斑出现的位置。不难理解，图 5.3.30 给出的整合达曼涡旋光栅，其可将角量子数的连续测量范围进一步拓展至−24～+24。由于其包括图 5.3.30(d)和(e)两部分，因此在实际应用时需首先对入射涡旋光束分光，而后分别通过上述两个整合光栅，再同时观察它们两个的远场衍射。图 5.5.32 给出了一种典型的利用整合达曼涡旋光栅探测涡旋光束的装置，其中，两个液晶空间光调制器分别模拟图 5.3.30(d)和(e)给出的两个光栅，而后用 CCD_1 和 CCD_2 观察远场衍射，进而确定入射涡旋光束的角量子数分布。需要注意的一点是，图 5.5.32 中的全反镜是必不可少的，由于涡旋光束的镜像性，分光棱镜的反射光路中涡旋光束的角量子数相比原来取反，所以必须通过一全反镜引入额外的反射，将其补偿回去。

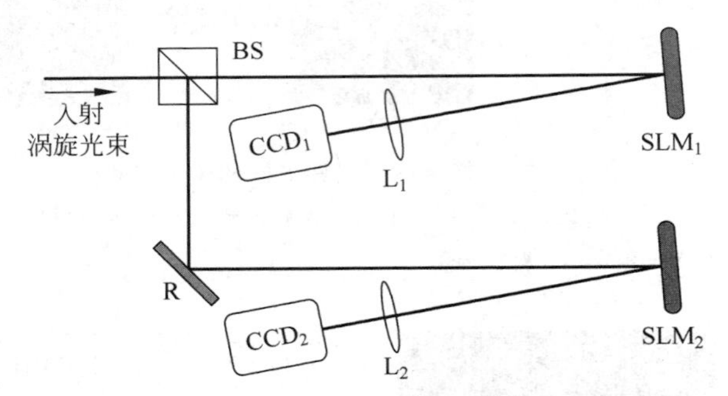

图 5.3.32　利用整合达曼涡旋光栅测量涡旋光束的光路系统

BS：五五分光棱镜；R：全反镜；SLM_1 和 SLM_2：液晶空间光调制器；L_1 和 L_2：薄凸透镜；CCD_1 和 CCD_2：CCD 相机

图 5.3.33 给出了利用图 5.3.30 中的整合达曼涡旋光栅探测多模混合涡旋光束($|-7\rangle+|4\rangle+|18\rangle$)的实验结果，在两个远场衍射光场中共出现了 3 个实现光斑，通过与图 5.3.31 中给出的角量子数分布对比，可直接得出入射涡旋光束的角量子数分布或轨道角动量成分。

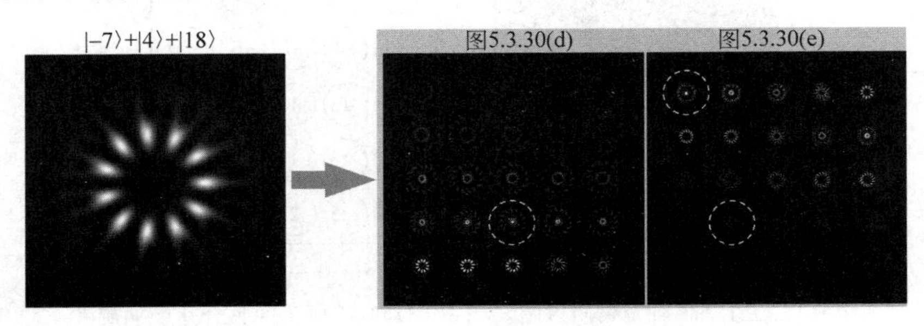

图 5.3.33　多模混合涡旋光束经过图 5.3.30 中的整合达曼涡旋光栅后仿真计算得到的远场衍射

整合达曼涡旋光栅可以在不改变达曼光栅的光场数目维度 m 的情况下进一步拓展角量子数连续可测量范围，但其需要引入分光系统，在一定程度上增加了测量系统光路的复杂性。

5.4 偏振测量法

5.4.1 组合半波片测量法

3.4.1节中介绍的组合半波片不仅能用于生成涡旋光束，还可以用于测量涡旋光束[33,34]。理想情况下，当构成组合半波片的子半波片数 $M\to\infty$ 时，由式(3.4.3)组合半波片的琼斯矩阵可写为

$$\boldsymbol{J}_{\mathrm{SVHWP}}(\varphi)=\begin{bmatrix}\cos m\varphi & \sin m\varphi\\ \sin m\varphi & -\cos m\varphi\end{bmatrix}\tag{5.4.1}$$

式中，φ 为角向坐标。当一束角量子数为 l 的水平线偏振涡旋光束照射到 m 阶组合半波片上，出射光场可以表示为

$$\begin{aligned}\boldsymbol{E}&=\begin{bmatrix}\cos m\varphi & \sin m\varphi\\ \sin m\varphi & -\cos m\varphi\end{bmatrix}\exp(\mathrm{i}l\varphi)\begin{bmatrix}1\\0\end{bmatrix}=\exp(\mathrm{i}l\varphi)\begin{bmatrix}\cos m\varphi\\ \sin m\varphi\end{bmatrix}\\&=\frac{1}{2}\left\{\exp[\mathrm{i}(l+m)\varphi]\begin{bmatrix}1\\-\mathrm{i}\end{bmatrix}+\exp[\mathrm{i}(l-m)\varphi]\begin{bmatrix}1\\ \mathrm{i}\end{bmatrix}\right\}\end{aligned}\tag{5.4.2}$$

由式(5.4.2)可以看出，当一束角量子数为 l 的水平线偏振涡旋光束照射到 m 阶组合半波片后，得到的光束为一束右旋圆偏振涡旋光束 $|l+m\rangle$ 和一束左旋圆偏振涡旋光束 $|l-m\rangle$ 的叠加。当 $l=\pm m$ 时，其中的一束光将退化成基模高斯光束，其环形结构消失，出现实心亮斑。

图5.4.1给出了不同阶次的涡旋光束照射1～3阶组合半波片(子半波片数 $M=16$)时，出射光束的强度分布。通过检测出射光束的中心是否存在实心亮斑，即可判断出涡旋光束角量子数的绝对值 $|l|$，但无法区分其正负。因此，若要利用组合半波片来测量涡旋光束，还需设计一种可将出射光束包含的两束正交圆偏振光分离的方法。

为了实现上述目标，可用一个快轴与水平面呈0°的四分之一波片[$\boldsymbol{J}_{\lambda/4}(0°)$]将两束正交的圆偏振光转化成正交的线偏振光，它们的偏振方向分别为45°和135°，再在后面放置一个快轴方向与水平面呈22.5°的半波片[$\boldsymbol{J}_{\lambda/2}(22.5°)$]，将两束光的偏振态旋转成水平和竖直，然后用一个沃拉斯顿棱镜分离，整个过程可表示为

$$\begin{aligned}\boldsymbol{E}_{\mathrm{out}}&=\boldsymbol{J}_{\lambda/2}(22.5°)\cdot\boldsymbol{J}_{\lambda/4}(0°)\cdot E\\&=\frac{1}{2}\boldsymbol{J}_{\lambda/2}(22.5°)\cdot\boldsymbol{J}_{\lambda/4}(0°)\left\{\exp[\mathrm{i}(l+m)\varphi]\begin{bmatrix}1\\-\mathrm{i}\end{bmatrix}+\exp[\mathrm{i}(l-m)\varphi]\begin{bmatrix}1\\ \mathrm{i}\end{bmatrix}\right\}\\&=\frac{1}{2}\boldsymbol{J}_{\lambda/2}(22.5°)\left\{\exp[\mathrm{i}(l+m)\varphi]\begin{bmatrix}1\\1\end{bmatrix}+\exp[\mathrm{i}(l-m)\varphi]\begin{bmatrix}1\\-1\end{bmatrix}\right\}\\&=\exp[\mathrm{i}(l+m)\varphi]\begin{bmatrix}1\\0\end{bmatrix}+\exp[\mathrm{i}(l-m)\varphi]\begin{bmatrix}0\\1\end{bmatrix}\end{aligned}\tag{5.4.3}$$

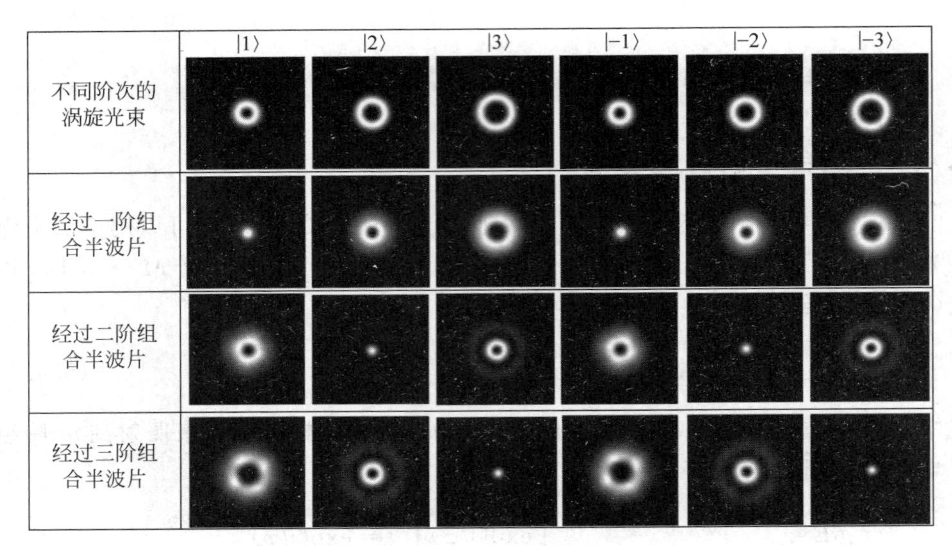

图 5.4.1　不同阶次的涡旋光束照射不同阶数的组合半波片后的光场分布[34]

最后，通过一个透镜将分离开的两束光成像在 CCD 相机上，通过观测 CCD 相机上两束光的光场分布，即可实现光束轨道角动量的检测，整个测量光路系统如图 5.4.2 所示。

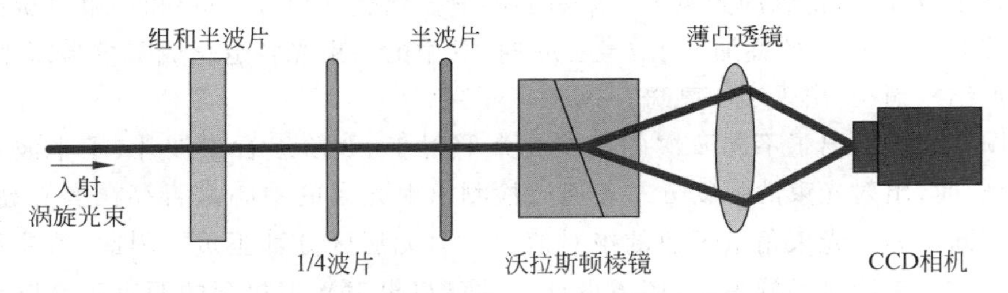

图 5.4.2　组合半波片测量涡旋光束的光路系统

（请扫Ⅵ页二维码看彩图）

图 5.4.3 和图 5.4.4 分别给出了利用一阶和二阶组合半波片测量涡旋光束的仿真计算结果和实验结果。从图中可以看出，$|1\rangle$、$|-1\rangle$、$|2\rangle$和$|-2\rangle$这四路涡旋光束经过检测系统后转化成一束实心的基模高斯光束和一束环形的其他阶次的涡旋光束，实心光束所处的位置与入射涡旋光束角量子数 l 的正负相关。角量子数 l 为正，实心光束处于左侧，角量子数 l 为负，实心光束处于右侧。当被测涡旋光束的角量子数不满足 $l=\pm m$ 时，经过测量系统后转化成两束其他阶次的涡旋光束。图 5.4.3 和图 5.4.4 中，经过测量系统后两束光的角量子数已用数字标出。

图 5.4.3 和图 5.4.4 给出的实例虽只可测量 4 种不同阶次的涡旋光束，但如果制作更高阶的组合半波片，这种方法还可实现任意阶次涡旋光束的检测。基于

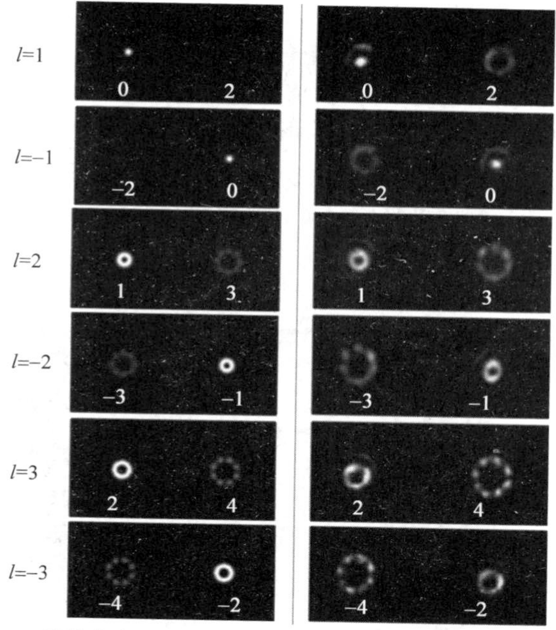

图 5.4.3　涡旋光束经过一阶组合半波片后远场光强分布，其中左侧为仿真结果，右侧为实验结果[34]

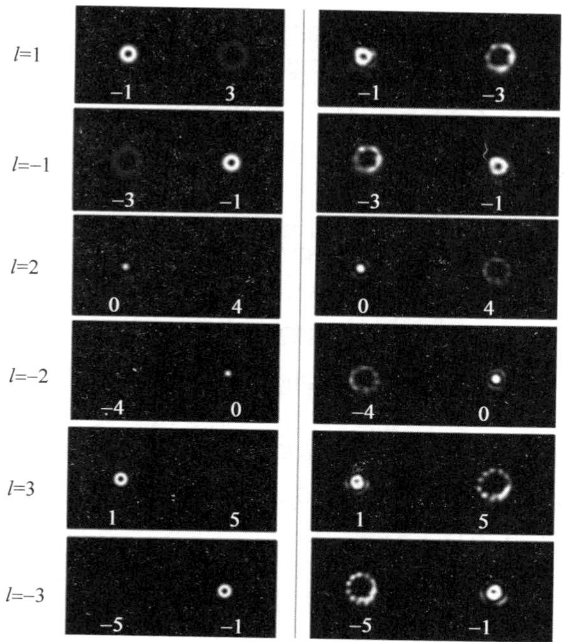

图 5.4.4　涡旋光束经过二阶组合半波片后远场光强分布，其中左侧为仿真结果，右侧为实验结果[34]

上述测量原理可以设计一种如图 5.4.5 所示的并联形式的测量系统，进而实现不同阶次的涡旋光束和多模混合涡旋光束的实时检测。

图 5.4.5 给出的测量系统中，首先将待测光束在不改变偏振态的前提下等能量分成 4 束，然后让 4 束光分别通过一阶、二阶、三阶和四阶组合半波片。当 4 束光通过四分之一波片后，圆偏振光转化成线偏振光，再经过沃拉斯顿棱镜分光，最后用带有小孔光阑的光敏二极管检测实心光束。

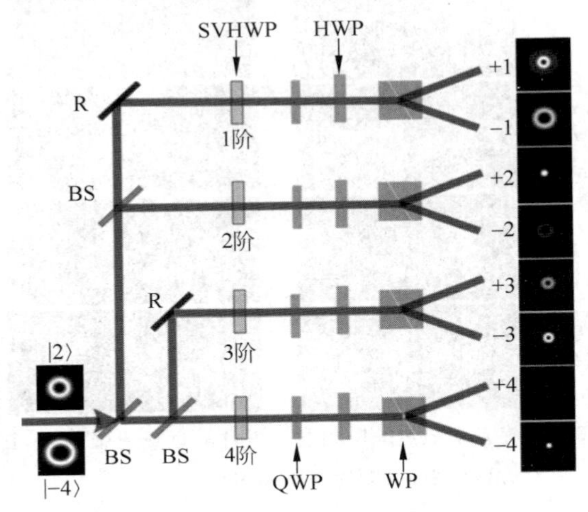

图 5.4.5　基于组合半波片的并联式涡旋光束测量系统

BS：五五分光平片；R：全反镜；SVHWP：组合半波片；QWP：四分之一波片；HWP：半波片；WP：沃拉斯顿棱镜[34]

（请扫Ⅵ页二维码看彩图）

5.4.2　组合偏振片测量法

与组合半波片类似，组合偏振片(spatially variable polarizers)也是一种具有角向各向异性起偏方向的偏振器件，由 M 块不同角度放置的子偏振片组合叠加而成，每一个子偏振片的起偏方向与 x 轴的夹角为

$$\theta_{\mathrm{SVP}}(n)=\frac{2\pi m(n-1)}{M}+\theta_0 \tag{5.4.4}$$

式中，n 为子偏振片的序号，m 为组合偏振片的阶次，θ_0 为初始起偏方向。

组合偏振片也可用于测量涡旋光束，当 $M\to\infty$ 时，组合偏振片是一连续型偏振器件，其琼斯矩阵为[35]

$$\boldsymbol{J}_{\mathrm{SVP}}(\varphi)=\begin{bmatrix}\cos^2(m\varphi+\theta_0) & \sin(m\varphi+\theta_0)\cos(m\varphi+\theta_0)\\ \sin(m\varphi+\theta_0)\cos(m\varphi+\theta_0) & \sin^2(m\varphi+\theta_0)\end{bmatrix} \tag{5.4.5}$$

式中，φ 为角向坐标。则当一束角量子数为 l 的左旋涡旋光束通过 m 阶组合偏振片后，其光场分布可以表示为

$$
\begin{aligned}
\boldsymbol{E} &= J_{\mathrm{SVP}}(\varphi)\exp(\mathrm{i}l\varphi)\begin{bmatrix}1\\ \mathrm{i}\end{bmatrix} = \frac{1}{\sqrt{2}}\begin{bmatrix}\cos m\varphi\\ \sin m\varphi\end{bmatrix}\exp[\mathrm{i}(l+m)\varphi] \\
&= \frac{1}{2\sqrt{2}}\left\{\begin{bmatrix}1\\ \mathrm{i}\end{bmatrix}\exp(-\mathrm{i}m\varphi)+\begin{bmatrix}1\\ -\mathrm{i}\end{bmatrix}\exp(\mathrm{i}m\varphi)\right\}\exp[\mathrm{i}(l+m)\varphi] \\
&= \frac{1}{2\sqrt{2}}\left\{\begin{bmatrix}1\\ \mathrm{i}\end{bmatrix}\exp(\mathrm{i}l\varphi)+\begin{bmatrix}1\\ -\mathrm{i}\end{bmatrix}\exp[\mathrm{i}(2m+l)\varphi]\right\}
\end{aligned}
\tag{5.4.6}
$$

上式表明出射光束可以分解为一束角量子数为 l 的左旋圆偏振涡旋光束和一束角量子数为 $2m+l$ 的右旋圆偏振涡旋光束。当 $l=0$ 时，出射光束为一束角量子数为 0 的左旋圆偏振光和一束角量子数为 $2m$ 的右旋圆偏振光的叠加；当满足 $2m+l=0$ 且 $l\neq 0$ 时，出射光束为一束角量子数为 l 的左旋圆偏振光和一束角量子数为 0 的右旋圆偏振光的叠加。即通过观察右旋圆偏振分量是否存在实心光斑，即可确定入射涡旋光束角量子数的值，即 $l=-2m$。

图 5.4.6 给出了仿真计算得到的不同阶次的左旋圆偏振的涡旋光束照射 $M=18$ 组合偏振片（1/2 阶、1 阶、3/2 阶和 2 阶）时出射右旋圆偏振分量的光强分布。可以看出，只有当入射涡旋光束的角量子数 l 与组合偏振片阶数 m 满足 $l=-2m$ 时，右旋圆偏振分量光强分布才具有实心光斑结构，这也印证了可以利用组合偏振片的这一特性来判断待测涡旋光束的阶次或角量子数。

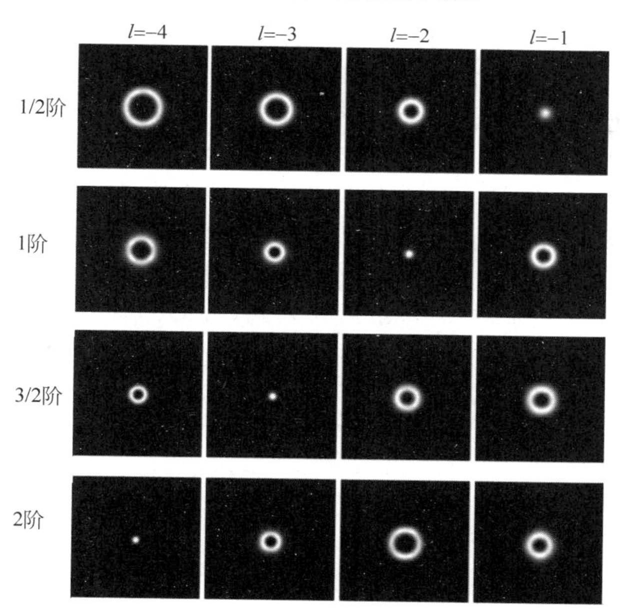

图 5.4.6　不同阶次的涡旋光束经过不同阶数的组合偏振片后出射光场右旋圆偏振分量的光强分布[34]

5.5　轨道角动量谱的测量

轨道角动量谱定义为光束在其所携带的不同轨道角动量上的能量比率，可以反映光束的轨道角动量的一些性质，是评价涡旋光束的重要参数之一。对于多模混合涡旋光束，轨道角动量成分相同但其所占的比重不同时，其强度分布、波前分布等性质是完全不同的。因此当测量多模混合涡旋光束时，除了确定其所包含的角量子数或轨道角动量成分外，还应明确各个成分间的能量比率，即轨道角动量谱。1.3节已经介绍了涡旋光束的轨道角动量谱的理论推导方法，本节将在此基础上，介绍几种实际的轨道角动量谱的测量方法。

5.5.1　复振幅推演法

回顾1.3.1节介绍的内容，任何一束光束，其复振幅 $E(x,y,z)$ 均可用螺旋谐波 $\exp(\mathrm{i}l\varphi)$ 展开为

$$E(x,y,z)=\frac{1}{\sqrt{2\pi}}\sum_{l=-\infty}^{+\infty}a_l(r,z)\exp(\mathrm{i}l\varphi) \tag{5.5.1}$$

对展开式系数 a_l 在整个区域内积分(式(1.3.3))即可得到角量子数为 l 的轨道角动量成分的强度。故可根据式(1.3.2)确定展开式系数 $\{a_l\}$，而后利用式(1.3.3)计算轨道角动量谱。

在通过式(1.3.2)计算展开式系数 a_l 时，代入的是待测光场的复振幅，即必须同时测得待测光束的振幅分布和相位分布信息。振幅分布的测量较为简单，通过一面阵探测器如CCD相机等测量其强度分布，而后开平方运算即可得到。而相位分布的测量则较为复杂，需通过5.2.2节介绍的干涉法来实现。

综上，利用复振幅推演法测量轨道角动量谱时，首先应分别测得待测光场的振幅分布 E_0 和相位分布 σ，而后将它们组合成复振幅 $E=E_0\exp(\mathrm{i}\sigma)$，再代入式(1.3.2)得到展开式系数 $\{a_l\}$，最后代入式(1.3.3)计算出轨道角动量谱，如图5.5.1所示。这种方法的原理非常简单，但实现起来并不容易，需要搭建共轴干涉装置测量相位，因此实际应用中很少利用该方法探测涡旋光束的轨道角动量谱。

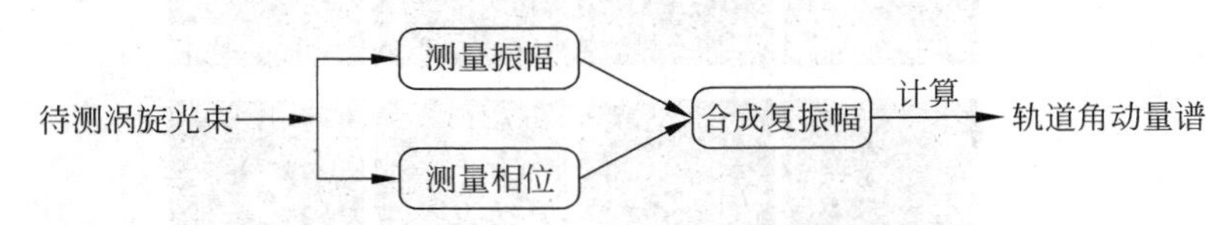

图5.5.1　复振幅推演法测量涡旋光束轨道角动量谱的流程

5.5.2　灰阶算法

灰阶算法是一种相对简单的对大模式间隔十分有效的测量多模混合涡旋光束轨道角动量谱的方法[36,37]。其基于达曼涡旋光栅，通过分析多模混合涡旋光束经

达曼涡旋光栅后远场衍射光场强度分布来得到轨道角动量谱。

由 5.3.9 节可知，当涡旋光束照射达曼涡旋光栅时，若衍射光场的某衍射级次处光斑的中心出现实心亮斑，则表明入射光束的角量子数与该位置衍射级次满足 $l=-b_x l_x-b_y l_y$，即可确定 l 值。由式(5.3.27)可知，多模混合涡旋光束入射时，衍射级次(b_x,b_y)处光斑中心出现的实心亮斑完全由入射光束中角量子数为$(-b_x l_x-b_y l_y)$的分量转化而来，这表明若测出实心亮斑的光强，即可得到角量子数为$(-b_x l_x-b_y l_y)$的轨道角动量分量在入射光束中的比例。依次测出所有分量的光强，即可测得入射光束的轨道角动量谱。理论上，达曼涡旋光栅的远场衍射光场处于各个衍射级上的光束的强度是相同的。因此只需按上述方法依次分析各个衍射级次，通过计算即可得到入射光束的轨道角动量谱。

综上，这种测轨道角动量谱的方法的关键是能够高效快速地计算远场衍射不同衍射级的中心光强的大小，可通过设计一种新的图像处理方法灰阶算法来实现。面阵探测器接收到的光场是以灰度的形式(通常为 8 位，0～255 灰度值)表现出来的，在不超过面阵探测器阈值的前提下，接收到光斑的光强与其所包含的所有像素点的灰度值总和是成正比的，故只需分别读出中心亮斑各个像素点灰度值的总和，即可得到其相对光强的大小。这种相对强度测量法没有使用光功率计，而是以计算灰度这一图像处理的方式实现，所以称作灰阶算法[36,37]。灰阶算法测量轨道角动量谱的核心思想在于，对于面阵探测器接收到的达曼涡旋光栅的远场衍射光场强度分布，首先从头到尾依次扫描每一个衍射级的光斑，并在扫描的过程中确定不同衍射级是否存在中心亮斑，以此来判断入射涡旋光束是否存在该位置表征的角量子数和轨道角动量分量。若不存在，继续扫描下一个光斑；若存在，则计算中心亮斑的光强(即灰度值的和)。注意，在计算中心亮斑的光强时，中央亮斑取样区的选取应以恰好包括整个中心亮斑，同时不包括其他旁瓣为原则，如图 5.5.2 所示。当所有光斑都分析之后，可获得不同模式的能量比例，即入射涡旋光束的轨道角动量谱。图 5.5.3 给出了灰阶算法的计算流程图，这里以分析 5×5 标准达曼涡旋光栅的衍射场为例。

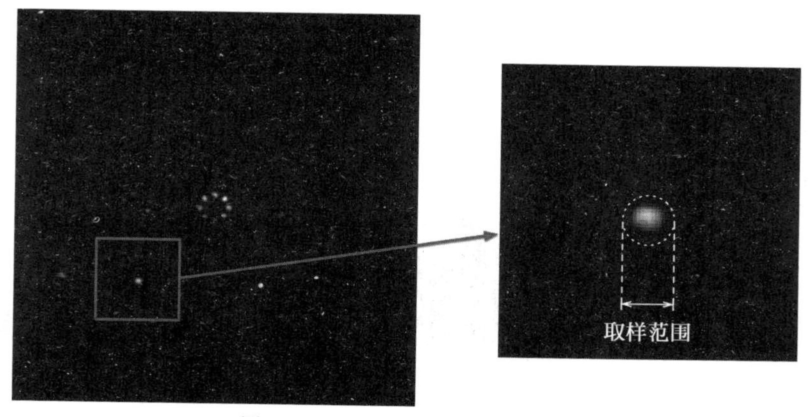

图 5.5.2　中央亮斑取样区范围

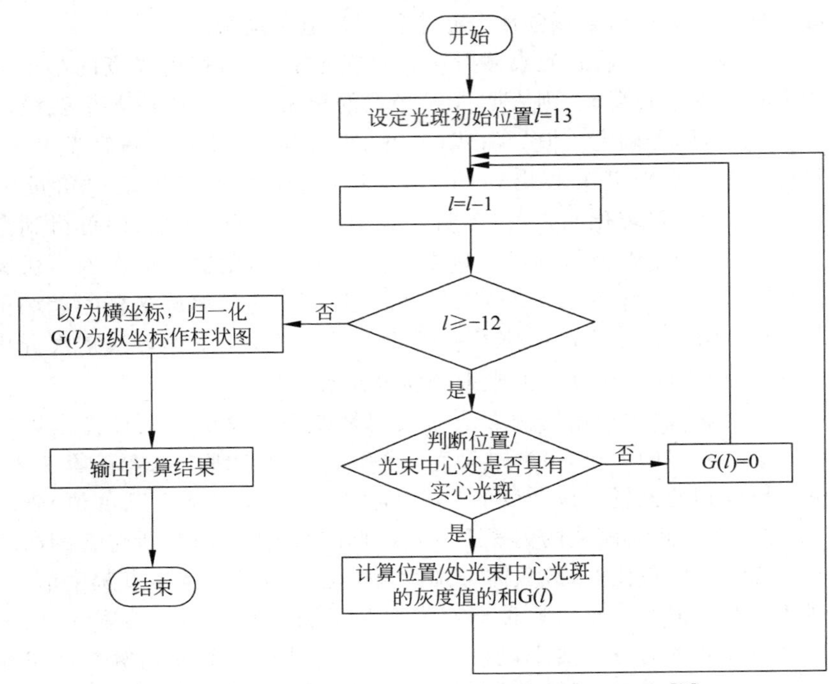

图 5.5.3　灰阶算法测轨道角动量谱的计算流程图[37]

然而,受实际操作环境等多方面因素的影响,位于各个衍射级处的光束强度并不严格相同,因此在实际测量前需先测出各衍射级次的能量比例分布,而后对测得的轨道角动量谱进行补偿。对于接收到的衍射光场,在运用灰阶算法前,依次读取每一个衍射级所包含的每一个像素点的灰度值,并对灰度值求和。则每个衍射级所包含的各像素点灰度值的和之比,即各衍射级光斑的光强之比,应用该方法测得各衍射级间的能量比例分布。图 5.5.4 给出了实验中测得的 5×5 标准达曼涡旋光栅的衍射场各衍射级间的能量分布,可以看出,受入射光束口径、液晶空间光调制器分辨率等因素的影响,各个衍射级的实际能量并不相等。

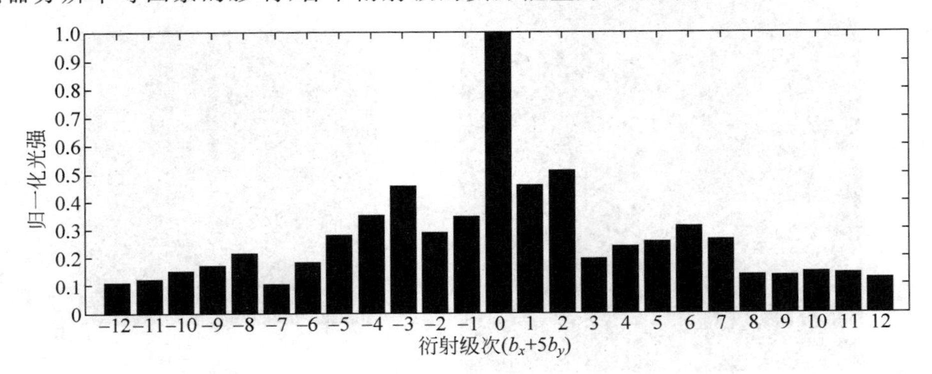

图 5.5.4　实验中测得的 5×5 标准达曼涡旋光栅的衍射场各衍射级间的能量分布[36]

（请扫Ⅵ页二维码看彩图）

图 5.5.5(a)、(b)和(c)依次给出了三模、四模和六模混合涡旋光束的轨道角动量谱的测量结果[36]。可以看出，未经图 5.5.4 所示的衍射级次强度分布补偿时，实验结果与理论结果相差较大，经过补偿后，实验值与理论值吻合完好。

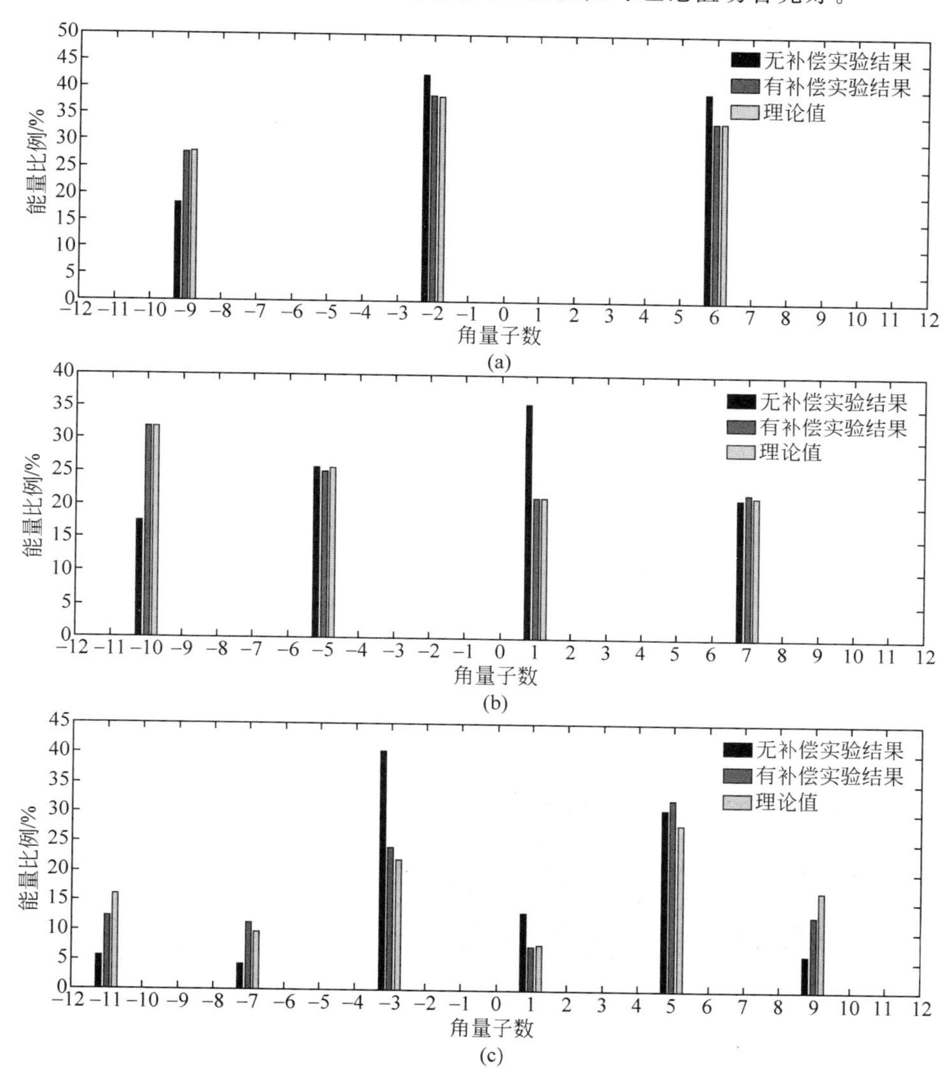

图 5.5.5　实验测得的多模混合涡旋光束轨道角动量谱[36]

(请扫Ⅵ页二维码看彩图)

由图 5.5.5(c)可以看出，测量六模混合涡旋光束时，补偿后实验结果与理论值相差较大，这是由于入射多模复用涡旋光束所含有的不同轨道角动量模式间隔较小(即相邻模式间的角量子数差)而引入模式间串扰。如文献[36]中所述，当相邻模式间隔大于或等于 5 时，这种模式间串扰对测量结果的影响就非常小了，这表明利用灰阶算法准确测量轨道角动量谱的前提是相邻模式间的角量子数之差要尽可能大，对于较小模式间隔的多模混合涡旋光束，由于模式间串扰的存在将会使得轨道角动量谱探测的准确度大大降低。

5.5.3 模式分束器

当一束光照射如三棱镜等的色散器件时，由于不同频率的光波具有不同的折射率，出射光束中这些光波会相互分离，而后通过高分辨率的面阵探测元件测得各个频率成分的相对强度，即可得到入射光束的光谱，此乃光谱仪的工作原理。与光谱仪类似，若设计出一种光学器件，当光束入射时，出射光束中不同的轨道角动量成分相互分离，即可测得入射光束的轨道角动量谱。这种分离不同轨道角动量成分的光学系统称作模式分束器(mode sorter)[38-41]。

涡旋光束具有螺旋形相位，沿着角向一周相位的改变量为 $2l\pi$。对于不同阶次 l 的涡旋光束，角向一周的相位改变量是不同的，波前的倾斜梯度也是不同的。因此可根据相位梯度的不同来设法分离不同轨道角动量成分。在角向(圆周上)进行分离是比较困难的，但如果可以将涡旋光束的环解开并拉直，得到一个线段型的光场，那么在角向上的相位变化量就会转化为直角坐标系下的相位变化量($2l\pi$)，即将螺旋相位转化为在某一方向上倾斜的平面相位。由于不同阶次 l 的涡旋光束，其转化得到的平面相位的倾斜程度不同且与 l 相关，故只需一个薄凸透镜，就可以将所包含的不同倾斜程度的相位分量聚焦在焦平面的不同位置处，由此可实现不同轨道角动量成分的有效分离。图 5.5.6 给出了上述的坐标变换过程，涡旋光束环形光场解开前后的等相位点已标出。

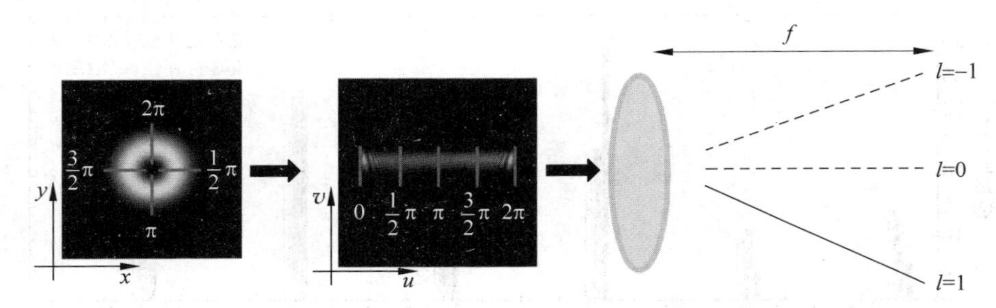

图 5.5.6　将涡旋光束的环形光场解开，可将螺旋相位转化为直线型倾斜相位[40]

(请扫Ⅵ页二维码看彩图)

根据前面的讨论，将光束的不同轨道角动量成分相互分离的关键是将涡旋光束的环形光场解开。当满足保角映射关系时，解环的过程可通过一相位光栅配合一傅里叶变换透镜来实现[38]。注意此处傅里叶变换透镜不同于图 5.5.6 中的薄凸透镜，其作用是对光场进行傅里叶变换，以使在其傅里叶平面(后焦面)处可获得涡旋光束经解环相位光栅后的远场衍射光场。设直角坐标系下初始输入平面和输出平面(傅里叶平面)分别为 xOy 和 uOv，则该相位光栅应实现映射：$(x,y)\mapsto(u,v)$。在保角映射下，令

$$v = a\arctan\left(\frac{y}{x}\right) \tag{5.5.2}$$

则 u 应满足：

$$u = -a\ln\left(\frac{\sqrt{x^2+y^2}}{b}\right) \tag{5.5.3}$$

实现解环功能的相位光栅的相位分布函数为[38]

$$\phi_1(x,y) = \frac{2\pi a}{\lambda f}\left[y\arctan\left(\frac{y}{x}\right) - x\ln\left(\frac{\sqrt{x^2+y^2}}{b}\right) + x\right] \tag{5.5.4}$$

式(5.5.2)～式(5.5.4)中，λ 为入射涡旋光束的光波长，f 为相位光栅后薄凸透镜的焦距。参数 a 缩放了解环后的光场，其值为 $a=d/2\pi$，d 为解环后横向光场分布的线度(线段型光场的线段长度)。参数 b 决定了解环后傅里叶平面上光场在 u 坐标上的位置，其值的选取不受参数 a 的影响。

由于在解环并聚焦后，不同的轨道角动量成分从初始的衍射平面 xOy 到傅里叶平面 uOv 的光路轨迹是不同的，即它们之间存在相差，故需要在傅里叶平面上引入一个额外的相差补偿相位来补偿[38]：

$$\phi_2(u,v) = -\frac{2\pi ab}{\lambda f}\exp\left(-\frac{u}{a}\right)\cos\left(\frac{v}{a}\right) \tag{5.5.5}$$

解环后的光场经过式(5.5.5)所示的光栅补偿后，再通过一薄凸透镜聚焦，即可在其后焦面上将各个轨道角动量成分分离，依次测出各成分的强度，可得到入射涡旋光束的轨道角动量谱。

根据式(5.5.4)和式(5.5.5)生成的解环相位光栅和相差补偿光栅如图5.5.7所示。在进行轨道角动量谱的测量时，可通过两个液晶空间光调制器分别模拟这两个相位光栅，并在两个液晶空间光调制器中间置入一傅里叶变换透镜，使得它们的位置关系满足两个液晶空间光调制器分别位于傅里叶变换透镜的前后焦面处。而后用一薄凸透镜对上述光路系统的输出光场进行聚焦，便可测得入射光束的轨道角动量谱，这一测量系统称为模式分束器，如图5.5.8所示。

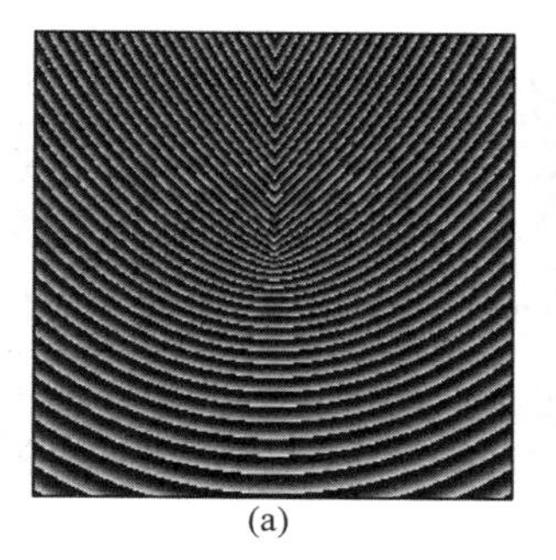
(a)

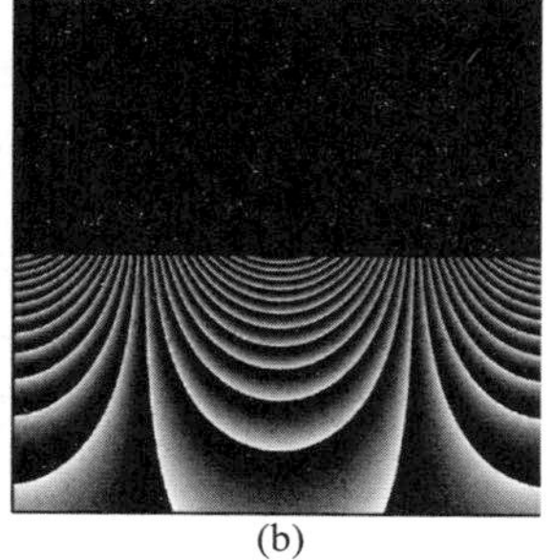
(b)

图5.5.7 (a) 解环相位光栅；(b) 相差补偿光栅

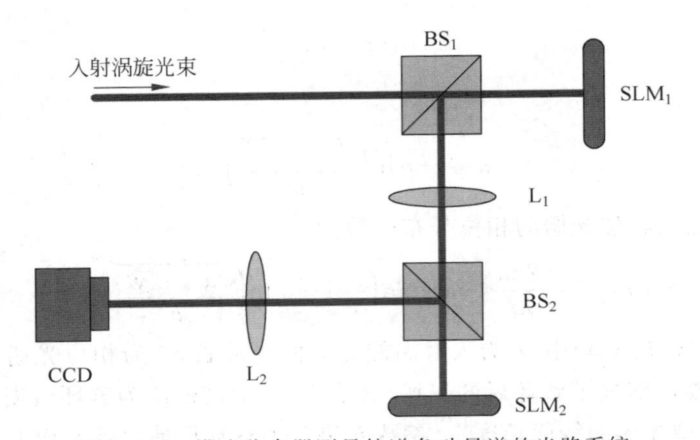

图 5.5.8 模式分束器测量轨道角动量谱的光路系统

BS_1 和 BS_2：五五分光棱镜；SLM_1 和 SLM_2：液晶空间光调制器；L_1 和 L_2：薄凸透镜；CCD,CCD 相机

（请扫Ⅵ页二维码看彩图）

模式分束器中的两片相位光栅除了利用液晶空间光调制器模拟外，还可直接用聚甲基丙烯酸甲酯等材料直接加工出来，以便于在小型化系统中应用，如图 5.5.9 所示[39]。其具体参数为 $d=8$ mm，$f=300$ mm，$b=0.004\ 77$。在加工的过程中，加工半径 5.64 mm，角间距 1°，径向间距 5 μm，主轴转速为 500 r/min，粗加工时切割深度 20 μm，进给速度 5 mm/min，精加工时切割深度 10 μm，进给速度 1 mm/min[39]。

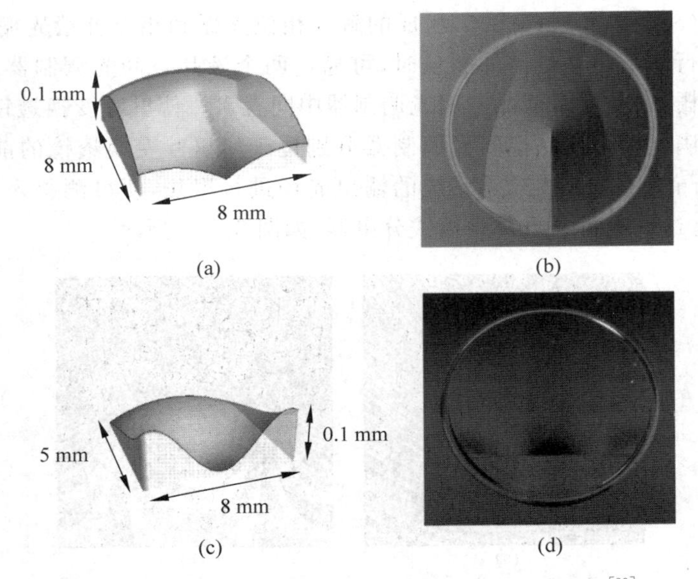

图 5.5.9 加工制得的解环相位光栅与相差补偿光栅[39]

（请扫Ⅵ页二维码看彩图）

图5.5.10给出了利用模式分束器测量不同轨道角动量成分的实验结果，可以发现，经过模式分束器后，不同阶次 l 的涡旋光束被聚焦在薄凸透镜后焦面不同的位置。当多模混合涡旋光束入射时，其所包含的各个轨道角动量分量可相互分离，通过测量各个分量的强度，即可得到轨道角动量谱。相比于灰阶算法，模式分束器测量法克服了模式间隔较小时测量不准确的问题，表现出良好的分束性能，已成为当前测量涡旋光束轨道角动量谱最有效的方法之一。

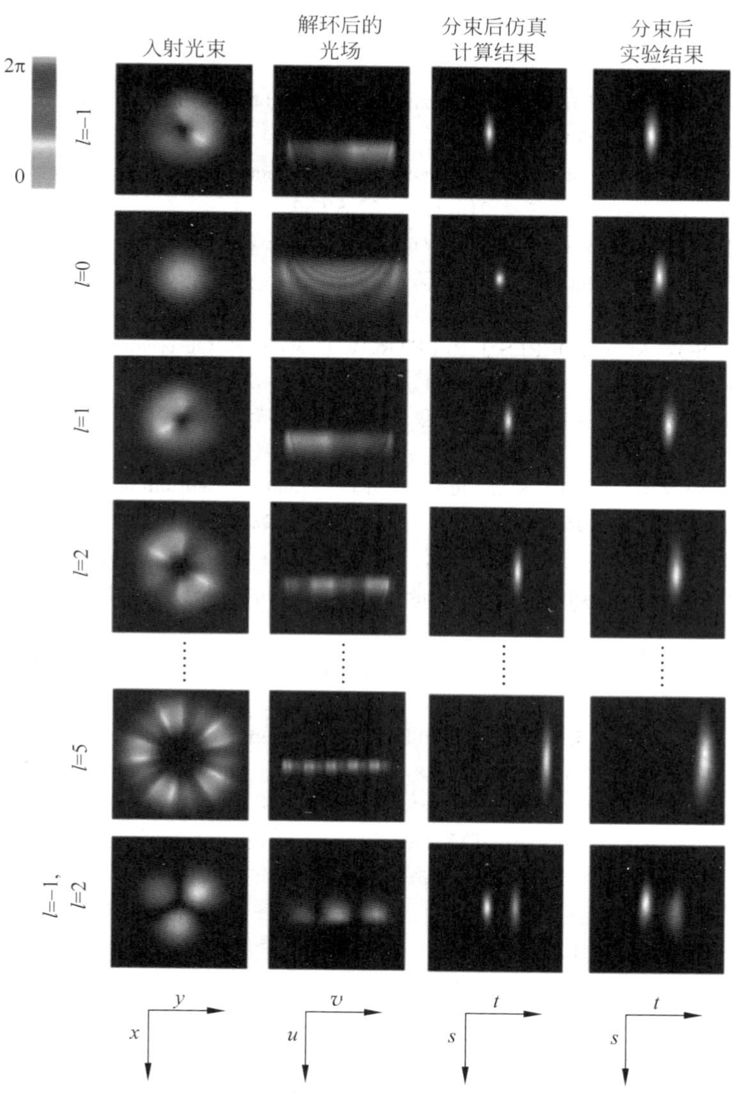

图5.5.10　不同阶次的涡旋光束经模式分束器后的光场分布，其中解环前后的相位分布已标出[38]

（请扫Ⅵ页二维码看彩图）

参考文献

[1] BEIJERSBERGEN M W. Measuring orbital angular momentum of light with a torsion pendulum[J]. Proceedings of SPIE—The International Society for Optical Engineering, 2005,5736: 111-125.

[2] VOLKESEPÚLVEDA K,SANTILLÁN A O,BOULLOSA R R. Transfer of angular momentum to matter from acoustical vortices in free space[J]. Physical Review Letters, 2008, 100(2): 024302.

[3] GAO C. Characterization and transformation of astigmatic laser beams[M]. Berlin: Wissenschaft und Technik Verlag,1999.

[4] WEBER H. Propagation of higher-order intensity moments in quadratic-index media[J]. Optical and Quantum Electronics,1992,24(9): S1027-S1049.

[5] PADGETT M J. Optical vortices, angular momentum, and Heisenberg's uncertainty relationship[J]. Proceedings of SPIE—The International Society for Optical Engineering, 2004,5508: 1-7.

[6] VASNETSOV M V,TORRES J P,PETROV D V,et al. Observation of the orbital angular momentum spectrum of a light beam[J]. Optics Letters,2003,28(23): 2285-2287.

[7] 刘义东. 光束轨道角动量及其信息传输的应用基础的研究[D]. 北京: 北京理工大学,2008.

[8] ZAMBRINI R,BARNETT S M. Quasi-intrinsic angular momentum and the measurement of its spectrum[J]. Physical Review Letters,2006,96(11): 113901.

[9] HUANG H, REN Y, YAN Y, et al. Phase-shift interference-based wavefront characterization for orbital angular momentum modes[J]. Optics Letters, 2013, 38(13): 2348-2350.

[10] SZTUL H I,ALFANO R R. Double-slit interference with Laguerre-Gaussian beams[J]. Optics Letters,2006,31(7): 999-1001.

[11] EMILE O,EMILE J. Young's double-slit interference pattern from a twisted beam[J]. Applied Physics B,2014,117(1): 487-491.

[12] LEACH J,PADGETT M J,BARNETT S M,et al. Measuring the orbital angular momentum of a single photon[J]. Phys. Rev. Lett. ,2002,88(25): 257901.

[13] GAO C,QI X,LIU Y,et al. Sorting and detecting orbital angular momentum states by using a Dove prism embedded Mach-Zehnder interferometer and amplitude gratings [J]. Optics Communications,2011,284(1): 48-51.

[14] HICKMANN J M,FONSECA E J,SOARES W C,et al. Unveiling a truncated optical lattice associated with a triangular aperture using light's orbital angular momentum[J]. Physical Review Letters,2010,105(5): 053904.

[15] STAHL C,GBUR G. Analytic calculation of vortex diffraction by a triangular aperture [J]. Journal of the Optical Society of America A Optics Image Science & Vision,2016, 33(6): 1175-1180.

[16] LIU Y,TAO H,PU J,et al. Detecting the topological charge of vortex beams using an

annular triangle aperture[J]. Optics & Laser Technology,2011,43(7): 1233-1236.

[17] LIU R,LONG J,WANG F,et al. Characterizing the phase profile of a vortex beam with angular-double-slit interference[J]. Journal of Optics,2013,15(12): 125712.

[18] FU D,CHEN D, LIU R, et al. Probing the topological charge of a vortex beam with dynamic angular double slits[J]. Optics Letters,2015,40(5): 788-791.

[19] SERNA J, ENCINAS S F, NEMEŞ G. Complete spatial characterization of a pulsed doughnut-type beam by use of spherical optics and a cylindrical lens [J]. Journal of the Optical Society of America A Optics Image Science & Vision,2001,18(7): 1726-1733.

[20] DENISENKO V G, SOSKIN M S, VASNETSOV M V. Transformation of Laguerre-Gaussian modes carrying optical vortices and their orbital angular momentum by cylindrical lens [J]. Proceedings of SPIE - The International Society for Optical Engineering,2002,4607: 54-58.

[21] DENISENKO V, SHVEDOV V, DESYATNIKOV A S, et al. Determination of topological charges of polychromatic optical vortices [J]. Opt. Express, 2009, 17(26): 23374-23379.

[22] ALPERIN S N,NIEDERRITER R D,GOPINATH J T,et al. Quantitative measurement of the orbital angular momentum of light with a single,stationary lens [J]. Opt. Lett., 2016,41(21): 5019-5022.

[23] VAITY P,BANERJI J,SINGH R P. Measuring the topological charge of an optical vortex by using a tilted convex lens [J]. Physics Letters A,2013,377(15): 1154-1156.

[24] CHAITANYA N A,JABIR M V,SAMANTA G K. Efficient nonlinear generation of high power,higher order,ultrafast"perfect"vortices in green [J]. Optics Letters,2016,41(7): 1348-1351.

[25] DAI K,GAO C,ZHONG L,et al. Measuring OAM states of light beams with gradually-changing-period gratings[J]. Optics Letters,2015,40(4): 562-565.

[26] FU S,WANG T,GAO Y,et al. Diagnostics of the topological charge of optical vortex by a phase-diffractive element[J]. Chinese Optics Letters,2016,14(8): 080501.

[27] LI Y,DENG J,LI J,et al. Sensitive orbital angular momentum (OAM) monitoring by using gradually changing-period phase crating in OAM-multiplexing optical communication systems[J]. IEEE Photonics Journal,2016,8(2): 1-6.

[28] ZHENG S,WANG J. Measuring orbital angular momentum (OAM) states of vortex beams with annular gratings[J]. Scientific Reports,2017,7: 40781.

[29] GIBSON G,COURTIAL J,BARNETT S,et al. Increasing the data density of free-space optical communications using orbital angular momentum[J]. Proceedings of SPIE - The International Society for Optical Engineering,2004,5550: 367-373.

[30] GIBSON G, COURTIAL J, PADGETT M, et al. Free-space information transfer using light beams carrying orbital angular momentum [J]. Opt. Express, 2004, 12(22): 5448-5456.

[31] ZHANG N,YUAN X C,BURGE R E. Extending the detection range of optical vortices by Dammann vortex gratings[J]. Optics Letters,2010,35(20): 3495-3497.

[32] FU S,WANG T,ZHANG S,et al. Integrating 5×5 Dammann gratings to detect orbital angular momentum states of beams with the range of −24 to +24[J]. Applied Optics,

2016,55(7): 1514-1517.

[33] XIN J,DAI K,ZHONG L,et al. Generation of optical vortices by using spiral phase plates made of polarization dependent devices[J]. Optics Letters,2014,39(7): 1984-1987.

[34] 辛璟焘. 矢量光束的生成及应用基础研究[D]. 北京: 北京理工大学,2013.

[35] MOH K J,YUAN X C,BU J,et al. Generating radial or azimuthal polarization by axial sampling of circularly polarized vortex beams[J]. Applied Optics, 2007, 46(30): 7544-7551.

[36] FU S,ZHANG S,WANG T et al. Measurement of orbital angular momentum spectra of multiplexing optical vortices[J]. Optics Express,2016,24(6): 6240-6248.

[37] 高春清,付时尧,张世坤. 一种测量光束轨道角动量谱的装置与系统: 201510867994.1[P]. 2015-12-02.

[38] BERKHOUT G C,LAVERY M P J,COURTIAL J,et al. Efficient sorting of orbital angular momentum states of light[J]. Physical Review Letters,2010,105(15): 153601.

[39] LEVERY M P J,ROBERTSON D J,BERKHOUT G C G,et al. Refractive elements for the measurement of the orbital angular momentum of a single photon[J]. Optics Express, 2012,20(3): 2110-2115.

[40] LAVERY M P J,BERKHOUT G C G,COURTIAL J,et al. Measurement of the light orbital angular momentum spectrum using an optical geometric transformation[J]. Journal of Optics,2011,13(13): 064006.

[41] MIRHOSSEINI M, MALIK M, SHI Z, et al. Efficient separation of the orbital angular momentum eigenstates of light[J]. Nature Communications,2013,4(7): 3781.

第6章 涡旋光束的畸变校正技术

涡旋光束在自由空间中传输时会受到大气湍流的影响而产生相位畸变,光强分布也会变得不均匀。研究表明,大气湍流会破坏涡旋光束的螺旋相位,导致其轨道角动量谱的展宽,引起不同轨道角动量模式间的串扰,这对实际应用是十分不利的。因此,对涡旋光束的畸变进行校正是非常必要的。目前可实现光波畸变校正的主要技术是自适应光学技术,采用波前传感器探测畸变波前相位信息,用波前校正器校正畸变波前,这种方法已在球面波的校正中取得了很好的效果。然而,涡旋光束具有复杂的螺旋相位,利用现有自适应校正技术对其校正难度很大,故必须研究针对涡旋光束的新型畸变校正方法。本章将从大气湍流的理论模型出发,介绍大气湍流对涡旋光束的影响以及几种针对涡旋光束的自适应畸变校正方法。

6.1 大气湍流理论模型基础

6.1.1 科尔莫戈罗夫大气湍流理论

大气湍流(atmosphere turbulence)是一种随机空气运动,是指大气中部分区域的温度、湿度、压强等参数的随机变化引起的不均匀大气整体折射率分布[1]。大气湍流使得大气不同位置处的密度和温度具有微小差异,并且折射率不同的湍流会随着风移动而不断地产生和消亡。由于上述变化,处于流动状态的大气存在许多不停运动的气流漩涡,形成了大气湍流的随机运动。

湍流大气的折射率是一个随机变量,通常不能对其作出准确的预测。一般来说,湍流大气的折射率 $n(r,t,\lambda)$ 随空间 r、时间 t 和波长 λ 变化[2],可表示为空间、时间和波长的函数:

$$n(r,t,\lambda)=n_0(r,t,\lambda)+n_1(r,t,\lambda) \tag{6.1.1}$$

式中,$n_0(r,t,\lambda)$ 是大气折射率可确定部分,一般情况下近似为 1,$n_1(r,t,\lambda)$ 是由大气湍流运动引起的折射率的随机涨落。

大气折射率的随机变化使得大气具有非均匀的折射率分布,通常将这种大气的折射率非均匀性称为湍流涡旋[3]。湍流涡旋随着大气的运动不断产生和消失,使得运动的大气同时存在着压强、风速、温度、密度均不相同的涡旋单元。由于大气的不断运动,大的涡旋单元不断变小直至消失,同时又伴随着小涡旋的产生变大，这种产生与消失的相继进行便产生了大气湍流。

大气湍流可以认为是由无数个大大小小的湍流涡旋组成。大湍流涡旋的特征尺度称为湍流的外尺度，用 L_0 表示。对于尺度大于 L_0 的湍流来说，一般不是各向同性的，而尺度小于 L_0 的湍流是各向同性的，因此 L_0 也被称为大气湍流各向同性时湍流的最大尺度。与 L_0 相对，定义湍流内尺度 l_0，在内尺度 l_0 上，湍流涡旋的动能和耗散能相互抵消，所有动能转化为热能，更小的湍流涡旋由于没有动能而不能存在。

在湍流理论的建立过程中，苏联数学家科尔莫戈罗夫(Andrey Nikolaevich Kolmogorov)提出了三点假设[4]：

(1) 大气湍流中的大小涡旋均随机运动，并且总体符合各向同性特征；

(2) 各向同性的大气湍流中，仅存在内部的摩擦力和惯性力；

(3) 当湍流具有的动能与耗散能之比较大时，在 $l_0 \leqslant r \leqslant L_0$ 这一区间内，湍流运动只受惯性力影响，这一区间称为惯性尺度空间。

科尔莫戈罗夫引入了结构函数来研究符合上述三点假设的大气湍流的统计特征，即著名的“2/3 次方”定律。在大气湍流的惯性尺度空间内，两位置间的结构常数仅与两位置间距离 Δr 的 2/3 次方有关，而与两点的具体位置以及相对方向均无关系。因此，大气折射率的结构函数 $D_n(r)$ 可表示为

$$D_n(r) = C_n^2 r^{2/3}, \quad l_0 \ll r \ll L_0 \tag{6.1.2}$$

式中，C_n^2 为大气折射率结构常数，是空间与时间的函数。它描述了大气湍流的强度，是表征大气湍流强度的重要参数之一。通常可以根据 C_n^2 的大小来划分大气湍流的强度[5]：

强湍流：$C_n^2 > 2.5 \times 10^{-13}\ \mathrm{m}^{-2/3}$；

中等强度湍流：$6.4 \times 10^{-17}\ \mathrm{m}^{-2/3} < C_n^2 < 2.5 \times 10^{-13}\ \mathrm{m}^{-2/3}$；

弱湍流：$C_n^2 < 6.4 \times 10^{-17}\ \mathrm{m}^{-2/3}$。

在光学波段，大气折射率 $n(r)$ 可用下面的公式近似表示为

$$n(r) = 1 + 77.6 \times 10^{-6}(1 + 7.52 \times 10^{-3} \cdot \lambda^{-2}) \frac{P(r)}{T(r)} \tag{6.1.3}$$

式中，λ 是微米尺度的波长；$P(r)$ 和 $T(r)$ 分别表示压强和热力学温度，它们均是空间坐标 r 的函数。近地条件下，压强变化较小，可以忽略。对式(6.1.3)两端对空间坐标 r 取微分，得

$$\mathrm{d}n(r) = 77.6 \times 10^{-6}\left(1 + 7.52 \times 10^{-3} \cdot \lambda^{-2}\frac{P}{T^2}\right)\mathrm{d}T \tag{6.1.4}$$

这表明近地处折射率变化主要由温度起伏引起。基于式(6.1.4)，大气折射率结构常数 C_n^2 可表示为

$$C_n^2 = \frac{\mathrm{d}n}{\mathrm{d}T}C_T^2 = 77.6 \times 10^{-6}\left(1 + 7.52 \times 10^{-3} \cdot \lambda^{-2}\frac{P}{T^2}\right)C_T^2 \tag{6.1.5}$$

式中，C_T^2 为温度起伏的结构常数，是一与温度起伏产生率和湍流动能耗散率相关的量。

式(6.1.5)给出了大气折射率结构常数 C_n^2 的直接测量方法。由于大气折射率的直接测量较困难，而温度和温度起伏的测量则相对容易，因此在测量 C_n^2 时，通常先测量温度起伏量，然后通过式(6.1.5)计算得到大气折射率结构常数。

大气相干长度 r_0 也是表征大气湍流强度的重要参数之一，它可以用来表示湍流的空间密度和强度，由美国科学家弗里德(Fried)最先引入，因此也称为弗里德系数[6]。物理上该参数表示光波通过湍流传播的衍射极限[1]。大气湍流扰动的综合强度、光束在大气传输路径上的光学湍流效应和空间相干性的影响均能够通过大气相干长度 r_0 的大小来反应。湍流扰动越小，大气条件越好，对应的 r_0 越大。

r_0 与 C_n^2 满足[6]：

$$r_0=\left[0.423k^2\int_0^L C_n^2(z)\mathrm{d}z\right]^{-3/5} \tag{6.1.6}$$

式中，k 为光波数，L 为路径总长度，z 为沿着路径的积分变量。由此可见大气相干长度 r_0 是一与大气折射率结构常数、光波长和光束传输路径相关的物理量。在相同的相干长度下，具有不同光束尺寸的光束，其受湍流的影响必然不同，因此常常采用光束横截面直径 d 与大气相干长度 r_0 的比值 d/r_0 这一参数来表征湍流对光束的影响程度。d/r_0 越大，表明大气湍流对光束的影响越大。

6.1.2　折射率的功率谱密度

折射率的功率谱密度 $\Phi_n(\kappa)$是用来描述大气折射率起伏的物理量，在科尔莫戈罗夫湍流理论中，它可表示为[7]

$$\Phi_n(\kappa)=0.033C_n^2\kappa^{-11/3},\quad \frac{2\pi}{L_0}\ll\kappa\ll\frac{2\pi}{l_0} \tag{6.1.7}$$

式中，κ 为空间波数。

由式(6.1.7)可以看出，$\Phi_n(\kappa)$是空间波数 κ 的函数，且取值范围满足 $2\pi/L_0\ll\kappa\ll2\pi/l_0$。除了式(6.1.7)给出的谱分布外，还有冯·卡门(Von Karman)谱[8]、希尔(Hill)谱[9]等功率谱模型。这些模型比式(6.1.7)给出的科尔莫戈罗夫功率谱更加复杂，并且包含各种参数的设定来确保理论和实验的一致性。

实际上，科尔莫戈罗夫湍流理论认为功率谱密度包含 3 个区域：

(1) 输入区($\kappa<2\pi/L_0$)：此区间内功率谱的形式由产生的湍流决定，不过此时的湍流通常是各向异性的，理论上不能得到功率谱的形式；

(2) 惯性区($2\pi/L_0<\kappa<2\pi/l_0$)：此区间内折射率功率谱密度满足式(6.1.7)；

(3) 耗散区($\kappa>2\pi/l_0$)：此区间能量耗散大于动能，能量耗散很快，因此 $\Phi_n(\kappa)$也很快下降。

在式(6.1.7)的基础上,塔塔尔斯基(Tatarskii)给出了式(6.1.8)所示的模型来包括耗散区 $\Phi_n(\kappa)$ 的情况:

$$\Phi_n(\kappa)=0.033C_n^2\kappa^{-11/3}\exp\left(-\frac{\kappa^2}{\kappa_m}\right) \tag{6.1.8}$$

式中,$\kappa_m=5.92/l_0$。

由式(6.1.7)和式(6.1.8)可以看出,两种功率谱密度模型在原点都存在不可积的奇点。地球大气存在一定的范围,当 $\kappa\to 0$ 时,谱不能趋近于无穷大。为了克服上述缺点,常采用冯·卡门谱模型[8],令 $\kappa_0=2\pi/L_0$,其可表示为

$$\Phi_n(\kappa)=\frac{0.033C_n^2}{(\kappa^2+\kappa_0^2)^{11/6}}\exp\left(-\frac{\kappa^2}{\kappa_m}\right) \tag{6.1.9}$$

不难发现,当湍流外尺度 $L_0\to\infty$ 时,$\kappa_0=0$,式(6.1.9)与式(6.1.8)完全一致。而当 $l_0\to 0$ 时,$\exp(-\kappa^2/\kappa_m)\to 1$,式(6.1.8)又与式(6.1.7)完全一致。这表明式(6.1.9)给出的冯·卡门谱实际上是修正后的科尔莫戈罗夫谱[式(6.1.7)]。

希尔在实验的基础上提出了一种较为精确的数值模型,称为希尔谱[9]:

$$\Phi_n(\kappa)=0.033C_n^2\kappa^{-11/3}\{\exp(-1.2\kappa^2l_0^2)+1.45\exp[-0.97(\ln(\kappa l_0)-0.452)^2]\} \tag{6.1.10}$$

希尔谱的形式较为复杂,对于理论研究不易进行,因此在没有特殊要求的情况下通常采用的是冯·卡门谱模型。

6.1.3 相位的功率谱密度

在 6.1.2 节中讨论的几种功率谱模型,研究的均是折射率的功率谱密度,我们最终希望得到的是大气湍流对激光波前相位起伏的影响,因此需把上述模型转变成相位的功率谱密度。相位的功率谱密度 $\Phi_\phi(\kappa)$ 和折射率的功率谱密度 $\Phi_n(\kappa)$ 之间满足:

$$\Phi_\phi(\kappa)=2\pi^2k^2\Delta z\Phi_n(\kappa) \tag{6.1.11}$$

式中,Δz 为激光在大气湍流中的传输距离。

假设式(6.1.6)中大气折射率结构常数是一与空间位置无关的量,则当激光在湍流中传输 Δz 时,大气相干长度可以表示为

$$r_0=[0.423k^2\Delta zC_n^2]^{-3/5} \tag{6.1.12}$$

将式(6.1.12)代入式(6.1.9),再代入式(6.1.11),得到冯·卡门相位功率谱密度:

$$\Phi_\phi(f)=0.023r_0^{-5/3}\frac{\exp(-f^2/f_m^2)}{(f^2+f_0^2)^{11/6}} \tag{6.1.13}$$

式中,f 为空间频率,定义为 $f=\kappa/(2\pi)$,$f_0=1/L_0$,$f_m=5.92/(2\pi l_0)$。

6.1.4 大气湍流相位屏的建立

大气湍流相位屏可以看作一可模拟大气湍流的相位光栅,当光束照射湍流相

位屏时，其衍射场即经大气湍流后的畸变光场。大气湍流相位屏对于在实验室中模拟任意实际的大气湍流具有重要的意义，本小节将具体介绍其构建方法。

由于大气的折射率变化是一个随机过程，因此折射率功率谱模型给出的是统计上的平均值，产生大气湍流相位屏的难点即如何实现这一随机过程。大气湍流相位屏的产生就是把一组计算机生成的随机数转变成一个二维代表相位值的点阵列，这些点的值与大气湍流引起的相位起伏具有相同的统计特性。

目前大气湍流相位屏的产生方法主要有两种。

1）泽尼克(Zernike)多项式法[10]

泽尼克多项式法是目前波前相位模拟常用的方法，在自适应光学领域有着广泛的应用，通过求得复合大气湍流统计规律的泽尼克多项式系数，然后用 N 阶泽尼克多项式之和就可得到大气湍流相位屏。泽尼克多项式法只能适用于式(6.1.7)给出的科尔莫戈罗夫谱，其产生的大气湍流相位屏在空间低频部分较为精确，但在高频部分仿真结果与理论值相差较大，虽然可以通过增加多项式的阶数或者改变系统的口径来作补偿，但在一定程度上会增加计算量。

2）功率谱反演法

功率谱反演法适合多种大气湍流模型，其原理为利用大气湍流的相位功率谱对一个复高斯随机矩阵进行滤波，然后进行傅里叶逆变换，取其实部便得到大气湍流相位屏的相位起伏矩阵。

功率谱反演法生成大气湍流相位屏简单、方便，本小节将着重介绍这一大气湍流相位屏的构建方法。

如图 6.1.1 所示，功率谱反演法的具体过程为：

(1) 首先产生一个复高斯随机矩阵 $\boldsymbol{h}(k_x,k_y)$，在频域里均值为 0，方差为 1；

(2) 由式(6.1.13)获得冯·卡门谱的相位功率谱密度矩阵 $\boldsymbol{\Phi}_\phi(f)$；

(3) 利用步骤(2)中的功率谱密度矩阵 $\boldsymbol{\Phi}_\phi(f)$ 对 $\boldsymbol{h}(k_x,k_y)$ 进行滤波，得到矩阵 $\boldsymbol{h}(k_x,k_y)\sqrt{\boldsymbol{\Phi}_\phi(f)}$；

(4) 对 $\boldsymbol{h}(k_x,k_y)\sqrt{\boldsymbol{\Phi}_\phi(f)}$ 进行傅里叶逆变换，而后取实部，即得到大气湍流相位屏：

$$\phi_{\mathrm{AT}}=\mathrm{Re}\{\mathscr{F}^{-1}[\boldsymbol{h}(k_x,k_y)\sqrt{\boldsymbol{\Phi}_\phi(f)}]\} \tag{6.1.14}$$

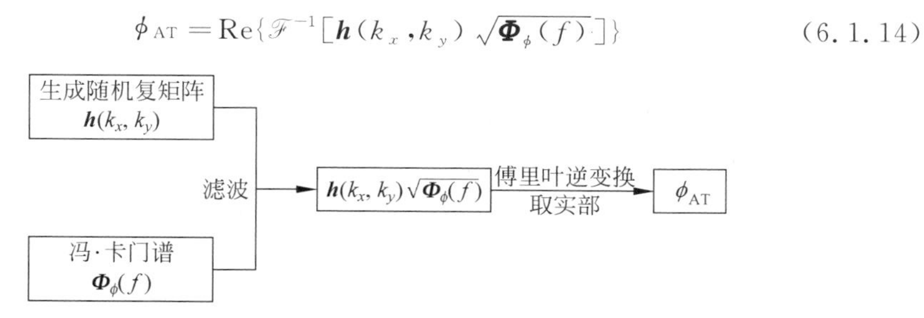

图 6.1.1　功率谱反演法构建大气湍流相位屏的具体过程

由于利用功率谱反演法构造大气湍流相位屏的方法简单、快速而被研究人员广泛采用，本书用到的大气湍流相位屏均由此方法构建。基于此方法构建的相位屏的最大和最小空间频率分别为

$$\begin{cases} f_{\max} = \dfrac{N}{a} \\ f_{\min} = \dfrac{1}{a} \end{cases} \tag{6.1.15}$$

式中，N 为相位屏的分辨率，a 为相位屏尺寸。式(6.1.15)表明，小于 $f_{\min}$ 的空间频率部分在此相位屏上无法体现，即低频成分不足。而大气湍流中低频成分起到主要的作用，因此为了更准确地模拟大气湍流，必须在此方法的基础上进行低频补偿。通常这种低频补偿可通过次谐波补偿法来实现。

如图 6.1.2 所示，次谐波方法补偿低频信息的原理是对傅里叶谱的高频部分开始的取样分成 9 等份，每一部分为原采样的 1/9，取样点分布围绕着中心的 8 个小区域，因此形成了一个次谐波网络。P 级次谐波($P \geqslant 1$)对应的采样子空间大小为

$$\Delta f_P = \frac{f_{\min}}{3^P} \tag{6.1.16}$$

于是，原来的高频采样被 3^{2P} 个采样部分取代[11]。

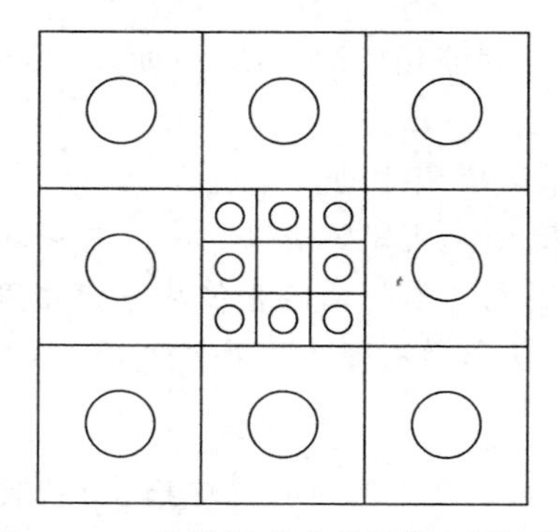

图 6.1.2　次谐波方法补偿低频原理图

次谐波补偿中，低空间频率项的相位分布为

$$\phi_L(x, y) = \sum_{P=1}^{M} \sum_{n=-1}^{1} \sum_{m=-1}^{1} c_{n,m,P} \exp[\mathrm{i}2\pi(f_{x_n} x + f_{y_m} y)] \tag{6.1.17}$$

式中，M 为次谐波网格最高级次；$c_{n,m,P}$ 为随机傅里叶系数，其可由冯·卡门谱对次谐波网络滤波得到；f_{x_n} 和 f_{y_n} 为空间频率。将式(6.1.17)与式(6.1.13)叠加即可得到最终的大气湍流相位屏：

$$\phi_T = \phi_{\mathrm{AT}} + \phi_L \tag{6.1.18}$$

可以明显地发现，经次谐波补偿后，最小的空间采样频率变为 $f_{\min}/3^P$。

注意，通过增加次谐波级数 P 虽可使功率谱反演法中低频信息不足的情况明显改善，但是低频缺失仍然存在。图 6.1.3 给出了利用冯·卡门谱模型结合功率谱反演法，并经 3 级次谐波补偿后生成的大气湍流相位屏，分辨率 $N=1000$，相位屏尺寸 $a=0.44$ m，从左至右其大气折射率结构常数 C_n^2 分别为 1×10^{-13} $\mathrm{m}^{-2/3}$、1×10^{-14} $\mathrm{m}^{-2/3}$ 和 1×10^{-15} $\mathrm{m}^{-2/3}$。可以看出，C_n^2 越大，相位畸变越严重。

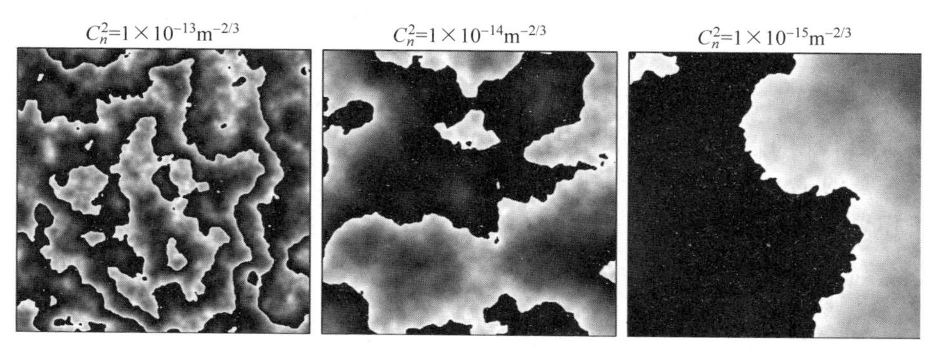

图 6.1.3 利用功率谱反演法结合次谐波补偿生成的大气湍流相位屏

由式(6.1.14)可知，由于大气湍流的折射率或相位变化为一随机过程，因此在构建湍流相位屏时引入了频域里均值为 0，方差为 1 的复高斯随机矩阵 $\boldsymbol{h}(k_x, k_y)$。这意味着生成的湍流相位屏，即使其湍流强度相同，其相位分布由于复随机矩阵选取的不同而不同，如图 6.1.4 所示。

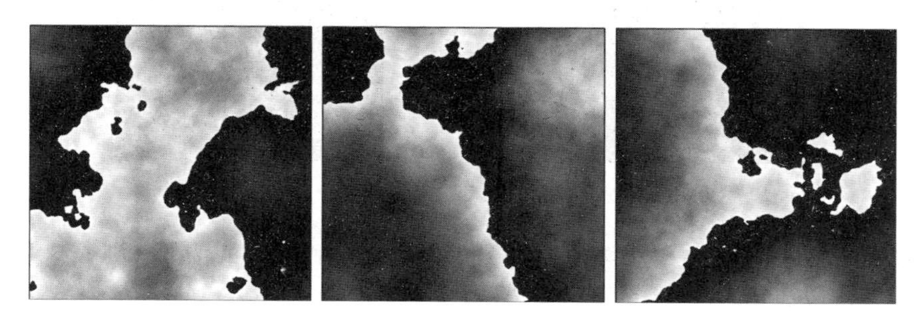

图 6.1.4 相同湍流强度($C_n^2=1\times10^{14}\ \mathrm{m}^{-2/3}$)下的不同大气湍流相位屏

6.2 大气湍流对涡旋光束的影响

6.2.1 激光在大气湍流中的传输效应

激光在大气湍流中传输时，会产生光强起伏、光束漂移、源像抖动以及光束拓展等效应。

1. 光强起伏

光强起伏，也称为光强闪烁，是指激光传输一段距离后，光强 I 围绕平均值随着时间产生随机起伏。这种变化是由激光在传输过程中，温度改变引起大气折射率变化引起的。

在科尔莫戈罗夫弱湍流中，局部均匀、各向同性的光强的对数方差为

$$\sigma_{\ln I}^2 = AC_n^2\kappa^{7/6}\Delta z^{11/6} \tag{6.2.1}$$

式中，A 为常数，对于球面波，$A=0.496$，对于平面波，$A=1.23$[12]。式(6.2.1)表明，$\sigma_{\ln I}^2$ 与传输距离 Δz 的 11/6 次方、空间波数 κ 的 7/6 次方和 C_n^2 成正比。但是需要注意的是，当传输距离较长和湍流强度较大时，式(6.2.1)会变得更为复杂，在此不作讨论。

2. 光束漂移

光束漂移是大气湍流中最常见的光束畸变，在传输一定距离后，垂直传输方向的平面内光束中心位置发生变化，如图 6.2.1 所示。光束偏移效应对激光雷达、激光测距和激光通信等工程应用具有较为严重的影响，故受到广泛的重视。

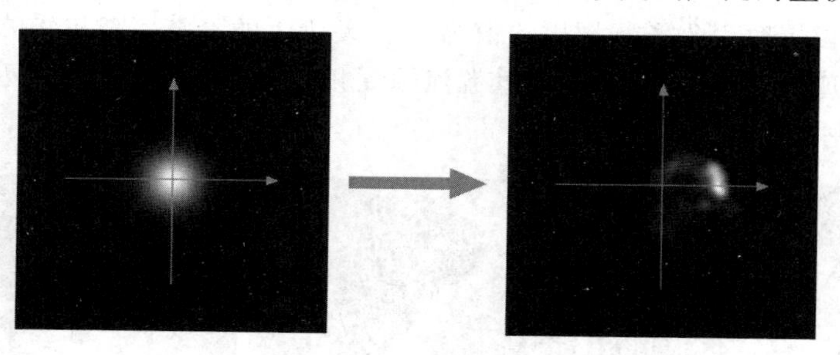

图 6.2.1　光束漂移

设水平光斑质心的漂移均方差为 σ_x^2，垂直方向上对应的为 σ_y^2，则光斑质心的漂移方差可以表达为

$$\sigma_r^2 = \sigma_x^2 + \sigma_y^2 \tag{6.2.2}$$

对于平面波和准直光束，当大气湍流强度均匀，即大气折射率结构常数 C_n^2 为定值时，光斑质心的漂移方差为

$$\sigma_r^2 = 2.03C_n^2D^{-1/3}\Delta z^3 \tag{6.2.3}$$

式中，D 为发散孔径。式(6.2.3)表明，光斑漂移与光波长无关，会聚光束由于发散孔径较小，其漂移小于准直光束。在强湍流条件下，由于光斑畸变严重，上述讨论将不再有意义。

3. 源像抖动

光束传输路径上的大气湍流导致了折射率随机变化，这影响了传输光束的平

均到达角,产生源像抖动。当光波传输经过均匀介质时,远场光场将具有均匀波前。而当光波在大气湍流中传输时,光束不同部位经过的大气折射率并不相同,使得波前不同部位产生了光程差,引起了相移。这些相移引起了等相面的形状变化和到达角的起伏,即像点的抖动。

4. 光束扩展

当激光通过湍流尺度较小的湍流时,会产生光束拓展。光束拓展分为短期扩展和长期扩展。在非常短的时间内,拍摄像平面上的光斑会出现展宽光束斑点,此时的展宽是由小湍流导致的。当采集的时间较长时,会得到光斑直径远大于短期扩展光束的光斑。这是由于大尺度湍流将导致光束产生折射效应,光斑中心位置发生变化,使得在长曝光的情况下得到不同位置光斑的叠加图像,成像效果显示为扩展后的光斑。当大气湍流较弱时,光斑会出现弥散,当大气湍流较强时,由于光束畸变比较严重,还会出现光斑破碎现象。

6.2.2 螺旋相位畸变

除了上述提到的四种传输效应外,涡旋光束由于具有螺旋形波前并携带有轨道角动量,因此还会产生其他更为复杂的效应。

涡旋光束经大气湍流传输时,其螺旋波前会发生畸变。图6.2.2给出了角量子数分别为+1、+3、+5的涡旋光束在三种不同大气湍流下强度传输1 km后的光强和相位分布图。涡旋光束的具体参数为,波长$\lambda=1550$ nm,基模束腰半径$\omega_0=7$ cm。三种大气湍流的大气折射率结构常数C_n^2分别为:1×10^{-13} $\mathrm{m}^{-2/3}$、1×10^{-14} $\mathrm{m}^{-2/3}$和1×10^{-15} $\mathrm{m}^{-2/3}$,由式(6.1.6)可算得它们的相干长度分别为1.97 cm、7.85 cm和31.24 cm。由于涡旋光束的光束尺寸大小与基模高斯光束满足式(1.4.7)给出的关系,即不同阶次的涡旋光束的光斑半径不同,因此参数d/r_0的值也不同。前面的讨论中已经提到,d/r_0越大,湍流对光束的影响也就越大。故可以预测,在同等条件下,高阶涡旋光束受湍流的影响比低阶要更大一些。

由图6.2.2可以看出,经过大气湍流传输后,不同阶次的涡旋光束均发生了一定程度的变化,具体表现为:光强方面,完美的中空环状结构开始变形,大气湍流越强,光强弥散越严重,当$C_n^2=1\times10^{-13}$ $\mathrm{m}^{-2/3}$时,已无法看出环状分布;相位方面,随着湍流强度的增强,光束横截面上的螺旋形相位分布出现不同程度的扭曲,湍流越强,扭曲越严重,当$C_n^2=1\times10^{-13}$ $\mathrm{m}^{-2/3}$时,已不能通过相位分布来直接确定其角量子数。

与单模涡旋光束类似,当多模混合涡旋光束经大气湍流传输时,亦会产生相位畸变。图6.2.3给出了波长$\lambda=1550$ nm、基模束腰半径$\omega_0=7$ cm的双模混合涡旋光束($|2\rangle+|6\rangle$)经过不同强度的大气湍流传输1 km后的强度和相位分布。通过图6.2.3可明显看出,随着湍流强度的增强,螺旋相位畸变越来越严重,当$C_n^2=$

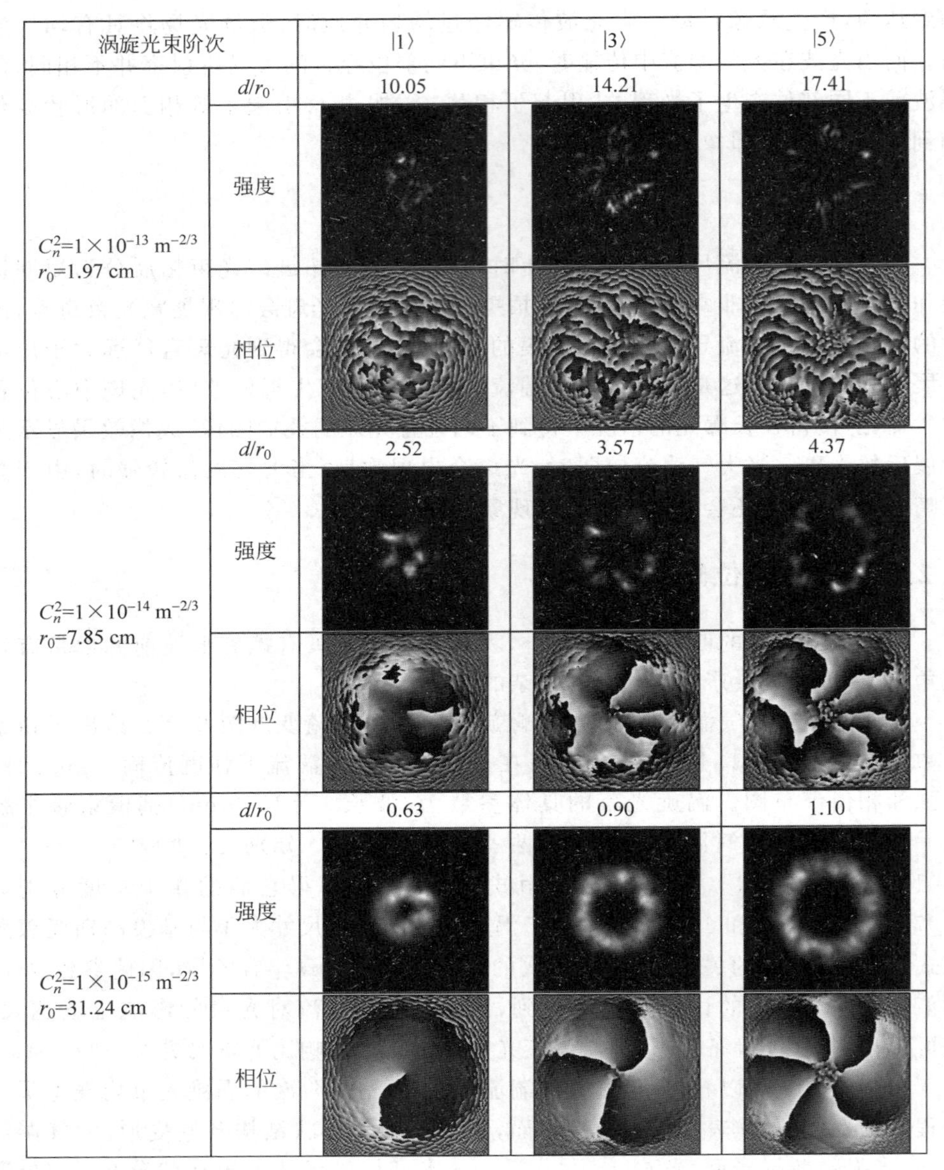

涡旋光束阶次		$\|1\rangle$	$\|3\rangle$	$\|5\rangle$
$C_n^2=1\times10^{-13}\ \mathrm{m}^{-2/3}$ $r_0=1.97$ cm	d/r_0	10.05	14.21	17.41
	强度			
	相位			
$C_n^2=1\times10^{-14}\ \mathrm{m}^{-2/3}$ $r_0=7.85$ cm	d/r_0	2.52	3.57	4.37
	强度			
	相位			
$C_n^2=1\times10^{-15}\ \mathrm{m}^{-2/3}$ $r_0=31.24$ cm	d/r_0	0.63	0.90	1.10
	强度			
	相位			

图 6.2.2 角量子数分别为＋1、＋3、＋5 的涡旋光束在三种不同大气湍流强度下传输 1 km 后的光强和相位分布图

$1\times10^{-13}\ \mathrm{m}^{-2/3}$ 时，螺旋相位已完全混乱。

本小节通过涡旋光束经大气湍流后的强度和相位分布，较直观地给出了大气湍流对涡旋光束螺旋相位的影响。然而，仅通过强度和相位分布还不能得到畸变涡旋光束的模式纯度，因此还需对经湍流前后轨道角动量谱的变化进行详细的分析。

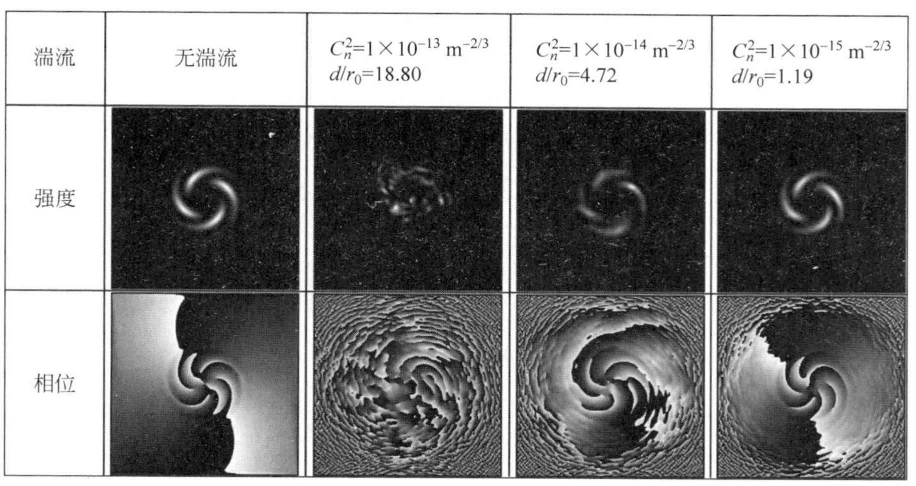

图 6.2.3　双模混合涡旋光束($|2\rangle+|6\rangle$)经过不同强度的大气湍流传输 1 km 后的强度和相位分布

6.2.3　轨道角动量谱展宽

大气湍流引起螺旋相位的畸变,而螺旋相位的畸变必然会使轨道角动量谱发生变化。这一变化具体表现为传输的期望模式的部分能量“泄露”到相邻的模式中,最终期望的模式所占比重降低,而无关模式比重显著提升,如图 6.2.4 所示,这一现象称为涡旋光束轨道角动量谱的展宽。

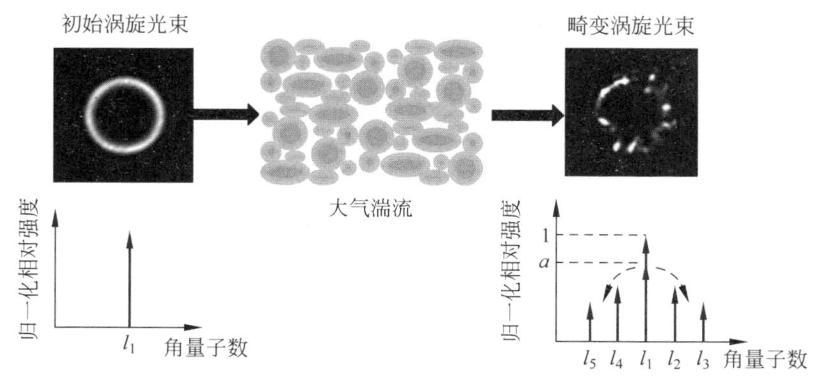

图 6.2.4　大气湍流引起轨道角动量谱展宽效应[13]
(请扫Ⅵ页二维码看彩图)

图 6.2.5 给出了对应图 6.2.2 的三种不同强度大气湍流 +1 阶、+3 阶和 +5 阶涡旋光束传输 1 km 后的轨道角动量谱,其横坐标均为角量子数,纵坐标为相对强度。这里轨道角动量谱由 5.5.1 节介绍的复振幅推演法计算得到。

由图 6.2.5 可以看出,大气湍流强度越强,轨道角动量谱的弥散越严重。当 $C_n^2=1\times10^{-13}\ \mathrm{m}^{-2/3}$ 时已无法直接通过轨道角动量谱得到涡旋光束的角量子数。

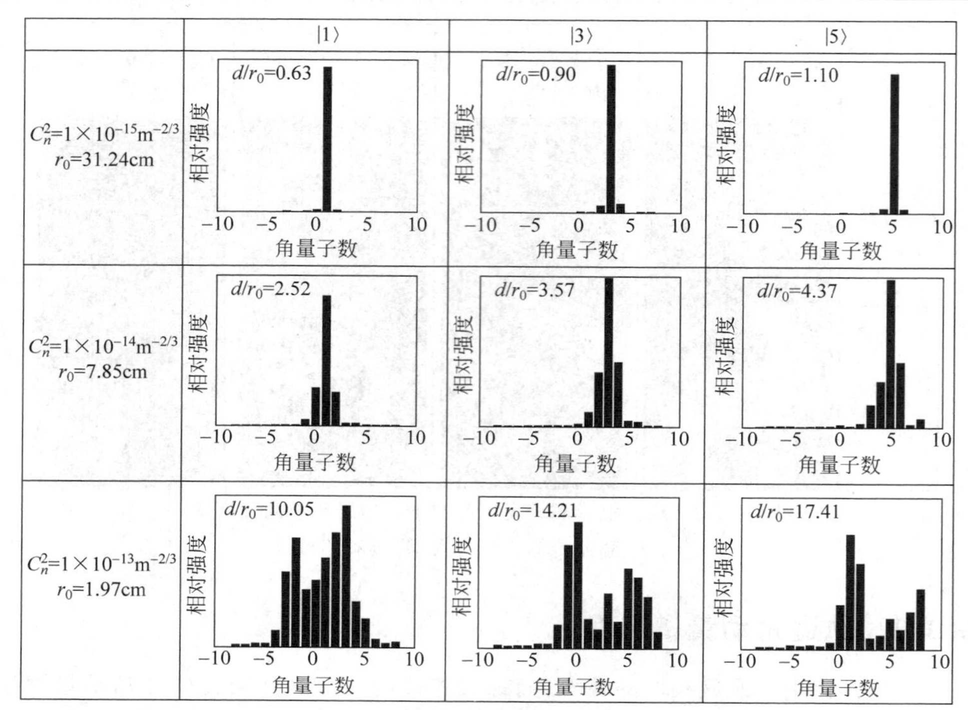

图 6.2.5　涡旋光束经不同强度大气湍流传输 1 km 后的轨道角动量谱

（请扫Ⅵ页二维码看彩图）

从横向进行比较可得，涡旋光束的阶次越高，参数 d/r_0 的值越大，湍流对涡旋光束的影响越大，轨道角动量谱弥散越严重。

图 6.2.6 给出了与图 6.2.3 相对应的双模混合涡旋光束(|2⟩+|6⟩)在不同强度大气湍流中传输 1 km 后的轨道角动量谱，其横坐标均为角量子数，纵坐标均为相对强度。可以看出，在较弱湍流($C_n^2=1\times10^{-15}\ \text{m}^{-2/3}$)下两种模式所受影响最小；$C_n^2=1\times10^{-14}\ \text{m}^{-2/3}$ 时 $l=6$ 的轨道角动量成分已经湮没，$l=2$ 阶成分虽然所占能量比例最高，但已与邻近阶次相差不大。这也再次印证了同等湍流强度下高

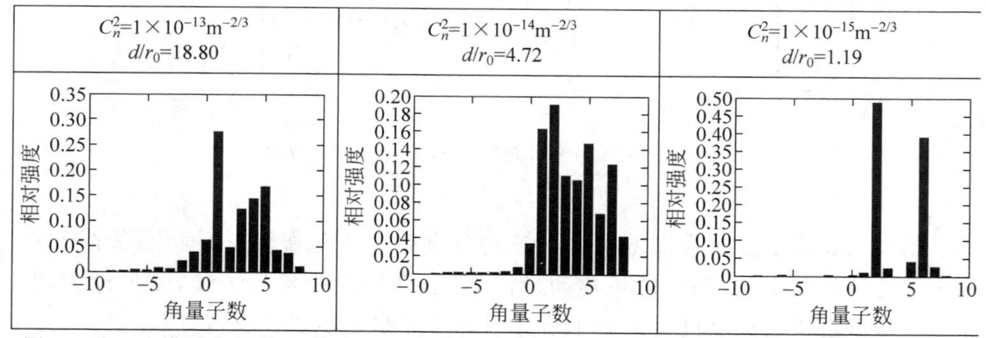

图 6.2.6　双模混合涡旋光束(|2⟩+|6⟩)经不同强度大气湍流传输 1 km 后的轨道角动量谱

（请扫Ⅵ页二维码看彩图）

阶轨道角动量成分受大气湍流的影响更大。

6.2.4　湍流对不同光场分布的涡旋光束的影响

单环拉盖尔-高斯光束和贝塞尔-高斯光束均是最常见的涡旋光束，它们都可以用在光通信等领域中。然而，由于它们的光场结构不同，其经大气湍流传输后，受到的影响或产生的畸变程度必然不同。本小节将从它们经湍流传输前后轨道角动量谱的变化的角度，来分析湍流对它们的影响。

由于大气湍流的折射率分布是一不断变化的量，在进行仿真计算时，为了能够较好地模拟出这一随机过程，可采取多湍流相位屏的形式。比如，若要模拟光束经大气折射率结构常数为 C_n^2 的湍流传输 L 距离，可生成 N 个 C_n^2 且传输距离为 L/N 的湍流相位屏，分别利用标量衍射理论依次计算光束经过这 N 个相位屏传输后的光场即可，如图 6.2.7 所示。通俗来讲，先计算初始光场经第一个湍流屏传输 L/N 后的光场，而后再利用这一光场作为初始光场，计算经第二个湍流屏传输 L/N 后的光场，依此类推，直到所有湍流屏全计算完毕为止。最终获得的衍射光场即光束经湍流传输 L 距离后的畸变光场。

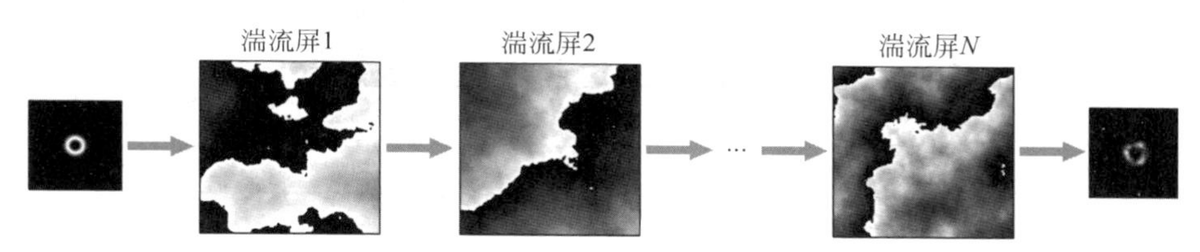

图 6.2.7　光束经大气湍流时的仿真计算过程

图 6.2.8 给出了 $l=3$ 时单环拉盖尔-高斯光束和贝塞尔-高斯光束经相同的湍流传输 1 km 前后的轨道角动量谱[14]。这里为了控制变量，将贝塞尔-高斯光束中心环与单环拉盖尔-高斯光束的束腰半径均设为 6 cm。可以预测，相比于拉盖尔-高斯光束，贝塞尔-高斯光束具有更为复杂的相位结构，故在经过湍流后，其螺旋相位畸变应更为严重。图 6.2.8 表明，在湍流较弱时($C_n^2=1\times10^{-15}\ \mathrm{m}^{-2/3}$)，两种光束的轨道角动量谱虽均有展宽，但它们的主要强度仍集中于 3 阶位置。另外，贝塞尔-高斯光束的强度要比单环拉盖尔-高斯光束小得多，表明此时贝塞尔-高斯光束受湍流的影响要更大一些。当湍流强度提升至 $C_n^2=1\times10^{-14}\ \mathrm{m}^{-2/3}$ 时，它们轨道角动量谱的展宽更为严重，但贝塞尔-高斯光束非传输模式的能量比重比拉盖尔-高斯光束高。当湍流强度进一步提升至 $C_n^2=1\times10^{-13}\ \mathrm{m}^{-2/3}$ 时，它们的轨道角动量谱已完全混乱，此时已不能分辨出所传输的模式。

图 6.2.9 为多模($|-6\rangle+|-2\rangle+|3\rangle+|7\rangle$)混合单环拉盖尔-高斯光束和贝塞尔-高斯光束经相同强度的湍流传输 1 km 前后的轨道角动量谱[14]，其中，同阶次的贝塞尔-高斯光束中心环的束腰半径与单环拉盖尔-高斯光束的束腰半径相同。图 6.2.9 所示的轨道角动量谱分布与图 6.2.8 相似，当 $C_n^2=1\times10^{-15}\mathrm{m}^{-2/3}$ 时，两

种光束的主要强度集中于所传输的模式，但贝塞尔-高斯光束的强度要比单环拉盖尔-高斯光束小得多。当湍流强度提升至 $C_n^2=1\times10^{-13}\,\mathrm{m}^{-2/3}$ 时，它们的轨道角动量谱均已完全混乱，所传输的模式湮灭在其他无关模式中。

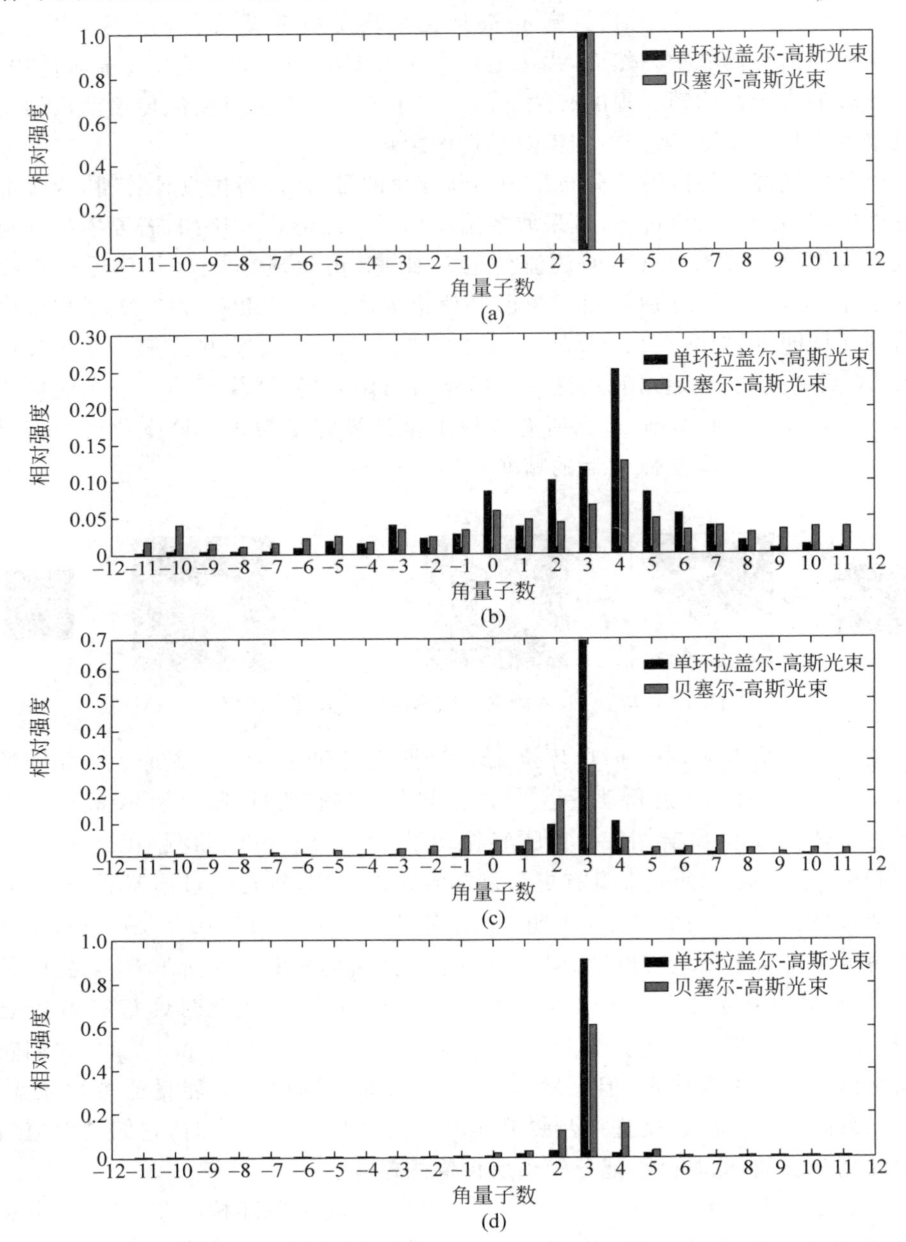

图 6.2.8　$l=3$ 时单环拉盖尔-高斯光束和贝塞尔-高斯光束经相同的湍流传输 1 km 前后的轨道角动量谱

(a) 经大气湍流传输前；(b)～(d) 经 C_n^2 为 $1\times10^{-13}\ \mathrm{m}^{-2/3}$，$1\times10^{-14}\ \mathrm{m}^{-2/3}$ 和 $1\times10^{-15}\ \mathrm{m}^{-2/3}$ 的大气湍流传输后[14]

(请扫Ⅵ页二维码看彩图)

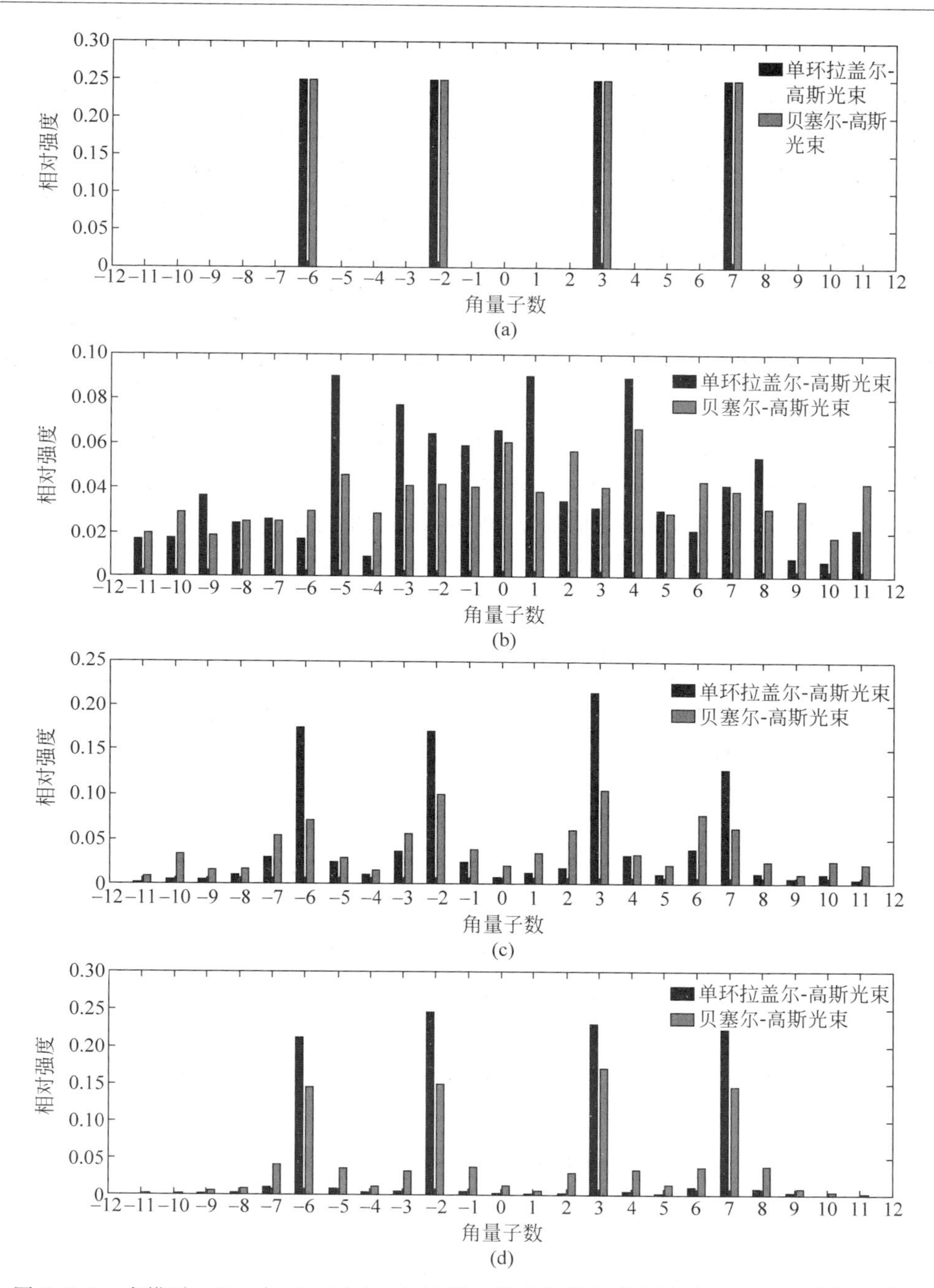

图 6.2.9　多模(|−6⟩+|−2⟩+|3⟩+|7⟩)混合单环拉盖尔-高斯光束和贝塞尔-高斯光束经相同强度的湍流传输 1 km 前后的轨道角动量谱

(a) 经大气湍流传输前；(b)～(d) 经 C_n^2 为 $1\times10^{-13}\ \mathrm{m}^{-2/3}$，$1\times10^{-14}\ \mathrm{m}^{-2/3}$ 和 $1\times10^{-15}\ \mathrm{m}^{-2/3}$ 的大气湍流传输后传输后[14]

（请扫Ⅵ页二维码看彩图）

图 6.2.8 和图 6.2.9 的结果表明，在同阶次的贝塞尔-高斯光束中心环的束腰半径与单环拉盖尔-高斯光束的束腰半径相同的情况下，经相同的大气湍流传输后，贝塞尔-高斯光束的波前畸变更严重。其原因可以理解为，由于贝塞尔-高斯光束具有旁瓣结构，因此其光束尺寸要比单环拉盖尔-高斯光束大得多，即贝塞尔-高斯光束的 d/r_0 参数值更大，受湍流的影响也越大。由此也可推得，在保证拉盖尔-高斯光束中心环尺寸不变时，增加其环数(即改变径向量子数 p 值)，则其波前畸变的程度会变大。图 6.2.10 是单模($l=3$)时，在相同的大气湍流中传输 1 km 的情况下，传输模式的模式纯净度随径向量子数的变化散点图。**模式纯净度即所期望的模式占涡旋光束包含的所有模式的比重**。图 6.2.10 中，虚线表示同等条件下贝塞尔-高斯光束的模式纯净度。可以看出，随着 p 的增大，拉盖尔-高斯光束的环数增加，光束尺寸变大，模式纯净度下降。当 $p=9$ 时，模式纯净度与贝塞尔-高斯光束相同，并在 $p=10$ 时不再明显减小，这是由于此时拉盖尔-高斯光束与贝塞尔-高斯光束的光束尺寸几乎相同，使得它们的 d/r_0 参数几乎相同，受湍流的影响也基本一致。

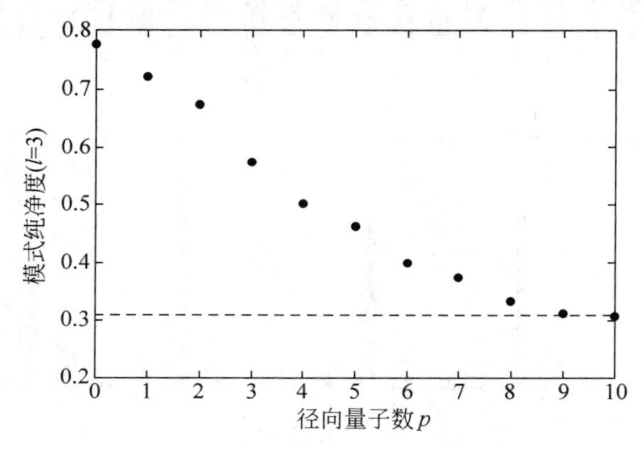

图 6.2.10　拉盖尔-高斯光束经大气湍流传输后所期望的模式的纯净度与其径向量子数 p 间的关系[14]

6.3　自适应光学畸变校正技术简介

受大气湍流的影响，涡旋光束必会产生不同程度的波前畸变，进而使得轨道角动量谱展宽，这十分不利于实际的应用。比如，在光通信技术中表现为误码率的显著上升，通信系统的性能下降；另外，宇宙中天体辐射光线的轨道角动量谱可用来判断其运动状态，观测时地球表面的大气湍流必将对观测结果造成严重的影响。因此，必须引入自适应光学技术(adaptive optics)来对畸变的螺旋波前进行校正，使其轨道角动量谱恢复到无畸变时的状态，如图 6.3.1 所示。

自适应光学校正技术以恢复光学波前为目标，能够自动对光学波前进行实时地测量、控制以及补偿，从而达到改善光场质量的目的。一般的自适应光学系统由

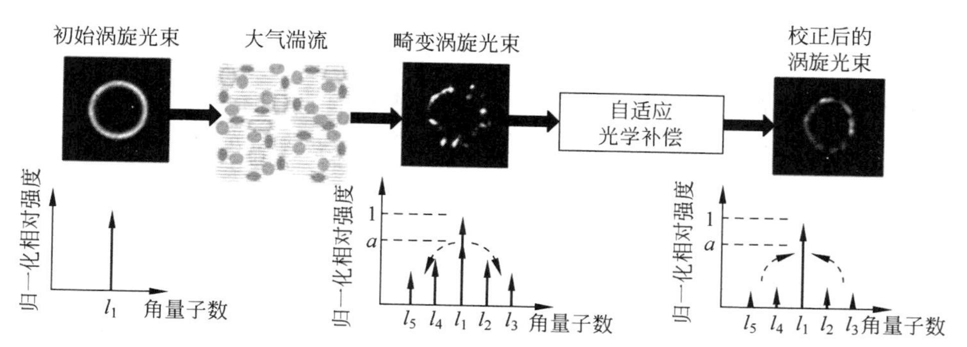

图 6.3.1　畸变涡旋光束的自适应光学校正[15]

（请扫Ⅵ页二维码看彩图）

波前探测器、波前控制器和波前校正器三个基本的部分组成，如图 6.3.2 所示。其中，波前传感器用于接收光场信息，可实时得到光场的波前误差；波前控制器用于得到波前传感器所分析得出的波前误差，然后据此转换成对波前校正器的控制信号，并传递给波前校正器；波前校正器是一种可以快速改变光波相位的相位控制设备，一般是变形镜或者纯相位液晶空间光调制器，波前控制器的控制信号控制波前校正器来为畸变光场引入补偿相位，以达到校正波前畸变的目的。

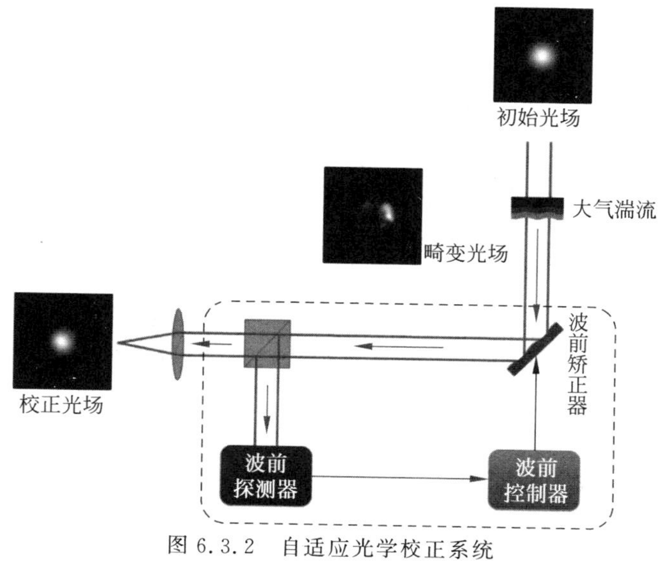

图 6.3.2　自适应光学校正系统

（请扫Ⅵ页二维码看彩图）

通过波前传感器来得到光场波前畸变信息的方法可称为波前相位的直接测量法。目前有多种波前传感器可供选择：夏克-哈特曼波前传感器、曲率波前传感器、线性相位波前传感器以及如泰曼-格林干涉仪、斐索干涉仪、剪切干涉仪等干涉法测量波前相位的传感器。利用夏克-哈特曼波前传感器来探测畸变波前，由于其光路设计相对简单、光源相干性要求低、检测动态范围大、技术成熟，因此得到了广泛的应用。曲率波前传感器的原理是通过接收系统前后离焦面的光强，根据相应的算法得到波前相位和曲率信息，其缺点在于，对中高频波前畸变的探测比较困难；线性相位波前传感器是通过测量畸变波前通过系统后远场的光强分布计算得到相位信息，缺点是应用范围小，不适用于探测大尺度畸变波前；干涉仪波前传感器需测量干涉条纹，测量精度要高于前几种波前传感器，但是对光路调整、实验环境等的要求很高，限制了在实际波前探测的应用。

除此之外，通过光场的光强分布来反推相位信息的方法称作波前相位的间接测量法，主要包括GS(Gerchberg-Saxton)相位恢复算法、随机并行梯度下降算法等。

波前校正器是波前校正的执行者，是自适应光学系统的核心部件。波前校正器的工作方式通常有两种：一种是通过控制光学元件的面形来调整光程，主要代表是变形镜；另一种是控制元件的折射率变化来实现光波波前的相位调制，主要代表是液晶空间光调制器。在各种变形镜中，连续表面分离驱动变形镜具备波前拟合、误差小、光能利用率高、易于抛光镀膜等优点，是目前使用最广的波前校正器。而液晶作为近年来非常热门的材料，在光场控制方面的研究中获得了很多的应用。在3.3.1节已经提到，液晶空间光调制器能对光场进行$0\sim2\pi$的相位调制，通过加载灰度图像即可方便地进行光场的控制，而且空间分辨率较高，使得其在自适应光学校正领域具有重要的应用前景。

6.4 夏克-哈特曼补偿方法

6.4.1 夏克-哈特曼波前传感器基本原理

夏克-哈特曼波前传感器(Shack-Hartmann wavefront sensor)由微透镜阵列和CCD相机组成，且CCD相机的像面与微透镜阵列的像方焦平面重合，如图6.4.1所示。当光场经过微透镜阵列时，入射到每个微透镜的子波前都被微透镜聚焦在像方焦平面上，如果入射光场波前为理想的平面波，则经过每一个微透镜的光束均聚焦于焦点处，CCD将接收到一个理想的点阵。如果入射光束存在波前畸变，即非平面波前时，经过不同微透镜的光束的聚焦光斑将偏离焦点，且不同位置的子聚焦点的偏移量各不相同。此时只需测得每个子光斑的位置信息，得到各部分子波前焦点的偏移量，通过光波波前重构理论算法即可进行光场波前的重构。

6.4.2 基于夏克-哈特曼方法的畸变涡旋光束补偿

夏克-哈特曼波前传感器可以十分快速准确地测出平面波前的畸变情况，是当前波前探测的主要手段之一。然而，对于涡旋光束，其具有螺旋形波前，且由于光束中心具有相位奇点而没有光强，使得夏克-哈特曼波前传感器无法对其光波前进行探测，因此也就无法利用传统的夏克-哈特曼方法对涡旋光束进行畸变校正。

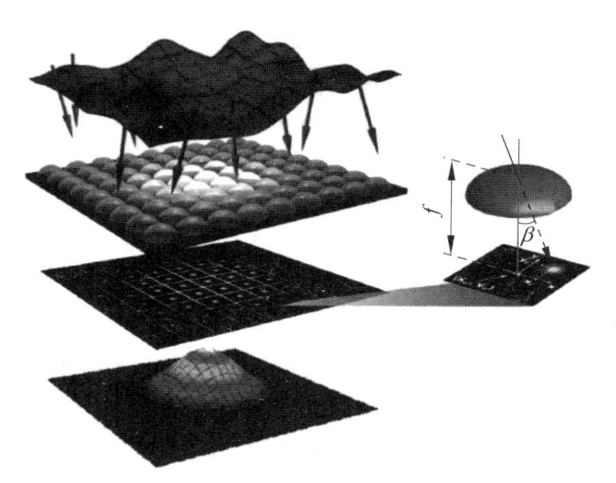

图 6.4.1　夏克-哈特曼波前传感器原理图[3]
（请扫Ⅵ页二维码看彩图）

为了解决这一问题，研究人员开发出一种引入高斯光束探针的解决方案，有效解决了波前传感器无法探测螺旋波前的问题，实现了涡旋光束的自适应畸变补偿[15-17]。其原理如图 6.4.2 所示，首先采用一扩束后的基模高斯光束作为探针，要求其束腰半径比涡旋光束大，而后通过偏振正交的形式与涡旋光束同轴合束。则当合束后的光束经大气湍流传输时，其所包含的基模高斯光束和涡旋光束经历了相同的湍流，被引入了相同的畸变。因此，只要通过夏克-哈特曼波前传感器测出基模高斯光束的波前，则计算出的校正补偿相位屏对于传输的涡旋光束同样有效。因此，在接收端置入一如偏振分光棱镜、沃拉斯顿棱镜等的偏振分光器件，将作为探针的基模高斯光束与涡旋光束相分离，通过探测基模高斯光束的畸变波前，即可推算出适用于畸变涡旋光束的校正相位屏，实现对畸变涡旋光束的补偿。

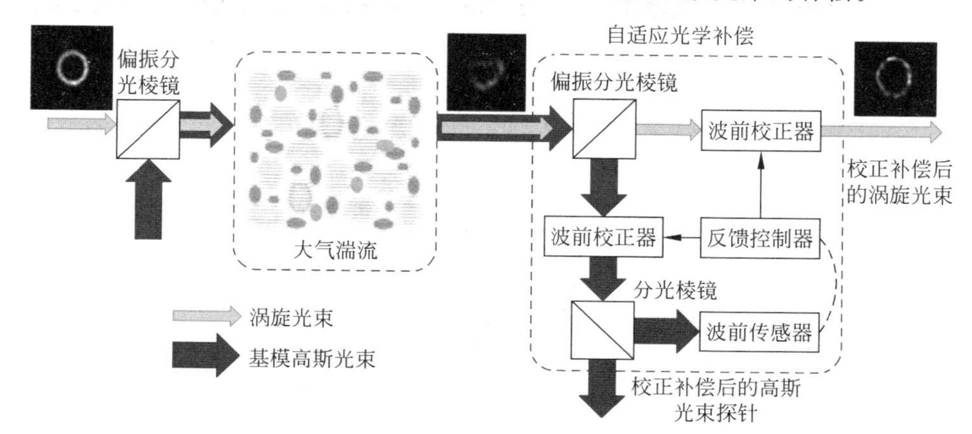

图 6.4.2　基于高斯光束探针和夏克-哈特曼方法的畸变涡旋光束补偿原理图[15]
（请扫Ⅵ页二维码看彩图）

图 6.4.3 给出了利用探针和夏克-哈特曼方法补偿前后畸变涡旋光束的光场强度分布。可以看出,校正前涡旋光束产生较为严重的畸变,环形光场被完全破坏。校正后强度分布恢复为具有中空结构的环形。仅仅通过光场强度分布,还不能确定校正补偿的效果。轨道角动量谱的展宽必然会使相邻模式的能量比例发生变化,因此可通过这一现象来评价对畸变涡旋光束自适应校正的效果。图 6.4.4 为实验测得的+5 阶涡旋光束传输时,在自适应补偿前后邻近模式(+6 阶和+7 阶)的强度变化。在自适应校正前,+6 阶模式和+7 阶模式的强度比校正后要高很多,其原因是校正前轨道角动量谱的展宽较为严重,而校正后轨道角动量谱展宽有了明显的改善,使得相邻模式的能量比例显著降低,最大降低了 20 dB 左右。另外校正前+6 阶模式的强度比+7 阶要高,说明在湍流下轨道角动量谱发生展宽时,“泄露”到相邻模式的能量要比其他无关模式多一些。需要注意的是,大气湍流是一个随机过程,在相同的强度下也可具有不同的折射率或相位分布(即式(6.1.13)中的随机复矩阵),这意味着仅通过一组实验数据无法完全表征自适应光学系统对畸变涡旋光束的补偿情况。因此图 6.4.4 给出了 10 种不同的湍流情形,虽然它们的强度均相等,但它们具有完全不同的折射率或相位分布,以此来评价自适应光学校正效果。

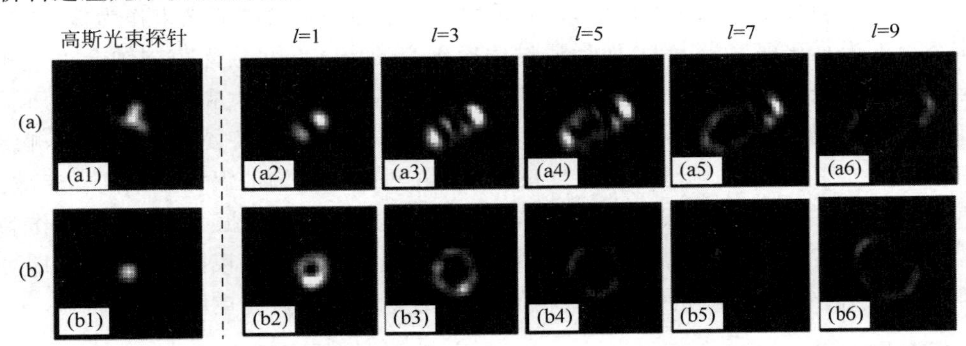

图 6.4.3 基于高斯光束探针和夏克-哈特曼方法对畸变涡旋光束校正前后的光场强度分布[15]

(a) 校正前;(b) 校正后

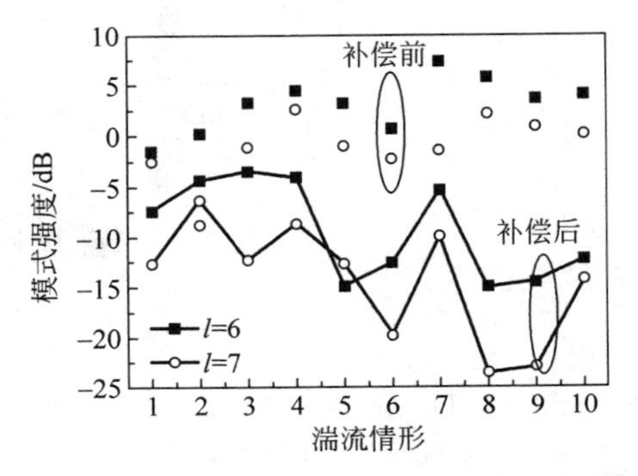

图 6.4.4 在大气湍流中传输+5 阶涡旋光束时,校正前后相邻模式的能量比例变化[15]

前面介绍的方法是在接收端对畸变涡旋光束进行畸变校正，这种畸变校正方式称为后向补偿(post-compensation)。除此之外，还有一种称为预补偿(pre-compensation)的畸变校正方式，即在系统发射端先引入湍流补偿相位，而后再经大气湍流传输，此时补偿相位屏可看作先引入"畸变"，而实际的大气湍流则用来"补偿"。这两种补偿方式的关系如图6.4.5所示。

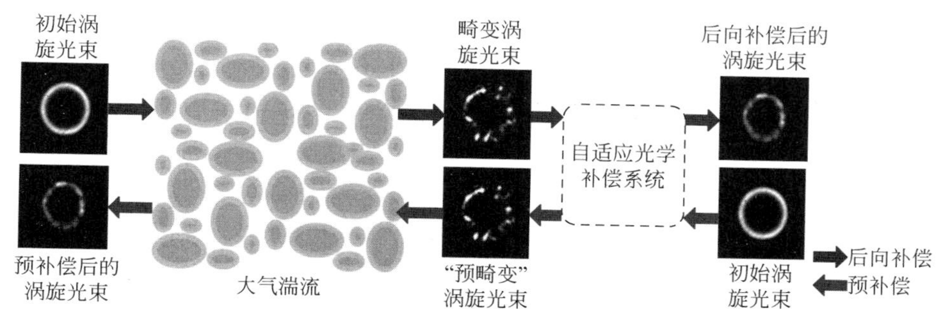

图6.4.5　畸变涡旋光束的后向补偿与预补偿的关系[16]
(请扫Ⅵ页二维码看彩图)

图6.4.6为实验测得的+5阶涡旋光束经大气湍流传输，后向补偿与预补偿前后传输模式($l=5$)的模式强度变化情况。这里采用的自适应光学校正方法仍基于高斯光束探针和夏克-哈特曼波前探测。可以看出后向补偿系统的补偿性能优于预补偿系统，在部分湍流情形下模式强度差异大于1 dBm。理论上，在相同的湍流情况下，对于一个完全对称的光路系统来说，后向补偿与预补偿应该具有相同的补偿性能，图6.4.6显示的实验测得的两个系统之间的性能差异主要是由于光路系统的不对称性或偏差所产生的。

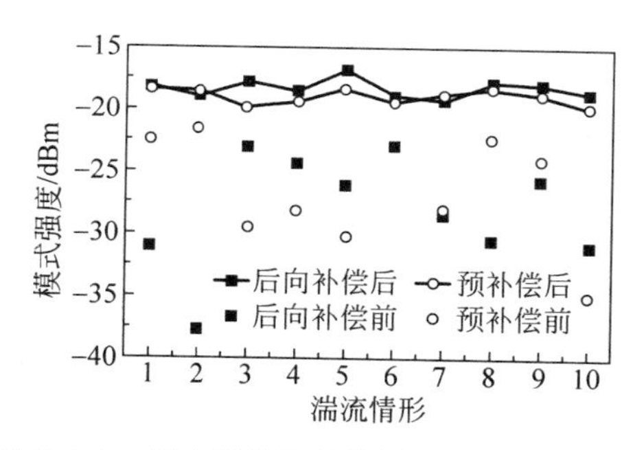

图6.4.6　后向补偿与预补偿的效果对比图[16]

这种基于高斯光束探针和夏克-哈特曼波前传感的畸变补偿方法除了可用于校正畸变的单模涡旋光束外，对多模混合涡旋光束同样有效[17]。图6.4.7给出了畸变的四模混合涡旋光束($|-15\rangle+|-10\rangle+|10\rangle+|15\rangle$)经此方法校正前后传输模式的强度变化。图6.4.7表明，无论是在较强的湍流($r_0=1$ mm)还是较弱的湍流($r_0=4$ mm)情况下，校正后各个传输的模式的强度均能达到-18 dBm左右，只

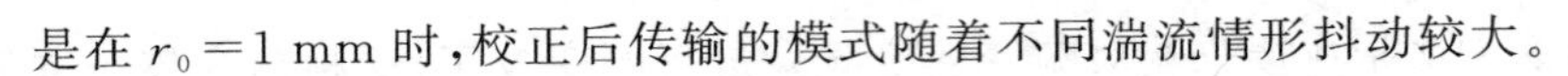

是在 $r_0=1$ mm 时，校正后传输的模式随着不同湍流情形抖动较大。

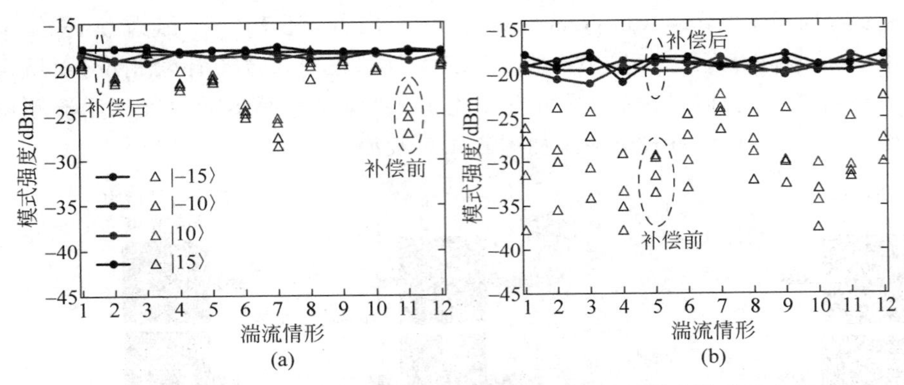

图 6.4.7　畸变多模混合涡旋光束在补偿前后传输的模式的强度变化

(a) 大气相干长度 $r_0=4$ mm；(b) 大气相干长度 $r_0=1$ mm[17]

（请扫Ⅵ页二维码看彩图）

本节介绍的基于高斯光束探针和夏克-哈特曼波前传感的畸变涡旋光束校正方法，对于单模涡旋光束和多模混合涡旋光束均能达到很好的校正效果，校正后模式纯净度有了明显的提升，且对轨道角动量谱的展宽有了很好的抑制。这种方法的缺点是需要引入额外的探针光束，使光路系统较为复杂；另外，由于夏克-哈特曼波前传感器较为昂贵，使整个系统的成本较高。

6.5　GS 相位恢复算法

6.5.1　GS 相位恢复算法基本原理

在本书 4.2.2 节已经介绍了 GS 算法，它可以实现根据已知的输入平面上光场振幅分布和要求的输出平面上光场振幅分布，计算得到所需的输入平面上的光场相位分布，最终使光学系统能够按照我们所需的要求调制入射光束。

大气湍流对激光束的作用，可以看成是一相位型衍射光栅——大气湍流相位屏对光束的调制。即经过大气湍流后的畸变光束，实际上是初始光束经大气湍流相位屏的衍射场。根据 GS 算法的特性，可以根据初始光场和接收端畸变光场的强度分布，计算输入平面上光场的相位分布，使初始光束经一次相位衍射后，可生成接收端的畸变光束。这意味着 GS 算法算得的相位分布，与大气湍流相位屏起到了相同的作用，也即在经大气湍流传输前，先引入 GS 算法算得相位的反相，即可抵消大气湍流的效果，进而实现畸变光束的预补偿，这就是 GS 相位恢复算法的基本原理。

图 6.5.1 给出了利用 GS 相位恢复算法计算预补偿相位屏 $D(x,y)$ 的算法流

程。在GS算法迭代的过程中，涉及初始光场与位于接收平面的畸变光场间的衍射迭代运算，当初始衍射平面与接收平面间为有限距离时，这一迭代过程可通过2.3节提到的角谱衍射理论实现：从初始光场 $E_0(x,y)$ 到畸变光场 $E_d(x,y)$，其角谱运算为

$$E_d(x,y)=E_0(x,y)*H_A(f_x,f_y) \tag{6.5.1}$$

式中，$H_A(f_x,f_y)$ 为角谱传递函数（式(2.3.9)），* 表示卷积运算。而从畸变光场 $E_d(x,y)$ 到初始光场 $E_0(x,y)$ 需进行角谱逆运算：

$$E_0(x,y)=E_d(x,y)*H_A^*(f_x,f_y) \tag{6.5.2}$$

而当接收平面位于无穷远时，此时满足夫琅禾费衍射条件，衍射迭代计算可简单的通过傅里叶变换和傅里叶反变换进行。

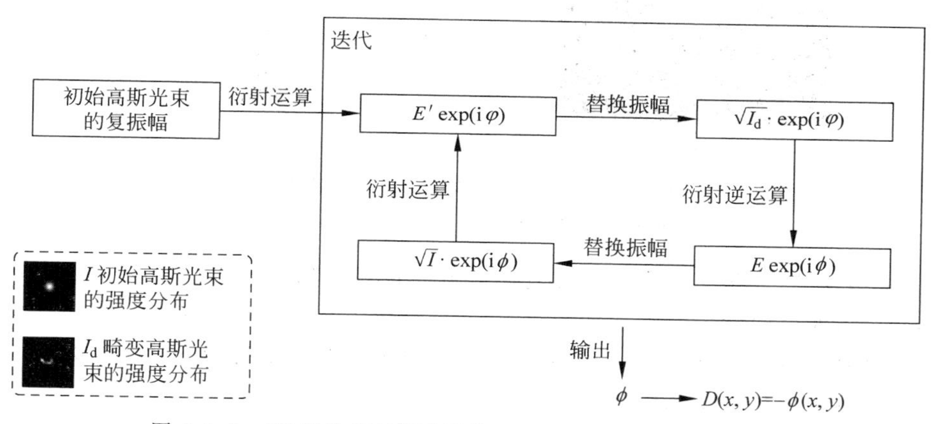

图 6.5.1　GS相位恢复算法计算预补偿相位屏的算法流程图

图6.5.2给出了已知畸变的和初始高斯光束强度分布，利用GS相位恢复算法计算得到的预校正补偿相位屏，同时也给出了预补偿前后的高斯光束的轨道角动量谱。其中，大气折射率结构常数 $C_n^2=1\times10^{-13}\ \mathrm{m}^{-2/3}$，参数 $d/r_0=1.79$。图6.5.1中，经GS相位恢复算法算得的预补偿相位校正后，基模高斯光束的轨道角动量谱的展宽效应被明显改善，主要能量均集中到 $l=0$ 的位置。

与夏克-哈特曼波前传感方法不同，GS算法只需输入初始和畸变的光场强度分布即可。在实际的自适应系统中只要一面阵探测器就可实现，而无需置入夏克-哈特曼波前传感器，大大降低了系统的成本。由于利用GS相位恢复算法进行畸变光束的校正补偿无需进行波前探测，因此也被称为无波前探测的自适应光学校正。

6.5.2　有探针校正

基于GS相位恢复算法的有探针校正法，其主要思想与6.4节介绍的夏克-哈特曼方法相同，如图6.5.3所示，即采用一束腰半径比传输的涡旋光束大的基模高

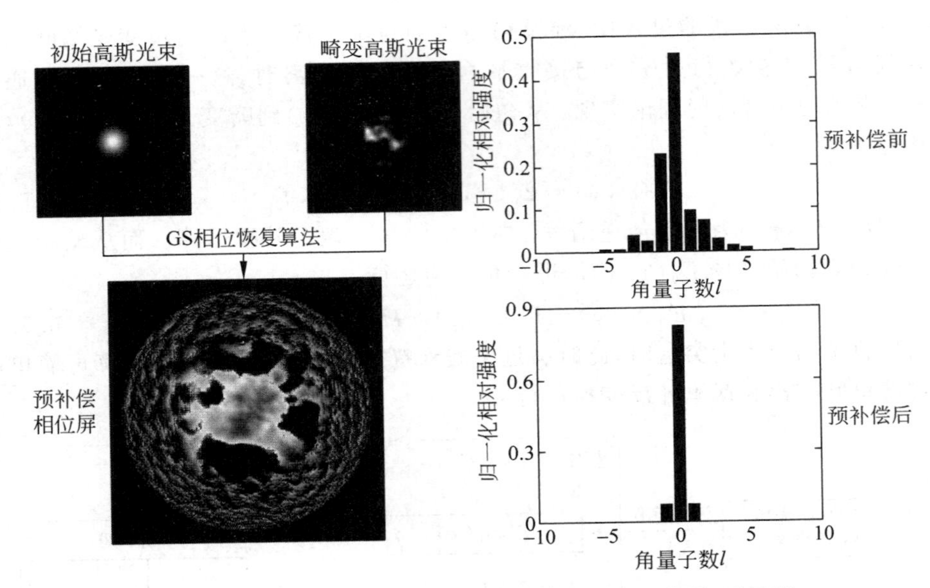

图 6.5.2　GS 相位恢复算法算得的畸变预校正相位屏，以及预补偿前后高斯光束轨道角动量谱的变化

斯光束为探针，将其与涡旋光束通过偏振分光棱镜等器件以偏振正交的方式同轴合束，当合束后的光束经大气湍流传输时，其所包含的基模高斯光束和涡旋光束经历了相同的湍流并被引入了相同的畸变。这时可由畸变和初始高斯光束的光场强度分布，计算出预补偿相位屏，实现对涡旋光束的预校正[18,19]。

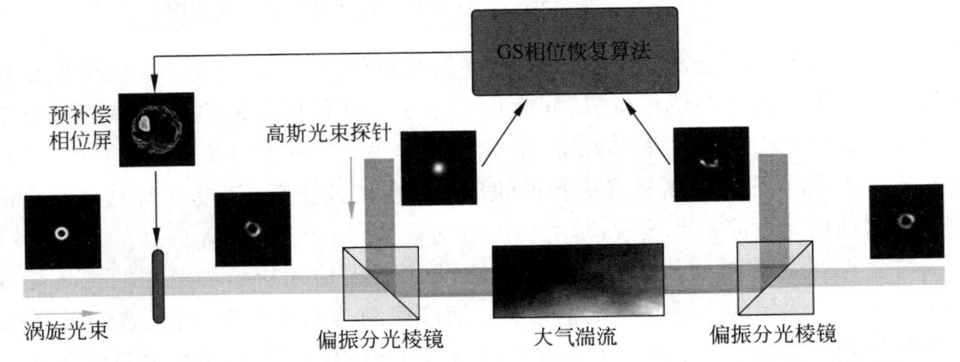

图 6.5.3　基于高斯光束探针和 GS 相位恢复算法的畸变涡旋光束校正原理图[18]
（请扫Ⅵ页二维码看彩图）

图 6.5.4 给出了实验测得 100 次迭代计算下的 +2 阶和 +4 阶单模涡旋光束经 GS 相位恢复算法预校正前后模式纯净度的变化，其中湍流强度 $r_0=1.4$ mm，对于 +2 阶涡旋光束，参数 $d/r_0=2.47$，对于 +4 阶涡旋光束，参数 $d/r_0=3.19$。可以看出，校正后模式纯净度有了明显的提升，在 8 种不同的湍流情形下均可提升

至85%以上[18]。由于计算预补偿相位屏时,只需要用到作为探针的初始和畸变的高斯光束的强度分布,因此这种方法也可用来校正畸变的多模混合涡旋光束。图6.5.5给出了100次迭代下双模混合涡旋光束(|−4⟩+|4⟩)在预校正前后各个轨道角动量成分强度比例的变化,此时 $r_0=1.4$ mm,参数 $d/r_0=3.19$。在没有湍流时,无关模式也出现了强度分布,其原因是这里测量各个模式的强度时,采用反模式转换法,即引入反相涡旋相位结合小孔滤出中心亮斑再测功率获得,这一过程与5.5.2节介绍的灰阶算法十分相似,在小相邻模式间隔(这里为1)时必然会引入模式间串扰。然而,这种串扰对观测预校正效果没有任何影响,因为只要校正后的各个模式的强度与无湍流时基本一致,就可以得出校正效果很好的结论。

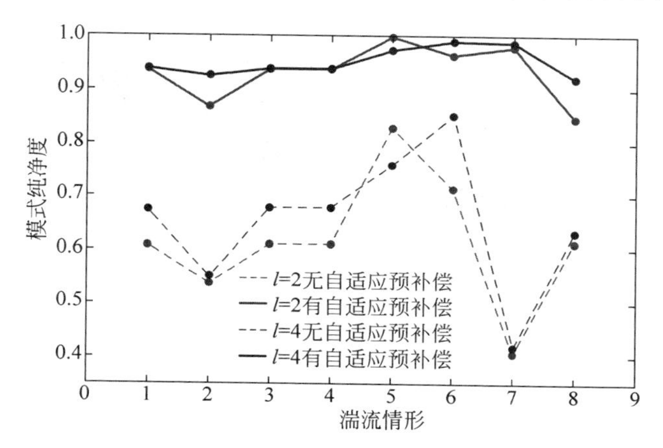

图6.5.4 单模涡旋光束经GS相位恢复算法预校正前后模式纯净度的变化[18]

(请扫Ⅵ页二维码看彩图)

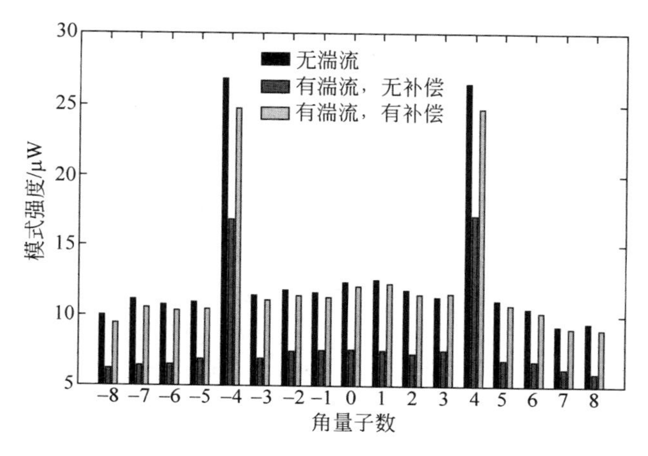

图6.5.5 双模混合涡旋光束在预校正前后各个轨道角动量成分强度比例的变化[19]

(请扫Ⅵ页二维码看彩图)

利用GS相位恢复算法计算预补偿相位屏的过程中，需要不断的迭代。而预校正的效果与迭代次数相关。图6.5.6给出了实验测得的畸变+2阶涡旋光束的模式纯净度随迭代次数的变化，同时也给出了部分迭代次数下涡旋光束的强度分布。由此可以看出，对于单模涡旋光束，计算预补偿相位屏时，迭代次数在70次就可以达到较为理想的校正效果，此时模式纯净度已提升至90%。

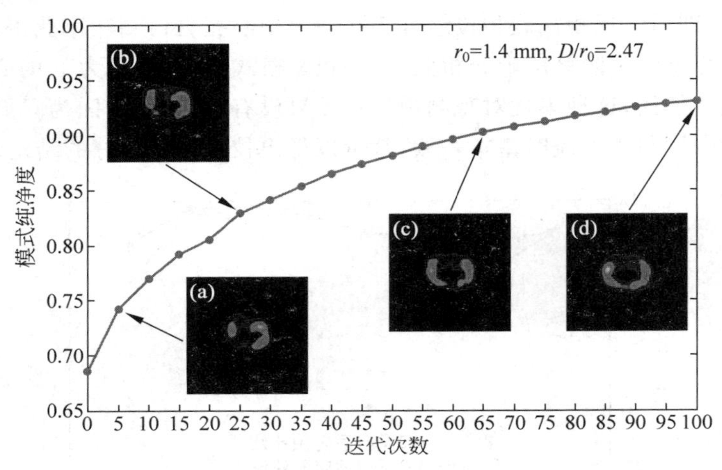

图6.5.6　畸变+2阶涡旋光束的模式纯净度随迭代次数的变化[18]

（请扫Ⅵ页二维码看彩图）

6.5.3　无探针校正

在利用夏克-哈特曼波前传感方法进行畸变涡旋光束的自适应光学校正时，必须引入探针光束，因为波前传感器无法直接探测畸变的螺旋波前。对于GS相位恢复算法来说，除了引入额外的探针光束外，还可直接对畸变的涡旋光束操作，通过畸变的涡旋光束强度分布直接算出预补偿相位屏，如图6.5.7所示[19]。这种无探针的方法不需引入其他探针光束，大大简化了自适应校正系统的复杂程度。图6.5.8给出了GS相位恢复算法直接处理畸变涡旋光束的流程图，与有探针时不同，此时在迭代的过程中，必须考虑涡旋光束的螺旋相位，最后用传输的涡旋光束的螺旋相位减去由GS相位恢复算法输出的相位，即可得到预补偿相位屏$C(x,y)$。

图6.5.9给出了GS相位恢复算法无探针校正前后畸变涡旋光束的光场强度分布，湍流较强($r_0=1$ mm)时，涡旋光束的畸变较为严重，预校正后光斑恢复较为明显，在湍流较弱($r_0=3$ mm)时，也可看出预校正的效果。图6.5.10为+2阶和+3阶涡旋光束在预补偿前后模式纯净度的变化，其中，$r_0=1$ mm时，+2阶和+3阶的d/r_0值分别为3.46和4；$r_0=1$ mm时，+2阶和+3阶的d/r_0值分别为1.15和1.33。另外，在计算预补偿相位屏时，迭代了100次。图6.5.10给出的模式纯净度在补偿后有了明显的改善，预补偿后均提升至85%以上，验证了在

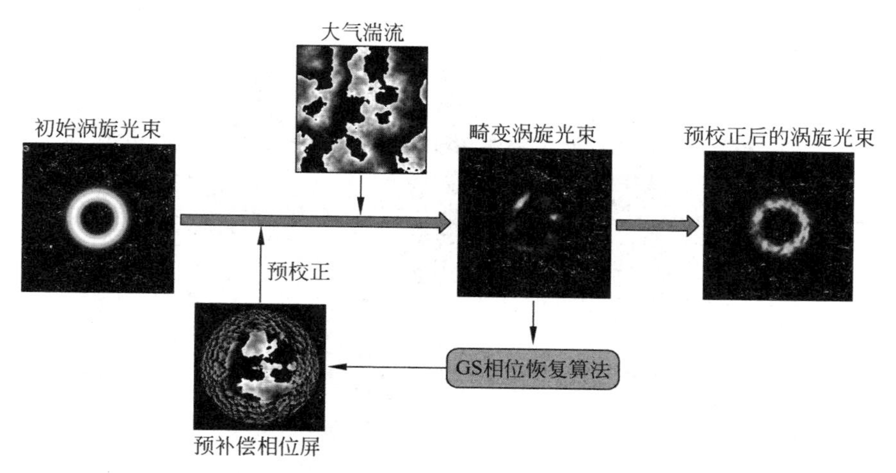

图 6.5.7　基于 GS 相位恢复算法的畸变涡旋光束无探针校正原理图[19,20]
(请扫Ⅵ页二维码看彩图)

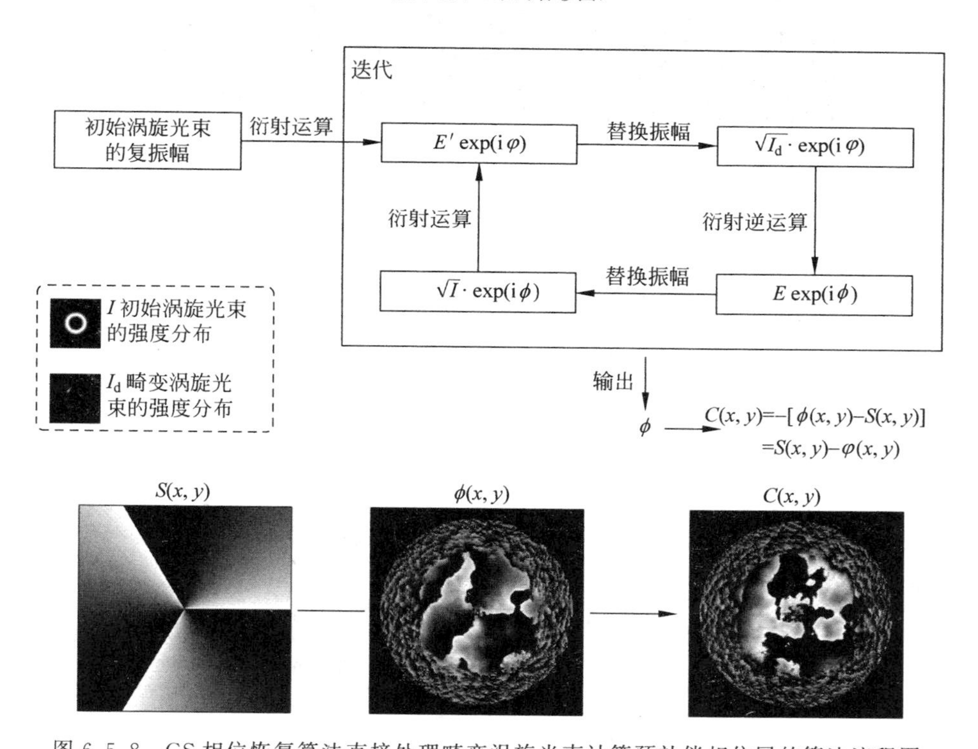

图 6.5.8　GS 相位恢复算法直接处理畸变涡旋光束计算预补偿相位屏的算法流程图

不引入高斯光束探针时，GS 相位恢复算法亦可实现较为理想的自适应畸变预校正。

图 6.5.11 所示为无探针时利用 GS 算法预校正实验测得的畸变 +2 阶涡旋光

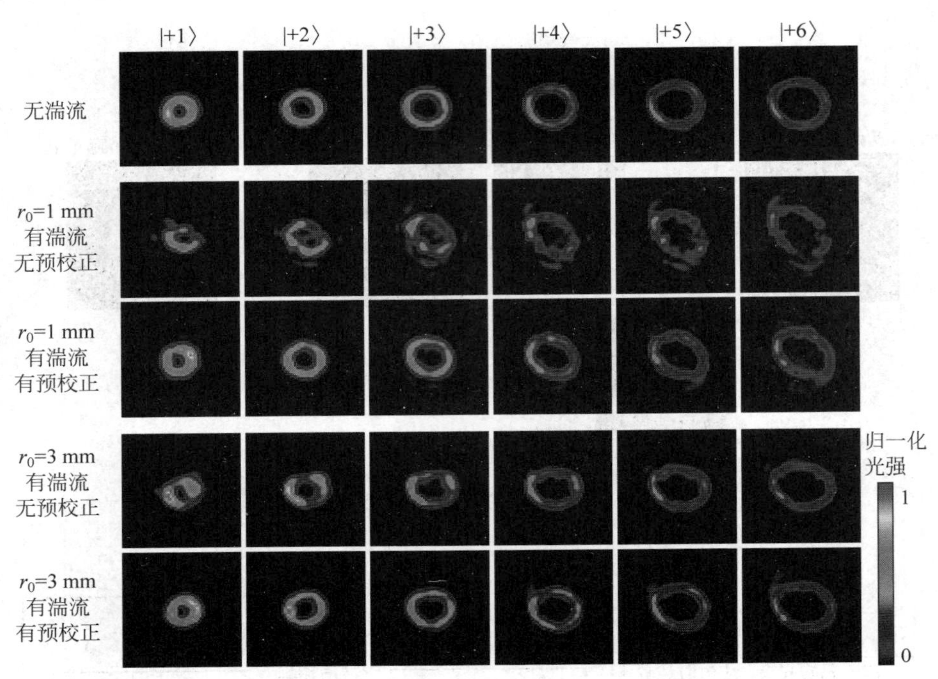

图 6.5.9　不同湍流强度下，涡旋光束经 GS 相位恢复算法无探针校正前后畸变的光场强度分布[19]

（请扫Ⅵ页二维码看彩图）

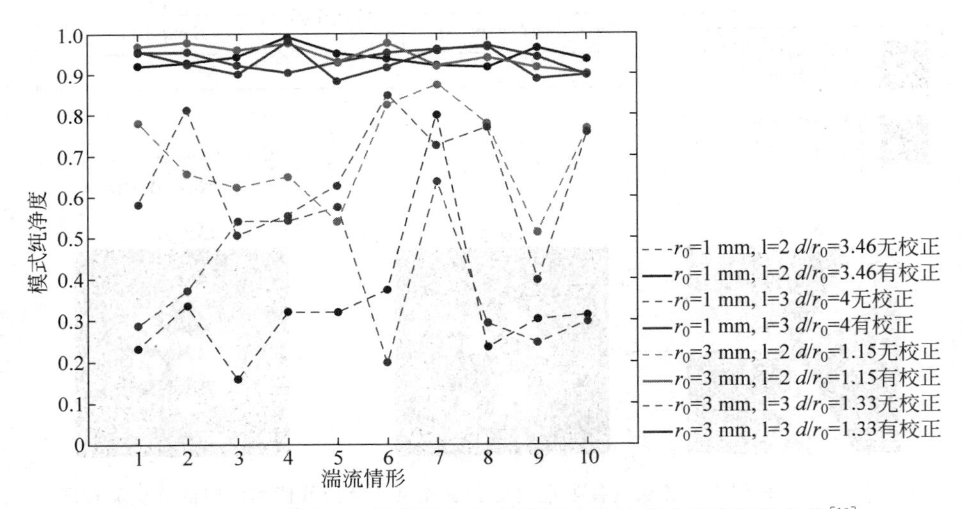

图 6.5.10　+2 阶和+3 阶涡旋光束在预校正前后模式纯净度的变化[19]

（请扫Ⅵ页二维码看彩图）

束的模式纯净度随迭代次数的变化情况。当湍流较强（r_0=1 mm）时，100 次迭代可将模式纯净度由 41.54%提升至 87.62%。而当湍流较弱（r_0=3 mm）时，50 次迭代即可将模式纯净度提升至90%以上。

前文已经提到，采用GS相位恢复算法直接处理畸变的涡旋光束强度分布来计算预补偿相位屏时，需考虑涡旋光束螺旋相位的影响，这就要求我们在预校正前必须清楚所传输涡旋光束的阶次。否则，无探针预校正将无法实现。

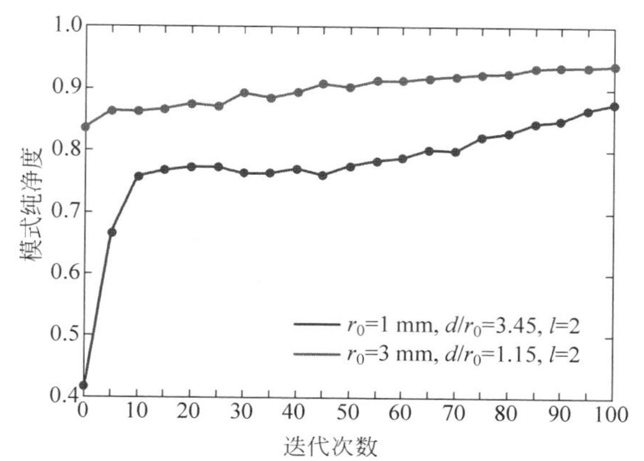

图6.5.11　采用GS算法无探针预校正畸变+2阶涡旋光束时，其模式纯净度随迭代次数的变化[19]
（请扫Ⅵ页二维码看彩图）

6.6　其他涡旋光束校正方法

6.6.1　基于泽尼克多项式的随机并行梯度下降算法

随机并行梯度下降(stochastic parallel gradient descent，SPGD)算法是一种基于随机误差下降算法和同时扰动随机逼近算法的优化算法，可用于光波前的畸变校正[21]。SPGD算法效率高、速度快、实用性强，有着良好的应用背景。与GS算法一样，SPGD算法也是无波前探测的自适应光学补偿，其关键技术包括性能指标评价函数和迭代方法，其中性能指标评价函数是为了评价校正效果的好坏。传统的评价函数有斯特列尔比(Strehl ratio，SR)、光学传递函数(optical transfer function，OTF)、像清晰度函数等[22]。

下面具体介绍SPGD算法的基本原理。设$J(u)$为目标性能指标评价函数，其中$u=(u_1,u_2,u_3,\cdots,u_N)$为波前校正器的控制变量。当波前校正器为变形镜等器件时，u为驱动电压；当波前校正器为液晶空间光调器时，u为加载到调制器上的灰度值矩阵。J与u的关系是未知的，为了计算相应的梯度，需要根据测量值进行估计。假设给控制变量u施加随机扰动Δu，则目标函数J的变化量为

$$\Delta J = J(u_1+\Delta u_1, u_2+\Delta u_2, u_3+\Delta u_3, \cdots, u_N+\Delta u_N) - J(u_1, u_2, u_3, \cdots, u_N) \tag{6.6.1}$$

将式(6.6.1)按照泰勒级数在$(u_1,u_2,u_3,\cdots,u_N)$处展开，得到：

$$\Delta J = \sum_{j=1}^{N} \frac{\partial J}{\partial u_j}\Delta u_j + \frac{1}{2}\sum_{j,i=1}^{N} \frac{\partial^2 J}{\partial u_j \partial u_i}\Delta u_j \Delta u_i + \cdots \tag{6.6.2}$$

将 ΔJ 与任意微扰 Δu_l 相乘得

$$\Delta J \Delta u_l = \frac{\partial J}{\partial u_j}(\Delta u_l)^2 + \chi_l \tag{6.6.3}$$

式中，

$$\chi_l = \sum_{j=1}^{N} \frac{\partial J}{\partial u_j}\Delta u_j \Delta u_l + \frac{1}{2}\sum_{j,i=1}^{N} \frac{\partial^2 J}{\partial u_j \partial u_i}\Delta u_j \Delta u_i \Delta u_l + \cdots \tag{6.6.4}$$

对式(6.6.3)取平均，则 $\Delta J \Delta u_l$ 的期望值为

$$\langle \Delta J \Delta u_l \rangle = \frac{\partial J}{\partial u_j}\langle (\Delta u_l)^2 \rangle + \langle \chi_l \rangle \tag{6.6.5}$$

式中，

$$\langle \chi_l \rangle = \sum_{j=1}^{N} \frac{\partial J}{\partial u_j}\langle \Delta u_j \Delta u_l \rangle + \frac{1}{2}\sum_{j,i=1}^{N} \frac{\partial^2 J}{\partial u_j \partial u_i}\langle \Delta u_j \Delta u_i \Delta u_l \rangle + \cdots \tag{6.6.6}$$

通常，微扰 Δu_l 为统计独立的随机变量，服从伯努利分布，其均值为

$$\langle \Delta u_l \rangle = 0 \tag{6.6.7}$$

且其方差 σ^2 满足：

$$\langle \Delta u_j \Delta u_l \rangle = \sigma^2 \delta_{jl} \tag{6.6.8}$$

式中，δ_{jl} 为狄拉克函数：

$$\delta_{jl} = \begin{cases} 1, & j = l \\ 0, & j \neq l \end{cases} \tag{6.6.9}$$

另外，对于统计独立的随机变量，满足 $\langle \Delta u_j \Delta u_i \Delta u_l \rangle = 0$，则式(6.6.6)可写为

$$\chi_l = o(\sigma^4) \tag{6.6.10}$$

式中，$o(\zeta)$ 为 ζ 的高阶无穷小。故式(6.6.5)可表示为

$$\langle \Delta J \Delta u_l \rangle = \frac{\partial J}{\partial u_j}\sigma^2 + o(\sigma^4) \tag{6.6.11}$$

将式(6.6.11)等号两边同时除以 σ^2 得

$$\frac{\langle \Delta J \Delta u_l \rangle}{\sigma^2} = \frac{\partial J}{\partial u_j} + o(\sigma^2) \tag{6.6.12}$$

式(6.6.12)表明，$\langle \Delta J \Delta u_l \rangle / \sigma^2$ 是目标函数 J 的梯度 $\partial J / \partial u_j$ 的一个估计，精度为 $o(\sigma^2)$，取近似可得

$$\frac{\partial J}{\partial u_j} \approx \frac{\Delta J \Delta u_j}{\sigma^2} \tag{6.6.13}$$

设迭代次数为 k，则考虑下面的迭代：

$$u_{k+1} = u_k - \gamma_k \frac{\partial J}{\partial u}\bigg|_{u=u_k} \tag{6.6.14}$$

式(6.6.14)中,$\left.\frac{\partial J}{\partial u}\right|_{u=u_k}$ 为 J 在 $u=u_k$ 时的梯度。将式(6.6.13)代入式(6.6.14)得

$$u_{k+1}=u_k-\mu\Delta J_k\Delta u_{l,k},\quad l=1,2,\cdots,N \tag{6.6.15}$$

式中,$\mu=\gamma/\sigma^2$ 定义为搜索步长。

式(6.6.15)即SPGD算法的迭代计算公式,当 $\mu>0$,对应目标函数最小优化过程,当 $\mu<0$,对应目标函数最大优化过程。

基于上述原理,利用SPGD算法计算补偿相位屏的具体过程(图6.6.1)如下:

(1) 设置初始控制变量 $u=u_0$,$u_0=(0,0,0,\cdots,0)$,即 u_0 各项均为零;

(2) 产生服从伯努利分布的控制变量随机扰动 Δu;

(3) 探测施加扰动后性能指标变化值 $J^+=J(u+\Delta u)$;

(4) 计算性能指标变化量 $\Delta J=J^+-J=J(u+\Delta u)-J(u)$;

(5) 根据式(6.6.15)计算新的控制变量 $u^+=u-\mu\Delta J\Delta u$,并更新控制变量 $u=u^+$;

(6) 回到第二步继续迭代直至系统性能满足要求。

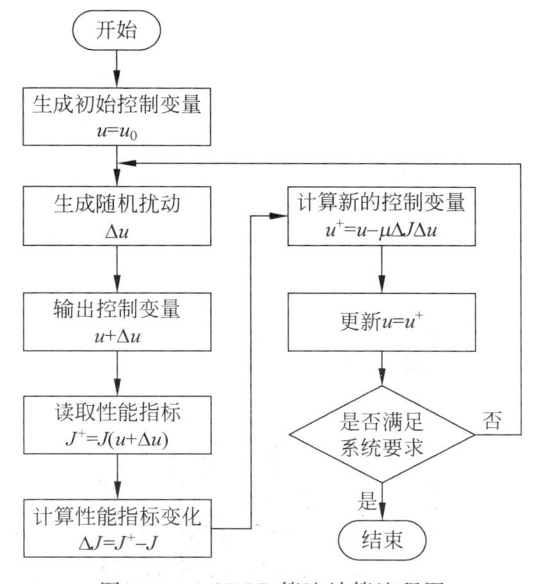

图6.6.1 SPGD算法计算流程图

对于涡旋光束,其模式纯净度与校正后远场光强分布的相关系数有关,且满足单调关系,即光强分布的相关性越大,残余畸变越小,模式纯净度越高[23]。因此,可以将光强分布的相关系数作为SPGD校正算法的性能指标。图6.6.2给出了利用SPGD算法的补偿畸变涡旋光束的原理图,首先应用CCD相机采集并保存无大气湍流时理想的光强信号,然后再用CCD相机采集畸变波前对应的光强信号,系统根据SPGD算法计算出性能指标变化量,进行梯度估计,以迭代的方式在梯度下

降方向上进行控制参数搜索，进入下一个控制循环。系统以上述迭代方式对波前校正器进行控制，校正畸变相差，最终得到接近衍射极限的畸变补偿较为理想的涡旋光束[24]。

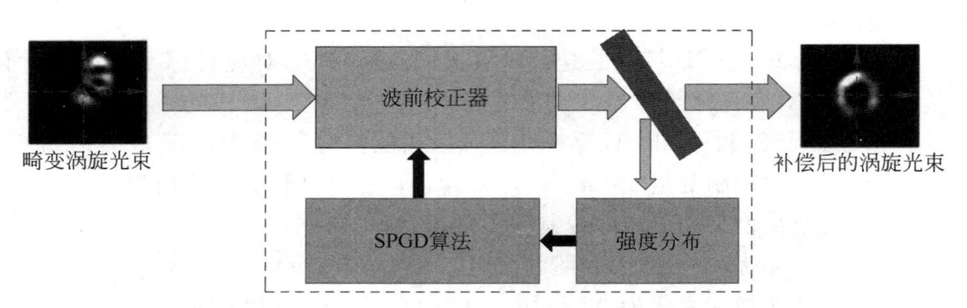

图 6.6.2　利用 SPGD 算法补偿畸变涡旋光束原理图[24]
（请扫Ⅵ页二维码看彩图）

图 6.6.3 给出了＋3 阶单模涡旋光束经大气湍流传输时，SPGD 算法补偿前后实验测得的各个轨道角动量成分的强度。其中，在计算补偿相位屏时，迭代了 83 次。注意到在没有湍流时，无关模式也出现了强度分布，其原因与图 6.5.5 相同，即小相邻模式间隔下的反模式转换测量法会引起模式间串扰。图 6.6.3 表明，＋3 阶涡旋光束经大气湍流后，在不引入 SPGD 算法校正时，其能量被转移到其他模式中，表现出较为严重的模式间串扰和轨道角动量展宽。而在 SPGD 算法校正后，能量又被重新集中到 $l=3$ 的模式中，模式间串扰和轨道角动量展宽被明显的抑制。这意味着 SPGD 算法在补偿畸变涡旋光束中表现出了良好的性能。

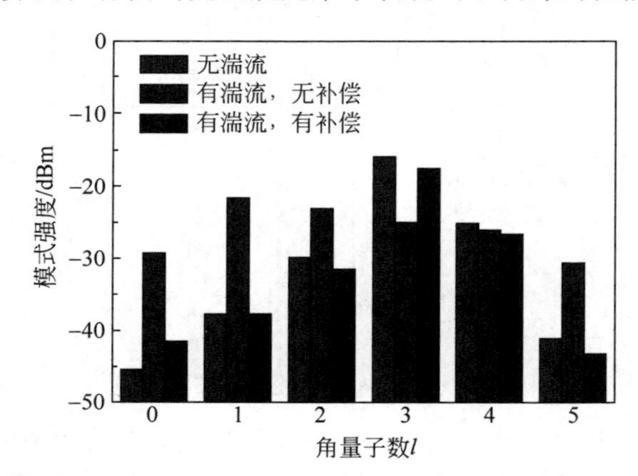

图 6.6.3　涡旋光束在 SPGD 算法补偿前后各个轨道角动量成分强度比例的变化[24]
（请扫Ⅵ页二维码看彩图）

6.6.2　数字信号处理方法

现有的针对畸变涡旋光束的相位补偿方法通常是基于自适应光学理论的，最近，科研人员提出了一种将光学装置的复杂度转移到电学的方案，在基于涡旋光束的光通信系统中使用数字信号处理的方法减轻信道间串扰[25]。如图 6.6.4 所示，单路和多路复用的涡旋光束在经过大气湍流后会产生串扰，应用多入多出(multiple input multiple output，MIMO)均衡补偿器可以有效抑制码间串扰，提高信号质量，降低误码率，减少无关轨道角动量模式的强度。但是，在强湍流状态下，涡旋光束大部分能量可能转移到其他轨道角动量态，此时 MIMO 均衡器对于提高系统性能不再有帮助。

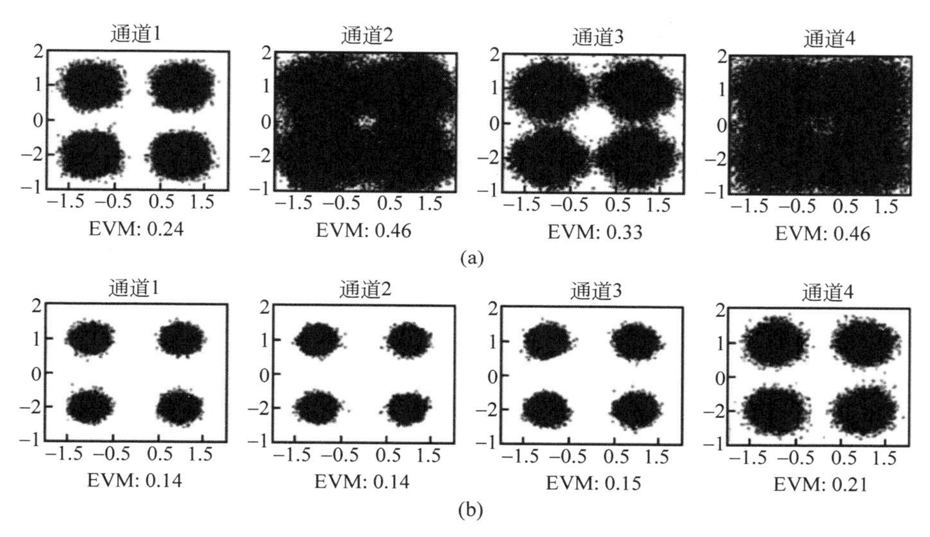

图 6.6.4　应用 MIMO 均衡器降低码间串扰的实验结果

(a) MIMO 均衡前；(b) MIMO 均衡后；EVM 表示误差向量幅度[25]

参考文献

[1] 周仁忠，阎吉祥. 自适应光学理论[M]. 北京：北京理工大学出版社，1996.

[2] 韩燕，强希文，冯建伟，等. 大气折射率高度分布模式及其应用[J]. 红外与激光工程，2009，38(2)：267-271.

[3] 戴坤健. OAM 光束传输特性及自适应光学波前畸变校正技术研究[D]. 北京：北京理工大学，2015.

[4] KOLMOGOROV A. The local structure of turbulence in an incompressible fluid at very high reynolds number[C]. Dokl Akad Nauk SSSR，1941.

[5] DAVIS J I. Consideration of atmospheric turbulence in laser systems design [J]. Applied Optics，1966，5(1)：139-147.

[6] FRIED D L. Optical resolution through a randomly inhomogeneous medium for very long and very short exposures[J]. Journal of the Optical Society of America，1966，56(10)：1372-1379.

[7] SJÖQVIST L, HENRIKSSON M, STEINVALL O. Simulation of laser beam propagation over land and sea using phase screens: a comparison with experimental data [J]. Proceedings of SPIE - The International Society for Optical Engineering, 2005, 5989(1): 59890D-59890D-12.

[8] KÁRMÁN V T. Progress in the statistical theory of turbulence[J]. Proceedings of the National Academy of Sciences of the United States of America, 1948, 34(11): 530.

[9] HILL R. Models of the scalar spectrum for turbulent advection[J]. Journal of Fluid Mechanics,1978, 88: 541-562.

[10] HARDING C M, JOHNSTON R A, LANE R G. Fast simulation of a kolmogorov phase screen[J]. Applied Optics, 1999, 38(11): 2161-2170.

[11] LANE R G, GLINDEMANN A, DAINTY J C. Simulation of a Kolmogorov phase screen [J]. Waves in Random Media, 1992, 2(3): 209-224.

[12] 张世坤. 基于SPGD算法的OAM光束自适应光学波前校正技术研究[D]. 北京：北京理工大学,2017.

[13] REN Y, HUANG H, XIE G, et al. Atmospheric turbulence effects on the performance of a free space optical link employing orbital angular momentum multiplexing[J]. Optics Letters, 2013, 38(20): 4062-4065.

[14] FU S, GAO C. Influences of atmospheric turbulence effects on the orbital angular momentum spectra of vortex beams[J]. 2016, 4(5): B1-B4.

[15] REN Y, XIE G, HUANG H, et al. Adaptive optics compensation of multiple orbital angular momentum beams propagating through emulated atmospheric turbulence[J]. Optics Letters, 2014, 39(10): 2845-2848.

[16] REN Y, XIE G, HUANG H, et al. Adaptive-optics-based simultaneous pre- and post-turbulence compensation of multiple orbital-angular-momentum beams in a bidirectional free-space optical link[J]. Optica, 2014, 1(6): 376-382.

[17] LI S, WANG J. Compensation of a distorted N-fold orbital angular momentum multicasting link using adaptive optics[J]. Optics Letters, 2016, 41(7): 1482-1485.

[18] FU S, ZHANG S, WANG T, et al. Pre-turbulence compensation of orbital angular momentum beams based on a probe and the Gerchberg-Saxton algorithm[J]. Optics Letters, 2016, 41(14): 3185-3188.

[19] FU S, WANG T, ZHANG S, et al. Non-probe compensation of optical vortices carrying orbital angular momentum[J]. Photonics Research, 2017, 5(3): 251-255.

[20] 高春清,付时尧,王彤璐,等. 一种无波前无探针的畸变涡旋光束自适应校正方法与系统：ZL201610806984.1[P]. 2017-01-25.

[21] VORONTSOV M A, SIVOKON V P. Stochastic parallel-gradient-descent technique for high-resolution wave-front phase-distortion correction[J]. Journal of the Optical Society of America A, 1998, 15(10): 2745-2758.

[22] 高春清, 张世坤, 付时尧,等. 涡旋光束的自适应光学波前校正技术[J]. 红外与激光工程, 2017, 46(2): 1-6.

[23] HUANG H, REN Y, YAN Y, et al. Phase-shift interference-based wavefront characterization for orbital angular momentum modes[J]. Optics Letters, 2013, 38(13): 2348-2351.

[24] XIE G, REN Y, HUANG H, et al. Phase correction for a distorted orbital angular momentum beam using a Zernike polynomials-based stochastic-parallel-gradient-descent algorithm[J]. Optics Letters, 2015, 40(7): 1197-1200.
[25] HUANG H, CAO Y, XIE G, et al. Crosstalk mitigation in a free-space orbital angular momentum multiplexed communication link using 4×4 MIMO equalization[J]. Optics Letters, 2014, 39(15): 4360.

第7章 矢量光束与矢量涡旋光束

矢量光束(vector beams)是近年来出现的一类新型光束,其偏振态在光束横截面上按照一定规律分布。广义来讲,矢量光束具有多种形式,本书仅考虑横截面偏振态呈涡旋分布的偏振涡旋(polarization vortices)光束,这种光束的偏振态具有中心轴对称结构,是麦克斯韦方程组在柱坐标系下的特征解。通常为了避免歧义,将仅具有偏振涡旋,而不具有相位涡旋的光束,称作矢量光束;既具有偏振涡旋,也具有相位涡旋的光束,称作矢量涡旋光束(vectorial vortex beams)。矢量光束不携带轨道角动量,而矢量涡旋光束则由于具有螺旋形的相位结构而携带有轨道角动量。矢量光束和矢量涡旋光束在激光加工、原子冷却、表面等离子体激发等领域具有十分广阔的应用前景。

7.1 矢量光束概述

具有光场横截面涡旋型偏振态分布的矢量光束可由琼斯矢量表示为

$$\boldsymbol{E}(r,\varphi)=A(r)\begin{bmatrix}\cos(p\varphi+\theta_0)\\ \sin(p\varphi+\theta_0)\end{bmatrix} \tag{7.1.1}$$

式中,p 为偏振阶次或空间偏振拓扑数,表示绕光束横截面一周偏振态变化的周期数;θ_0 为 $\varphi=0$ 时初始的偏振方向。$A(r)$描述光束的振幅分布,常见的有拉盖尔-高斯型、贝塞尔-高斯型等。图7.1.1给出了几种常见的矢量光束及其偏振态分布。由于矢量光束在其横截面上具有各向异性的偏振态分布,因此只需用一个旋转的检偏器就可对其偏振态进行分析,如图7.1.1所示。

一阶($p=1$)矢量光束也称为圆柱矢量光束(cylindrical vector beams)[1]。根据初始偏振指向(θ_0)的不同,一阶矢量光束又可以分为径向偏振光束($\theta_0=0$)和角向偏振光束($\theta_0=\pi/2$)。径向偏振光束和角向偏振光束是研究最早、应用最广泛的矢量光束。通常将偏振阶次大于1的矢量光束称为高阶矢量光束。

7.1.1 矢量光束的贝塞尔-高斯解

厄米-高斯模和拉盖尔-高斯模是傍轴条件下的标量亥姆霍兹方程的解,它们常用来描述线偏振光场或矢量光场的一个分量,而矢量波动方程可以在傍轴条件下描述光场在整个横截面上的电场分布。

研究矢量波动方程时需要借鉴标量波动方程的一些物理概念,所以首先简略

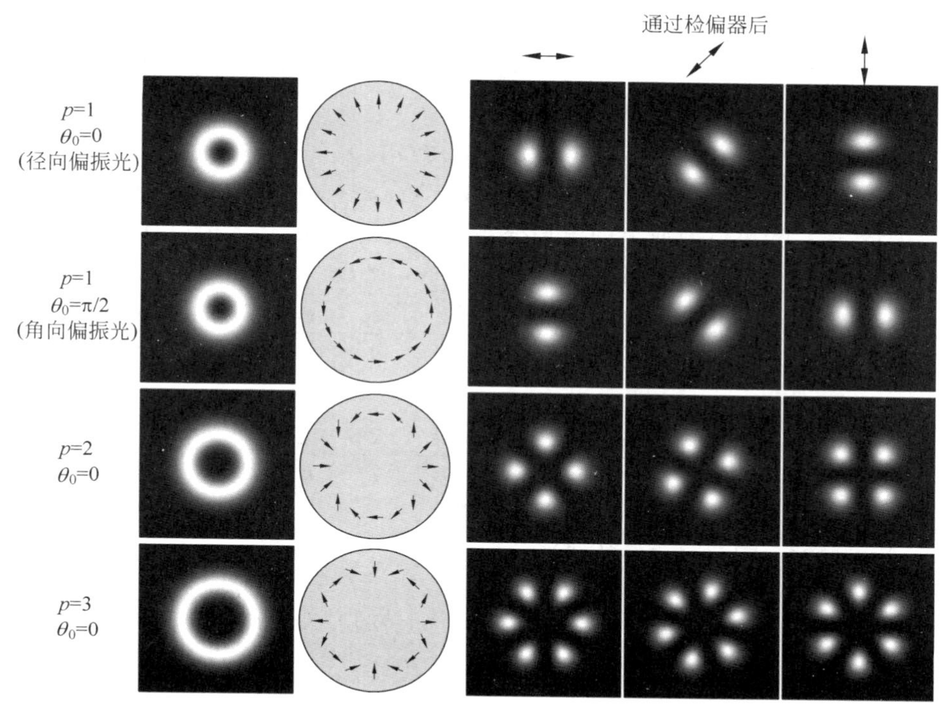

图 7.1.1　几种常见的矢量光束及其偏振态分布

（请扫Ⅵ页二维码看彩图）

介绍一下标量亥姆霍兹方程的求解过程。傍轴条件下标量亥姆霍兹方程为

$$(\nabla^2+k^2)E=0 \tag{7.1.2}$$

基模高斯光束是其最常见的一个解。在柱坐标系下，沿 z 轴传播的光束可表示为

$$E=f(r,\varphi,z)\exp[\mathrm{i}(kz-\omega t)] \tag{7.1.3}$$

式中，k 和 ω 分别为波数和角频率，$\exp(-\mathrm{i}\omega t)$为时间项。傍轴近似下，$\partial^2 f/\partial z^2\ll\partial f/\partial z$，故可将$\partial^2 f/\partial z^2$ 忽略，因此，$f(r,\varphi,z)$是傍轴条件下标量波动方程的一个解：

$$\frac{1}{r}\frac{\partial}{\partial r}\left(r\frac{\partial f}{\partial r}\right)+\frac{1}{r^2}\frac{\partial^2 f}{\partial\varphi^2}+2\mathrm{i}k\frac{\partial f}{\partial z}=0 \tag{7.1.4}$$

基模高斯解与角向坐标 φ 无关，故可由下式表示：

$$f(r,z)=\frac{\omega_0}{\omega(z)}\exp[-\mathrm{i}\Phi(z)]\exp\left(-\frac{r^2}{\omega_0^2}\cdot\frac{1}{1+\mathrm{i}z/z_{\mathrm{R}}}\right) \tag{7.1.5}$$

式中，z_{R} 为瑞利长度 $z_{\mathrm{R}}=k\omega_0^2/2$，$\omega(z)=\omega_0[1+(z/L)^2]^{1/2}$，$\Phi(z)=\arctan(z/z_{\mathrm{R}})$，$\omega_0$ 为束腰宽度。

在标量亥姆霍兹方程的基础上，将电场定义成矢量形式，得到光束传播的矢量波动方程：

$$\nabla\times\nabla\times\boldsymbol{E}-k^2\boldsymbol{E}=0 \tag{7.1.6}$$

为了便于建立数学模型和求解，考虑一特殊的情况，即角向偏振，此时 $\boldsymbol{E}$ 可表示为

$$\boldsymbol{E}(r,z)=\boldsymbol{F}(r,\varphi,z)\exp[\mathrm{i}(kz-\omega t)] \tag{7.1.7}$$

其中，在傍轴近似下略去$\partial^2\boldsymbol{E}/\partial z^2$。假设光束的强度分布为高斯型，则可将$\boldsymbol{E}$写成下面两个因子乘积的形式，即

$$\boldsymbol{E}=\boldsymbol{\varepsilon}(r,\varphi,z)f(r,z) \tag{7.1.8}$$

式中，$f(r,z)$即式(7.1.5)给出的高斯函数，$\boldsymbol{\varepsilon}(r,\varphi,z)=(\varepsilon_r,\varepsilon_\varphi)$为径向和角向的单位矢量，表示光束横截面上的电场分布。将式(7.1.8)代入经过傍轴近似后的式(7.1.6)，可以得到两个微分方程：

$$\frac{1}{r}\frac{\partial}{\partial r}\left(r\frac{\partial\varepsilon_r}{\partial r}\right)-\frac{4r/\omega_0^2}{1+\mathrm{i}z/L}\frac{\partial\varepsilon_r}{\partial r}+\frac{1}{r^2}\frac{\partial^2\varepsilon_r}{\partial\varphi^2}-\frac{\varepsilon_r}{r^2}-\frac{2}{r^2}\frac{\partial\varepsilon_\varphi}{\partial\varphi}+2\mathrm{i}k\frac{\partial\varepsilon_r}{\partial z}=0 \tag{7.1.9}$$

$$\frac{1}{r}\frac{\partial}{\partial r}\left(r\frac{\partial\varepsilon_\varphi}{\partial r}\right)-\frac{4r/\omega_0^2}{1+\mathrm{i}z/L}\frac{\partial\varepsilon_\varphi}{\partial r}+\frac{1}{r^2}\frac{\partial^2\varepsilon_\varphi}{\partial\varphi^2}-\frac{\varepsilon_\varphi}{r^2}+\frac{2}{r^2}\frac{\partial\varepsilon_r}{\partial\varphi}+2\mathrm{i}k\frac{\partial\varepsilon_\varphi}{\partial z}=0 \tag{7.1.10}$$

方程(7.1.9)和方程(7.1.10)的解为[2]

$$\varepsilon_{r,m}(r,\varphi,z)=Q(z)[a_m\mathrm{J}_{m-1}(u)+b_m\mathrm{J}_{m+1}(u)]\begin{cases}\cos m\varphi\\ \sin m\varphi\end{cases} \tag{7.1.11}$$

$$\varepsilon_{\varphi,m}(r,\varphi,z)=Q(z)[a_m\mathrm{J}_{m-1}(u)-b_m\mathrm{J}_{m+1}(u)]\begin{cases}-\sin m\varphi\\ \cos m\varphi\end{cases} \tag{7.1.12}$$

式中，$\mathrm{J}_\tau(\zeta)$为τ阶第一类贝塞尔函数，

$$Q(z)=\exp\left(-\frac{\mathrm{i}\beta^2z/2k}{1+\mathrm{i}z/z_R}\right) \tag{7.1.13}$$

$$u=\frac{\beta r}{1+\mathrm{i}z/z_R} \tag{7.1.14}$$

β为影响光斑大小的一个参数。m是拓扑荷，a_m和b_m是常数，当$a_m=b_m$时，式(7.1.11)和式(7.1.12)可以简化为

$$\varepsilon_{r,m}(r,\varphi,z)=a_mQ(z)[\mathrm{J}_{m-1}(u)+\mathrm{J}_{m+1}(u)]\begin{cases}\cos m\varphi\\ \sin m\varphi\end{cases} \tag{7.1.15}$$

$$\varepsilon_{\varphi,m}(r,\varphi,z)=a_mQ(z)[\mathrm{J}_{m-1}(u)-\mathrm{J}_{m+1}(u)]\begin{cases}-\sin m\varphi\\ \cos m\varphi\end{cases} \tag{7.1.16}$$

假设系数$a_m=1$，则式(7.1.15)和式(7.1.16)可统一表示为

$$\boldsymbol{E}(r,\varphi,z)=\left([\mathrm{J}_{m-1}(u)-\mathrm{J}_{m+1}(u)]\begin{cases}-\sin m\varphi\\ \cos m\varphi\end{cases}\cdot\boldsymbol{e}_\varphi+[\mathrm{J}_{m-1}(u)+\mathrm{J}_{m+1}(u)]\begin{cases}\cos m\varphi\\ \sin m\varphi\end{cases}\cdot\boldsymbol{e}_r\right)Q(z)f(r,z) \tag{7.1.17}$$

式中，$\boldsymbol{e}_r$和$\boldsymbol{e}_\varphi$为极坐标下的单位方向矢量。设直角坐标的单位方向矢量为$\boldsymbol{e}_x$和

$\boldsymbol{e}_y$，它们与极坐标间的坐标变换关系可表示为

$$\begin{bmatrix}\boldsymbol{e}_r\\ \boldsymbol{e}_\varphi\end{bmatrix}=\begin{bmatrix}\cos\varphi & \sin\varphi\\ -\sin\varphi & \cos\varphi\end{bmatrix}\begin{bmatrix}\boldsymbol{e}_x\\ \boldsymbol{e}_y\end{bmatrix}\tag{7.1.18}$$

可将式(7.1.17)表示成直角坐标系下的琼斯矢量形式：

$$\begin{bmatrix}E_x\\ E_y\end{bmatrix}=\left\{\begin{aligned}&[\mathrm{J}_{m-1}(u)-\mathrm{J}_{m+1}(u)]\alpha_\iota\begin{bmatrix}-\sin\varphi\\ \cos\varphi\end{bmatrix}\\ &+[\mathrm{J}_{m-1}(u)+\mathrm{J}_{m+1}(u)]\beta_\xi\begin{bmatrix}\cos\varphi\\ \sin\varphi\end{bmatrix}\end{aligned}\right\}Q(z)f(r,z)\tag{7.1.19}$$

式中：

$$\alpha_\iota=\begin{cases}-\sin(m\varphi), & \iota=0\\ \cos(m\varphi), & \iota=1\end{cases}\tag{7.1.20}$$

$$\beta_\xi=\begin{cases}\cos(m\varphi), & \xi=0\\ \sin(m\varphi), & \xi=1\end{cases}\tag{7.1.21}$$

图7.1.2所示为根据式(7.1.19)绘制出的矢量光束的光强分布。当 $m=0$ 时，$\mathrm{J}_{-1}(u)+\mathrm{J}_1(u)=0$，此时光场分布与 β_ξ 无关。当 $\iota=0$ 时，$\alpha_\iota=0$，此时光场的数学表达式恒等于零；当 $\iota=1$ 时，$\alpha_\iota=1$，其光场分布可以表示为

$$\begin{bmatrix}E_x\\ E_y\end{bmatrix}=2Q(z)f(r,z)\mathrm{J}_{-1}(u)\begin{bmatrix}-\sin\varphi\\ \cos\varphi\end{bmatrix}\tag{7.1.22}$$

式(7.1.22)即为具有贝塞尔-高斯型振幅分布的角向偏振光束，当 $m\neq0$ 时，光场具

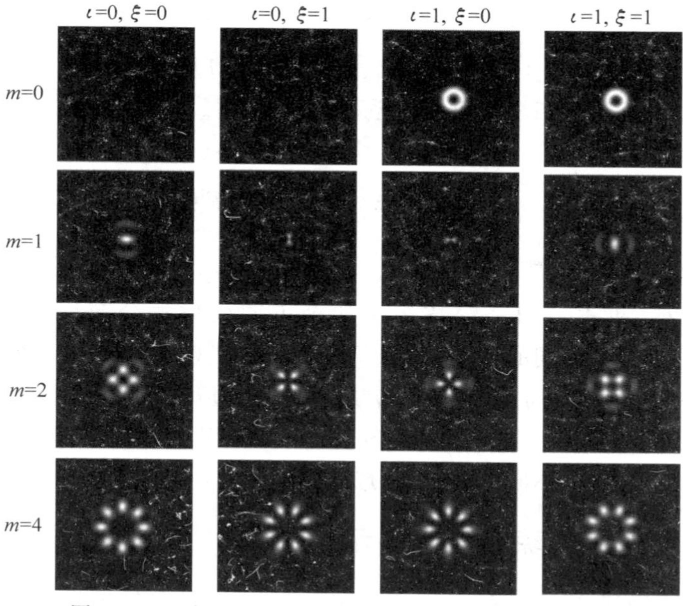

图7.1.2　式(7.1.19)表示的矢量光束的强度分布[3]

有复杂的强度和偏振分布。随着拓扑荷 m 的增大,光场强度分布的瓣数增多,主瓣的数目等于 $2m$。

7.1.2 矢量光束的拉盖尔-高斯解

借鉴了霍尔(Hall)等关于矢量光束的贝塞尔-高斯解的推导过程[2],1998 年,托瓦(Tovar)推导了矢量光束的拉盖尔-高斯解[4]:

$$\boldsymbol{E}(r,\varphi,z)=E_0\exp\left[-\mathrm{i}\int_0^z k_0(z')\mathrm{d}z'\right]\exp\left\{-\mathrm{i}\left[\frac{k_0}{q(z)}\frac{r^2}{2}+P(z)\right]\right\}\cdot \left[\frac{2r^2}{W^2(z)}\right]^{\frac{l\pm1}{2}}L_p^{|l|}\left[\frac{2r^2}{W^2(z)}\right]\begin{cases}\cos(l\varphi)\boldsymbol{e}_\varphi\mp\sin(l\varphi)\boldsymbol{e}_r\\ \pm\sin(l\varphi)\boldsymbol{e}_\varphi+\cos(l\varphi)\boldsymbol{e}_r\end{cases} \tag{7.1.23}$$

考虑一角量子数为 0,径向量子数为 q 的 LG_{q0} 模式,令 $q=m\pm1$,则式(7.1.23)可写为

$$\boldsymbol{E}_{\mathrm{LG}}^{(v)}(r,\varphi,z)=E_0\frac{\omega_0}{\omega(z)}\left[\frac{\sqrt{2}r}{\omega(z)}\right]^{|m\pm1|}\exp[-\mathrm{i}kz+\mathrm{i}(|m\pm1|+1)\psi(z)]\cdot \exp\left\{-r^2\left[\frac{1}{\omega^2(z)}+\frac{\mathrm{i}k}{2R(z)}\right]\right\}\cdot\begin{cases}\cos(m\varphi)\boldsymbol{e}_\varphi\mp\sin(m\varphi)\boldsymbol{e}_r\\ \pm\sin(m\varphi)\boldsymbol{e}_\varphi+\cos(m\varphi)\boldsymbol{e}_r\end{cases} \tag{7.1.24}$$

鉴于式(7.1.24)中描述偏振分布的表达式(最后一项)形式复杂,不便于看出其物理意义,所以通过式(7.1.18)的坐标变换公式对其进行坐标变换,则式(7.1.24)中最后一项可表示为

$$\begin{cases}\mp\sin[(m\pm1)\varphi]\boldsymbol{e}_x+\cos[(m\pm1)\varphi]\boldsymbol{e}_y\\ \cos[(m\pm1)\varphi]\boldsymbol{e}_x\pm\sin[(m\pm1)\varphi]\boldsymbol{e}_y\end{cases} \tag{7.1.25}$$

将式(7.1.25)写成以下四个直角坐标系下的琼斯矢量的形式:

$$\boldsymbol{E}_{\mathrm{up}}=\begin{bmatrix}\mp\sin(m\pm1)\varphi\\ \cos(m\pm1)\varphi\end{bmatrix}=\begin{bmatrix}\mp\sin p\varphi\\ \cos p\varphi\end{bmatrix} \tag{7.1.26}$$

$$\boldsymbol{E}_{\mathrm{down}}=\begin{bmatrix}\cos(m\pm1)\varphi\\ \pm\sin(m\pm1)\varphi\end{bmatrix}=\begin{bmatrix}\cos p\varphi\\ \pm\sin p\varphi\end{bmatrix} \tag{7.1.27}$$

式(7.1.26)和式(7.1.27)描述了四个不同的偏振分布模式,将它们代入式(7.1.24)可得四个不同的光场分布。不难发现,式(7.1.24)给出的光场强度分布与拉盖尔-高斯光束相同,且与参数 q 具有一一对应的关系,或者说若参数 q 相同则光场强度分布相同。但是,参数 q 相同的矢量光束又具有式(7.1.26)和式(7.1.27)给出的四种不同的偏振态分布。

7.1.3 矢量光束的琼斯矢量表示

琼斯矢量和琼斯矩阵具有十分简洁的数学形式,是分析偏振光束和偏振光学元件时广泛使用的一种数学工具。在琼斯矢量中,沿 z 轴传播的光束的电场分量

可分解为 x 分量和 y 分量,并用一个列向量来表示。此外,偏振光学元件可以表示为一个 2×2 琼斯矩阵。

式(7.1.1)已经给出了矢量光束的琼斯矢量表示形式:

$$\boldsymbol{J}(\varphi)=\begin{bmatrix}\cos(p\varphi+\theta_0)\\ \sin(p\varphi+\theta_0)\end{bmatrix} \tag{7.1.28}$$

当偏振阶次 $p=0$ 时,上述琼斯矢量不再表示矢量光束,而表示偏振方向与 x 轴的夹角为 θ_0 的线偏振光:

$$\boldsymbol{J}(\varphi)=\begin{bmatrix}\cos\theta_0\\ \sin\theta_0\end{bmatrix} \tag{7.1.29}$$

当偏振阶次 $p=1$,初始的偏振方向 $\theta_0=0$ 时,表示径向偏振光:

$$\boldsymbol{J}(\varphi)=\begin{bmatrix}\cos\varphi\\ \sin\varphi\end{bmatrix} \tag{7.1.30}$$

当偏振阶次 $p=1$,初始的偏振方向 $\theta_0=\pi/2$ 时,表示角向偏振光:

$$\boldsymbol{J}(\varphi)=\begin{bmatrix}-\sin\varphi\\ \cos\varphi\end{bmatrix} \tag{7.1.31}$$

式(7.1.28)～式(7.1.31)是在直角坐标系下表示光束偏振特性的琼斯矢量,而对于旋转对称的系统,还可以在极坐标系下描述琼斯矢量和琼斯矩阵。这种极坐标下的表示方式也称为极琼斯矢量和极琼斯矩阵,分别表示为 $\hat{\boldsymbol{J}}$ 和 $\hat{\boldsymbol{M}}$。极琼斯矢量将电场分成了径向和角向分量,即

$$\hat{\boldsymbol{J}}(\varphi)=\begin{bmatrix}E_r(\varphi)\\ E_\varphi(\varphi)\end{bmatrix} \tag{7.1.32}$$

根据坐标变换,可将式(7.1.28)给出的 p 阶矢量光束由极琼斯矢量表示为

$$\hat{\boldsymbol{J}}(\varphi)=\begin{bmatrix}\cos[(p-1)\varphi+\theta_0]\\ \sin[(p-1)\varphi+\theta_0]\end{bmatrix} \tag{7.1.33}$$

令 $p=0$,得线偏振光的极琼斯矢量为

$$\hat{\boldsymbol{J}}(\varphi)=\begin{bmatrix}\cos[-\varphi+\theta_0]\\ \sin[-\varphi+\theta_0]\end{bmatrix} \tag{7.1.34}$$

令 $p=1,\theta_0=0$,可得径向偏振光的极琼斯矢量为

$$\hat{\boldsymbol{J}}(\varphi)=\begin{bmatrix}1\\ 0\end{bmatrix} \tag{7.1.35}$$

令 $p=1,\theta_0=\pi/2$,可得角向偏振光的极琼斯矢量为

$$\hat{\boldsymbol{J}}(\varphi)=\begin{bmatrix}0\\ 1\end{bmatrix} \tag{7.1.36}$$

不难看出,相比于直角坐标系下的琼斯矢量,用极琼斯矢量来描述径向和角向偏振矢量光束具有更加简洁的表达式。

表 7.1.1 给出了几种常见光束在直角坐标系和极坐标系下的琼斯矢量,表 7.1.2

则给出了几种常见的偏振光学器件在直角坐标系和极坐标系下的琼斯矩阵。

表 7.1.1 几种常见光束在直角坐标系和极坐标系下的琼斯矢量

光　束	直角坐标系下琼斯矢量	极琼斯矢量	偏振态分布
矢量光束	$\begin{bmatrix}\cos(p\varphi+\theta_0)\\ \sin(p\varphi+\theta_0)\end{bmatrix}$	$\begin{bmatrix}\cos[(p-1)\varphi+\theta_0]\\ \sin[(p-1)\varphi+\theta_0]\end{bmatrix}$	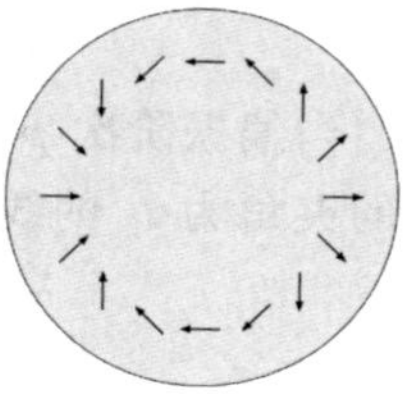
径向偏振光	$\begin{bmatrix}\cos\varphi\\ \sin\varphi\end{bmatrix}$	$\begin{bmatrix}1\\ 0\end{bmatrix}$	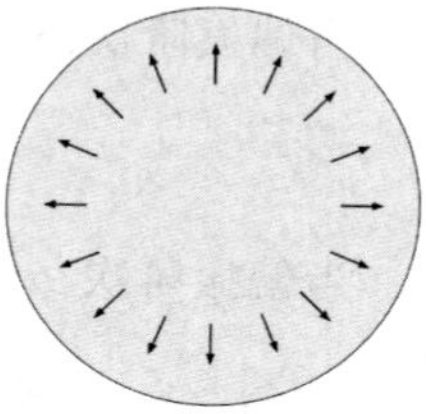
角向偏振光	$\begin{bmatrix}-\sin\varphi\\ \cos\varphi\end{bmatrix}$	$\begin{bmatrix}0\\ 1\end{bmatrix}$	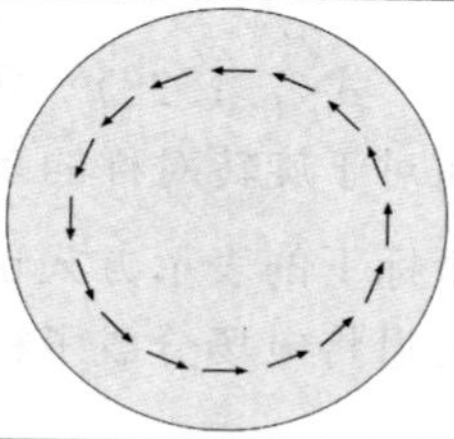
线偏振光	$\begin{bmatrix}\cos\theta_0\\ \sin\theta_0\end{bmatrix}$	$\begin{bmatrix}\cos(-\varphi+\theta_0)\\ \sin(-\varphi+\theta_0)\end{bmatrix}$	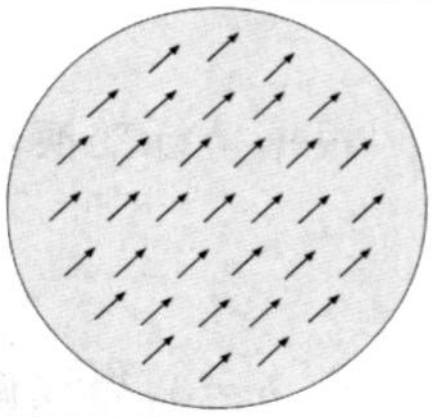
右旋圆偏振光	$\frac{1}{\sqrt{2}}\begin{bmatrix}1\\ \mathrm{i}\end{bmatrix}$	$\frac{1}{\sqrt{2}}\begin{bmatrix}\cos\varphi+\mathrm{i}\sin\varphi\\ -\sin\varphi+\mathrm{i}\cos\varphi\end{bmatrix}$	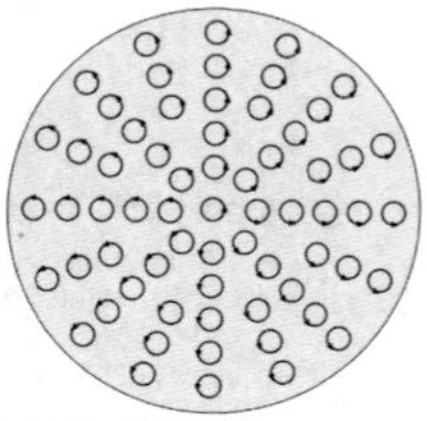
左旋圆偏振光	$\frac{1}{\sqrt{2}}\begin{bmatrix}1\\ -\mathrm{i}\end{bmatrix}$	$\frac{1}{\sqrt{2}}\begin{bmatrix}\cos\varphi-\mathrm{i}\sin\varphi\\ -\sin\varphi-\mathrm{i}\cos\varphi\end{bmatrix}$	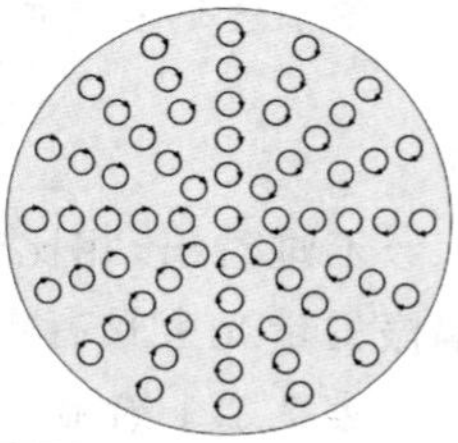

表 7.1.2 几种常见的偏振光学器件在直角坐标系和极坐标系下的琼斯矩阵

偏振光学器件	直角坐标系下琼斯矩阵	极琼斯矩阵
x 轴方向线性起偏器	$\begin{bmatrix}1 & 0\\0 & 0\end{bmatrix}$	$\begin{bmatrix}\cos^2\varphi & -\sin\varphi\cos\varphi\\-\sin\varphi\cos\varphi & \sin^2\varphi\end{bmatrix}$
y 轴方向线性起偏器	$\begin{bmatrix}0 & 0\\0 & 1\end{bmatrix}$	$\begin{bmatrix}\sin^2\varphi & \sin\varphi\cos\varphi\\\sin\varphi\cos\varphi & \cos^2\varphi\end{bmatrix}$
快轴为 x 方向的四分之一波片	$\begin{bmatrix}1 & 0\\0 & \mathrm{i}\end{bmatrix}$	$\begin{bmatrix}\cos2\varphi & \sin2\varphi\\\sin2\varphi & -\cos2\varphi\end{bmatrix}$
快轴为 x 方向的半波片	$\begin{bmatrix}1 & 0\\0 & -1\end{bmatrix}$	$\begin{bmatrix}\cos^2\varphi+\mathrm{i}\sin^2\varphi & -\sin\varphi\cos\varphi+\mathrm{i}\sin\varphi\cos\varphi\\-\sin\varphi\cos\varphi+\mathrm{i}\sin\varphi\cos\varphi & \sin^2\varphi+\mathrm{i}\cos^2\varphi\end{bmatrix}$
径向起偏器	$\begin{bmatrix}\cos^2\varphi & \sin\varphi\cos\varphi\\\sin\varphi\cos\varphi & \sin^2\varphi\end{bmatrix}$	$\begin{bmatrix}1 & 0\\0 & 0\end{bmatrix}$
m 阶组合半波片	$\begin{bmatrix}\cos m\varphi & \sin m\varphi\\\sin m\varphi & -\cos m\varphi\end{bmatrix}$	$\begin{bmatrix}\cos(m-2)\varphi & \sin(m-2)\varphi\\\sin(m-2)\varphi & -\cos(m-2)\varphi\end{bmatrix}$

7.1.4 半波片对矢量光束偏振分布的转换

在矢量光束的应用中，通常需对其偏振模式进行转换，如径向偏振光与角向偏振光的相互转换，这一转换过程可通过半波片来实现。快轴与 x 轴的夹角为 α 的半波片的琼斯矩阵为[5]

$$\boldsymbol{M}(\alpha)=\begin{bmatrix}\cos2\alpha & \sin2\alpha\\\sin2\alpha & -\cos2\alpha\end{bmatrix}\tag{7.1.37}$$

则半波片对矢量光束偏振态转换的过程可表示为

$$\boldsymbol{E}=\boldsymbol{M}(\alpha)\begin{bmatrix}\cos(p\varphi+\theta_0)\\\sin(p\varphi+\theta_0)\end{bmatrix}=\begin{bmatrix}\cos(2\alpha-p\varphi-\theta_0)\\\sin(2\alpha-p\varphi-\theta_0)\end{bmatrix}\tag{7.1.38}$$

式(7.1.38)表明，当矢量光束通过一个快轴方向与 x 轴方向呈 α 角的半波片时，出射光束仍然为矢量光束，但其偏振阶次 p 变为原来的相反数 $-p$，即正数阶变为负数阶，负数阶变为正数阶。另外，初始偏振方向变为 $(2\alpha-\theta_0)$，相比原来旋转了 $2(\alpha-\theta_0)$。

当矢量光束通过两个半波片 $M_1(\alpha_1)$ 和 $M_2(\alpha_2)$ 时，出射光束的琼斯矢量为

$$\begin{aligned}\boldsymbol{E}&=M_2(\alpha_2)M_1(\alpha_1)\begin{bmatrix}\cos(p\varphi+\theta_0)\\\sin(p\varphi+\theta_0)\end{bmatrix}\\&=\begin{bmatrix}\cos2(\alpha_2-\alpha_1) & -\sin2(\alpha_2-\alpha_1)\\\sin2(\alpha_2-\alpha_1) & \cos2(\alpha_2-\alpha_1)\end{bmatrix}\begin{bmatrix}\cos(p\varphi+\theta_0)\\\sin(p\varphi+\theta_0)\end{bmatrix}\\&=\begin{bmatrix}\cos\left[p\varphi+\theta_0+2(\alpha_2-\alpha_1)\right]\\\sin\left[p\varphi+\theta_0+2(\alpha_2-\alpha_1)\right]\end{bmatrix}\end{aligned}\tag{7.1.39}$$

这表明，矢量光束通过两个快轴方向夹角为 $\Delta\alpha=\alpha_2-\alpha_1$ 的半波片后，其初始偏振方向相比原来旋转了 $2\Delta\alpha$，但偏振阶次保持不变。因此，可通过一个半波片改变矢量光束的偏振阶次；通过两个半波片来改变矢量光束的初始偏振方向。特别地，由于角向偏振光的初始偏振角度比径向偏振光多 $\pi/2$，因此，可通过引入两个快轴方向相差 $\pi/4$ 的半波片，将径向偏振光转化为角向偏振光。

以径向＋1 阶（R＋）、径向－1 阶（R－）、角向＋1 阶（A＋）和角向－1 阶（A－）四种矢量光束之间的相互转换为例，图 7.1.3 给出了用半波片实现它们之间相互转化的示意图。

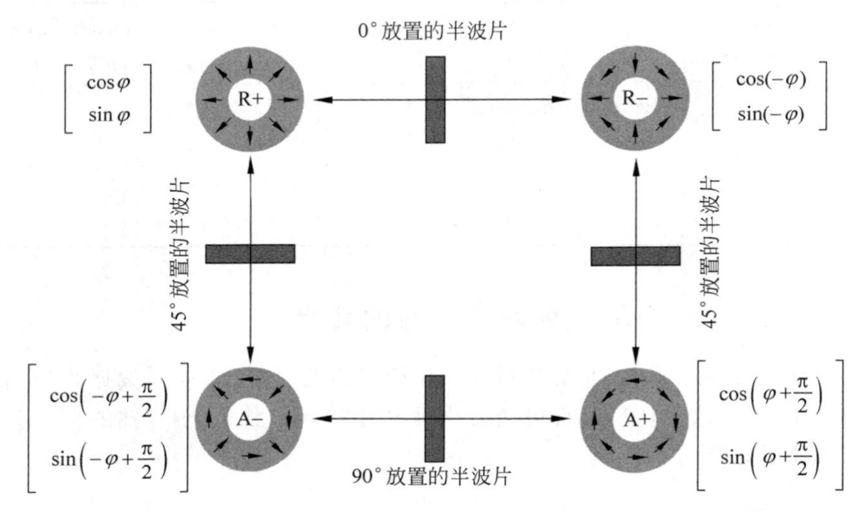

图 7.1.3 利用半波片实现不同矢量光束偏振态转换的示意图[3]

（请扫Ⅵ页二维码看彩图）

7.2 矢量光束的基本生成方法

7.2.1 腔内生成

矢量光束的腔内生成方法即在激光腔内插入某些光学元件，通过模式选择使得激光器内矢量光束模式振荡输出，这些内置光学元件可以是轴向双折射、轴向二向色性器件等。

早期的腔内生成法一般只能生成径向或角向偏振这两种特殊的矢量光束。通过在谐振腔反射镜前置入非连续相位调制器件（discontinuous phase element，DPE），同时置入双折射器件，可使腔内形成稳定的线偏振和排列方向均正交的厄米-高斯模式的振荡，这两个模式通过双折射器件合束后从输出镜输出获得矢量光束[6]，如图 7.2.1 所示。然而，这一方法仅仅能获得径向偏振和角向偏振这两种特殊的矢量光束。

此外，利用 c 轴切割 Nd：YVO_4 晶体的自身的双折射效应，使得 p 偏振光和 s 偏振光在激光谐振腔内经历不同的路径，调节腔长使 s 偏振损耗增大，激光腔内最终只保留 p 偏振，进而输出径向偏振矢量光束[7]。以 Nd：YAG 晶体作为激光工作物质，c 轴切割 YVO_4 晶体作为偏振选择器件，将 Nd：YAG 晶体未掺杂的 c 轴切割 YVO_4 晶体相结合，亦可使激光谐振腔输出径向偏振光[8]。除此之外，利用各向同性激光晶体在高功率泵浦时产生的热致双折射效应进行偏振态选择，亦可实现径向偏振矢量光束的输出[9]。

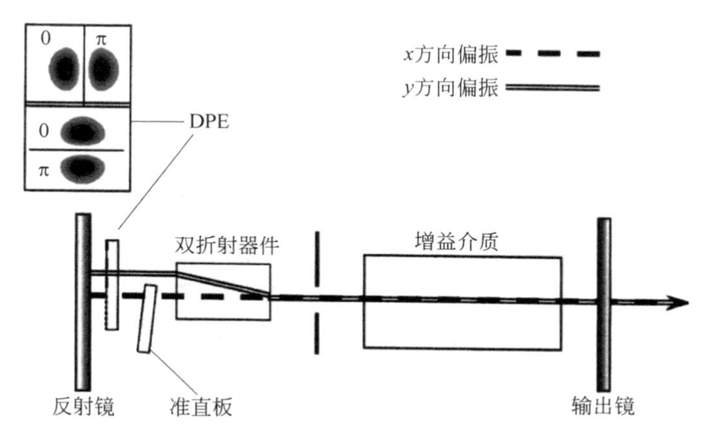

图 7.2.1　谐振腔内插入 DPE 和双折射器件来生成径向和角向偏振矢量涡旋光束的实验装置[6]

2008 年，科研人员将光子晶体光栅镜作为腔内起偏器，并将其用于端面泵浦的 Nd：YAG 微片激光器获得了 610 mW，纯度达 98% 的径向偏振光束输出[10]。同年，又报道了利用被动调 Q Nd：YAG 陶瓷微片激光器为光源，以 Cr^{4+}：YAG 晶体为可饱和吸收体和亚波长光栅对输出光束进行偏振选模，最终生成了脉冲径向偏振矢量光束[11]。

在谐振腔内加入 q 波片、四分之一波片等偏振调制器件，将腔内谐振的基模转化为高阶矢量模式，并稳定振荡，实现矢量光束在激光谐振腔内的可调谐生成[12]，其装置和实验结果如图 7.2.2 所示。此外，通过改变谐振腔中 q 波片的阶次(q 值)等参数，或旋转 q 波片、四分之一波片等器件，还可生成任意偏振态分布的矢量光束。

7.2.2　亚波长光栅

亚波长金属或介质光栅是一类空间偏振转化器件，当光栅周期小于入射光束的波长，亚波长介质光栅表现出单轴晶体的双折射特性。通过设计刻槽的周期及方向，可将入射的圆偏振光转换为矢量光束。图 7.2.3 所示就是一种利用亚波长光栅生成径向偏振矢量光束的方法，其光栅具有多扇区结构，每个扇形区域相当于

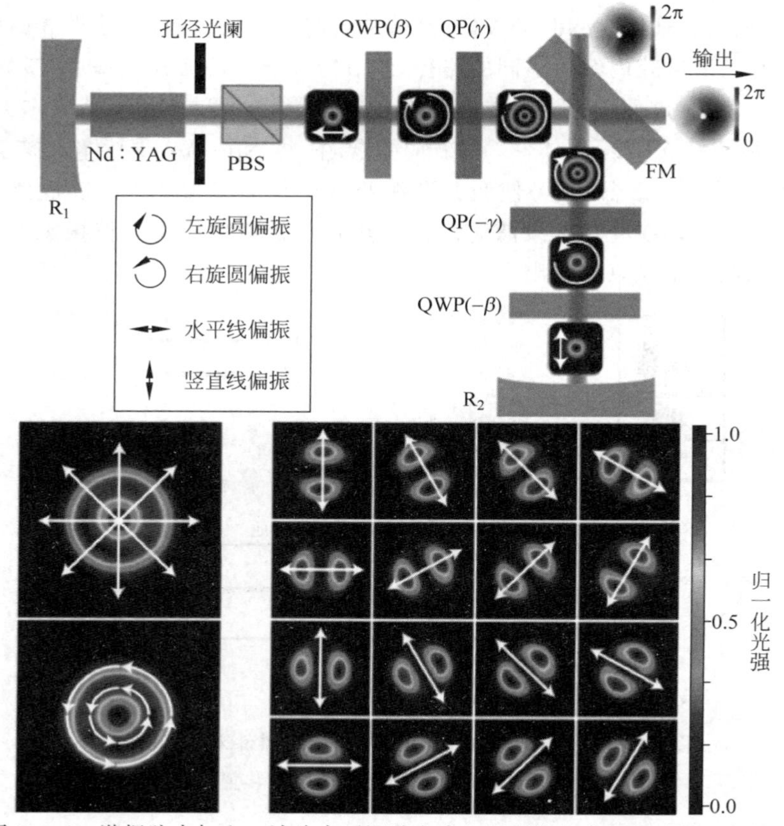

图 7.2.2　谐振腔内加入 q 波片来可调谐生成矢量涡旋光束的实验装置与结果

R_1 和 R_2：反射腔镜；PBS：偏振分光棱镜；QWP：四分之一波片；QP：q 波片；FM：45°镜[12]

（请扫Ⅵ页二维码看彩图）

一个偏振分束器，与光栅条垂直的 p 光绝大部分透射，与栅条平行的 s 偏振光绝大部分反射，因而透射光束近似为径向偏振矢量光束，而且随着扇形数的增加，生成径向偏振光束的纯度也会不断增加[13]。另外，通过设置光栅的空间分布，还可生成高阶次的矢量光束。

7.2.3　利用组合偏振片生成矢量光束

组合偏振片除了可用于探测涡旋光束外，还可用来生成矢量光束。在 5.4.2 节已经介绍，组合偏振片是一种起偏方向为角向各向异性的偏振光学器件，由 M 块不同角度放置的子偏振片组合叠加而成，如图 7.2.4 所示。当 $M\to\infty$ 时，m 阶组合偏振片的琼斯矩阵可写为

$$\boldsymbol{M}_{\mathrm{SVP}}(\varphi)=\begin{bmatrix}\cos^2(m\varphi+\theta_0) & \sin(m\varphi+\theta_0)\cos(m\varphi+\theta_0)\\ \sin(m\varphi+\theta_0)\cos(m\varphi+\theta_0) & \sin^2(m\varphi+\theta_0)\end{bmatrix} \tag{7.2.1}$$

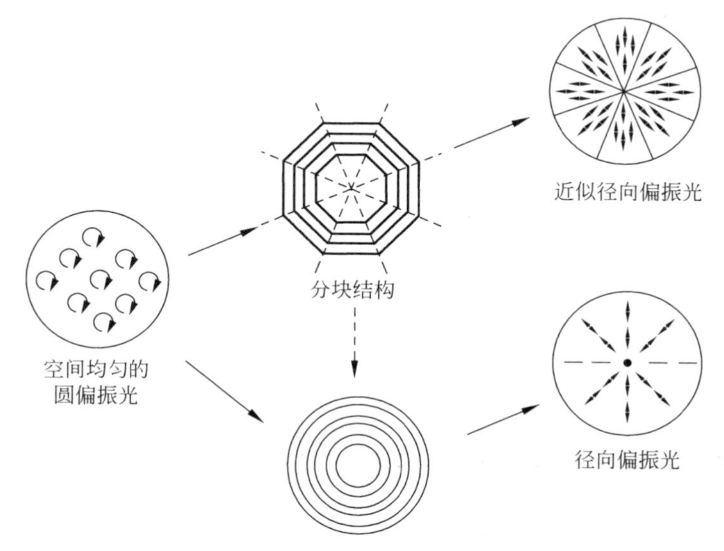

图 7.2.3　亚波长金属光栅生成径向偏振光束的示意图

式中，φ 为角向坐标，θ_0 为 $\varphi=0$ 时子偏振片的起偏方向。特别地，当 $m=1,\theta_0=0$ 时，组合偏振片具有径向分布的起偏方向，称为径向起偏器；类似地，当 $m=1$，$\theta_0=\pi/2$ 时，组合偏振片具有角向分布的起偏方向，称为角向起偏器。

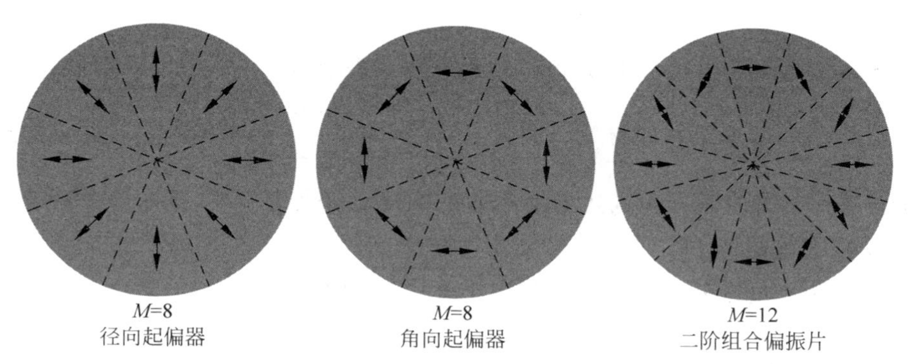

图 7.2.4　几种常见的组合偏振片
（请扫Ⅵ页二维码看彩图）

当一束右旋圆偏振光通过一个 $\theta_0=0$ 的组合偏振片后，出射光束可表示为

$$\begin{aligned}\boldsymbol{E}&=M_{\mathrm{SVP}}(\varphi)\frac{1}{\sqrt{2}}\begin{bmatrix}1\\\mathrm{i}\end{bmatrix}=\begin{bmatrix}\cos^2(m\varphi)+\mathrm{i}\sin(m\varphi)\cos(m\varphi)\\\sin(m\varphi)\cos(m\varphi)+\mathrm{i}\sin^2(m\varphi)\end{bmatrix}\\&=\begin{bmatrix}\cos m\varphi\\\sin m\varphi\end{bmatrix}\exp(\mathrm{i}m\varphi)\end{aligned}\tag{7.2.2}$$

这表明，出射光束的电场方向是轴对称的，它与矢量光束的琼斯矢量基本相同，只是比矢量光束多了一个螺旋相位项 $\exp(\mathrm{i}m\varphi)$。此时出射光束既具有涡旋分布的

偏振态,也具有螺旋形相位,此即在本章后面要讨论的矢量涡旋光束。若仅要生成矢量光束,可以用一束角量子数为$-m$的涡旋光束代替高斯光束以消除出射光场的螺旋相位,这一过程可表示为

$$\boldsymbol{E}=M_{\mathrm{SVP}}(\varphi)\exp(-\mathrm{i}m\varphi)\frac{1}{\sqrt{2}}\begin{bmatrix}1\\ \mathrm{i}\end{bmatrix}=\begin{bmatrix}\cos m\varphi\\ \sin m\varphi\end{bmatrix} \tag{7.2.3}$$

式(7.2.3)表明,一束角量子数为$-m$的右旋圆偏振涡旋光束($\exp(-\mathrm{i}m\varphi)[1,\mathrm{i}]^{\mathrm{T}}$)经过$m$阶组合偏振片后转化成了$m$阶矢量光束。同理,当一束角量子数为$m$的左旋圆偏振涡旋光束入射到$m$阶组合偏振片上时,亦可生成$m$阶矢量光束:

$$\boldsymbol{E}=M_{\mathrm{SVP}}(\varphi)\exp(\mathrm{i}m\varphi)\frac{1}{\sqrt{2}}\begin{bmatrix}1\\ -\mathrm{i}\end{bmatrix}=\begin{bmatrix}\cos m\varphi\\ \sin m\varphi\end{bmatrix} \tag{7.2.4}$$

7.2.4 利用组合半波片生成矢量光束

在本书第3章和第5章中,已经多次提到组合半波片这一偏振光学器件,它是一种具有快轴方向为角向各向异性的偏振器件,由M块不同角度放置的子半波片组合叠加而成,可用于涡旋光束的生成和探测。当$M\to\infty$时,m阶组合半波片的琼斯矩阵为

$$M_{\mathrm{SVHWP}}(\varphi)=\begin{bmatrix}\cos m\varphi & \sin m\varphi\\ \sin m\varphi & -\cos m\varphi\end{bmatrix} \tag{7.2.5}$$

当一束线偏振光通过组合半波片时,出射光场可表示为

$$\boldsymbol{E}=M_{\mathrm{SVHWP}}\begin{bmatrix}\cos\theta_0\\ \sin\theta_0\end{bmatrix}=\begin{bmatrix}\cos(m\varphi-\theta_0)\\ \sin(m\varphi-\theta_0)\end{bmatrix} \tag{7.2.6}$$

表明组合半波片可将入射的线偏振光束转化为m阶矢量光束,即组合半波片可用来生成矢量光束。

当n阶矢量光束入射到m阶组合半波片后,透射光为

$$\boldsymbol{E}=M_{\mathrm{SVHWP}}\begin{bmatrix}\cos(n\varphi+\theta_0)\\ \sin(n\varphi+\theta_0)\end{bmatrix}=\begin{bmatrix}\cos[(m-n)\varphi-\theta_0]\\ \sin[(m-n)\varphi-\theta_0]\end{bmatrix} \tag{7.2.7}$$

式(7.2.7)表明,n阶矢量光束经过m阶组合半波片后,其输出光束为$(m-n)$阶矢量光束。因此可以将组合半波片级联使用来生成任意阶次的矢量光束。另外,当入射矢量光束的阶次与组合半波片的级次相等($n=m$)时,输出光束将退化为实心的高斯光束,通过这一特性可以用来判断矢量光束的阶次。

7.2.5 利用 q 波片生成矢量光束

在3.4.2节,已经介绍了q波片的概念,它是一种由向列相液晶制成的偏振调制器件,其琼斯矩阵为

$$\boldsymbol{M}_q = \begin{bmatrix} \cos 2\alpha & \sin 2\alpha \\ \sin 2\alpha & -\cos 2\alpha \end{bmatrix} \tag{7.2.8}$$

式中，

$$\alpha(r,\varphi) = q\varphi + \alpha_0 \tag{7.2.9}$$

当一束起偏角为 θ_0 的线偏振光照射时，出射光场可以表示为

$$\boldsymbol{E} = \boldsymbol{M}_q \begin{bmatrix} \cos\theta_0 \\ \sin\theta_0 \end{bmatrix} = \begin{bmatrix} \cos(2\alpha - \theta_0) \\ \sin(2\alpha - \theta_0) \end{bmatrix} = \begin{bmatrix} \cos[2q\varphi + (\alpha - \theta_0)] \\ \sin[2q\varphi + (\alpha - \theta_0)] \end{bmatrix} \tag{7.2.10}$$

即生成了偏振阶次为 $2q$，初始偏振方向为 $(\alpha - \theta_0)$ 的矢量光束。

7.3　矢量光束的相干合成

相干合成法，是指将其他形式的光束同轴相干合成来生成矢量光束，是一种腔外合成法。这种方法物理意义清晰，易于在实验室实现，是当前生成矢量光束的主流方法。

7.3.1　相干合成法的基本原理

最常见的用于相干合成矢量光束的光束主要有两类，一类是厄米-高斯光束，另一类是携带有轨道角动量的涡旋光束。

1. 厄米-高斯光束相干合束法

利用厄米-高斯光束相干合成矢量光束的原理为

$$\boldsymbol{E}_r = \mathrm{HG}_{10}\boldsymbol{e}_x + \mathrm{HG}_{01}\boldsymbol{e}_y \tag{7.3.1}$$

$$\boldsymbol{E}_\varphi = \mathrm{HG}_{01}\boldsymbol{e}_x + \mathrm{HG}_{10}\boldsymbol{e}_y \tag{7.3.2}$$

式中，$\boldsymbol{E}_r$ 和 $\boldsymbol{E}_\varphi$ 分别表示径向偏振光和角向偏振光。式(7.3.1)和式(7.3.2)表明，两路同时具有水平和竖直正交线偏振态分布和正交子光斑排列方向的厄米-高斯光束，可相干合成径向偏振光或角向偏振光，这一过程如图 7.3.1 所示。这种利用厄米-高斯光束相干合成的方法往往仅能获得一阶矢量光束，对于生成高阶矢量光束，需由多个厄米-高斯光束进行叠加[14]。

利用不同模式的厄米-高斯光束合成任意阶次的矢量光束，借鉴了拉盖尔-高斯光束可以分解成一组厄米-高斯光束的原理[15]：

$$\mathrm{LG}_{pl}(x,y,z) = \sum_{s=0}^{N} \mathrm{i}^s a(m,n,s) \cdot \mathrm{HG}_{N-s,s}(x,y,z) \tag{7.3.3}$$

式中，权重 $a(m,n,s)$ 为

$$a(m,n,s) = \left[\frac{(N-s)!\,s!}{2^N m!\,n!}\right]^{1/2} \cdot \frac{1}{s!} \tag{7.3.4}$$

式(7.3.3)和式(7.3.4)中，$l=n-m$，$p=m$，$N=m+n$。式(7.3.3)中的因子 i^s

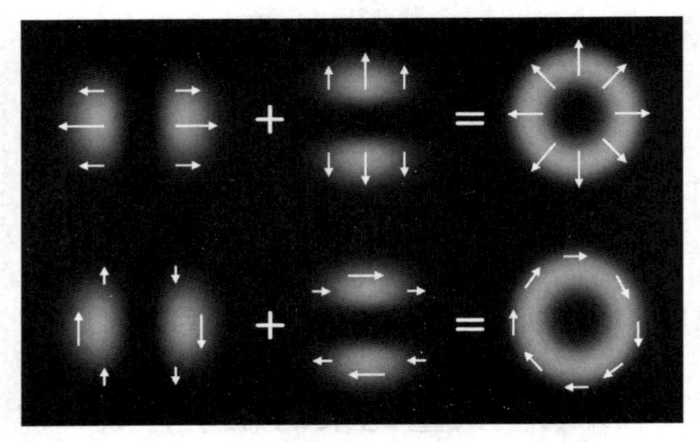

图 7.3.1　利用厄米-高斯光束相干合成矢量光束的原理图[1]
（请扫Ⅵ页二维码看彩图）

表示相邻两束光有 $\pi/2$ 的相位差。若将式(7.3.3)中 i^s 项替换为琼斯矢量 $[\cos(\pi s/2),\sin(\pi s/2)]^{\mathrm{T}}$，也就是把相位差替换成偏振指向的差别，经过替换后的光场可以表示为

$$U_{pl}(x,y,z)=\begin{bmatrix}E_x\\E_y\end{bmatrix}=\sum_{s=0}^{N}a(m,n,s)\cdot \mathrm{HG}_{N-s,s}(x,y,z)\begin{bmatrix}\cos(\pi s/2)\\ \sin(\pi s/2)\end{bmatrix} \tag{7.3.5}$$

由欧拉公式可得

$$\mathrm{i}^s=\cos\left(\frac{\pi s}{2}\right)+\mathrm{i}\sin\left(\frac{\pi s}{2}\right) \tag{7.3.6}$$

可以发现，i^s 和 $[\cos(\pi s/2),\sin(\pi s/2)]^{\mathrm{T}}$ 均为周期函数，周期为 4。当整数 s 变化为 0、1、2、3 时，它们的函数值分别为 1、i、−1、−i，以及 $[1,0]^{\mathrm{T}}$、$[0,1]^{\mathrm{T}}$、$[-1,0]^{\mathrm{T}}$、$[0,-1]^{\mathrm{T}}$。这两个函数分别控制了光束的相位和偏振态，同时具有一一对应关系。式(7.3.5)中的 x 方向分量对应于式(7.3.3)中的实部，式(7.3.5)中的 y 方向分量对应于式(7.3.3)中的虚部。根据上述相位和偏振方向的对应关系，并结合式(1.4.1)，则式(7.3.5)可以写为

$$U_{pl}(r,\varphi,0)=|\mathrm{LG}_{pl}|\begin{bmatrix}\cos l\varphi\\ \sin l\varphi\end{bmatrix} \tag{7.3.7}$$

式中，$|\mathrm{LG}_{pl}|$ 表示拉盖尔-高斯光束的振幅分布。从上述等式可以看出，当 $l\neq 0$ 时，合束后的光束是矢量光束。它的强度分布和拉盖尔-高斯光束相同，但其不具有螺旋相位分布，不携带轨道角动量，光束的截面上具有轴对称的涡旋状偏振分布。

下面根据式(7.3.5)给出两个仿真实例，第一个是 $m=0$ 的情况，第二个是 $m\neq 0$ 的情况。为了清楚地描述合束过程，这里给出了 6 个数学表达式，其中式(7.3.8)～式(7.3.10)是第一个实例；式(7.3.11)～式(7.3.13)是第二个实例。

其中等式左边的琼斯矢量表示厄米-高斯光束的偏振态，琼斯矢量之前的分数是振幅的权重；等式右边的琼斯矢量描述了相干合成的矢量光束光场的偏振分布，琼斯矢量前的项表示光场的振幅分布。

实例 1：$m=0$，此时 $p=0$。

$$\frac{\sqrt{2}}{2}\begin{bmatrix}1\\0\end{bmatrix}\mathrm{HG}_{10}+\frac{\sqrt{2}}{2}\begin{bmatrix}0\\1\end{bmatrix}\mathrm{HG}_{01}=|\mathrm{LG}_{01}|\begin{bmatrix}\cos\varphi\\\sin\varphi\end{bmatrix}\tag{7.3.8}$$

$$\frac{1}{2}\begin{bmatrix}1\\0\end{bmatrix}\mathrm{HG}_{20}+\frac{\sqrt{2}}{2}\begin{bmatrix}1\\0\end{bmatrix}\mathrm{HG}_{11}+\frac{1}{2}\begin{bmatrix}-1\\0\end{bmatrix}\mathrm{HG}_{02}=|\mathrm{LG}_{02}|\begin{bmatrix}\cos2\varphi\\\sin2\varphi\end{bmatrix}\tag{7.3.9}$$

$$\frac{\sqrt{2}}{4}\begin{bmatrix}1\\0\end{bmatrix}\mathrm{HG}_{30}-\frac{\sqrt{6}}{4}\begin{bmatrix}1\\0\end{bmatrix}\mathrm{HG}_{21}+\frac{\sqrt{6}}{4}\begin{bmatrix}-1\\0\end{bmatrix}\mathrm{HG}_{12}-\frac{\sqrt{2}}{4}\begin{bmatrix}0\\-1\end{bmatrix}\mathrm{HG}_{03}$$
$$=|\mathrm{LG}_{03}|\begin{bmatrix}\cos3\varphi\\\sin3\varphi\end{bmatrix}\tag{7.3.10}$$

上述几个合束过程如图 7.3.2 所示，其中左边的框中为厄米-高斯光束的偏振态和强度分布，右边的框中为合束后的矢量光束的强度和偏振分布。

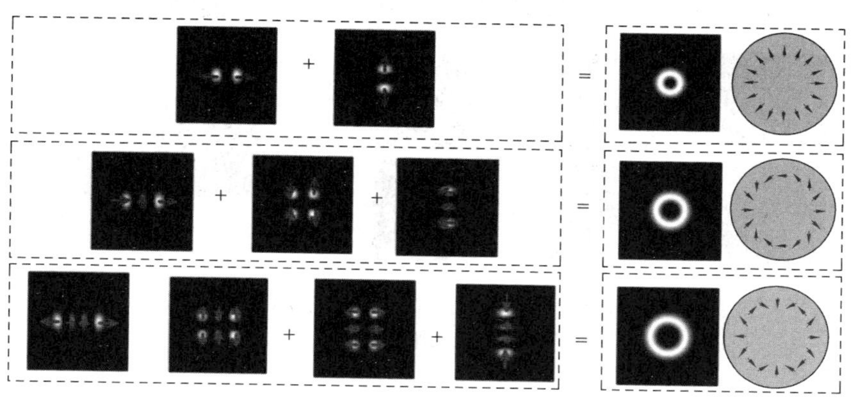

图 7.3.2　$m=0$ 时利用厄米-高斯光束合束的矢量光束[14]

（请扫Ⅵ页二维码看彩图）

实例 2：$m\neq0$，此时 $p\neq0$。

$$\frac{\sqrt{6}}{4}\begin{bmatrix}1\\0\end{bmatrix}\mathrm{HG}_{30}-\frac{\sqrt{2}}{4}\begin{bmatrix}1\\0\end{bmatrix}\mathrm{HG}_{21}-\frac{\sqrt{2}}{4}\begin{bmatrix}-1\\0\end{bmatrix}\mathrm{HG}_{12}+\frac{\sqrt{6}}{4}\begin{bmatrix}0\\-1\end{bmatrix}\mathrm{HG}_{03}$$
$$=|\mathrm{LG}_{11}|\begin{bmatrix}\cos\varphi\\\sin\varphi\end{bmatrix}\tag{7.3.11}$$

$$\frac{\sqrt{6}}{4}\begin{bmatrix}1\\0\end{bmatrix}\mathrm{HG}_{30}+\frac{\sqrt{2}}{4}\begin{bmatrix}1\\0\end{bmatrix}\mathrm{HG}_{21}-\frac{\sqrt{2}}{4}\begin{bmatrix}-1\\0\end{bmatrix}\mathrm{HG}_{12}-\frac{\sqrt{6}}{4}\begin{bmatrix}0\\-1\end{bmatrix}\mathrm{HG}_{03}$$
$$=|\mathrm{LG}_{11}|\begin{bmatrix}\cos(-\varphi)\\\sin(-\varphi)\end{bmatrix}\tag{7.3.12}$$

$$\frac{\sqrt{5}}{4}\begin{bmatrix}1\\0\end{bmatrix}\mathrm{HG}_{50}-\frac{1}{4}\begin{bmatrix}1\\0\end{bmatrix}\mathrm{HG}_{41}-\frac{\sqrt{2}}{4}\begin{bmatrix}-1\\0\end{bmatrix}\mathrm{HG}_{32}+\frac{\sqrt{2}}{4}\begin{bmatrix}0\\-1\end{bmatrix}\mathrm{HG}_{23}+$$

$$\frac{1}{4}\begin{bmatrix}1\\0\end{bmatrix}\mathrm{HG}_{14}-\frac{\sqrt{5}}{4}\begin{bmatrix}0\\1\end{bmatrix}\mathrm{HG}_{05}=|\ \mathrm{LG}_{21}\ |\begin{bmatrix}\cos\varphi\\\sin\varphi\end{bmatrix} \tag{7.3.13}$$

图 7.3.3 给出了式(7.3.11)～式(7.3.13)所示的合束过程。图 7.3.2 和图 7.3.3 表明,采用厄米-高斯光束相干合成得到的矢量光束的强度分布和拉盖尔-高斯光束相同,横截面偏振态分布满足式(7.1.1)。当 $m=0$ 时,$p=0$,矢量光束具有单环光场结构。当 $m\neq0$ 时,$p\neq0$,矢量光束具有多环光场结构。

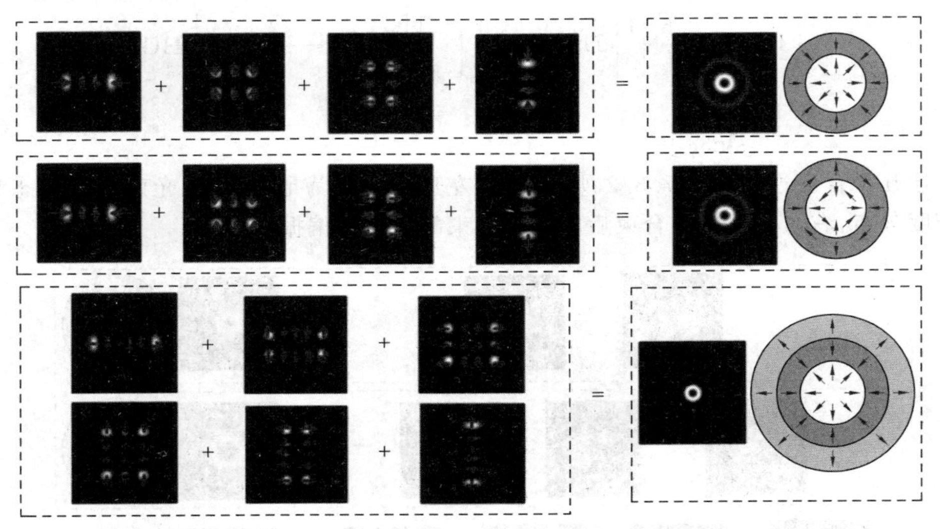

图 7.3.3 $m\neq0$ 时利用厄米-高斯光束合束的矢量光束[14]
(请扫Ⅵ页二维码看彩图)

2. 涡旋光束相干合束法

由于往往需要多路厄米-高斯光束才能合束生成不同阶次的矢量光束,实现起来较为困难,因此当前该方法的应用并不是很广,人们更多地采用涡旋光束相干合成矢量光束的方法。

涡旋光束相干合成矢量光束的原理如图 7.3.4 所示,这一过程可表示为

$$\frac{1}{2}\exp(\mathrm{i}p\varphi)\begin{bmatrix}1\\-\mathrm{i}\end{bmatrix}+\frac{1}{2}\exp(-\mathrm{i}p\varphi)\begin{bmatrix}1\\\mathrm{i}\end{bmatrix}=\begin{bmatrix}\cos p\varphi\\\sin p\varphi\end{bmatrix} \tag{7.3.14}$$

式(7.3.14)表明,一束角量子数为 p 的左旋圆偏振涡旋光束,与另外一束角量子数为 $-p$ 的右旋圆偏振涡旋光束,经同轴合束后,可相干合成偏振阶次为 p、初始偏振方向 $\theta_0=0$ 的矢量光束。若对式(7.3.14)中等式的两束旋向相反的圆偏振涡旋光束间引入一附加的相位差 $\Delta\phi$,则式(7.3.14)可写成更普遍的形式:

$$\frac{1}{2}\exp[\mathrm{i}(p\varphi+\Delta\phi)]\begin{bmatrix}1\\-\mathrm{i}\end{bmatrix}+\frac{1}{2}\exp(-\mathrm{i}p\varphi)\begin{bmatrix}1\\\mathrm{i}\end{bmatrix}=\exp\left[\frac{1}{2}\mathrm{i}\Delta\phi\right]\begin{bmatrix}\cos\left(p\varphi+\frac{1}{2}\Delta\phi\right)\\\sin\left(p\varphi+\frac{1}{2}\Delta\phi\right)\end{bmatrix} \tag{7.3.15}$$

此时生成的矢量光束，其初始偏振方向变为 $\theta_0=\Delta\phi/2$。这意味着通过控制两束圆偏振涡旋光束间的相位差 $\Delta\phi$，可控制生成的矢量光束的初始偏振方向。与厄米-高斯光束合束法不同的是，采用两束涡旋光束合束的方式可生成任意阶次的矢量光束，且其偏振阶次与左旋圆偏振涡旋光束的角量子数相同。注意，在涡旋光束合束生成矢量光束的过程中，涡旋光束所携带的轨道角动量湮灭，转化为具有平面波前的矢量光束。

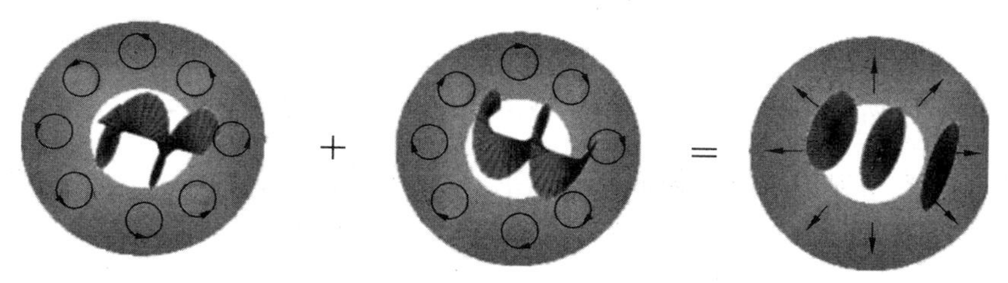

图 7.3.4　利用涡旋光束相干合成矢量光束的原理图
（请扫Ⅵ页二维码看彩图）

7.3.2　萨奈克干涉合成

萨奈克(Saganc)干涉仪原本是一种依据萨奈克效应设计的用来测量惯性角速度的量子光学仪器，其典型的结构如图 7.3.5 所示。萨奈克干涉仪具有环路结构，光源 S 发出的光波经分光板 G 分为两束，在环路中沿着相反的方向传播，它们分别经反射镜 M_1 和 M_2 反射并沿着环路传播一圈后，又回到分光板 G 处并相遇，发生干涉。由于光源发出的光经过分光后，分别走了完全相同的光程，因此它们之间并没有额外的相位差。若对萨奈克干涉仪进行适当的升级改进，则可得到一稳定的矢量光束生成系统。

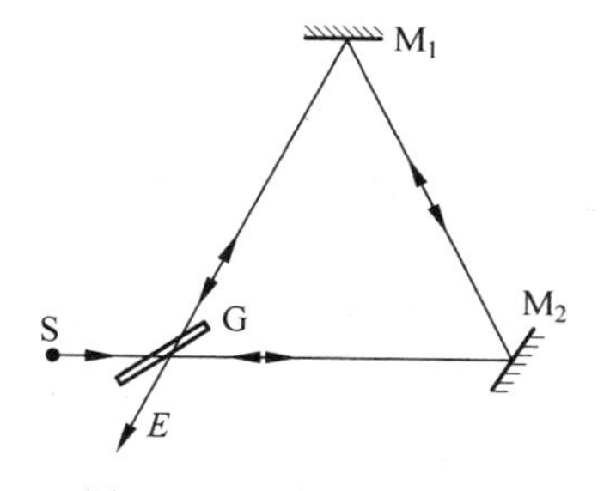

图 7.3.5　萨奈克干涉仪

图 7.3.6 给出了基于萨奈克干涉仪的相干合成矢量光束的光学系统，与图 7.3.5 给出的标准萨奈克干涉仪相比，主要有以下几点改进：首先将分光板替换为一偏振分光棱镜；其次，将其中一反射镜替换为反射式液晶空间光调制器，用于加载涡旋相位光栅[$\exp(\mathrm{i}p\varphi)$]，来给光束引入螺旋相位；再次，在环路中置入了额外的道威棱镜和一快轴方向与水平面呈 45°的半波片。图中的四分之一波片的

快轴方向与水平面呈 45°，当一束水平或竖直的线偏振高斯光束从系统左侧入射时，经四分之一波片后转化为圆偏振光。而后经偏振分光棱镜分光，反射光束为竖直线偏振光（s 光），透射光束为水平线偏振光（p 光）。由于入射光束为圆偏振光，故偏振分光棱镜的透射光束和反射光束的强度相等。

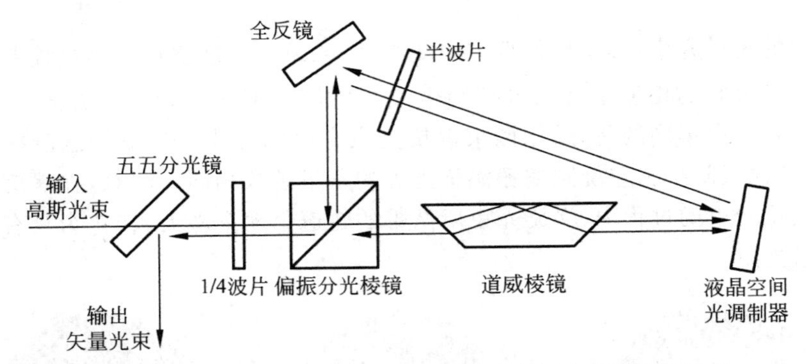

图 7.3.6　基于萨奈克干涉仪的相干合成矢量光束的光学系统

首先考察反射的竖直线偏振高斯光束，其经全反镜反射后透过半波片，转化为水平线偏振光，而后经反射式液晶空间光调制器，转化为角量子数为 $-p$ 的涡旋光束（反射式液晶空间光调制器由于液晶屏对光束的反射作用相当于在生成涡旋光束后引入了一次额外的反射过程，使得生成的涡旋光束的角量子数与涡旋光栅阶次相反）。道威棱镜引入额外的一次反射，故经道威棱镜后，涡旋光束的阶次变为 p，并回到偏振分光棱镜透射。

再来考虑透射的水平线偏振高斯光束，其经道威棱镜反射后，照射液晶空间光调制器，转化为角量子数为 $-p$ 的涡旋光束，而后经半波片，其线偏振方向由竖直变为水平。接下来经过全反镜和偏振分光棱镜反射两次后，角量子数不变，由偏振分光棱镜的左侧射出，出射光束即为竖直线偏振且角量子数为 $-p$ 的涡旋光束。

两束涡旋光束在偏振分光棱镜的左侧合束，其中一束为竖直线偏振，角量子数为 $-p$，一束为水平线偏振，角量子数为 p。合束光束经过四分之一波片后，转化为两束旋向相反、角量子数相反的圆偏振涡旋光束的合束，另外，由于萨奈克环路中两束光经历了相同的光程，它们之间没有相位差，故此时式(7.3.14)已满足，即生成了矢量光束。

图 7.3.7 给出了利用萨奈克干涉仪合成的矢量光束，当液晶空间光调制器加载普通的涡旋相位光栅时，生成了拉盖尔-高斯型矢量光束；当加载高阶轴棱镜光栅时，则生成了贝塞尔-高斯型的矢量光束。这意味着可通过加载在液晶空间光调制器上的光栅来控制矢量光束的光场强度分布。另外，由于矢量光束的阶次与左旋圆偏振涡旋光束的角量子数相同，而角量子数又与涡旋相位光栅的阶次相关，因此矢量光束的阶次亦可通过液晶空间光调制器来控制。

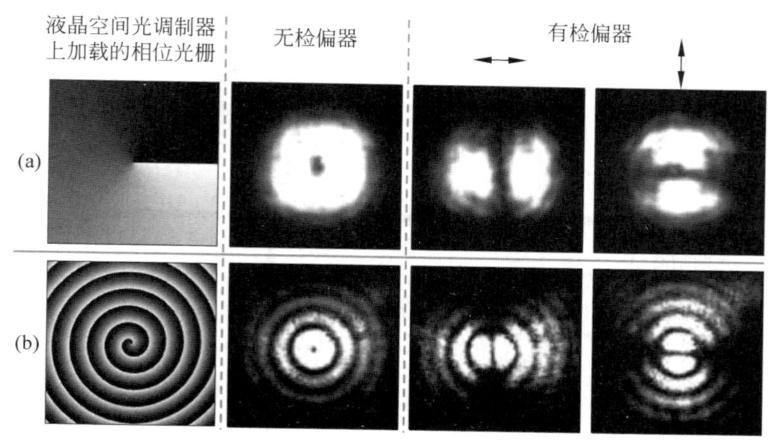

图 7.3.7　萨奈克干涉仪相干合成的不同光场分布的1阶矢量光束

(a) 拉盖尔-高斯型；(b) 贝塞尔-高斯型[16]

7.3.3　类萨奈克干涉合成

在图7.3.6萨奈克干涉仪的基础上，改变偏振分光棱镜的放置方向，虽然整体的光路结构没有变，但反射光不再经由环路传输，这种干涉装置称作类萨奈克干涉仪[17]。

利用类萨奈克干涉仪生成矢量光束的光路系统如图7.3.8所示。首先，高斯光束经液晶空间光调制器后，转化为角量子数为 p 的涡旋光束，再通过一半波片后射入偏振分光棱镜中并被分为两束。这里通过调节半波片的快轴与水平面间的夹角，可使偏振分光棱镜等强度分光，通常来说，由于常见的液晶空间光调制器仅仅对水平线偏振光具有纯相位调制的作用，因此半波片的快轴与水平面间的夹角一般设为45°。

与萨奈克干涉仪不同的是，类萨奈克干涉仪只有偏振分光棱镜的透射光传输了整个环路，而反射光并没有进入环路，如图7.3.9所示。对于反射光来说，其仅被偏振分光棱镜反射了一次，故角量子数取反，变为 $-p$；对于透射光，其总共被两个反射镜反射两次，角量子数不变，仍为 p，并回到偏振分光棱镜与反射光同轴合束。此时合束后的光即偏振态相互正交、角量子数互为相反数的两束线偏振涡旋光束的合束，再经一快轴方向与水平面呈45°放置的四分之一波片后，线偏振转化为圆偏振，满足式(7.3.15)，即生成了矢量光束。

需要注意的一点是，类萨奈克干涉中被偏振分光棱镜分束的两束光分别走了不同的路径，它们之间存在由光程差引起的相位差。通过在透射光路中置入一相位补偿版，可控制两束涡旋光束间的相位差，即式(7.1.4)中的 $\Delta\phi$，理论上可生成满足式(7.1.1)的任意偏振态分布的矢量光束，如图7.3.10所示。

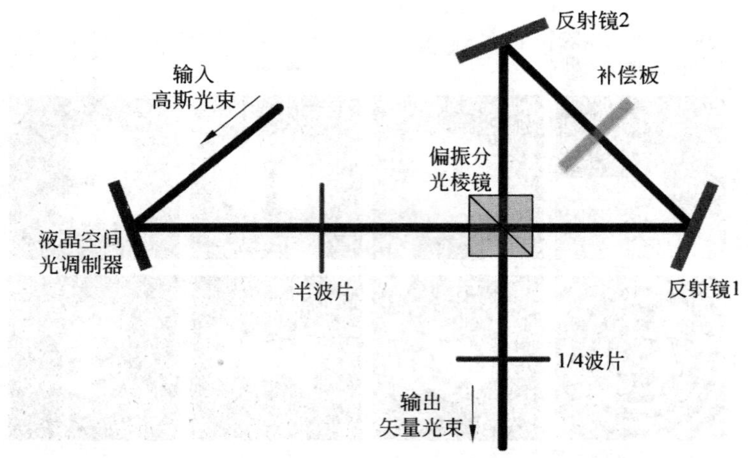

图 7.3.8　基于类萨奈克干涉仪的相干合成矢量光束的光学系统

（请扫Ⅵ页二维码看彩图）

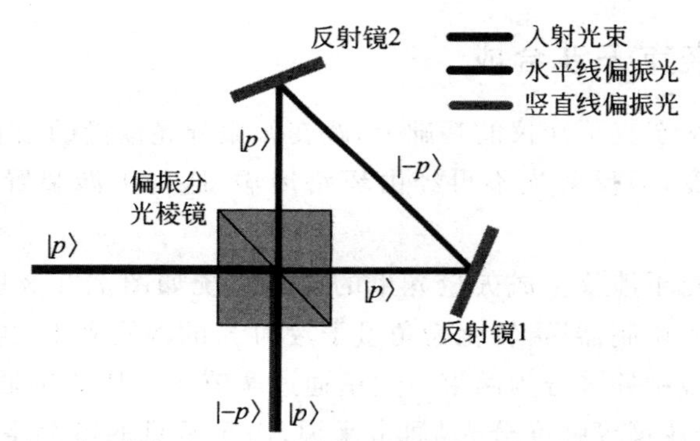

图 7.3.9　类萨奈克干涉仪生成矢量光束的原理示意图

（请扫Ⅵ页二维码看彩图）

7.3.4　泰曼-格林干涉合成

泰曼-格林(Twyman-Green)干涉仪是一种双臂分振幅干涉装置，其采用一分束器将入射光束分成两束，而后分别经两个反射镜反射后又回到分束器处合束，发生干涉。改进后的泰曼-格林干涉仪可用来生成矢量光束[18,19]，其装置如图 7.3.11 所示。

当一束涡旋光束$|p\rangle$从下方入射到图 7.3.11 所示的光学系统中时，经五五分光镜反射后入射到泰曼-格林系统中。入射光路中半波片的作用是用来调节入射涡旋光束的偏振态分布，以确保偏振分光棱镜可以 1∶1 等强度分光。对于偏振分光棱镜反射的竖直线偏振涡旋光束，其经过全反镜反射后，又回到偏振分光棱镜中并被反射至左侧，其被全反镜反射一次，被偏振分光棱镜反射两次，共被反射三次，角量子数取反，变为$|-p\rangle$。对于偏振分光棱镜透射水平线偏振的涡旋光束，其入射到直角棱镜的屋脊面上，再反射回来与竖直线偏光合束。屋脊面是一种特殊的

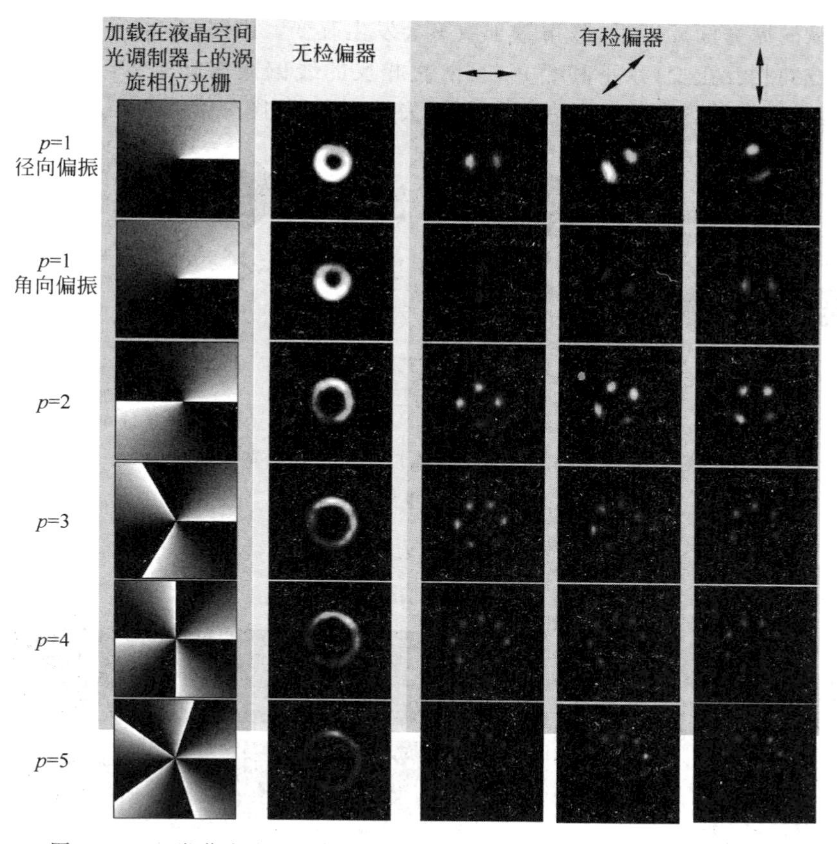

图 7.3.10　类萨奈克干涉仪相干合成的不同偏振态分布的矢量光束[17]
（请扫Ⅵ页二维码看彩图）

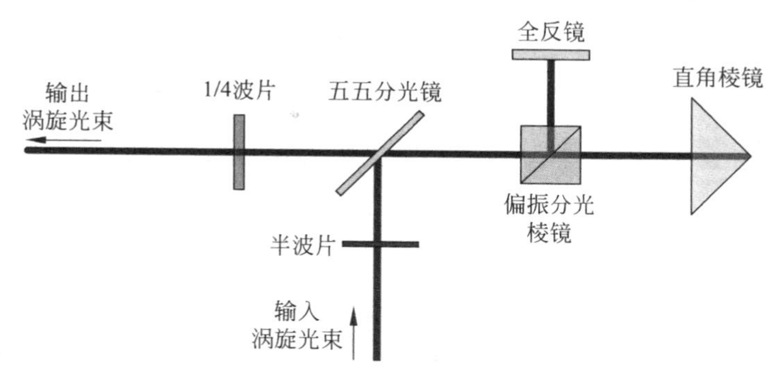

图 7.3.11　基于类泰曼-格林干涉仪的相干合成矢量光束的光学系统
（请扫Ⅵ页二维码看彩图）

反射面，其实际上是由两个相互垂直放置的反射面构成，如图 7.3.12 所示。当一束光照射到屋脊面上时，实际上被两个相互垂直的反射平面反射了两次，故屋脊面不改变成像性质，即右手系经屋脊面反射后还是右手系[20]。这意味着涡旋光束被直角棱镜的屋脊面反射后，其角量子数不会发生改变。因此，合束后的光束包含两束偏振方向相互正交（水平和竖直）且阶次相反的线偏振涡旋光束，经过快轴方向与水平面呈 45°的四分之一波片后转化为矢量光束，如图 7.3.13 所示。

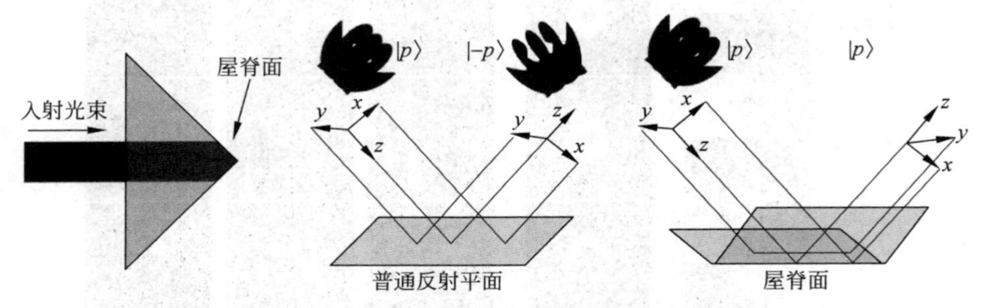

图 7.3.12　涡旋光束经普通反射平面和屋脊面的反射

（请扫Ⅵ页二维码看彩图）

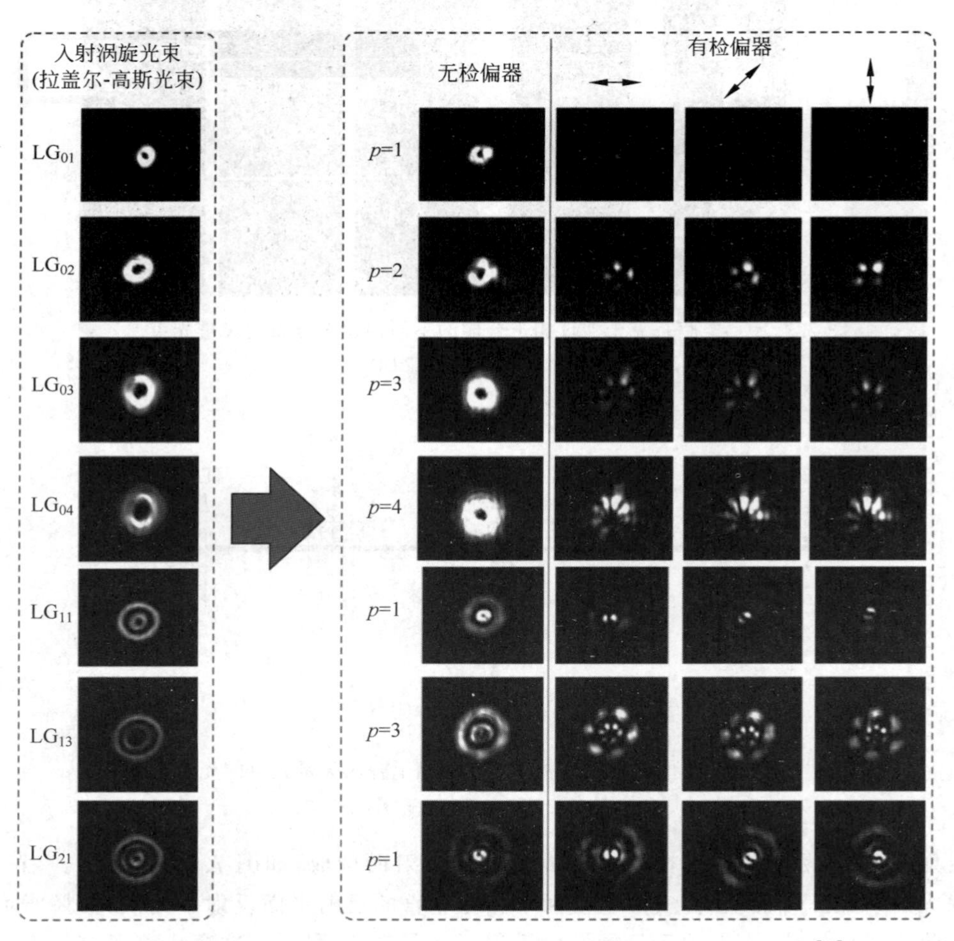

图 7.3.13　泰曼-格林干涉仪相干合成的不同偏振态分布的矢量光束[18]

泰曼-格林干涉合成法可将入射的涡旋光束转化为矢量光束，不难理解，生成的矢量光束的阶次与入射的涡旋光束的角量子数相同，横截面光场强度分布也与入射光束完全相同。因此可通过改变入射的涡旋光束，来生成不同阶次和光场分布的矢量光束。另外，通过改变双臂长度，可调节正交圆偏振分量间的相位差，进而理论上可生成满足式(7.1.1)的所有偏振态分布的矢量光束。

7.3.5　沃拉斯顿棱镜合成

沃拉斯顿棱镜(Wollaston prism)是由两块光轴相互正交的直角三棱柱晶体(通常是方解石)光胶而成，如图 7.3.14 所示。它的工作原理是，利用界面两侧晶体光轴取向的不同，使一定振动方向的光经过胶合面时经历自寻常光到异常光或异常光到寻常光的变化，从而让不同振动方向的光发生不同的折射。

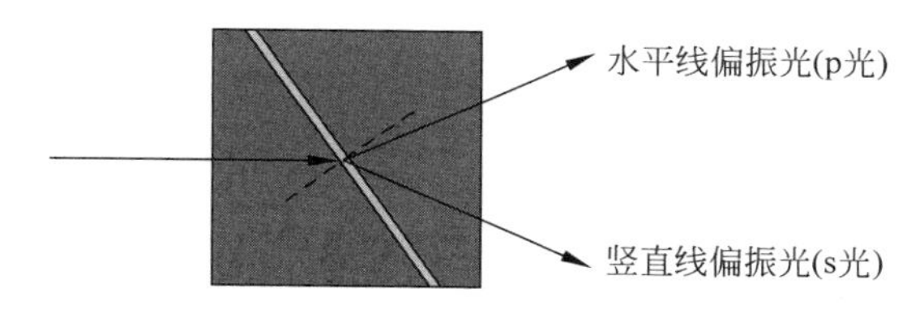

图 7.3.14　沃拉斯顿棱镜
(请扫Ⅵ页二维码看彩图)

既然沃拉斯顿棱镜可以将入射光束根据其偏振态不同分成相互正交的线偏振光，那么根据光路的可逆性，它也可以用来将相互正交的线偏振光合束，来生成矢量光束。利用沃拉斯顿棱镜生成矢量光束的关键在于设计一种衍射光栅，使得其在±1 衍射级分别生成阶次相反的涡旋光束，而后再通过一定的光路系统，使得这两束光偏振态正交，且可会聚并与沃拉斯顿棱镜的分束角相匹配，实现合束，如图 7.3.15 所示。这里衍射光栅的目的可看作是产生一等强度分布的 1×2 涡旋光束阵列，实际上就是第 4 章介绍的达曼涡旋光栅。

首先，激光器产生基模高斯光束，经过起偏器偏振调制和扩束器扩束后照射到液晶空间光调制器上，产生两束等强度且阶次相反的涡旋光束，并射入一倒置的扩束系统。注意起偏器的起偏方向应与液晶空间光调制器的液晶分子光轴方向平行(通常为水平)，以实现纯相位调制。倒置的扩束系统由两个透镜组成，其中薄凸透镜 1 对调制器加载的达曼涡旋光栅的衍射光场进行傅里叶变换，凹透镜的作用是增大衍射角，使相邻衍射级之间的距离增大，便于后面将半波片放置到薄凸透镜 2 后的一条光路上。薄凸透镜 2 对两束涡旋光束进行会聚，移动透镜 2 的位置，可使会聚光束的夹角恰好等于沃拉斯顿棱镜分束角。同时在其中一路上置入半波片，将水平线偏振转化为竖直线偏振，以满足沃拉斯顿棱镜的合束要求。与前面介绍的几种方法相同，利用一个快轴方向与水平面呈 45°放置的四分之一波片将两束偏

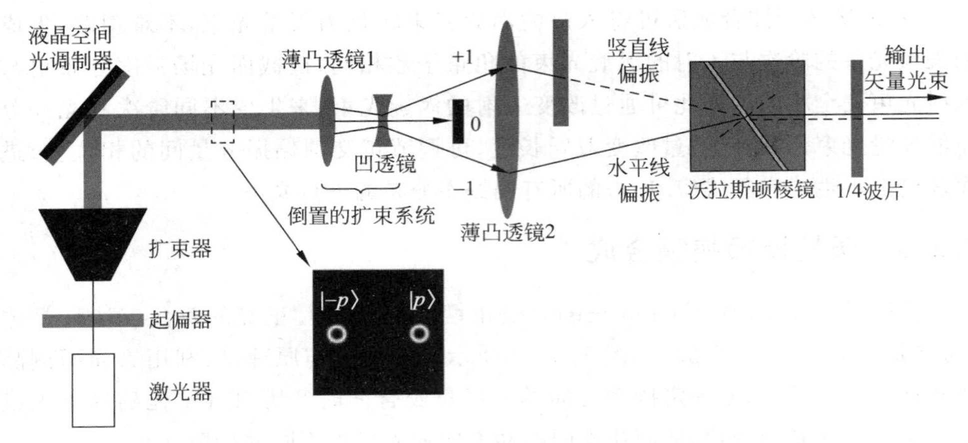

图 7.3.15　基于沃拉斯顿棱镜的相干合成矢量光束的光学系统

（请扫Ⅵ页二维码看彩图）

振方向相互正交（水平和竖直）且阶次相反的线偏振涡旋光束的合束转化为矢量光束，如图 7.3.16 所示。

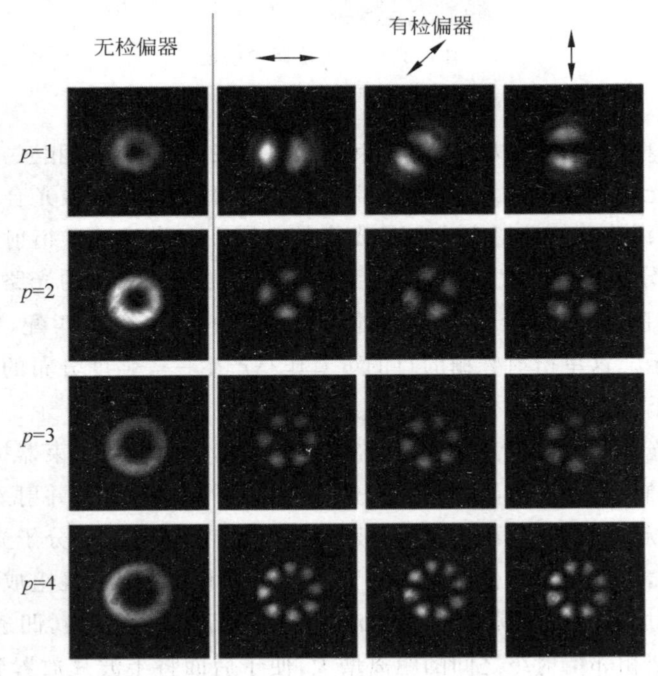

图 7.3.16　利用沃拉斯顿棱镜合成的不同偏振态分布的矢量光束[21]

将 1×2 达曼涡旋光栅与 3.7.1 节介绍的轴棱镜相位叠加，而后再加载到图 7.3.15 中的液晶空间光调制器上，还可生成贝塞尔-高斯型矢量光束，如图 7.3.17 所示。这表明，利用沃拉斯顿棱镜合成的矢量光束，其光场分布和偏振阶次均由加载在调制器上的衍射光栅决定。

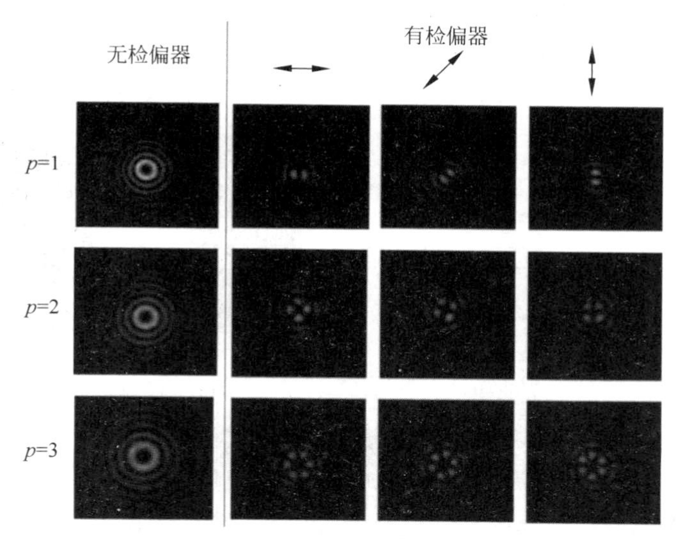

图 7.3.17　利用沃拉斯顿棱镜合成的贝塞尔-高斯型矢量光束[21]

7.3.6　液晶空间光调制器级联法

液晶空间光调制器仅仅对偏振方向平行于液晶分子光轴的线偏振光具有纯相位调制作用，而对偏振方向垂直于液晶分子光轴的线偏振光无任何的调制作用。因此，液晶空间光调制器可以看成是一具有偏振敏感性的光栅，对不同偏振态的光束，其调制效果也不同。利用液晶空间光调制器的这一特性，可以通过设计合理的光学系统，实现横截面偏振态涡旋分布的矢量光束的生成。

图 7.3.18 所示为一种利用液晶空间光调制器直接生成矢量光束的方案，这里采用了透射式的液晶空间光调制器，并将其液晶面分为两个部分，每个部分加载阶次相反的涡旋相位。这一方案的原理为，基模高斯光束从左下方射入系统，经过一起偏方向与水平面呈 45°的起偏器后，转化为 45°线偏振光，并可按照偏振方向正交分解成等强度的水平线偏振光和竖直线偏振光。在经过透射式液晶空间光调制器液晶面的下半面后，水平线偏振分量被调制成涡旋光束 $|p\rangle$，而竖直偏振分量没受影响，仍为基模高斯光束。经过第一次调制后的光束经由四分之一波片 1、聚焦透镜、全反镜，再经过聚焦透镜、四分之一波片 1 后回到液晶空间光调制器的液晶面的上半面。透镜的作用为与全反镜配合，以改变光束的位置。从光束传输的路径上来看，液晶空间光调制器、聚焦透镜与全反镜构成了一个 $4-f$ 成像系统，其目的为将调制器下半面加载的涡旋相位光栅等放大率的成像在上半面。四分之一波片 1 与水平面呈 45°，与全反镜配合，可交换光束的水平和竖直偏振分量，其原理与我们所熟知的光隔离器相同。当经过一次调制后的光束再次回到液晶空间光调制器

时，原本被调制的水平偏振分量$|p\rangle$转换为竖直偏振，并不会被调制，而原本没被调制的数值偏振分量转换为水平偏振，并被调制成$|-p\rangle$。这意味着经过两次调制后的光束，实为两束偏振方向分别为水平和竖直且阶次相反的线偏振涡旋光束的合束，再经过一快轴方向与水平面呈45°的1/4波片2后，被转化为矢量光束。

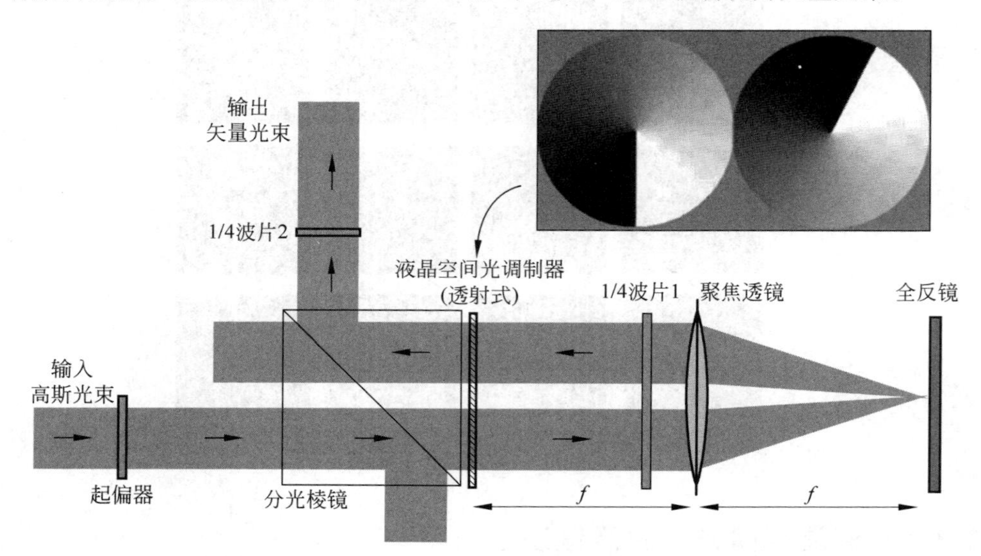

图 7.3.18　基于透射式液晶空间光调制器的相干合成矢量光束的光学系统[22]

(请扫Ⅵ页二维码看彩图)

这种光路结构的实质是通过两个液晶空间光调制器对同一光束的两个相互正交的线偏振分量进行分别调制。这里采用对液晶面分屏，并结合$4-f$成像系统的方式，巧妙地将两个液晶空间光调制器合并成一个，降低了系统的成本，同时亦可实现整个系统的小型化[23]。其缺点是分屏后的液晶空间光调制器的中心坐标位置不易控制等。

另外一种常见的方案则是采用级联反射式液晶空间光调制器，如图7.3.19所示。首先，高斯光束经过起偏器后，其偏振态变为水平线偏振，而后经液晶空间光调制器1调制。调制器1上加载$-p$阶涡旋相位光栅，则经调制器1后，高斯光束转化为p阶涡旋光束$|p\rangle$。半波片的快轴方向与水平面呈22.5°，将水平线偏振涡旋光束的偏振方向变成45°。此时涡旋光束又可按照偏振方向正交分解成强度相等的水平和竖直线偏振两部分。液晶空间光调制器2加载$-2p$阶涡旋相位光栅，在经过调制器2时，竖直偏振分量不被调制，但由于被反射一次，阶次取反，变为$|-p\rangle$。水平偏振分量被调制，阶次变为$-(p-2p)=p$，即为涡旋光束$|p\rangle$。至此，经过调制器2后的光束实为两束偏振方向分别为水平和竖直且阶次分别为p和$-p$的线偏振涡旋光束的合束，而后其被一快轴方向与水平面呈45°的四分之一波片转化为矢量光束。

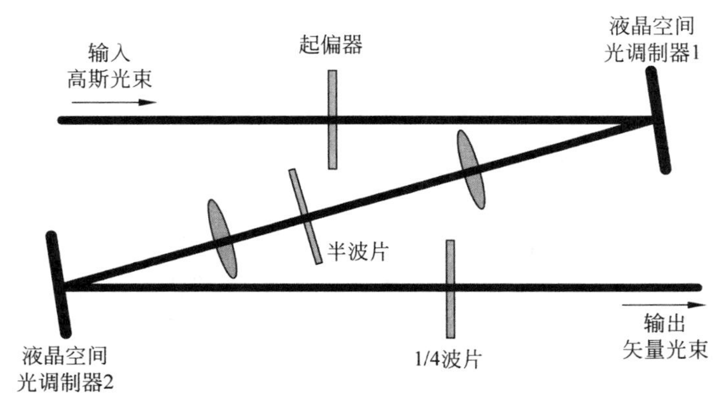

图 7.3.19　基于级联反射式液晶空间光调制器的相干合成矢量光束的光学系统
（请扫Ⅵ页二维码看彩图）

采用级联反射式液晶空间光调制器的方式生成矢量光束，光路系统较为简单，调节精度要求也不高，是一种比较容易实现的矢量光束生成方法。图 7.3.20 给出了在两个光调制器上加载的不同的涡旋相位光栅及生成的不同偏振态分布的矢量光束。可以看出，生成的矢量光束的偏振阶次仅由加载在两个调制器上的涡旋光栅来决定。同时，由于系统中仅存在两个调制器和为数不多的偏振光学器件，故矢量光束的生成效率主要与液晶空间光调制器的衍射效率有关。

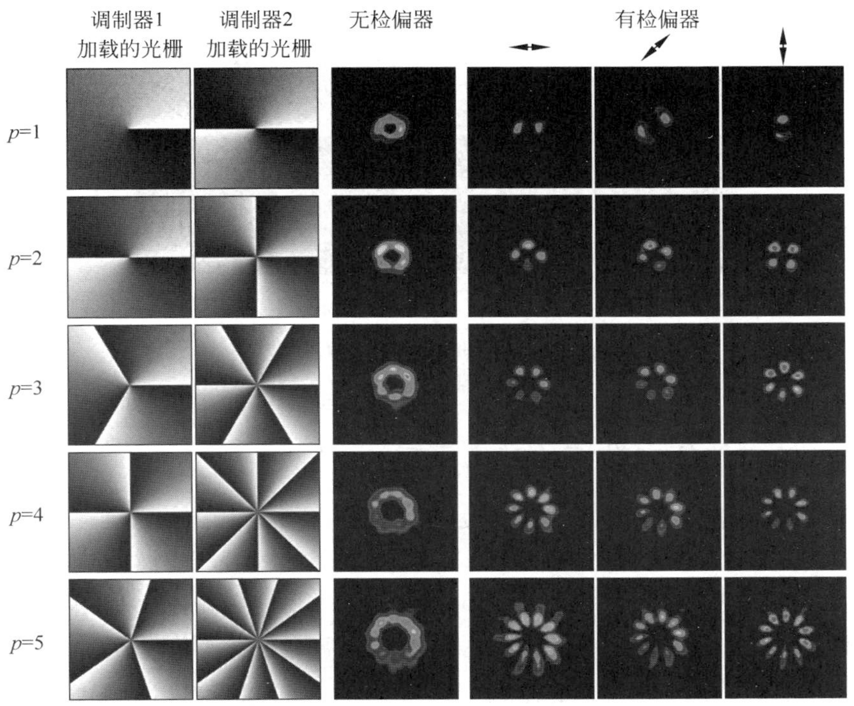

图 7.3.20　利用级联反射式液晶空间光调制器生成的不同偏振态分布的矢量光束[24]
（请扫Ⅵ页二维码看彩图）

7.4　轴向偏振态谐振

通常生成的矢量光束仅仅在其横截面上具有涡旋型偏振态分布，当它沿着光轴方向传播时，其偏振态分布并不会发生改变。若要改变其偏振态分布，则需更改矢量光源的相关参数。轴向偏振态谐振（spatial oscillating polarization）矢量光束是一种贝塞尔型矢量光束，其横截面偏振态分布会随着传输距离的改变发生周期变化，同时其光场横截面上同一线偏振形态距 x 轴的距离，与光轴方向坐标 z 满足正弦关系[25,26]，如图 7.4.1 所示，这种光束使得同一束光具有多种不同的涡旋偏振态分布成为可能。

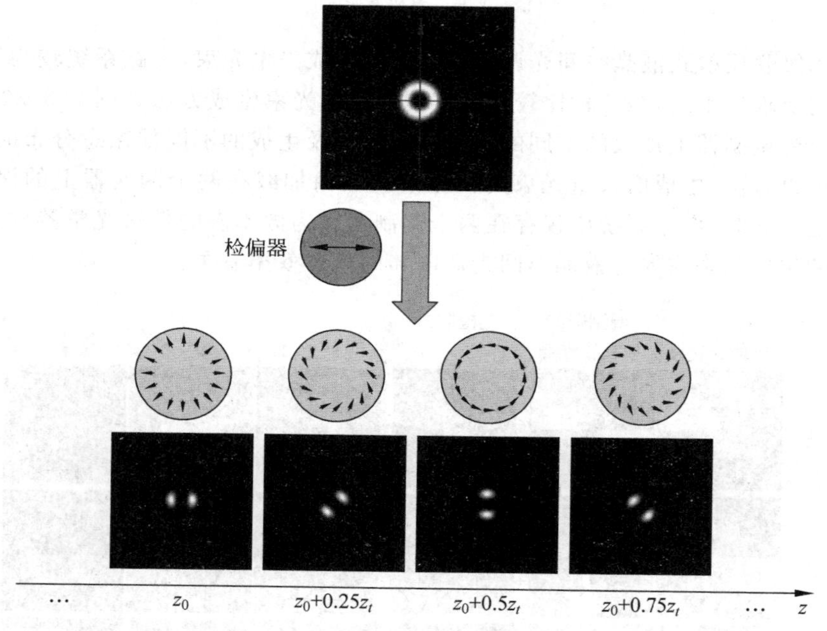

图 7.4.1　轴向偏振态谐振矢量光束

（请扫Ⅵ页二维码看彩图）

7.4.1　轴向偏振态谐振的基本原理

图 7.4.1 给出的轴向偏振态谐振矢量光束中，随着传输距离 z 的变化，其偏振态分布发生了旋转。结合式(7.1.1)，不难理解这种矢量光束的初始偏振方向 θ_0 是一与位置 z 有关的量。由式(7.3.15)可知，当采用涡旋光束合束方式生成矢量光束时，生成的矢量光束的初始偏振方向与两束涡旋光束的相位差 $\Delta\phi$ 有关。因此，只要将 $\Delta\phi$ 表示为位置 z 的函数，即可在不同的传输距离引入不同的附加相位，实现偏振态的轴向调制。

由于贝塞尔-高斯光束可以看成一锥面波，其由许多波矢方向与光轴（z 轴）方向呈相等夹角的等振幅的平面子波叠加而来，故可采用 3.7.1 节介绍的轴棱镜来生成。在重叠区域内，设光轴上坐标为 z 的点的光场，是由轴棱镜上以轴棱镜中心为圆心，r 为半径的圆上的光线叠加而来。因此，可结合图 3.7.2，由简单的几何关系可推得 z 与 r 之间满足：

$$z=\frac{rd}{\lambda} \tag{7.4.1}$$

式中，d 为轴棱镜周期，λ 为光波长。

在轴棱镜后方的重叠区域内，置入一相位分布随径向坐标 r 变化的相位调制器件，如图 7.4.2 所示。设该器件的径向周期为 D，相位分布函数为

$$\phi(r)=\frac{2\pi r}{D} \tag{7.4.2}$$

那么将式(7.4.1)代入式(7.4.2)得

$$\phi(z)=\frac{2\pi\lambda z}{Dd} \tag{7.4.3}$$

式(7.4.3)中的相位分布是坐标 z 的函数，表明该相位调制器件在光轴方向的不同位置处引入了不同的相位。不难看出，这一相位调制器件实际上也是一轴棱镜光栅。当把式(7.4.3)作为合成矢量光束的两束贝塞尔-高斯光束间的相位差时，即可生成轴向偏振态谐振矢量光束：

$$\begin{aligned}&\frac{1}{2}\exp[\mathrm{i}(p\varphi+\phi(z))]\begin{bmatrix}1\\-\mathrm{i}\end{bmatrix}+\frac{1}{2}\exp(-\mathrm{i}p\varphi)\begin{bmatrix}1\\\mathrm{i}\end{bmatrix}\\&=\exp\left[\frac{1}{2}\mathrm{i}\phi(z)\right]\begin{bmatrix}\cos\left(p\varphi+\frac{1}{2}\phi(z)\right)\\\sin\left(p\varphi+\frac{1}{2}\phi(z)\right)\end{bmatrix}\end{aligned} \tag{7.4.4}$$

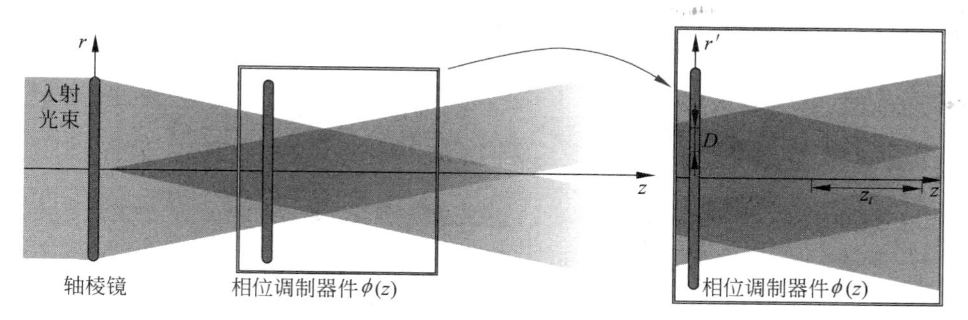

图 7.4.2　轴向附加相位的引入[25,26]

（请扫Ⅵ页二维码看彩图）

轴向偏振态谐振矢量光束的一个重要参数即偏振态谐振的空间周期。对于矢量光束，初始偏振方向 θ_0 和$(\theta_0+\pi)$偏振态分布是相同的，因此当 $\phi(z)$ 改变 2π

时，偏振态谐振矢量光束经历了一个空间周期 z_t。由此可得

$$z_t = \frac{dD}{\lambda} \tag{7.4.5}$$

这表明，偏振态谐振的空间周期仅与光波长 λ、生成贝塞尔-高斯光束的轴棱镜的轴棱镜常数 d，以及附加轴棱镜相位的径向周期 D 有关。由于贝塞尔-高斯光束仅在轴棱镜后一定范围内($z<z_{max}$)存在，若要观察到一个完整的空间周期，必须满足 $z_t<z_{max}$，结合式(3.7.3)可得，$D<\omega$，其中 ω 为入射到轴棱镜中的高斯光束的半径。

7.4.2 轴向偏振态谐振矢量光束的生成

生成轴向偏振态谐振矢量光束的光学系统与图 7.3.19 给出的级联反射式液晶空间光调制器生成矢量光束的系统相同。对于图 7.3.19 所示的光路系统，若要生成矢量光束，则必须满足在第二个调制器上加载的涡旋相位光栅阶次是第一个调制器上的二倍。当生成轴向偏振态谐振矢量光束时，除了加载这两个相位光栅外，还需分别叠加两个轴棱镜相位。注意，当采用反射式液晶空间光调制器时，则应叠加反轴棱镜相位，如图 7.4.3 所示。其中，第一个轴棱镜相位用于生成贝塞尔-高斯光束，第二个轴棱镜相位用于引入轴向附加相位。当水平线偏振高斯光束经过第一个调制器时，转化为 p 阶贝塞尔-高斯光束，而后其偏振方向被半波片转化为与水平面呈 45°。在经过第二个调制器后，竖直偏振分量仅被反射一次而没有被调制，阶次变为 $-p$；水平偏振分量既被反射一次又被调制，阶次仍为 $p[-(p-2p)=p]$。但由于第二个调制器上又叠加了轴棱镜相位 $\phi(z)$，故其给竖直偏振分

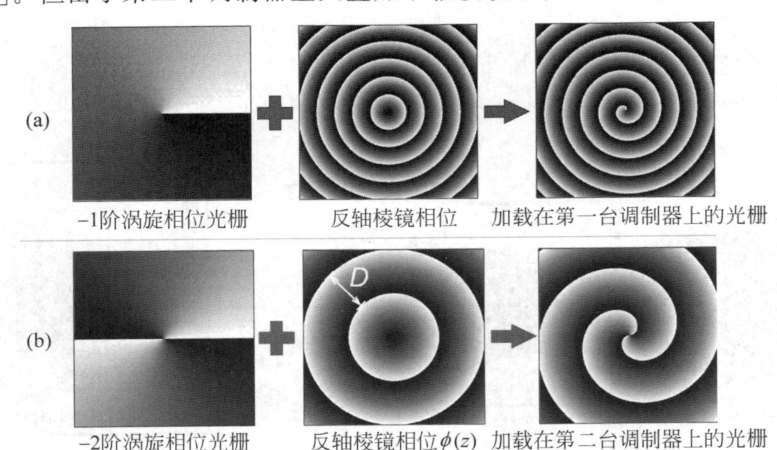

图 7.4.3　以生成一阶轴向偏振态谐振矢量光束为例，(a)加载在第一台反射式调制器上的相位光栅；(b)加载在第二台反射式调制器上的相位光栅。其中，(a)中的反轴棱镜相位用于生成贝塞尔-高斯光束，(b)中的反轴棱镜相位用于给两束偏振正交阶次相反的贝塞尔-高斯光束间引入随位置 z 变化的附加相位差

量引入了相比于水平偏振分量的附加相位差，在经过快轴方向与水平面呈 45°的四分之一波片后，式(7.4.4)得到满足，即生成了轴向偏振态谐振矢量光束，如图 7.4.4 所示。

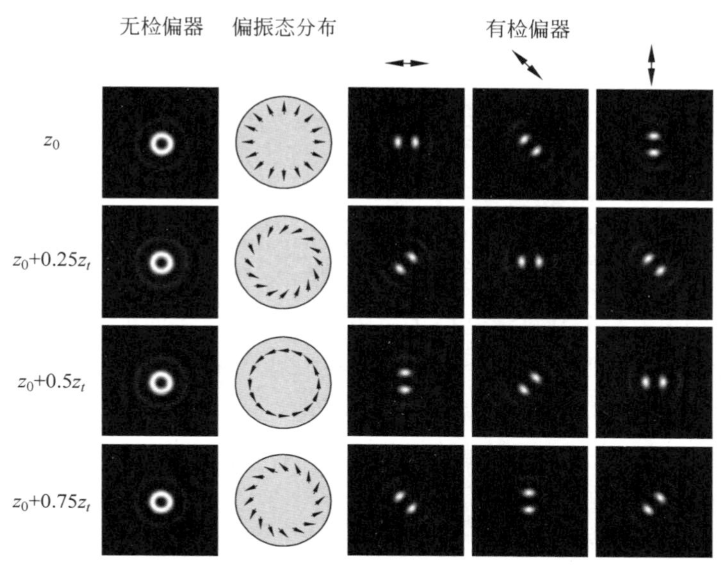

图 7.4.4　生成的一阶轴向偏振态谐振矢量光束的仿真计算结果
(请扫Ⅵ页二维码看彩图)

7.5　偏振庞加莱球理论

偏振庞加莱球(Poincare sphere)最早由法国数学家庞加莱(Poincare)提出，是一个描述光场偏振态的理论模型，起初只局限于包括线偏振、椭圆偏振和圆偏振在内的几种常见的各向同性的偏振态[27]。后来，人们对庞加莱球的定义进行了拓展，提出了高阶庞加莱球(high-order Poincare sphere)，用来描述横截面具有各向异性涡旋偏振分布的矢量光束[28]。在高阶庞加莱球的基础上，又提出了杂合庞加莱球(hybrid-order Poincare sphere)的概念，用来描述既具有涡旋偏振态又具有螺旋相位的矢量涡旋光束[29]。至此，任何矢量光束或矢量涡旋光束都可以在庞加莱球的球面上找到相对应的点，故可用庞加莱球上点的经纬坐标(θ,σ)来表示光束的偏振态，这大大简化了复杂矢量涡旋光束的表示方法。可以说偏振庞加莱球理论是研究复杂的矢量涡旋光束的重要基础。近日，科研人员又提出了广义庞加莱球(generalized Poincare sphere)，将偏振态的研究由球面延伸至球内，用来表示更为复杂的偏振光场[30]。本书将主要讨论高阶庞加莱球和杂合庞加莱球。

7.5.1 斯托克斯矢量和基本庞加莱球

首先回顾一下斯托克斯矢量的概念。1852 年,斯托克斯(Stokes)提出了用四个参量来描述光波的强度和偏振态的方法,这四个参量都是光强的时间平均值,组成了一个数学矢量:

$$\boldsymbol{S}=\begin{bmatrix}I\\Q\\U\\V\end{bmatrix}=\begin{bmatrix}\langle E_x^2(t)\rangle+\langle E_y^2(t)\rangle\\\langle E_x^2(t)\rangle-\langle E_y^2(t)\rangle\\2\langle E_x(t)E_y(t)\cos\phi\rangle\\2\langle E_x(t)E_y(t)\sin\phi\rangle\end{bmatrix}\tag{7.5.1}$$

式中,$E_x(t)$和 $E_y(t)$分别表示电场在 x 方向和 y 方向上的振幅分量,ϕ 定义为两个方向上电场分量的相位差:

$$\phi=\phi_y(t)-\phi_x(t)\tag{7.5.2}$$

式(7.5.1)中,I、Q、U 和 V 都具有光强度的量纲,它们的物理意义分别如下:

I→光束的总强度;

Q→水平(x 轴)方向线偏振光分量;

U→与水平面呈 45°的线偏振光分量;

V→右旋圆偏振光分量。

当出现与上述偏振光正交的竖直(y 轴)方向线偏振光、−45°的线偏振光及左旋圆偏振光时,Q、U、V 为负值。

斯托克斯矢量可以表示任意各向同性的偏振态,在准单色非相干条件下,通常有

$$I^2\geqslant Q^2+U^2+V^2\tag{7.5.3}$$

对于部分偏振光,有

$$I^2>Q^2+U^2+V^2\tag{7.5.4}$$

对于线偏振光、椭圆偏振光和圆偏振光等完全偏振光,有

$$I^2=Q^2+U^2+V^2\tag{7.5.5}$$

式(7.5.5)表明,斯托克斯矢量包含的四个分量不相互独立,当总光强 I 一定时,可用 Q、U、V 完全表示光的偏振态。

通过斯托克斯矢量,还可定义偏振度 P 为

$$P=\frac{\sqrt{Q^2+U^2+V^2}}{I}\tag{7.5.6}$$

可以看出,当 $P=0$ 时,表示自然光,当 $P\in(0,1)$时,表示部分偏振光;当 $P=1$ 时,表示完全偏振光。表 7.5.1 给出了几种常见的各向同性偏振态的斯托克斯矢量及偏振度。

表 7.5.1　几种常见的各向同性依偏振态的斯托克斯矢量和偏振度

偏　振　态	斯托克斯矢量$[I,Q,U,V]^T$	偏振度 P
自然光	$[1,0,0,0]^T$	0
水平线偏振光	$[1,1,0,0]^T$	1
竖直线偏振光	$[1,-1,0,0]^T$	1
与水平面呈 45°的线偏振光	$[1,0,1,0]^T$	1
与水平面呈－45°的线偏振光	$[1,0,-1,0]^T$	1
右旋圆偏振光	$[1,0,0,1]^T$	1
左旋圆偏振光	$[1,0,0,-1]^T$	1

令 $S_1=U,S_2=V,S_3=Q$，以(S_1,S_2,S_3)为坐标轴建立直角坐标系，以原点为圆心，I 为半径作球，如图 7.5.1 所示。由式(7.5.3)～式(7.5.6)的关系可知，在球面上，偏振度 $P=1$，故球面上任意一点均表示完全偏振光；球心处，$P=0$，表示自然光；球内部，$0<P<1$，表示部分偏振光。这一基于斯托克斯矢量表示光束偏振态的数学模型即偏振庞加莱球。

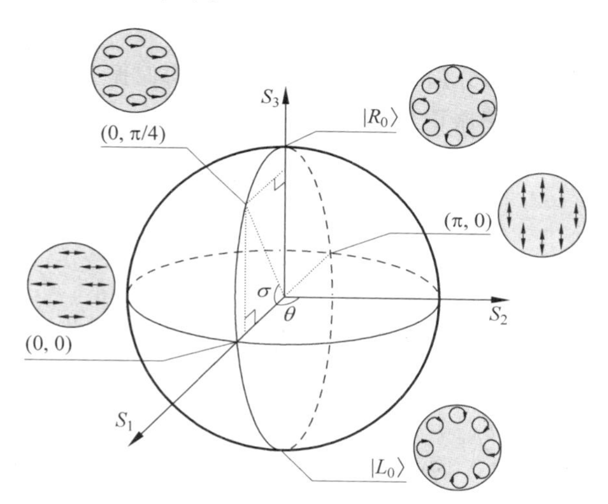

图 7.5.1　基本庞加莱球

(请扫Ⅵ页二维码看彩图)

由于庞加莱球球面上任一点均可表示完全偏振光，故偏振态可由球面上的经纬坐标(θ,σ)来描述。由几何关系可知，经度 θ 为

$$\theta=\arctan\frac{S_2}{S_1} \tag{7.5.7}$$

纬度 σ 为

$$\sigma=\arcsin\frac{S_3}{S_0} \tag{7.5.8}$$

在庞加莱球赤道上的点，满足 $\sigma=0$、$S_3=0$，表明光束中不存在任何圆偏振分量，此

时表示线偏振光；在南北极处，$\sigma=\mp\pi/2$，$S_3=\mp1$，表明光束只存在圆偏振分量，故南北极上的点分别表示左旋和右旋圆偏振光；在南北半球面上的点，既存在线偏振分量又存在圆偏振分量，故分别表示左旋和右旋椭圆偏振光。由于图 7.5.1 给出的庞加莱球仅能表示常见的各向同性偏振态，却不能表示矢量光束等的复杂各向异性偏振态，故称之为基本庞加莱球。若要使球面上的点可以表示矢量光束，则必须对斯托克斯矢量和基本庞加莱球进行拓展，即高阶斯托克斯矢量和高阶庞加莱球。

7.5.2　高阶斯托克斯矢量和高阶庞加莱球

由式(7.3.15)可知，矢量光束可以看作两束角量子数相反的左旋和右旋圆偏光的合束。为了表示方便，令：

$$|\psi_p\rangle \equiv \boldsymbol{E}(r,\varphi)=A(r)\begin{bmatrix}\cos(p\varphi+\theta_0)\\ \sin(p\varphi+\theta_0)\end{bmatrix} \tag{7.5.9}$$

则可将这一过程表示为更普遍的形式：

$$|\psi_p\rangle=\psi_L^p\,|L_p\rangle+\psi_R^{-p}\,|R_{-p}\rangle \tag{7.5.10}$$

式中，ψ_L^p 和 ψ_R^{-p} 为复系数，分别包含了左旋和右旋圆偏振分量的振幅和初始相位信息。$\{L_p,R_{-p}\}$构成圆偏振正交基底：

$$|L_p\rangle=\frac{1}{\sqrt{2}}\exp(\mathrm{i}p\varphi)\begin{bmatrix}1\\ -\mathrm{i}\end{bmatrix} \tag{7.5.11}$$

$$|R_{-p}\rangle=\frac{1}{\sqrt{2}}\exp(-\mathrm{i}p\varphi)\begin{bmatrix}1\\ \mathrm{i}\end{bmatrix} \tag{7.5.12}$$

并分别包含旋向相反(相反角量子数 p)的螺旋相位项。至此，可以定义高阶斯托克斯矢量[28]：

$$\begin{bmatrix}S_0^p\\ S_1^p\\ S_2^p\\ S_3^p\end{bmatrix}=\begin{bmatrix}|\langle R_{-p}|\psi_p\rangle|^2+|\langle L_p|\psi_p\rangle|^2\\ 2\mathrm{Re}(\langle R_{-p}|\psi_p\rangle^*\langle L_p|\psi_p\rangle)\\ 2\mathrm{Im}(\langle R_{-p}|\psi_p\rangle^*\langle L_p|\psi_p\rangle)\\ |\langle R_{-p}|\psi_p\rangle|^2-|\langle L_p|\psi_p\rangle|^2\end{bmatrix}=\begin{bmatrix}|\psi_{\mathrm{R}}^{-p}|^2+|\psi_{\mathrm{L}}^{p}|^2\\ 2|\psi_{\mathrm{R}}^{-p}||\psi_{\mathrm{L}}^{p}|\cos\phi\\ 2|\psi_{\mathrm{R}}^{-p}||\psi_{\mathrm{L}}^{p}|\sin\phi\\ |\psi_{\mathrm{R}}^{-p}|^2-|\psi_{\mathrm{L}}^{p}|^2\end{bmatrix} \tag{7.5.13}$$

式中，p 为高阶斯托克斯矢量的阶次，ϕ 为右旋和左旋涡旋光束分量间的初始相位差：

$$\phi=\arg(\psi_{\mathrm{R}}^{-p})-\arg(\psi_{\mathrm{L}}^{p}) \tag{7.5.14}$$

高阶斯托克斯矢量与式(7.5.1)给出的斯托克斯矢量具有一致性：第一项 S_0^p 为右旋圆偏振分量和左旋圆偏振分量的强度和，表示矢量光束的总强度；第二项 S_1^p 为右旋圆偏振分量和左旋圆偏振分量复振幅项的内积，表示初始偏振方向 $\theta_0=0$ 时的矢量光束；第三项 S_2^p 为右旋圆偏振分量和左旋圆偏振分量复振幅项外积的模，表示初始偏振方向 $\theta_0=\pi/4$ 时的矢量光束；第四项 S_3^p 为右旋圆偏振分量和左旋圆偏振分量的强度差，表示圆偏振光。然而，式(7.5.13)给出的高阶斯托克斯矢量却与式(7.5.1)给出的斯托克斯矢量具有不完全一致的形式。其原因为式(7.5.1)中的斯托克斯矢量是将光束分解成方向正交的水平和竖直线偏振分量得到的，而式(7.5.13)中的高阶斯托克斯矢量则是将光束分解成旋向相反的左旋和右旋圆偏振分量得到的。当 p 等于 0 时，高阶斯托克斯矢量将退化为式(7.5.1)中的基本斯托克斯矢量，故式(7.5.1)即 0 阶斯托克斯矢量。

以(S_1,S_2,S_3)为坐标轴建立直角坐标系，以原点为圆心，S_0 为半径作球，即得到高阶庞加莱球，如图 7.5.2 所示。高阶庞加莱球球面上的点可以表示任意矢量光束，故在一定阶次 p 的情况下，可采用球面上点的经纬坐标(θ,σ)来表示光束的偏振态，由几何关系可得

$$\theta=\arctan\frac{S_2}{S_1}=\phi \tag{7.5.15}$$

$$\sigma=\arcsin\frac{S_3}{S_0}=\arcsin\frac{|\psi_{\mathrm{R}}^{-p}|^2-|\psi_{\mathrm{L}}^{p}|^2}{|\psi_{\mathrm{R}}^{-p}|^2+|\psi_{\mathrm{L}}^{p}|^2} \tag{7.5.16}$$

式(7.5.15)和式(7.5.16)表明，高阶庞加莱球上的经度坐标 θ 与右旋和左旋涡旋光束分量间的初始相位差完全相同，而纬度坐标 σ 则与右旋和左旋涡旋光束分量的强度有关。在赤道上，满足 $\sigma=0$，则 $|\psi_{\mathrm{R}}^{-p}|^2=|\psi_{\mathrm{L}}^{p}|^2$，此时式(7.5.10)则与式(7.3.15)完全相同，因此 p 阶庞加莱球赤道上的点表示横截面具有线偏振各向异性的 p 阶矢量光束。特别地，在一阶庞加莱球上，$(\theta,\sigma)=(0,0)$即径向偏振光，$(\theta,\sigma)=(\pi,0)$即角向偏振光。在南北极，满足 $\sigma=\mp\pi/2$，$S_3=\mp1$，这表明，$|\psi_{\mathrm{R}}^{-p}|^2$ 和 $|\psi_{\mathrm{L}}^{p}|^2$ 必有一个为零，即光束中仅存在右旋或左旋圆偏振分量，故南北极分别表示角量子数为 p 和 $-p$ 的左旋和右旋圆偏振涡旋光束。位于南北半球面上的点，其纬度坐标 σ 非零，即 $|\psi_{\mathrm{R}}^{-p}|^2\neq|\psi_{\mathrm{L}}^{p}|^2$，故其可看作赤道处线偏振各向异性矢量光束和南北极圆偏振涡旋光束共同作用的结果，表示横截面具有左旋和右旋椭圆偏振各向异性的光束。

高阶庞加莱球是基本庞加莱球的延拓，其在基本庞加莱球的基础上，给位于南北极的左旋和右旋圆偏振光引入了角量子数相反的螺旋相位项。当阶次 $p=0$ 时，螺旋相位项消失，高阶庞加莱球将退化为基本庞加莱球，故图 7.5.1 显示了各向同性偏振态的庞加莱球实为 0 阶庞加莱球。

7.5.3　杂合庞加莱球

高阶斯托克斯矢量和高阶庞加莱球虽可非常完美地表示矢量光束，但却无法表示既具有横截面涡旋偏振态分布又具有螺旋相位并携带有轨道角动量的矢量涡旋光束，因此还需对高阶斯托克斯矢量和高阶庞加莱球作进一步的拓展。式(7.5.10)中，两个旋向相反的圆偏振涡旋光束分量的角量子数互为相反数。若令它们不必满足互

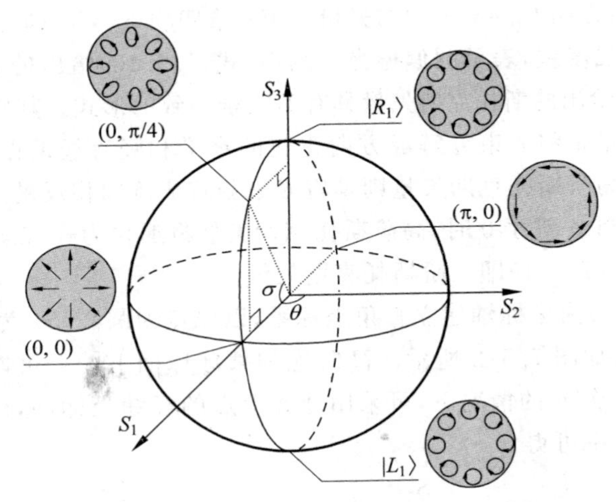

图 7.5.2　高阶庞加莱球(阶次 $p=1$)
(请扫Ⅵ页二维码看彩图)

为相反数的关系,就会将式(7.5.10)扩展成一更普适的形式,即

$$|\psi\rangle=\psi_{\mathrm{L}}^{n}|L_{n}\rangle+\psi_{\mathrm{R}}^{m}|R_{m}\rangle \tag{7.5.17}$$

式中,ψ_{L}^{n} 和 ψ_{R}^{m} 为复系数,$\{L_n,R_m\}$ 构成一角量子数分别为 n 和 m 的涡旋圆偏振正交基底:

$$|L_{n}\rangle=\frac{1}{\sqrt{2}}\exp(\mathrm{i}n\varphi)\begin{bmatrix}1\\-\mathrm{i}\end{bmatrix} \tag{7.5.18}$$

$$|R_{m}\rangle=\frac{1}{\sqrt{2}}\exp(\mathrm{i}m\varphi)\begin{bmatrix}1\\\mathrm{i}\end{bmatrix} \tag{7.5.19}$$

满足式(7.5.17)的光束$|\psi\rangle$即矢量涡旋光束。则由式(7.5.17)~式(7.5.19),可定义杂合斯托克斯矢量[29]:

$$\begin{bmatrix}S_0\\S_1\\S_2\\S_3\end{bmatrix}=\begin{bmatrix}|\langle R_m|\psi\rangle|^2+|\langle L_n|\psi\rangle|^2\\2\mathrm{Re}(\langle R_m|\psi\rangle^*\langle L_n|\psi\rangle)\\2\mathrm{Im}(\langle R_m|\psi\rangle^*\langle L_n|\psi\rangle)\\|\langle R_m|\psi\rangle|^2-|\langle L_n|\psi\rangle|^2\end{bmatrix}=\begin{bmatrix}|\psi_{\mathrm{R}}^{m}|^2+|\psi_{\mathrm{L}}^{n}|^2\\2|\psi_{\mathrm{R}}^{m}||\psi_{\mathrm{L}}^{n}|\cos\phi\\2|\psi_{\mathrm{R}}^{m}||\psi_{\mathrm{L}}^{n}|\sin\phi\\|\psi_{\mathrm{R}}^{m}|^2-|\psi_{\mathrm{L}}^{n}|^2\end{bmatrix} \tag{7.5.20}$$

式中,

$$\phi=\arg(\psi_{\mathrm{R}}^{m})-\arg(\psi_{\mathrm{L}}^{n}) \tag{7.5.21}$$

与高阶庞加莱球类似,以(S_1,S_2,S_3)为坐标轴建立直角坐标系,以原点为圆心,S_0 为半径作球,即得到杂合庞加莱球,如图 7.5.3 所示。杂合庞加莱球的性质、经纬坐标计算公式等与高阶庞加莱球完全相同,此处不作过多赘述。杂合庞加莱球与高阶庞加莱球相比,区别在于南北极处左旋和右旋圆偏振光的角量子数相互独立,不受互为相反数的制约。

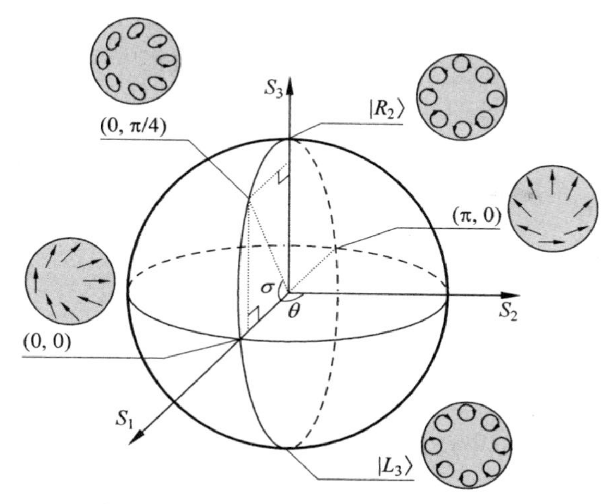

图 7.5.3　杂合庞加莱球($m=2,n=2$)

(请扫Ⅵ页二维码看彩图)

基本庞加莱球、高阶庞加莱球和杂合庞加莱球统称为偏振庞加莱球。无论是常见的如线偏振、圆偏振等各向同性偏振态,还是矢量光束或矢量涡旋光束等复杂的偏振态,均可由偏振庞加莱球球面上的不同位置的点来表示,因此在部分文献中,将包括基本的偏振光、矢量光束、矢量涡旋光束在内的这些光束统称为庞加莱球光束(Poincare beams)[31]。

7.6　矢量涡旋光束

7.6.1　矢量涡旋光束概述

矢量涡旋光束是一种新型的结构光束,是一种包含矢量光束与涡旋光束特性的普遍形式,在其横截面上同时具有各向异性的涡旋偏振态分布和螺旋形相位,携带有轨道角动量。由式(7.5.17)可知,矢量涡旋光束可分解为两束角量子数绝对值不同且旋向相反的圆偏振涡旋光束。不同模式分布的矢量涡旋光束可由杂合庞加莱球球面上的点(θ,σ)来表示。

位于杂合庞加莱球赤道上的矢量涡旋光束,可以近似表示为

$$|\psi\rangle = A(r)\exp(\mathrm{i}l_{\mathrm{P}}\varphi)\begin{bmatrix}\cos(p\varphi+\theta_0)\\ \sin(p\varphi+\theta_0)\end{bmatrix} \tag{7.6.1}$$

式中,$A(r)$为振幅分布函数;p 为偏振阶次,表示绕光束横截面一周偏振态变化的周期数;l_{P} 则称为潘南拉特南(Pancharatnam)拓扑荷。Pancharatnam 拓扑荷是由 Pancharatnam-Berry 相位引出的。矢量涡旋光束中不同空间点的光场拥有不同的偏振态,而不同偏振态的空间场之间的相位延迟不能用普通的标量相位(如涡旋光束的

螺旋相位等)来理解。因此，Pancharatnam 引入了一种新的几何相位概念，用来表示标量(横截面偏振态各向同性)光束的偏振态在传播过程中经历一次循环变换后所引入的附加相位延迟，即 Pancharatnam 相位[32]。后来 Pancharatnam 相位的概念被引申至矢量光场中，用来直接表示复杂矢量涡旋光束中不同空间点上不同偏振光场 $|\boldsymbol{A}\rangle$ 和 $|\boldsymbol{B}\rangle$ 间的相位差 ϕ_{P}，即

$$\phi_{\mathrm{P}}=\arg\langle\boldsymbol{A}\mid\boldsymbol{B}\rangle \tag{7.6.2}$$

ϕ_{P} 称作 Pancharatnam-Berry 相位[33]。Pancharatnam 拓扑荷 l_{P} 定义为 Pancharatnam-Berry 相位的等相位面螺旋位错中绕着相位奇点一圈后的相位变化 2π 的数目：

$$l_{\mathrm{P}}=\frac{1}{2\pi}\oint_{C}\mathrm{d}\phi_{\mathrm{P}} \tag{7.6.3}$$

式中，C 为横截面上围住相位奇点的一个封闭积分回路。由式(7.6.3)可知，式(7.6.1)中的螺旋相位项 $\exp(\mathrm{i}l_{\mathrm{P}}\varphi)$ 即表示 Pancharatnam-Berry 相位。

与拉盖尔-高斯光束等标量涡旋光束的拓扑荷 l(角量子数、阶次)类似，矢量涡旋光束中的 Pancharatnam 拓扑荷 l_{P} 也与光束的角动量相关，只是在涡旋光束中，l 决定了轨道角动量的大小，而在矢量涡旋光束中，l_{P} 则决定了总角动量(自旋+轨道)的大小。

当 $l_{\mathrm{P}}=0$ 时，式(7.6.1)与式(7.1.1)完全相同，表明矢量光束实际上是 Pancharatnam 拓扑荷为零的矢量涡旋光束，是矢量涡旋光束的一种特殊形式。

另外，由式(7.5.17)可知，矢量涡旋光束可分解为旋向相反的两束圆偏振涡旋光束，它们的角量子数分别为 m 和 n，满足 $|m|\neq|n|$。由于不同角量子数的涡旋光束的光束尺寸不同，$|\psi_{\mathrm{L}}^{n}|\neq|\psi_{\mathrm{R}}^{m}|$，因此合束后的矢量涡旋光束，沿着径向方向两束涡旋光束分量的强度比是不同的，表明矢量涡旋光束的偏振态既是角向坐标的函数，也是径向坐标的函数。这一点与矢量光束不同，对于矢量光束来说，由于两束圆偏振涡旋光束分量的角量子数互为相反数，其光束尺寸相同，$|\psi_{\mathrm{L}}^{n}|=|\psi_{\mathrm{R}}^{m}|$，因此在光场横截面内任一点两种正交圆偏振成分的强度比是完全相同的。

下面讨论两束正交圆偏振涡旋光束分量的角量子数 m 和 n 与偏振阶次 p 和 Pancharatnam 拓扑荷 l_{P} 间的关系。由于复系数 ψ_{L}^{n} 和 ψ_{R}^{m} 仅仅决定了振幅和初始相位分布，与涡旋光束分量的偏振态和螺旋相位无关，故此处为了讨论方便，将它们设为 1。则此时有

$$\psi_{\mathrm{L}}^{n}\mid L_{n}\rangle+\psi_{\mathrm{R}}^{m}\mid R_{m}\rangle=\exp\left(\mathrm{i}\varphi\cdot\frac{m+n}{2}\right)\left(\mid L_{\frac{n-m}{2}}\rangle+\mid R_{\frac{m-n}{2}}\rangle\right) \tag{7.6.4}$$

考虑到式(7.5.10)～式(7.5.12)，式(7.6.4)可表示为

$$\psi_{\mathrm{L}}^{n}\mid L_{n}\rangle+\psi_{\mathrm{R}}^{m}\mid R_{m}\rangle=\exp\left(\mathrm{i}\varphi\cdot\frac{m+n}{2}\right)\left|\psi_{\frac{n-m}{2}}\right\rangle=\exp\left(\mathrm{i}\varphi\cdot\frac{m+n}{2}\right)\begin{bmatrix}\cos\dfrac{n-m}{2}\varphi\\ \sin\dfrac{n-m}{2}\varphi\end{bmatrix} \tag{7.6.5}$$

与式(7.6.1)对比可得

$$l_{\mathrm{P}}=\frac{n+m}{2} \tag{7.6.6}$$

$$p=\frac{n-m}{2} \tag{7.6.7}$$

式(7.6.6)和式(7.6.7)表明,矢量涡旋光束的 Pancharatnam 拓扑荷为组成其的两束正交圆偏振涡旋光束角量子数的算术平均值,偏振阶次为左旋和右旋角量子数差的一半。特别地,当 $m=-n$ 时,$l_{\mathrm{P}}=0$,$p=n$,此即位于高阶庞加莱球球面上的矢量光束。这也再次印证了矢量光束是矢量涡旋光束的一种特殊形式,矢量涡旋光束是矢量光束的更普适延拓。

对于矢量涡旋光束,虽然杂合庞加莱球球面上的点(θ,σ)可以表示组成其的两个正交圆偏振涡旋光束成分间的相位差和强度比重关系,但仅通过该坐标却无法准确获得矢量涡旋光束的 Pancharatnam 拓扑荷和偏振阶次等信息,也就无法完整地表征矢量涡旋光束的模式分布。这里给出一个模式向量$[m,n,\theta,\sigma]$,它的前两个参数 m、n 表征了 Pancharatnam 拓扑荷和偏振阶次,后两个参数 θ、σ 则表征了当前矢量涡旋光束处于杂合庞加莱球的位置,通过模式向量$[m,n,\theta,\sigma]$可获得矢量涡旋光束的全部性质。

图 7.6.1 为几种常见的不同模式的矢量涡旋光束,同时也给出了它们的偏振态分布和经过检偏器后的光场强度分布。

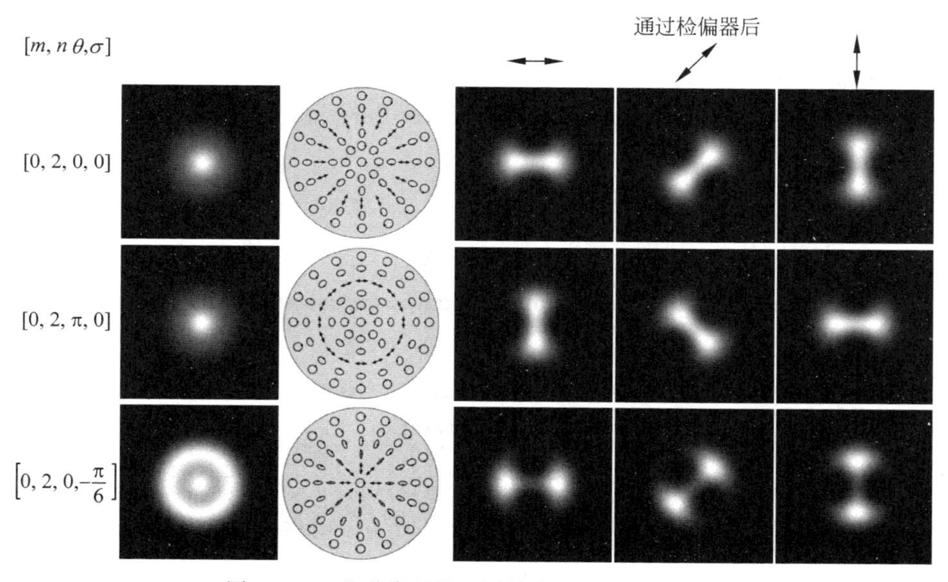

图 7.6.1　几种常见的不同模式的矢量涡旋光束

(请扫Ⅵ页二维码看彩图)

7.6.2 生成矢量涡旋光束

既然矢量涡旋光束横截面上同时具有各向异性的涡旋偏振态分布和螺旋形相位,那么我们可以采取先生成矢量光束,而后对其引入 Pancharatnam-Berry 相位的方式来生成[34],如图 7.6.2 所示。

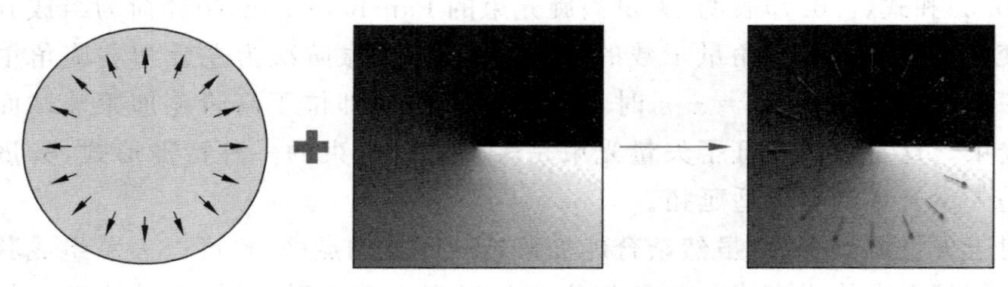

图 7.6.2 矢量光束引入螺旋相位来生成矢量涡旋光束

(请扫Ⅵ页二维码看彩图)

图 7.6.3 给出了一种通过给矢量光束引入螺旋相位的方法生成矢量涡旋光束的典型装置。基模高斯光束从系统的左侧射入,经过起偏器后转化为线偏振光,而后经过四分之一波片后射入到 q 波片中,以生成矢量光束。这里四分之一波片的作用是调节入射光束的偏振态,当其快轴方向与起偏器的起偏方向平行或垂直时,出射光束仍为线偏振光,经过 q 波片后生成的矢量光束位于高阶庞加莱球的赤道处,横截面上每一点均为线偏振;当其快轴方向不与起偏器的起偏方向平行或垂直时,出射光束被转化为椭圆偏振,则经过 q 波片后生成的矢量光束位于高阶庞加莱球的南北半球面上,横截面上每一点处均为椭圆偏振。而后螺旋相位片给生成的矢量光束引入了螺旋相位,即 Pancharatnam-Berry 相位,将矢量光束转化为矢量涡旋光束。

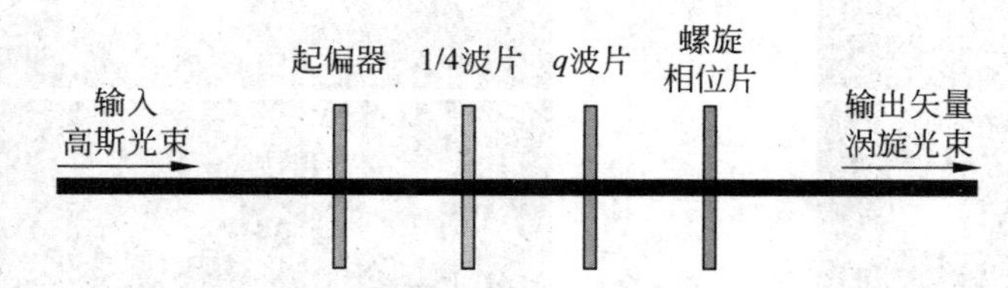

图 7.6.3 通过给矢量光束引入螺旋相位的方法生成矢量涡旋光束的典型装置

(请扫Ⅵ页二维码看彩图)

上述方法的原理还可通过式(7.5.10)和式(7.5.17)来理解。由 7.2.5 节的讨论可知,高斯光束经 q 波片后生成的矢量光束的偏振阶次为 $2q$,根据式(7.5.10),它可分解为一束角量子数为 $2q$ 的左旋圆偏振涡旋光束和一束角量子数为 $-2q$ 的右旋圆偏振涡旋光束。设螺旋相位片的阶次为 l_s,当矢量光束经过螺旋相位片时,其中的左旋圆偏振分量的角量子数变为$(2q+l_s)$,而右旋圆偏振分量的角量子数则变为$(-2q+l_s)$,由于 q 和 l_s 均非零,$|2q+l_s|\neq|-2q+l_s|$,满足式(7.5.17),

即生成了矢量涡旋光束。

与矢量光束类似，矢量涡旋光束也可通过级联液晶空间光调制器的方式生成。这种方法的光学系统与图 7.3.19 完全一致，但为了精确生成不同模式的矢量涡旋光束$[m,n,\theta,\sigma]$，应重新考虑调制器上加载的涡旋相位以及半波片的摆放角度。由于其原理、方法与 7.3.6 节介绍的完全相同，这里将不再赘述。

为了实现矢量涡旋光束的可调谐生成，科研人员开发了一种通过电脑控制编码生成矢量涡旋光束的方法[35]，其光路系统与图 7.3.15 相似，但又不完全一致，如图 7.6.4 所示。首先，激光器结合起偏器产生水平线偏振高斯光束，经扩束器扩束后照射到液晶空间光调制器中。调制器加载一特殊设计的相位光栅，将入射高斯光束分成两束，且两束光的角量子数绝对值、强度和初始相位均不同。这两束光经薄凸透镜 L_1 会聚后，通过设置合理的参数使会聚角与沃拉斯顿棱镜的分束角相同，同时在其中一束光上置入一快轴与水平面呈 45°放置的半波片将其转化为竖直线偏振。此时两束光可被沃拉斯顿棱镜合束，再经快轴与水平面呈 45°的四分之一波片转化为两束旋向相反、角量子数绝对值不同的涡旋光束的合束，即生成了矢量涡旋光束。薄凸透镜 L_2 和 L_3 的作用是构成一 4-f 成像系统，将 L_1 后焦面处的光场等比例地成像在 L_3 的后焦面处，以获得位于远场的矢量涡旋光束。

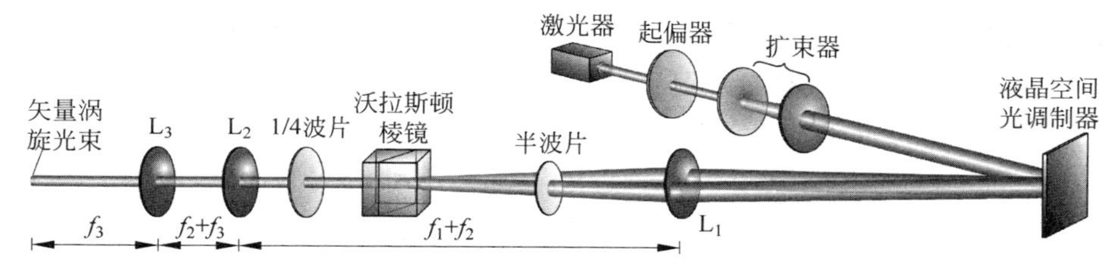

图 7.6.4　可调谐生成不同模式的矢量涡旋光束的光路系统

$L_1 \sim L_3$：焦距分别为 f_1、f_2 和 f_3 的薄凸透镜[35]

（请扫Ⅵ页二维码看彩图）

这项技术的关键在于两点：首先，应设计合理的衍射光栅，生成一 1×2 涡旋光束阵列，其所包含的两束光角量子数绝对值、强度和初始相位均不同；其次，选择合理的光栅常数，使得薄凸透镜 L_1 的会聚角与沃拉斯顿棱镜的分束角相同。

首先讨论光栅的设计问题，回顾第 4 章的内容，可采用 4.2.1 节介绍的方法来设计。为了得到更好的衍射效果，只令±1 衍射级显现，其他衍射级均设为缺级，根据式(4.2.4)和式(4.2.6)可得衍射光栅的透过率函数为

$$\begin{aligned}\exp[\mathrm{i}P(x)] = &\mid a_{-1} \mid \exp[\mathrm{i}(\phi_{-1} - m\varphi - 2\pi x T^{-1})] + \\ &\mid a_{+1} \mid \exp[\mathrm{i}(\phi_{+1} - n\varphi + 2\pi x T^{-1})]\end{aligned} \tag{7.6.8}$$

式中，$|a_{+1}|$和$|a_{-1}|$、ϕ_{+1} 和 ϕ_{-1} 分别为±1 衍射级的振幅和初始相位，$-m$ 和 $-n$ 分别为位于±1 衍射级处涡旋光束的角量子数，即合成矢量涡旋光束的两个圆偏振涡旋光束分量的角量子数。T 为光栅常数。根据式(7.6.8)，可通过分别定义位

于±1衍射级的光束的振幅、初始相位和角量子数等信息来设计衍射光栅。但正如第4章所述，对于该方法设计的衍射光栅，无法通过纯相位调制来生成理想的预期阵列，必存在无关衍射级。因此还需利用GS等算法对光栅进行优化，使得位于±1衍射级的光束的振幅、初始相位和角量子数达到预期值。

式(7.6.8)中各个参数的选择决定了生成的矢量涡旋光束的模式。首先，由于系统中采用的是反射式液晶空间光调制器，故矢量涡旋光束的两圆偏振正交涡旋分量的角量子数分别为 m 和 n；式(7.5.15)表明球面经度坐标 θ 可表示为两个涡旋分量间的初始相位差，故可得

$$\theta = \phi_{-1} - \phi_{+1} \tag{7.6.9}$$

由式(7.5.16)可推得球面纬度坐标 σ 为

$$\sigma = \arcsin\frac{|a_{-1}|^2 - |a_{+1}|^2}{|a_{-1}|^2 + |a_{+1}|^2} \tag{7.6.10}$$

式(7.6.9)和式(7.6.10)表明，经纬坐标(θ,σ)仅由两个衍射级的强度和初始相位决定，在设计光栅时，可根据所期望的模式的经纬坐标(θ,σ)来推得$|a_{+1}|$、$|a_{-1}|$、ϕ_{+1} 和 ϕ_{-1} 的相对值。

不难看出，仅仅通过一个相位光栅，就可以决定向量$[m,n,\theta,\sigma]$，即可控制生成的矢量涡旋光束的模式。这意味着在实际应用中，这一技术可在不改变任何硬件的前提下，仅通过编码调节液晶空间光调制器上的相位光栅的方式，生成位于任意杂合庞加莱球球面上任意点的矢量涡旋光束。

下面讨论合束问题。在图7.3.15中，是通过移动透镜的位置，使得会聚光束的夹角恰好等于沃拉斯顿棱镜分束角实现合束的。这里将采用合理的设计光栅常数的方式来实现沃拉斯顿棱镜合束。如图7.6.5所示，设薄凸透镜距液晶空间光调制器的距离为 u，距沃拉斯顿棱镜的距离为 v，透镜焦距为 f_1，经调制器衍射后±1衍射级两束光间的夹角为 α，沃拉斯顿棱镜的分束角为 β。则由几何光学的基本原理可得：

$$u^{-1} + v^{-1} = f_1^{-1} \tag{7.6.11}$$

在傍轴近似下，满足：

$$\alpha u = \beta v \tag{7.6.12}$$

令 b 为衍射级次，根据正入射时的光栅方程：

$$T\sin\alpha_b = b\lambda \tag{7.6.13}$$

可得±1衍射级两束光间的夹角为 α，即

$$\alpha = \alpha_{+1} - \alpha_{-1} = \frac{2\lambda}{T} \tag{7.6.14}$$

将式(7.6.14)代入式(7.6.13)，得

$$T = \frac{2\lambda u}{\beta v} \tag{7.6.15}$$

上述推导表明，若要使沃拉斯顿棱镜能够完美的合束，首先应使薄凸透镜距液晶空间光调制器和距沃拉斯顿棱镜间的距离 u、v 满足式(7.6.11)，而后根据式(7.6.15)计算光栅常数 T，并代入式(7.6.8)来设计光栅。

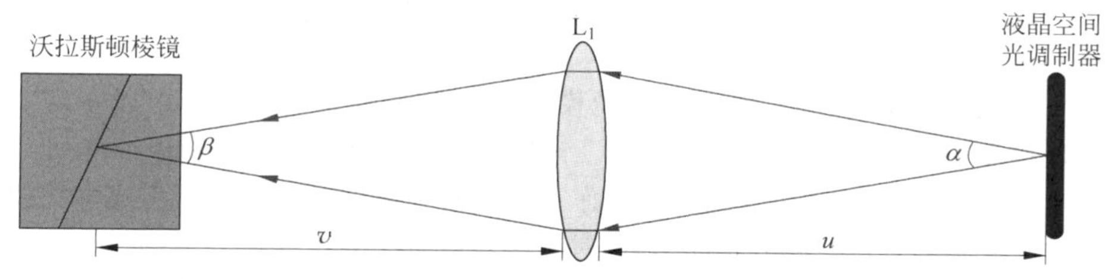

图 7.6.5　控制光栅常数实现沃拉斯顿棱镜合束的原理示意图
(请扫Ⅵ页二维码看彩图)

图 7.6.6 给出了利用图 7.6.4 所示系统生成矢量涡旋光束的仿真计算结果，

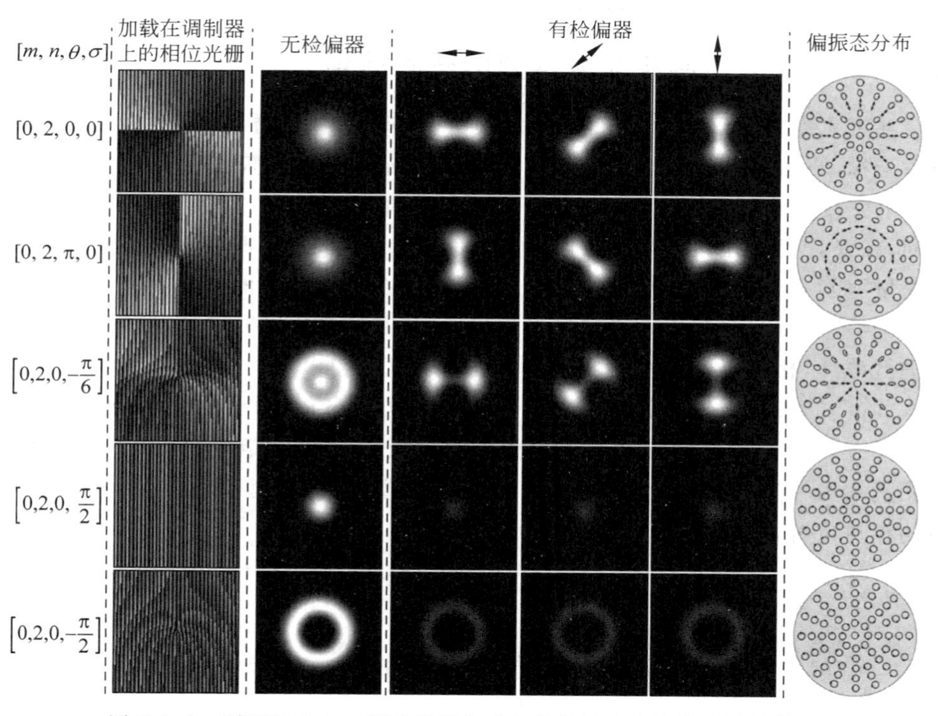

图 7.6.6　利用图 7.6.4 所示系统生成矢量涡旋光束的仿真计算结果
(请扫Ⅵ页二维码看彩图)

从左至右分别为加载在调制器上的衍射光栅，生成的矢量涡旋光束在无检偏器和有检偏器时的光场强度分布。仿真计算结果表明，该方法生成的矢量涡旋光束与预期相符。正如前面所述，这种矢量涡旋光束源的最大优势在于，可在不改变任何系统硬件的前提下，仅通过改变加载在液晶空间光调制器上的相位光栅，就可生成位于任意杂合庞加莱球球面上任意点的矢量涡旋模式，实现了任意矢量涡旋光束的连续可调生成。

7.7 矢量涡旋光束阵列

矢量涡旋光束阵列，是指多个不同模式的矢量涡旋光束在空间中以一定的位置规律排布的复杂矢量光场形式[36-38]。常见的有直线形阵列[36,37]和矩形阵列[38]两种。实际上，矢量涡旋光束阵列可以看作一种同时在不同的衍射级处生成多路模式可控的矢量涡旋光束的输出光场，其衍射级次对应着阵列中光束的空间位置。在基于矢量涡旋光束的光通信系统，以及利用矢量涡旋光束进行机械加工等领域中，往往同时需要多种不同模式的矢量涡旋光束，因此，矢量涡旋光束阵列具有十分重要的应用价值。由于矢量光束是矢量涡旋光束在 Pancharatnam 拓扑荷等于零时的一个特例，故本节将只讨论矢量涡旋光束阵列，对矢量光束阵列不再单独论述。

7.7.1 生成矢量涡旋光束阵列的基本原理

在第 4 章中，已经介绍了(标量)涡旋光束阵列的生成原理，即通过设计特殊的衍射光栅，将入射的基模高斯光束转化为涡旋光束阵列。阵列中包含的各个涡旋光束的强度大小、初始相位和角量子数均可由光栅来控制。对于(标量)涡旋光束阵列，在设计衍射光栅时只需考虑相位调制，而不必考虑偏振态等其他信息。而对于矢量涡旋光束，由于其除了具有螺旋相位外，在光束横截面上还具有各向异性的涡旋偏振态分布，因此在生成矢量涡旋光束阵列时，必须同时对相位调制和偏振调制进行设计，相比于(标量)涡旋光束阵列时要复杂得多。

式(7.5.17)已经表明，一束矢量涡旋光束可以分解为两束旋向相反的圆偏振涡旋光束。将 $M\times N$ 矢量涡旋光束阵列表示成一 $M\times N$ 矩阵的形式，矩阵中每一个元素均为一矢量涡旋光束，以其在矩阵中的位置表征在该矢量涡旋光束在阵列中的相对位置，则根据式(7.5.17)，可得

$$\begin{bmatrix} |\psi_{(1,1)}\rangle & \cdots & |\psi_{(1,N)}\rangle \\ \vdots & & \vdots \\ |\psi_{(M,1)}\rangle & \cdots & |\psi_{(M,N)}\rangle \end{bmatrix} = \begin{bmatrix} (\psi_L^n \mid L_n\rangle)_{(1,1)} & \cdots & (\psi_L^n \mid L_n\rangle)_{(1,N)} \\ \vdots & & \vdots \\ (\psi_L^n \mid L_n\rangle)_{(M,1)} & \cdots & (\psi_L^n \mid L_n\rangle)_{(M,N)} \end{bmatrix} + \begin{bmatrix} (\psi_R^m \mid R_m\rangle)_{(1,1)} & \cdots & (\psi_R^m \mid R_m\rangle)_{(1,N)} \\ \vdots & & \vdots \\ (\psi_R^m \mid R_m\rangle)_{(M,1)} & \cdots & (\psi_R^m \mid R_m\rangle)_{(M,N)} \end{bmatrix} \tag{7.7.1}$$

这意味着可以先利用第 4 章的知识生成两个旋向相反的圆偏振(标量)涡旋光束阵列，而后将它们的衍射级一一对应，进行阵列合束，最终获得矢量涡旋光束阵列，如图 7.7.1 所示。

图 7.7.2 给出了一种最常见的矢量涡旋光束阵列生成系统，其基于上述原理，

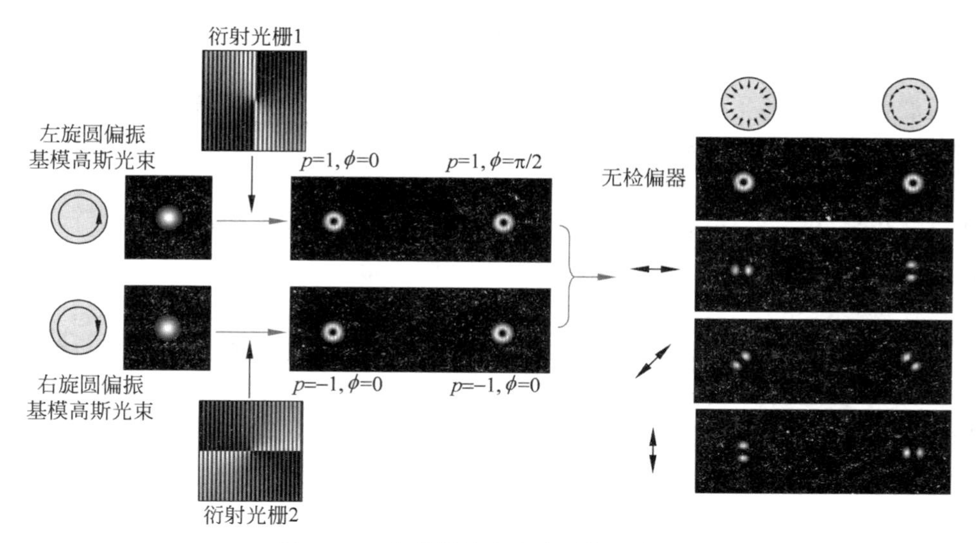

图 7.7.1　矢量涡旋光束阵列的生成原理

（请扫Ⅵ页二维码看彩图）

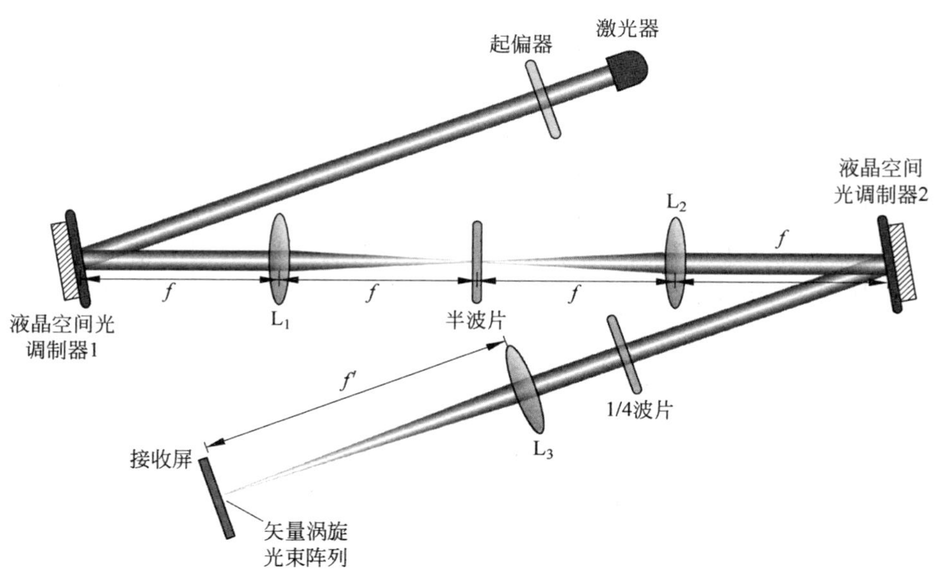

图 7.7.2　矢量涡旋光束阵列的生成系统

$L_1 \sim L_3$：薄凸透镜[36-38]

（请扫Ⅵ页二维码看彩图）

可将两个涡旋光束阵列按照衍射级一一对应的原则进行合束。首先，激光器结合起偏方向与水平面成45°的起偏器，产生45°线偏振基模高斯光束，并可正交分解为强度相等的水平和竖直线偏振分量两部分，液晶空间光调制器1加载一衍射光栅，将水平线偏振分量转化为一水平线偏振（标量）涡旋光束阵列，而竖直线偏振分量不受影响。半波片的快轴方向与水平面呈 45°，用于交换水平和竖直线偏振分量，而后没有被调制器 1 调制的竖直分量由于被转换为水平分量，被调制器 2 调制；而被调制器 1 调制过的水平分量由于被转换为竖直分量，故经过调制器 2 的时候不受影响。调制器 2 加载另外一衍射光栅，将原本没有被调制的竖直线偏振高斯光束转化为另一（标量）涡旋光束阵列。四分之一波片的快轴方向与水平面呈 45°，用于分别将水平和竖直偏振分量转化为两个旋向相反的圆偏振分量，以生成矢量涡旋光束。

上述过程与前面介绍的液晶空间调制器级联法生成矢量光束和矢量涡旋光束几乎一致，但这里仅通过这一过程还不能生成矢量涡旋光束阵列。因为经过调制器 1 后，水平分量就已经被转化为光束阵列的形式，其非零衍射级由于衍射角的存在而向外发散传播，这样在到达调制器 2 的时候，水平偏振分量的光束阵列中除了 0 衍射级外均已偏离了光轴，这意味着水平和竖直偏振分量无法按照衍射级一一对应的原则进行合束。若要解决这一问题，则必须将两个调制器置于同一平面上，同时对两个线偏振分量进行调制，而这在实际中是不可能实现的。

为了解决这一问题，可在两个调制器间置入一 4-f 成像系统。4-f 成像系统是一种相干光学信息处理系统，它由两个焦距均为 f 的薄凸透镜构成，且两个透镜以相距 $2f$ 的距离置于光轴上，第一个透镜与物间的距离为 f，第二个透镜与像间的距离也为 f，整个系统的长度为 $4f$，故称之为 4-f 成像系统。4-f 成像系统具有许多重要的应用，根据傅里叶光学的相关理论，薄凸透镜后焦面处的光场为其前焦面处光场的傅里叶变换，因此，在 4-f 成像系统的 $2f$ 位置（两个透镜间的中点）置入光阑等调制设备，对光场频谱进行调制，调制后的频谱再被第二个透镜变换回来，进而实现对光场的滤波。4-f 成像系统的另一个重要性质是将物平面 1∶1 地成像在像平面上，因此可通过 4-f 系统（图 7.7.2 中的 L_1 和 L_2）将调制器 1 上的光栅成像在调制器 2 上，以达到在同一平面处对两个线偏振分量进行调制的目的。

与（标量）涡旋光束阵列相同，矢量涡旋光束阵列位于远场位置，故需在四分之一波片后放置一薄凸透镜 L_3，以在其后焦面处观察到远场衍射场，即生成的矢量涡旋光束阵列。

7.7.2　矢量涡旋光束阵列的模式控制

矢量涡旋光束阵列中，位于各个衍射级次处的矢量涡旋光束均由两个相应级次的旋向相反的（标量）涡旋光束叠加而来。因此，矢量涡旋光束阵列的模式分布由两个（标量）涡旋光束阵列来控制，而两个（标量）涡旋光束阵列是由两个液晶空间光调制器加载的相位光栅衍射得到的。因此，矢量涡旋光束阵列的模式分布由两个衍射光栅的设计参数来决定。

由式(4.3.3),生成右旋和左旋涡旋光束阵列的两个衍射光栅的透过率函数分别为

$$\exp[iP_R(x,y)]=\sum_{a,b=-\infty}^{+\infty}|c_{a,b}^R|\exp[i(\phi_{a,b}^R+m_{a,b}\varphi+a\gamma_x x+b\gamma_y y)] \tag{7.7.2}$$

$$\exp[iP_L(x,y)]=\sum_{a,b=-\infty}^{+\infty}|c_{a,b}^L|\exp[i(\phi_{a,b}^L+n_{a,b}\varphi+a\gamma_x x+b\gamma_y y)] \tag{7.7.3}$$

式中,(a,b)为衍射级次,$|c_{a,b}^R|$和$|c_{a,b}^L|$、$\phi_{a,b}^R$ 和 $\phi_{a,b}^L$、$m_{a,b}$ 和 $n_{a,b}$ 分别为位于衍射级次(a,b)处的右旋和左旋涡旋光束分量的振幅、初始相位和角量子数。γ_x 和 γ_y 分别为 x 和 y 两个方向上的光栅的空间角频率,由式(4.3.4)定义。

由于矢量涡旋光束中的右旋圆偏振分量是由竖直线偏振分量经四分之一波片后转化而来,而刚刚经过调制器 2 后的竖直线偏振分量是被调制器 1 调制的。右旋圆偏振分量在被调制器 1 调制成涡旋光束后,共被调制器 1 和调制器 2 反射两次,角量子数分布不变,仍为 $m_{a,b}$；左旋圆偏振涡旋分量由调制器 2 调制得到,仅被调制器 2 反射一次,角量子数取反,变为 $-n_{a,b}$。考虑到合束时衍射级间的一一对应关系,结合式(7.5.15)和式(7.5.15)可分别得经度和纬度坐标为

$$\theta_{a,b}=\phi_{a,b}^R-\phi_{a,b}^L \tag{7.7.4}$$

$$\sigma_{a,b}=\arcsin\left(\frac{|c_{a,b}^R|^2-|c_{a,b}^L|^2}{|c_{a,b}^R|^2+|c_{a,b}^L|^2}\right) \tag{7.7.5}$$

至此,位于衍射级(a,b)处的矢量涡旋光束可由模式向量表示为

$$[m,n,\theta,\sigma]=\left[m_{a,b},-n_{a,b},(\phi_{a,b}^R-\phi_{a,b}^L),\arcsin\left(\frac{|c_{a,b}^R|^2-|c_{a,b}^L|^2}{|c_{a,b}^R|^2+|c_{a,b}^L|^2}\right)\right] \tag{7.7.6}$$

7.7.3　几个生成矢量涡旋光束阵列的实例

本节将基于前面的讨论,给出 4 个矢量涡旋光束阵列的生成实例。其中,前三个实例为生成直线型阵列,最后一个实例为生成矩形阵列。

实例 1:在$(a,b)=(\pm1,0)$衍射级分别生成具有相同经纬坐标$(0,0)$但不同 m、n 值的矢量涡旋光束。

本实例中,将在$(-1,0)$衍射级生成模式向量为$[m,n,\theta,\sigma]=[-1,2,0,0]$的矢量涡旋光束,在$(1,0)$衍射级生成模式向量为$[m,n,\theta,\sigma]=[2,-2,0,0]$的矢量涡旋光束。根据式(7.7.6),加载在图 7.7.2 中液晶空间光调制器 1 上的光栅的参数设置为:

$$|c_{-1,0}^R|=|c_{1,0}^R|=1,\quad \phi_{-1,0}^R=\phi_{1,0}^R=0,\quad m_{-1,0}=-1,\quad m_{1,0}=2$$

加载在液晶空间光调制器 2 上的光栅的参数设置为

$$|c^{L}_{-1,0}|=|c^{L}_{1,0}|=1,\quad \phi^{L}_{-1,0}=\phi^{L}_{1,0}=0,\quad n_{-1,0}=-2,\quad n_{1,0}=2$$

本实例的仿真计算结果如图 7.7.3 所示。

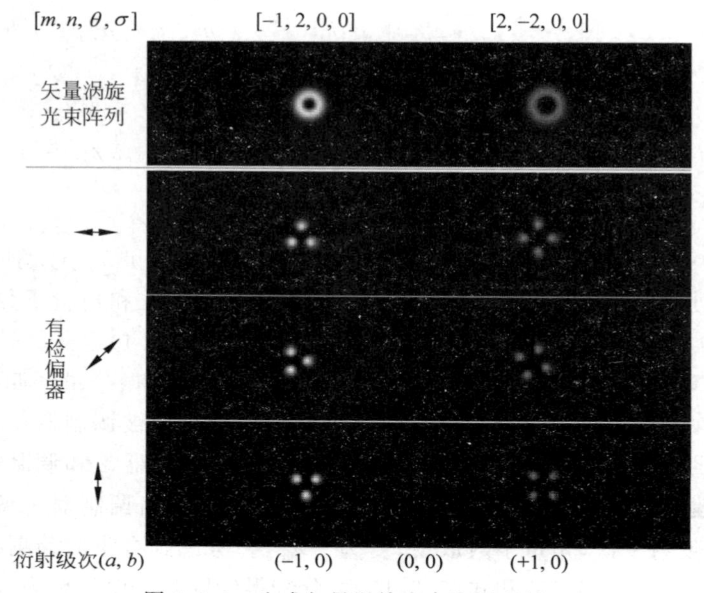

图 7.7.3　生成矢量涡旋光束阵列实例 1

实例 2：在$(a,b)=(\pm1,0)$衍射级分别生成具有相同 m、n 值和纬度坐标但不同经度坐标的矢量涡旋光束。

本实例中，将在$(-1,0)$衍射级生成模式向量为$[m,n,\theta,\sigma]=[0,2,0,0]$的矢量涡旋光束，在$(1,0)$衍射级生成模式向量为$[m,n,\theta,\sigma]=[0,2,\pi,0]$的矢量涡旋光束。加载在图 7.7.2 中液晶空间光调制器 1 上的光栅的参数设置如下：

$$|c^{R}_{-1,0}|=|c^{R}_{1,0}|=1,\quad \phi^{R}_{-1,0}=\phi^{R}_{1,0}=0,\quad m_{-1,0}=m_{1,0}=0$$

加载在液晶空间光调制器 2 上的光栅的参数设置如下：

$$|c^{L}_{-1,0}|=|c^{L}_{1,0}|=1,\quad \phi^{L}_{-1,0}=0,\quad \phi^{L}_{1,0}=-\pi,\quad n_{-1,0}=n_{1,0}=-2$$

本实例的仿真计算结果如图 7.7.4 所示。

实例 3：在$(a,b)=(\pm1,0)$衍射级分别生成具有相同 m、n 值和经度坐标但不同纬度坐标的矢量涡旋光束。

本实例中，将在$(-1,0)$衍射级生成模式向量为$[m,n,\theta,\sigma]=[1,3,0,-\pi/6]$的矢量涡旋光束，在$(1,0)$衍射级生成模式向量为$[m,n,\theta,\sigma]=[1,3,0,\pi/6]$的矢量涡旋光束。加载在图 7.7.2 中液晶空间光调制器 1 上的光栅的参数设置如下：

$$|c^{R}_{-1,0}|=1,\ |c^{R}_{1,0}|=\sqrt{3},\quad \phi^{R}_{-1,0}=\phi^{R}_{1,0}=0,\quad m_{-1,0}=m_{1,0}=1$$

加载在液晶空间光调制器 2 上的光栅的参数设置如下：

$$|c^{L}_{-1,0}|=\sqrt{3},\ |c^{L}_{1,0}|=1,\quad \phi^{L}_{-1,0}=\phi^{L}_{1,0}=0,\quad n_{-1,0}=n_{1,0}=-3$$

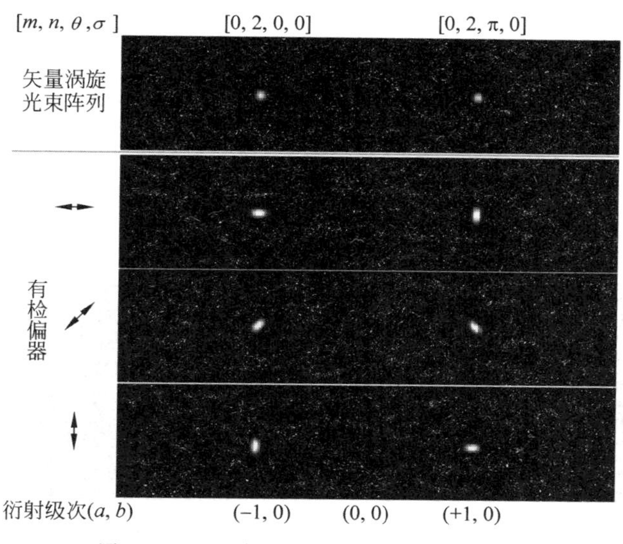

图 7.7.4　生成矢量涡旋光束阵列实例 2

本实例的仿真计算结果如图 7.7.5 所示。

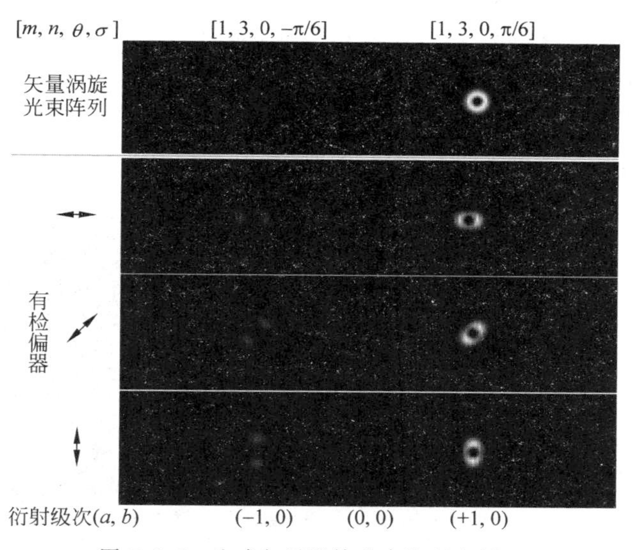

图 7.7.5　生成矢量涡旋光束阵列实例 3

实例 4：生成一 2×2 矢量涡旋光束阵列。

本实例中，将在(−1,0)、(1,1)、(−1,−1)和(1,−1)这四个衍射级上分别生成模式向量为$[m,n,\theta,\sigma]=[1,-1,0,0]$、$[m,n,\theta,\sigma]=[1,-2,0,0]$、$[m,n,\theta,\sigma]=[1,-3,0,0]$和$[m,n,\theta,\sigma]=[1,-4,0,0]$的矢量涡旋光束，它们的偏振阶次依次为−1、−1.5、−2 和−2.5。加载在液晶空间光调制器 1 上的光栅的参数设置如下：

$$|c_{-1,1}^{R}|=|c_{1,1}^{R}|=|c_{-1,-1}^{R}|=|c_{1,-1}^{R}|=1,\quad \phi_{-1,1}^{R}=\phi_{1,1}^{R}=\phi_{-1,-1}^{R}=\phi_{1,-1}^{R}=0$$

$$m_{-1,1}=m_{1,1}=m_{-1,-1}=m_{1,-1}=1$$

加载在液晶空间光调制器 2 上的光栅的参数设置如下：

$$|c^{L}_{-1,1}|=|c^{L}_{1,1}|=|c^{L}_{-1,-1}|=|c^{L}_{1,-1}|=1,\quad \phi^{L}_{-1,1}=\phi^{L}_{1,1}=\phi^{L}_{-1,-1}=\phi^{L}_{1,-1}=0$$

$$n_{-1,1}=1,\quad n_{1,1}=2,\quad n_{-1,-1}=3,\quad n_{1,-1}=4$$

本实例的仿真计算结果如图 7.7.6 所示。

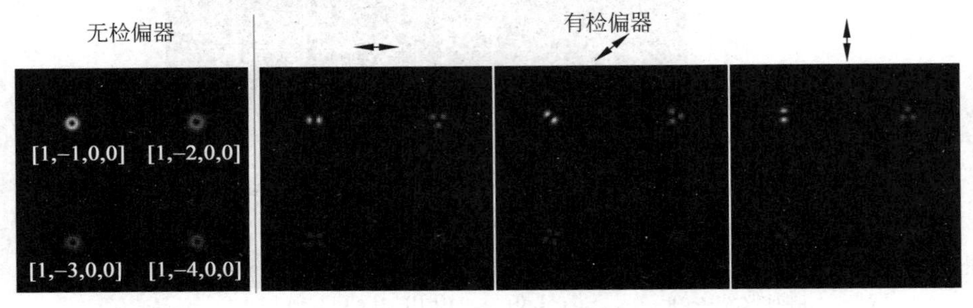

图 7.7.6　生成矢量涡旋光束阵列实例 4

图 7.7.3～图 7.7.6 表明，生成的矢量涡旋光束阵列与预期完全相符。实际中，液晶空间光调制器的衍射效率不可能达到 100%，即必有部分光没有被调制，此时阵列中心零级衍射的位置会出现小亮斑，如图 7.7.7 所示。这与仿真计算结果不同，因为仿真计算时调制器的衍射效率为理想的 100%。由于这个小亮斑无法避免，因此在设计实例涡旋光束阵列时，应尽量避开在(0,0)衍射级。

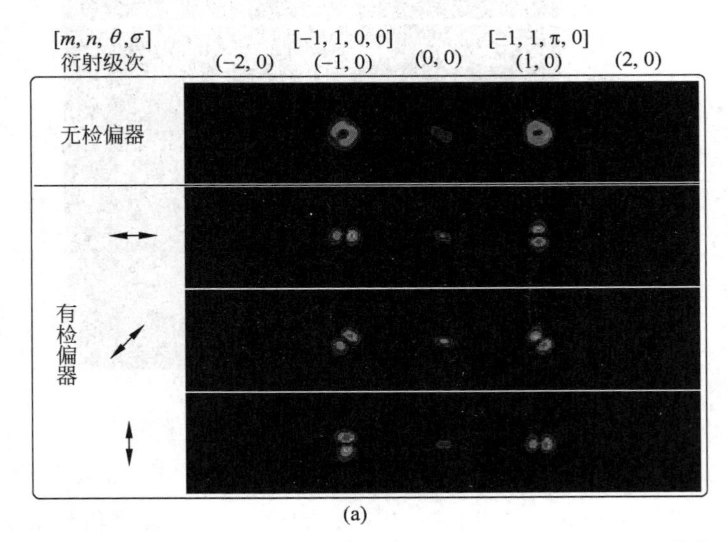

图 7.7.7　实验生成的矢量涡旋光束阵列与仿真计算结果对比[36]

(a) 实验结果；(b) 仿真计算结果

(请扫Ⅵ页二维码看彩图)

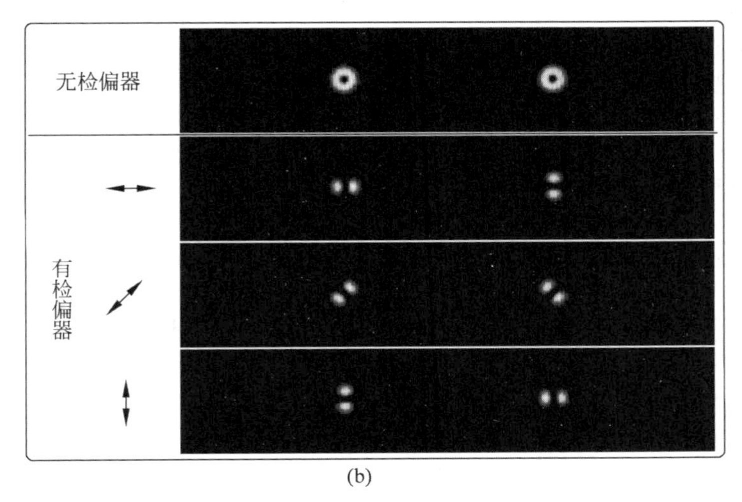

(b)

图 7.7.7 （续）

参考文献

[1] ZHAN Q. Cylindrical vector beams: from mathematical concepts to applications[J]. Advances in Optics and Photonics, 2009, 1: 1-57.

[2] HALL D G. Vector-beam solutions of Maxwell's wave equation[J]. Optics Letters, 1996, 21(1): 9-11.

[3] 辛璟焘. 矢量光束的生成及应用基础研究[D]. 北京：北京理工大学，2013.

[4] TOVAR A A. Production and propagation of cylindrically polarized Laguerre-Gaussian laser beams[J]. Journal of the Optical Society of America A, 1998, 15(10): 2705-2711.

[5] 谢敬辉，赵达尊，阎吉祥. 物理光学教程[M]. 北京：北京理工大学出版社，2012.

[6] ORON R, BLIT S, DAVIDSON N, et al. The formation of laser beams with pure azimuthal or radial polarization[J]. Applied Physics Letters, 2000, 77(21): 3322-3324.

[7] YONEZAWA K, KOZAWA Y, SATO S. Generation of a radially polarized laser beam by use of the birefringence of a c-cut Nd : YVO_4 crystal[J]. Optics Letters, 2006, 31(14): 2151-2153.

[8] KOZAWA Y, YONEZAWA K, SATO S. Radially polarized laser beam from a Nd : YAG laser cavity with a c-cut YVO_4 crystal[J]. Applied Physics B, 2007, 88(1): 43-46.

[9] MACHAVARIANI G, LUMER Y, MOSHE I, et al. Birefringence-induced bifocusing for selection of radially or azimuthally polarized laser modes[J]. Applied Optics, 2007, 46(16): 3304-3310.

[10] LI J L, UEDA K, ZHONG L X, et al. Efficient excitations of radially and azimuthally polarized Nd^{3+} : YAG ceramic microchip laser by use of subwavelength multilayer concentric gratings composed of Nb_2O_5/SiO_2[J]. Optics Express, 2008, 16(14): 10841-10848.

[11] LI J L, UEDA K I, MUSHA M, et al. Radially polarized and pulsed output from

passively Q-switched Nd：YAG ceramic microchip laser [J]. Optics Letters，2008，33(22)：2686-2688.

[12] NAIDOO D，ROUX F S，DUDLEY A，et al. Controlled generation of higher-order Poincaré sphere beams from a laser[J]. Nature Photonics，2016，10：327-332.

[13] ZHOU Z，TAN Q，LI Q，et al. Achromatic generation of radially polarized beams in visible range using segmented subwavelength metal wire gratings[J]. Optics Letters，2009，34(21)：3361-3363.

[14] 辛琛泰，高春清，李辰. 厄米-高斯光束合成任意阶矢量光束[J]. 中国科学：物理学 力学 天文学，2012,10：1017-1021.

[15] BEIJERSBERGEN M W，ALLEN L，VAN DER VEEN H E L O，et al. Astigmatic laser mode converters and transfer of orbital angular momentum [J]. Optics Communications，1993，96(1-3)：123-132.

[16] JONES P H，RASHID M，MAKITA M，et al. Sagnac interferometer method for synthesis of fractional polarization vortices [J]. Optics Letters，2009，34 (17)：2560-2652.

[17] WANG T，FU S，ZHANG S，et al. A Sagnac-like interferometer for the generation of vector beams[J]. Applied Physics B，2016，122(9)：231.

[18] FU S，GAO C，YANG S，et al. Generating polarization vortices by using helical beams and a Twyman Green interferometer[J]. Optics Letters，2015，40(8)：1775-1778.

[19] 高春清，付时尧，戴坤健. 一种基于泰曼-格林干涉仪的偏振合成矢量光束的方法与装置：201510069408.9[P]. 2017-02-01.

[20] LI L，HUANG Y F，WANG Y T. Applied optics [M]. Beijing：Beijing Institute of Technology Press，2005.

[21] XIN J，GAO C，LI C，et al. Generation of polarization vortices with a Wollaston prism and an interferometric arrangement[J]. Applied Optics，2012，51(29)：7094-7097.

[22] MORENO I，DAVIS J A，COTTRELL D M，et al. Encoding high-order cylindrically polarized light beams[J]. Appl Opt，2014，53(24)：5493-5501.

[23] ZHENG X，LIZANA A，PEINADO A，et al. Compact LCOS-SLM based polarization pattern beam generator[J]. Journal of Lightwave Technology，2015，33(10)：2047-2055.

[24] FU S，WANG T，GAO C. Generating perfect polarization vortices through encoding liquid-crystal display devices[J]. Applied Optics，2016，55(23)：6501-6505.

[25] FU S，ZHANG S，GAO C. Bessel beams with spatial oscillating polarization [J]. Scientific Reports，2016，6：30765.

[26] 高春清，付时尧，张世坤. 三维矢量光束的生成方法与装置：ZL201610007355.2[P]. 2016-01-06.

[27] POINCARE H. Theorie mathematique de la Lumiere [M]. Paris：Gauthiers-Villars，1892：2.

[28] MILIONE G，SZTUL H I，NOLAN D A，et al. Higher-order Poincaré sphere，stokes parameters，and the angular momentum of light [J]. Physical Review Letters，2011，107(5)：053601.

[29] YI X，LIU Y，LING X，et al. Hybrid-order Poincare sphere[J]. Physical Review A，2015，91：023801.

[30] REN Z C, KONG L J, LI S M, et al. Generalized Poincare sphere[J]. Optics Express, 2015, 23(20): 26585-26595.

[31] GALVEZ E J. Light beams with spatially variable polarization[J]. Photonics: Scientific Foundations, Technology and Applications, 2015, 1: 61-76.

[32] PANCHARATNAM S. Generalised theory of interference and its applications [J]. Proceedings of the Indian Academy of Sciences - Section A, 1957, 45(6): 402-411.

[33] BIENER G, NIV A, KLEINER V, et al. Formation of helical beams by use of Pancharatnam-Berry phase optical elements[J]. Optics Letters, 2002, 27(21): 1875-7.

[34] LIU Z, LIU Y, KE Y, et al. Generation of arbitrary vector vortex beams on hybrid-order Poincaré sphere[J]. Photonics Research, 2017, 5(1): 15-21.

[35] FU S, ZHAI Y, WANG T, et al. Tailoring arbitrary hybrid Poincareé beams through single hologram [J]. Applied Physics Letters, 2017, 111: 211101.

[36] FU S, ZHANG S, WANG T, et al. Rectilinear lattices of polarization vortices with various spatial polarization distributions [J]. Optics Express, 2016, 24 (16): 18486-18491.

[37] FU S, GAO C, WANG T, et al. Simultaneous generation of multiple perfect polarization vortices with selective spatial states in various diffraction orders[J]. Optics Letters, 2016, 41(23): 5454-5457.

[38] FU S, WANG T, ZHANG Z, et al. Selective acquisition of multiple states on hybrid Poincare sphere[J]. Applied Physics Letters, 2017, 110: 191102.

第 8 章　完美涡旋光束

当基模束腰固定时,涡旋光束的光束尺寸(横截面光斑直径)与角量子数有关。角量子数绝对值越大,光斑直径越大,中空区域越大。涡旋光束的这一特性使得其在一些应用中十分受限,例如,在光镊技术中,常常同时需要较大的角量子数和较小的光斑直径,以达到更好的捕获效果,对于传统的涡旋光束则只能通过尽可能缩小基模束腰半径来实现,而束腰越小,系统的精密程度越高,越不易实现。另外,在光通信技术中,不同阶次的涡旋光束由于光斑半径不同,因此不易将它们复用后耦合到固定的光纤中。为了解决上述问题,人们提出了完美涡旋光束(perfect optical vortices, POV)的概念,其横截面光斑直径与角量子数无关,且能够通过多个参数进行控制。对于由同一束高斯光束通过同一个系统转化而来的不同阶次完美涡旋光束,它们的光斑直径均相同。

8.1　完美涡旋光束概述

8.1.1　完美涡旋光束的理论模型

理想的完美涡旋光束是一种光斑直径与角量子数无关的涡旋光束,其环宽趋近于零,环上的功率密度趋近于无穷[1]。完美涡旋光束可表示为

$$\mathrm{POV}_l(r,\varphi) \equiv \delta(r-r_0)\exp(\mathrm{i}l\varphi) \tag{8.1.1}$$

式中,r_0 为完美涡旋光束的光斑半径,l 为角量子数,$\delta(\zeta)$为狄拉克函数。

对于任意函数 $g(r)$,其均可进行贝塞尔展开[2]:

$$g(r)=\sum_{n=1}^{\infty} c_{l,n}\mathrm{J}_l\left(\alpha_{l,n}\frac{r}{a}\right),\quad 0\leqslant r\leqslant a, l\geqslant -1 \tag{8.1.2}$$

式中,

$$c_{l,n}=\frac{2}{a^2[\mathrm{J}_{l+1}(\alpha_{l,n})]^2}\int_0^a g(r)\mathrm{J}_l\left(\alpha_{l,n}\cdot\frac{r}{a}\right)r\,\mathrm{d}r \tag{8.1.3}$$

式(8.1.2)和式(8.1.3)中,$\mathrm{J}_l(\zeta)$是 l 阶第一类贝塞尔函数,$\alpha_{l,n}$ 是 $\mathrm{J}_l(\zeta)$的第 n 个零点,a 是径向坐标 r 的上限。假设 $a>r_0$,将式(8.1.1)中的 POV_l 作为 $g(r)$代入式(8.1.3)中,并考虑到狄拉克函数的筛选性质,可将完美涡旋光束表示为[1]

$$\mathrm{POV}_l(r,\varphi)\propto \mathrm{circ}\left(\frac{r}{a}\right)\exp(\mathrm{i}l\varphi)\sum_{n=1}^{N}\frac{\mathrm{J}_l\left(\alpha_{l,n}\cdot\frac{r_0}{a}\right)}{[\mathrm{J}_{l+1}(\alpha_{l,n})]^2}\mathrm{J}_l\left(\alpha_{l,n}\cdot\frac{r}{a}\right) \tag{8.1.4}$$

式中，$\mathrm{circ}(\varsigma)$为一不可分离变量的二元函数，当ς表示径向坐标时，函数定义为

$$\mathrm{circ}(\varsigma)=\begin{cases}1, & \varsigma\leqslant 1\\ 0, & \text{其他}\end{cases}\tag{8.1.5}$$

图 8.1.1 给出了根据式(8.1.4)在 $N=40$ 时仿真计算得到的两束阶次不同的完美涡旋光束，它们的光斑半径均为 $r_0=0.5a$，角量子数分布为 $l=1$ 和 $l=10$。可以看出，两束光具有完全相同的光斑直径，与其阶次或角量子数无关。

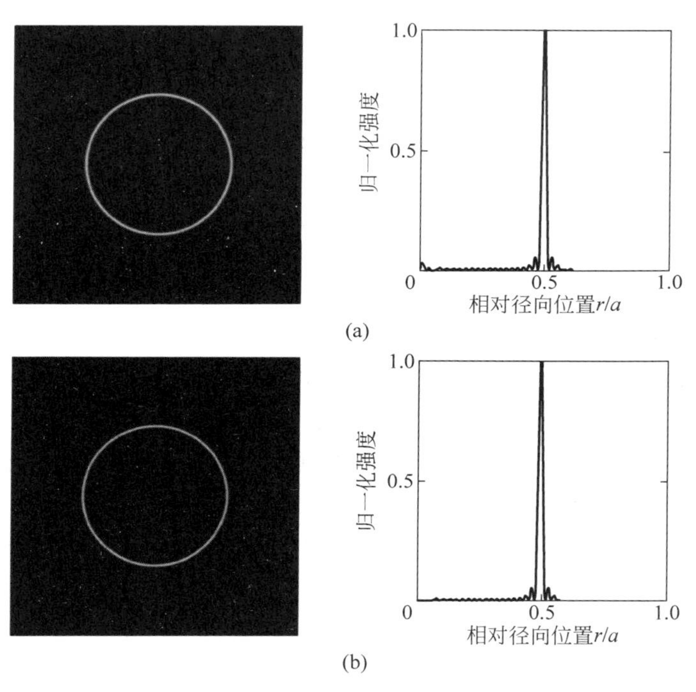

图 8.1.1　不同阶次的完美涡旋光束

(a) $l=1$；(b) $l=10$

式(8.1.4)比式(8.1.1)要复杂得多，但图 8.1.1 给出的完美涡旋光束是通过式(8.1.4)，而不是式(8.1.1)计算得到的，其原因为式(8.1.1)描述的是最理想的完美涡旋光束的理论模型，而在现实中环宽为零、环上功率密度为无穷是不可能存在的，因此只能通过近似来不断地逼近。图 8.1.1 中 N 的取值为 40，事实上，当 N 的取值进一步增大时，完美涡旋光束会更加逼近理想状态(式(8.1.1))，直到 N 取无穷时，式(8.1.4)才与式(8.1.1)完全等价。

8.1.2　完美涡旋光束与贝塞尔-高斯光束的关系

不考虑常数项和传播项时，式(1.4.13)给出的柱坐标下的贝塞尔光束可写为

$$E(r,\varphi)=\mathrm{J}_l(k_r r)\exp(\mathrm{i}l\varphi)\tag{8.1.6}$$

其各个参数由式(1.4.14)和式(1.4.15)定义。根据傅里叶光学的相关理论，光场

的傅里叶变换可由一焦距为 f 的薄凸透镜来实现，透镜后焦面处的光场是前焦面处光场的傅里叶变换。柱坐标系下，任意光场 $E(r',\varphi')$ 和它的傅里叶变换 $E(r,\varphi)$ 之间的关系为

$$E(r,\varphi)=\frac{k}{2\pi\mathrm{i}f}\int_0^\infty\int_0^{2\pi}E(r',\varphi')r'\mathrm{d}r'\mathrm{d}\varphi'\times\exp\left[-\frac{\mathrm{i}k}{f}r'r\cos(\varphi-\varphi')\right] \tag{8.1.7}$$

式中，k 为光波数。将式(8.1.6)代入式(8.1.7)得贝塞尔光束的傅里叶变换为[3]

$$E(r,\varphi)=\frac{k}{f}\mathrm{i}^{l-1}\exp(\mathrm{i}l\varphi)\int_0^\infty \mathrm{J}_l(k_r r')\mathrm{J}_l\left(\frac{k_r rr'}{f}\right)r'\mathrm{d}r' \tag{8.1.8}$$

考虑到贝塞尔函数的正交性，则式(8.1.8)可化简为由狄拉克函数表示的形式，即

$$E(r,\varphi)=\frac{\mathrm{i}^{l-1}}{k_r}\delta(r-r_0)\exp(\mathrm{i}l\varphi) \tag{8.1.9}$$

式中，

$$r_0=\frac{k_r f}{k} \tag{8.1.10}$$

式(8.1.9)除了多了一个常数项外，与式(8.1.1)完全相同。这表明，贝塞尔光束的傅里叶变换即完美涡旋光束。

在 8.1.1 节中已经提到，满足式(8.1.1)的完美涡旋光束是不可能存在的，而完美涡旋光束与贝塞尔光束之间的关系也印证了这一点。贝塞尔光束具有无限延展的光场分布，仅仅为一理想的数学物理模型，在现实中并不存在。因此，由其傅里叶变换而来的理想的完美涡旋光束也不存在。

实际中一般采用贝塞尔-高斯光束作为贝塞尔光束的近似。根据式(1.4.17)，贝塞尔-高斯光束可表示为

$$E(r,\varphi)=\mathrm{J}_l(k_r r)\exp(\mathrm{i}l\varphi)\exp\left(-\frac{r^2}{\omega_0^2}\right) \tag{8.1.11}$$

式中，ω_0 为限制了贝塞尔光束的高斯光束的束腰半径。将式(8.1.11)代入式(8.1.7)得贝塞尔-高斯光束的傅里叶变换为[3]

$$E(r,\varphi)=\frac{k}{f}\mathrm{i}^{l-1}\exp(\mathrm{i}l\varphi)\int_0^\infty \mathrm{J}_l(k_r r')\mathrm{J}_l\left(\frac{k_r rr'}{f}\right)\exp\left(-\frac{r'^2}{\omega_0^2}\right)r'\mathrm{d}r' \tag{8.1.12}$$

利用文献[4]给出的标准积分，式(8.1.12)可化简为

$$E(r,\varphi)=\mathrm{i}^{l-1}\frac{\omega_0}{\omega_a}\exp(\mathrm{i}l\varphi)\exp\left(-\frac{r^2+r_0^2}{\omega_a^2}\right)\mathrm{I}_l\left(\frac{2rr_0}{\omega_a^2}\right) \tag{8.1.13}$$

式中，r_0 为光斑半径，可表示为式(8.1.10)。ω_a 为半环宽(环宽的一半)：

$$\omega_a=\frac{2f}{k\omega_0} \tag{8.1.14}$$

$\mathrm{I}_l(\zeta)$为 l 阶第一类修正贝塞尔函数，由包含原点的逆时针方向的闭合曲线积分定义：

$$\mathrm{I}_l(\zeta)=\frac{1}{2\pi\mathrm{i}}\oint\exp\left[\frac{\zeta}{2}\left(t+\frac{1}{t}\right)\right]t^{-l-1}\mathrm{d}t \tag{8.1.15}$$

$I_l(\zeta)$和 l 阶第一类贝塞尔函数 $J_l(\zeta)$满足：

$$I_l(\zeta)=i^{-1}J_l(i\zeta)=\exp\left(-\frac{il\pi}{2}\right)J_l\left[\zeta\exp\left(\frac{i\pi}{2}\right)\right] \tag{8.1.16}$$

通常，当 $r_0 \gg \omega_a$ 时，I_l 可作如下近似：

$$I_l\left(\frac{2rr_0}{\omega_a^2}\right)\sim\exp\left(\frac{2rr_0}{\omega_a^2}\right) \tag{8.1.17}$$

代入式(8.1.13)得

$$E(r,\varphi)=i^{l-1}\frac{\omega_0}{\omega_a}\exp(il\varphi)\exp\left[-\frac{(r-r_0)^2}{\omega_a^2}\right] \tag{8.1.18}$$

式(8.1.18)即贝塞尔-高斯光束经薄凸透镜傅里叶变换后得到的光场，其横截面强度分布为

$$I(r,\varphi)=|E(r,\varphi)|^2=\frac{\omega_0^2}{\omega_a^2}\exp\left[-\frac{2(r-r_0)^2}{\omega_a^2}\right] \tag{8.1.19}$$

式(8.1.19)表明，光波尺寸与角量子数 l 无关，根据式(8.1.10)，其光斑半径 r_0 仅仅与径向波数 k_r、光波数 k 和薄凸透镜的焦距 f 有关。另外，当基模束腰 ω_0 无穷大时，贝塞尔-高斯光束变为纯贝塞尔光束，由式(8.1.14)得 $\omega_a\to 0$，则式(8.1.18)与式(8.1.1)相同，这表明式(8.1.18)所示的光束为式(8.1.1)所示光束的实际近似，式(8.1.18)即实际中由贝塞尔-高斯光束傅里叶变换得到的完美涡旋光束。

图 8.1.2 给出了不同阶次的贝塞尔-高斯光束的强度和相位分布，以及经傅里叶变换后产生的完美涡旋光束的强度和相位分布。可以看出，贝塞尔-高斯光束的光斑尺寸随着角量子数 l 的增加而变大，而傅里叶变换后得到的不同阶次 l 的完美涡旋光束的光斑尺寸始终保持一致，与角量子数 l 无关。

8.1.3 完美涡旋光束的自由空间传输特性

由于式(8.1.18)是在 $r_0 \gg \omega_a$ 的条件下得到的，为了分析准确，这里我们仍采用式(8.1.13)给出的完美涡旋光束的复振幅进行分析。令：

$$A=i^{l-1}\frac{\omega_0}{\omega_a} \tag{8.1.20}$$

则式(8.1.13)可表示为

$$E(r,\varphi)=A\exp(il\varphi)\exp\left(-\frac{r^2+r_0^2}{\omega_a^2}\right)I_l\left(\frac{2rr_0}{\omega_0^2}\right) \tag{8.1.21}$$

代入菲涅尔衍射积分公式得位置 z 处的完美涡旋光束为

$$E(r,\varphi,z)\propto\exp[-F_z(r^2+r_0^2)]I_l(2rr_0F_z)\exp(il\varphi) \tag{8.1.22}$$

式中，

$$F_z=\frac{1}{\omega_z}-\frac{ik}{2R(z)} \tag{8.1.23}$$

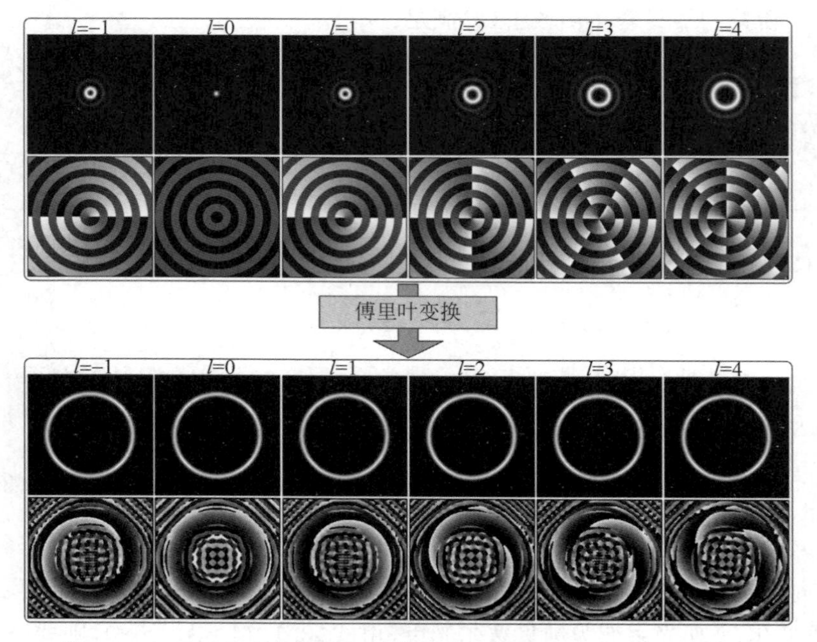

图 8.1.2　不同阶次的贝塞尔-高斯光束以及经过傅里叶变换得到的完美涡旋光束想强度和相位分布

$$R(z)=z+\frac{z_{\mathrm{R}}^{2}}{z} \tag{8.1.24}$$

$$\omega_{z}=\omega_{0}\sqrt{1+\left(\frac{z}{z_{\mathrm{R}}}\right)^{2}} \tag{8.1.25}$$

z_{R} 为基模高斯光束的瑞利长度，表示为

$$z_{\mathrm{R}}=\frac{\pi\omega_{0}^{2}}{\lambda} \tag{8.1.26}$$

当 $z \ll z_{\mathrm{R}}$ 时，$F_{z} \approx \omega_{0}^{-2}$，此时式(8.1.22)与式(8.1.21)完全一致，表明在有限的传输距离内，完美涡旋光束具有十分稳定的横截面光强分布。随着传播距离 z 的持续增长，第一类修正贝塞尔函数会发生变换，使得完美涡旋光束出现十分明显的衍射效应。当 $z \gg z_{\mathrm{R}}$ 时，$\omega_{z} \to \infty$，$R(z)=z$，$F_{z}=-\mathrm{i}k/(2z)$，则根据式(8.1.16)得

$$\mathrm{I}_{l}(2rr_{0}F_{z})=\mathrm{I}_{l}\left(\frac{-\mathrm{i}krr_{0}}{z}\right)=\mathrm{i}^{l}\mathrm{J}_{l}\left(\frac{krr_{0}}{z}\right) \tag{8.1.27}$$

该式表明光场成分中出现 l 阶第一类贝塞尔函数，完美涡旋光束进化为振幅具有贝塞尔函数规律分布的涡旋光束，如图 8.1.3 所示。

上述分析表明，在自由空间中完美涡旋光束仅在有限距离内存在，当其传输较远的距离时，完美涡旋光束将转化为贝塞尔型涡旋光束，但角量子数不会发生变化。

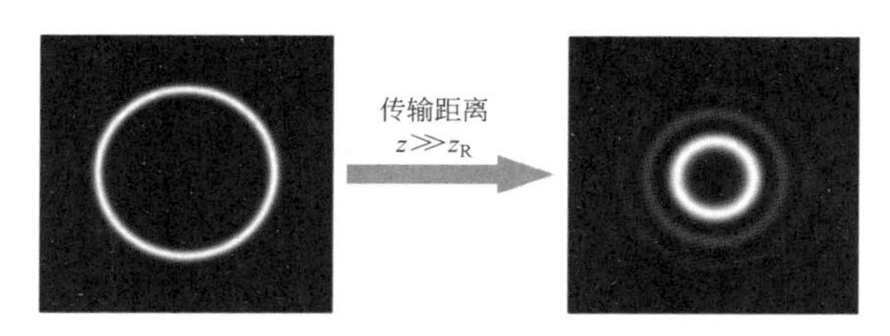

图 8.1.3 当传输距离 $z \gg z_R$ 时，完美涡旋光束的强度分布变化

8.1.4 不同光场分布的涡旋光束间的相互转化

单环拉盖尔-高斯光束是涡旋光束的最常见形式，也是应用最广的；贝塞尔-高斯光束由于具有无衍射特性，在自由空间光通信、旋转探测、量子纠缠等领域也具有极高的应用价值；完美涡旋光束是近年来新出现的一种涡旋光束，它们的光束尺寸与其阶次或角量子数无关，在涡旋光束的光纤传播领域有极大的应用潜力。相同阶次的这三种涡旋光束，携带的轨道角动量是相同的，它们的区别主要表现在光场强度分布上。实际上可通过一定的衍射光学器件实现它们之间的相互转化。

在 3.7.1 节介绍了一种衍射光学器件——轴棱镜，它可为入射光场引入锥面波前，进而将单环拉盖尔-高斯光束转化为贝塞尔-高斯光束。那么反过来，若要将贝塞尔-高斯光束转化为单环拉盖尔-高斯光束，只需采用反轴棱镜(anti-axicon)将锥面波前去掉即可。反轴棱镜与轴棱镜的关系可以类比为凹透镜与凸透镜的关系。反轴棱镜的透过率函数由轴棱镜的透过率函数相位取反得到：

$$T_{aa}(r,\varphi)=\exp\left(\frac{2\pi r}{d}\right) \tag{8.1.28}$$

式中，d 为反轴棱镜的径向相位周期。

前面已经提到，贝塞尔-高斯光束经光场的傅里叶变换后可得到完美涡旋光束，这一过程可通过薄凸透镜实现。式(8.1.22)已经表明，贝塞尔-高斯光束为完美涡旋光束的远场衍射形式，而远场与近场间的关系又是傅里叶变换关系，因此通过薄凸透镜对完美涡旋光束进行傅里叶变换就能得到贝塞尔-高斯光束。

至此，我们得到了单环拉盖尔-高斯光束、贝塞尔-高斯光束和完美涡旋光束间的转化关系，如图 8.1.4 所示。在基于涡旋光束的光学系统中，可通过图 8.1.4 给出的转化关系，利用轴棱镜或薄凸透镜实现它们三者间的相互灵活转化。

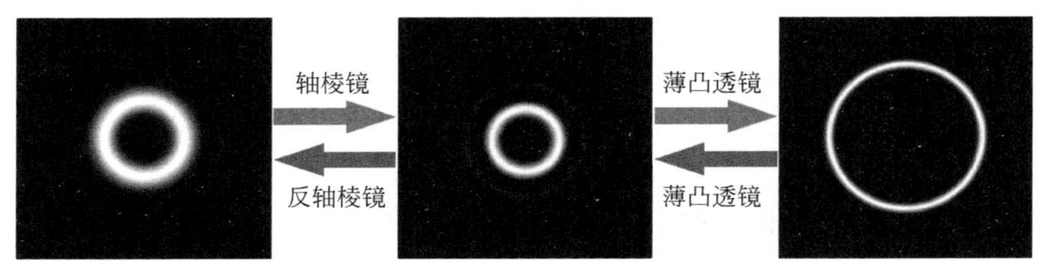

图 8.1.4 同阶次单环拉盖尔-高斯光束、贝塞尔-高斯光束以及完美涡旋光束之间的相互转化

8.2　完美涡旋光束的生成

8.2.1　轴棱镜生成法

完美涡旋光束可通过贝塞尔-高斯光束经傅里叶变换得到，故只需在生成贝塞尔-高斯光束的基础上，通过薄凸透镜为光场引入傅里叶变换即可。

图 8.2.1 为一种利用轴棱镜生成完美涡旋光束的典型光路系统。l 阶拉盖尔-高斯光束从左侧射入系统，先经轴棱镜转化为 l 阶贝塞尔-高斯光束，而后再经薄凸透镜作光场傅里叶变换后，在后焦面处获得完美涡旋光束。需要注意的是，根据傅里叶光学的相关原理，薄凸透镜后焦面处的光场是前焦面处光场的傅里叶变换，而贝塞尔-高斯光束只存在于轴棱镜后的有限范围内($z<z_{\max}$)，因此必须使薄凸透镜的前焦面处于这一有限范围中，设轴棱镜与焦距为 f 的薄凸透镜间的距离为 d_z，则必须满足

$$d_z \leqslant f + z_{\max} \tag{8.2.1}$$

才能获得完美涡旋光束。

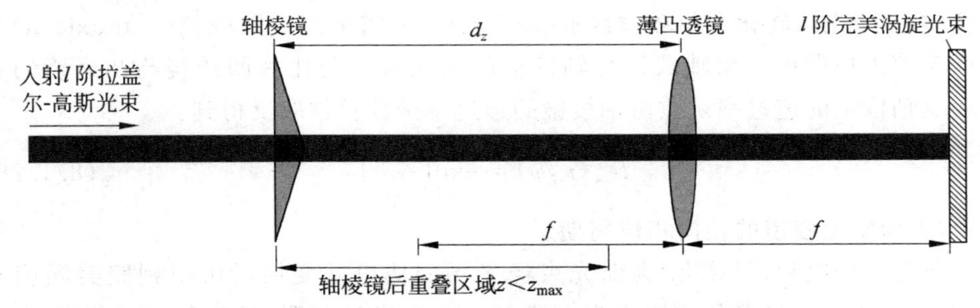

图 8.2.1　利用轴棱镜生成完美涡旋光束的光路系统
(请扫Ⅵ页二维码看彩图)

完美涡旋光束的横截面光斑半径与其阶次或角量子数无关，但由式(8.1.10)可知，其与透镜焦距 f、径向光波数 k_r 成正比，与光波数 k 成反比。如图 8.2.2 所示，由三角形相似关系不难理解下式：

$$\frac{k_r}{k} = \sin\beta \tag{8.2.2}$$

将式(3.7.2)代入式(8.2.2)，得

$$\frac{k_r}{k} = \frac{\lambda}{d} \tag{8.2.3}$$

式中，d 为轴棱镜径向相位周期，代入式(8.1.10)得

$$r_0 = \frac{\lambda f}{d} \tag{8.2.4}$$

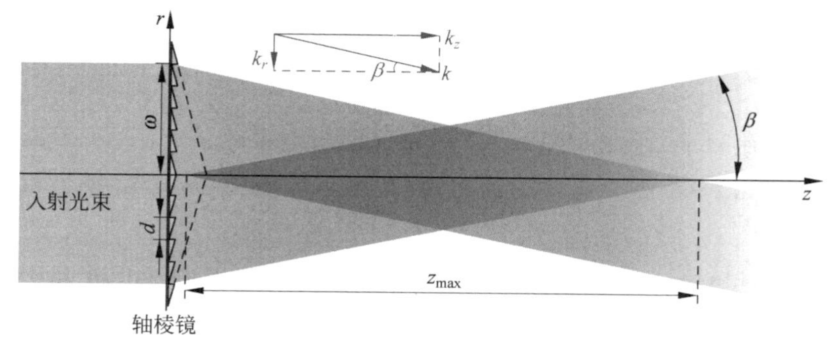

图 8.2.2　贝塞尔-高斯光束的径向光波数 k_r、传播方向光波数 k_z 和光波数 k 之间的关系
（请扫Ⅵ页二维码看彩图）

式(8.2.4)表明，利用轴棱镜结合薄凸透镜生成的完美涡旋光束的横截面光斑半径，仅与透镜焦距 f、光波长 λ 和轴棱镜径向相位周期 d 有关，与入射光束的基模束腰半径 ω_0 无关。图 8.2.3 给出了在相同的 f 和 λ，不同 d 下利用轴棱镜生成的不同阶次完美涡旋光束的强度分布，可以看出，随着轴棱镜径向相位周期 d 的增大，完美涡旋光束的光斑尺寸明显减小。对于一固定的光学系统，f 和 λ 均为定值，r_0 与 d 成反比，因此可通过调节轴棱镜参数 d 的方式来控制生成的完美涡旋光束的光斑尺寸。

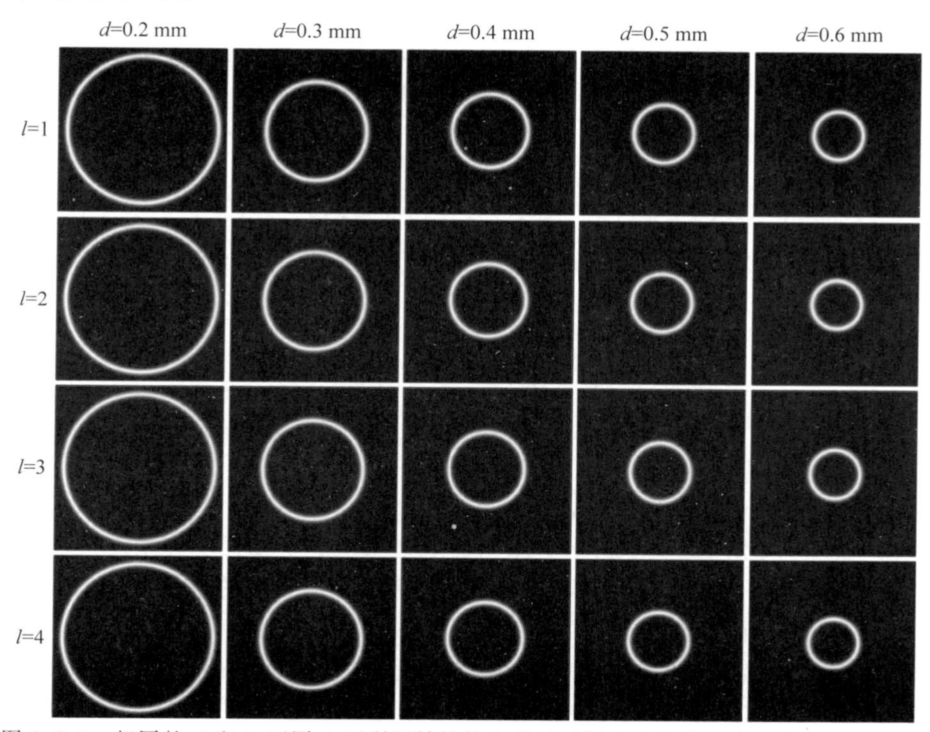

图 8.2.3　相同的 f 和 λ，不同 d 下利用轴棱镜生成的不同阶次完美涡旋光束的强度分布，其中，仿真计算的各个参数设置如下：$\lambda=1.55\ \mu m$，$f=300\ mm$，$\omega_0=1.5\ mm$

另外，由式(8.1.14)可得环宽为

$$2\omega_a = \frac{2\lambda f}{\pi\omega_0} \tag{8.2.5}$$

式(8.2.5)表明对于一固定的光学系统，可通过基模束腰半径 ω_0 来控制环宽，如图 8.2.4 所示。若希望获得较细的环，应采用尽可能大 ω_0 的拉盖尔-高斯光束入射。

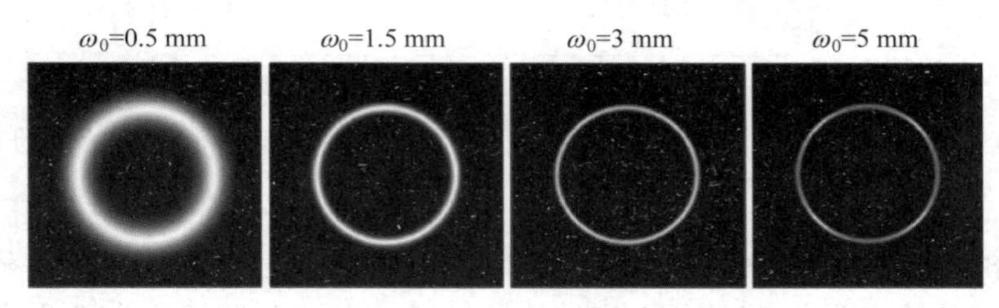

图 8.2.4 基模束腰半径 ω_0 对生成的完美涡旋光束的环宽的影响，其中，仿真计算的各个参数设置如下：$l=1,\lambda=1.55\ \mu\text{m}, f=300\ \text{mm}, d=0.3\ \text{mm}$

8.2.2 贝塞尔光束相息图法

贝塞尔光束相息图(bessel beam kinoform，BBK)是一种纯相位衍射光学器件，可将基模高斯光转化为完美涡旋光束[5]。与轴棱镜法相比，在具有相同的基模束腰半径的光束入射时，BBK 法生成的完美涡旋光束的环宽更窄，环上功率密度更高。

设横截面光斑半径为 r_0 的 l 阶完美涡旋光束的复振幅分布为

$$E(r,\varphi) = F(r)\exp(\mathrm{i}l\varphi) \tag{8.2.6}$$

式中，$F(r)$为振幅分布，表征在 $r=r_0$ 处存在振幅尖峰。由于高斯光束具有近似于平面的相位，在束腰处具有平面相位。为了计算简便，仅考虑束腰处高斯光束的振幅分布，则此处入射的基模高斯光束可以简写为

$$G(r) = \exp\left(-\frac{r^2}{\omega_0^2}\right) \tag{8.2.7}$$

式中，ω_0 为束腰半径。

令 BBK 的透过率函数为

$$T_{\mathrm{BBK}}(r,\varphi) = \exp[\mathrm{i}\beta(r)]\exp(\mathrm{i}l\varphi) \tag{8.2.8}$$

式中，l 为 BBK 的阶次。式(8.2.8)给出的透过率函数包括径向和角向两部分，角向部分即我们熟知的涡旋相位项，决定了衍射后光束所携带的轨道角动量大小，径向部分 $\beta(r)$即当前需要确定的项。

基模高斯光束经 BBK 衍射后，可在远场获得 l 阶完美涡旋光束。根据标量衍射理论，夫琅禾费衍射区中，远场衍射光场可以简单地表示为初始光场的傅里叶变换。故式(8.2.6)给出的完美涡旋光束可表示为

$$E(r,\varphi)=\mathscr{F}[G(r)\cdot T_{\mathrm{BBK}}(r,\varphi)] \tag{8.2.9}$$

式中，$\mathscr{F}$ 表示傅里叶变换。将式(8.2.7)和式(8.2.8)代入式(8.2.9)，再消去常数相位项后，得到[5]

$$F(r)=2\pi\int_0^{\infty}\rho\exp[\mathrm{i}\beta(\rho)]\exp\left(-\frac{\rho^2}{\omega_0^2}\right)J_l(2\pi\rho r)\mathrm{d}\rho \tag{8.2.10}$$

注意，式(8.2.10)给出的积分可看作为 $G(r)\cdot T_{\mathrm{BBK}}(r,\varphi)$ 径向部分的 l 阶汉克尔变换(Hankel transformation)。式(8.2.10)给出的 $F(r)$ 决定了高斯光束经 BBK 衍射后远场的振幅分布，对于完美涡旋光束，应在 $r=r_0$ 处存在振幅尖峰，其他位置为零。令 $F(r)$ 在 $r=r_0$ 处出现极大值，则由式(8.2.10)可得

$$|F(r_0)|=2\pi\left|\int_0^{\infty}f_{\mathrm{pos}}(\rho)\exp[\mathrm{i}\beta(\rho)]\mathrm{sgn}[\mathrm{J}_l(2\pi r_0\rho)]\mathrm{d}\rho\right| \tag{8.2.11}$$

式中，

$$f_{\mathrm{pos}}(\rho)=\rho\exp\left(-\frac{\rho^2}{\omega^2}\right)|\mathrm{J}_l(2\pi r_0\rho)| \tag{8.2.12}$$

为积分区域内恒大于零的函数，$\mathrm{sgn}(\varsigma)$ 为符号函数，定义为

$$\mathrm{sgn}(\varsigma)=\begin{cases}1, & \varsigma>0\\ 0, & \varsigma=0\\ -1, & \varsigma<0\end{cases} \tag{8.2.13}$$

由三角不等式，可得

$$|F(r_0)|\leqslant 2\pi\left|\int_0^{\infty}f_{\mathrm{pos}}(\rho)\mathrm{d}\rho\right| \tag{8.2.14}$$

式(8.2.14)中，右侧即 $|F(r_0)|$ 的上限(最大值)。不难理解，此时对于式(8.2.11)，只有当满足

$$\exp[\mathrm{i}\beta(\rho)]=\mathrm{sgn}[\mathrm{J}_l(2\pi r_0\rho)] \tag{8.2.15}$$

时，$|F(r_0)|$ 才能取到上限值。至此，将式(8.2.15)代入式(8.2.8)，可得 BBK 的透过率函数为

$$T_{\mathrm{BBK}}(r,\varphi)=\mathrm{sgn}[\mathrm{J}_l(2\pi r_0 r)]\exp(\mathrm{i}l\varphi) \tag{8.2.16}$$

根据式(8.2.16)得到的 BBK 相位型衍射光栅如图 8.2.5 所示，可以看出其与束腰处贝塞尔光束的相位分布(图 1.4.3)十分相似。

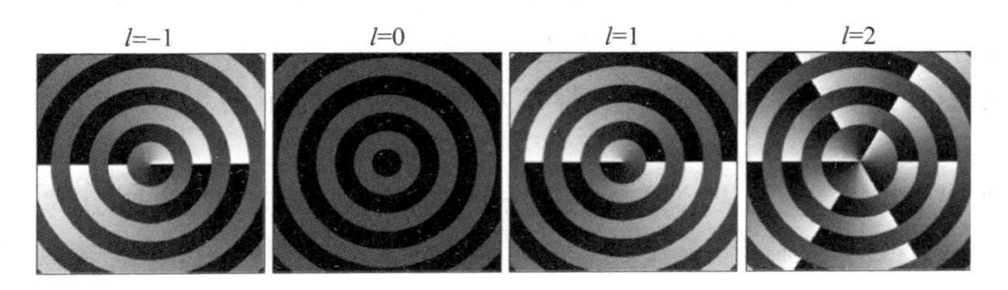

图 8.2.5　不同阶次 l 的 BBK 相位型衍射光栅

实际中，只需将 BBK 相位型衍射光栅加载于一诸如液晶空间光调制器等相位调制器件上，再结合一薄凸透镜进行光场的傅里叶变换，即可得到完美涡旋光束。图 8.2.6 给出了同一束基模高斯光束分别经 BBK 衍射光栅(图 8.2.6(a)、(c))和轴棱镜(图 8.2.6(b)、(d))两种方法生成的完美涡旋光束的径向强度分布曲线，其中角量子数 $l=0$，入射基模高斯光束的束腰半径分别为(a)，(b)$\omega_0=3r_0^{-1}$，(c)，(d)$\omega_0=7r_0^{-1}$。图 8.2.6 表明，随着基模束腰半径的增大，完美涡旋光束的环宽更细。在相同入射高斯光束的束腰半径时，BBK 法生成的完美涡旋光束相比于轴棱镜法具有更细、更高的尖峰。图 8.2.7 为不同入射高斯光束的束腰半径时，完美涡旋光束环上($r=r_0$ 处)强度最大值，以及环宽随角量子数的变化规律。其中，圆点表示 BBK 法，方点表示轴棱镜法，(a)，(b)$\omega_0=3r_0^{-1}$，(c)，(d)$\omega_0=7r_0^{-1}$，(e)，(f)$\omega_0=10r_0^{-1}$。图 8.2.7 中的曲线变化规律表明，对于生成不同阶次的完美涡旋光束，上述结论依然成立。

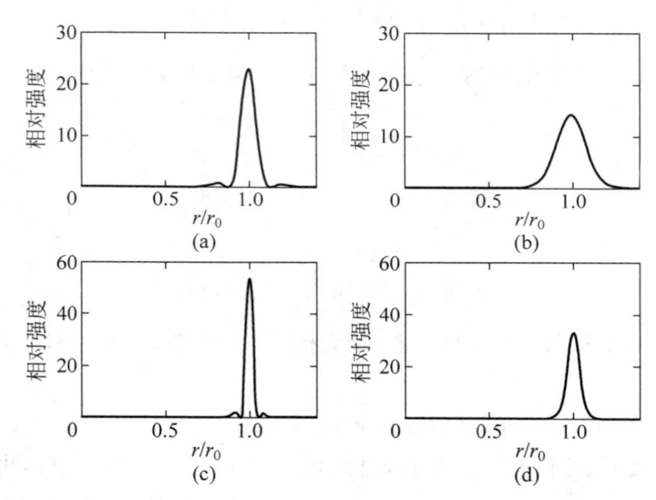

图 8.2.6　同一束基模高斯光束分别经 BBK 衍射光栅和轴棱镜两种方法生成的完美涡旋光束的径向强度分布曲线

(a)，(c)BBK 法；(b)，(d)轴棱镜法；(a)，(b)$\omega_0=3r_0^{-1}$；(c)，(d)$\omega_0=7r_0^{-1}$[5]

前面的分析中，虽然仅仅考虑了位于束腰处的基模高斯光束经 BBK 衍射后的情形，但读者应知，对于非束腰位置的高斯光束，只是多了与径向坐标 r 有关的相位项，该项对完美涡旋光束的螺旋相位和强度分布均无影响，故 BBK 法仍然有效。

虽然通过 BBK 法生成的完美涡旋光束的环宽更窄，强度峰值更高。但 BBK 相位型衍射光栅不易制作，一般通过调制器来模拟，与轴棱镜法相比较为复杂。因此在没有对环宽等极特殊要求下，通常仍采用轴棱镜法来生成完美涡旋光束。

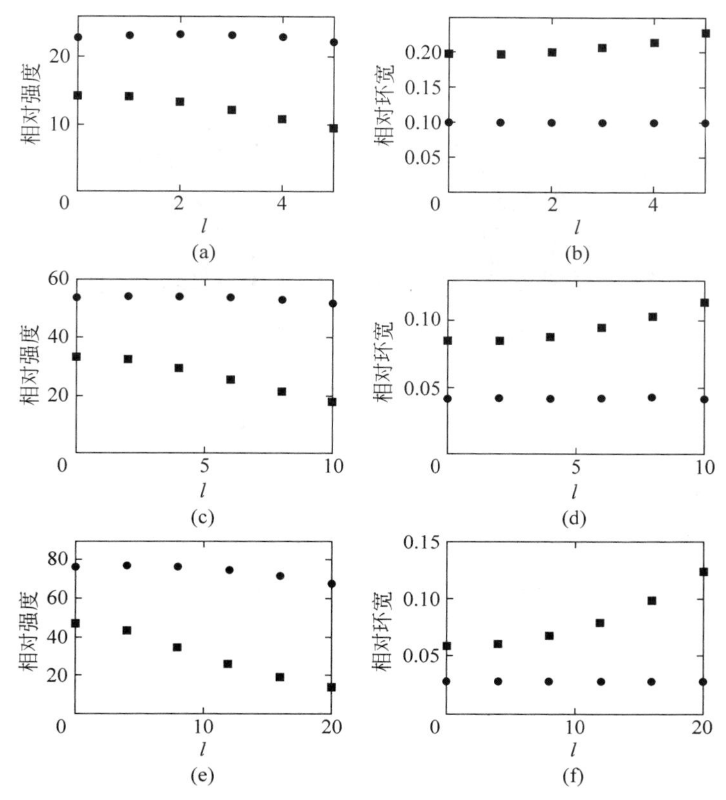

图 8.2.7　分别采用 BBK 法和轴棱镜法生成完美涡旋光束环上($r=r_0$ 处)强度最大值,以及环宽随角量子数 l 的变化规律,其中,圆点(●)和方点(■)分布表示利用 BBK 法和轴棱镜法生成的完美涡旋光束[5]

(a),(b) $\omega_0=3r_0^{-1}$;(c),(d) $\omega_0=7r_0^{-1}$;(e),(f) $\omega_0=10r_0^{-1}$

8.3　完美涡旋光束的测量

与其他常见的涡旋光束的测量相同,完美涡旋光束的测量也是指对其所包含的轨道角动量成分进行测量。但由于完美涡旋光束具有仅在有限距离内存在、光束尺寸与角量子数无关等特点,使得第 5 章介绍的测量方法并非完全适用。

8.3.1　干涉测量法

完美涡旋光束具有螺旋形相位,它与常见的拉盖尔-高斯型涡旋光束的主要不同之处在于振幅分布。在第 5 章已经讨论,拉盖尔-高斯光束与基模高斯光束同轴干涉时,其螺旋相位决定了干涉场的花瓣形光场分布,其振幅项只是限定了干涉区域的轮廓,并未对干涉场的特殊强度分布带来决定性的影响。故处于非束腰位置的完美涡旋光束与参考基模高斯光束同轴干涉时,会产生与图 5.2.5 相似的旋涡花瓣形干涉光斑图案,如图 8.3.1 所示。通过干涉光斑的瓣数可以确定角量子数 l 的绝对值,通过旋涡的方向可以得到角量子数 l 的符号。

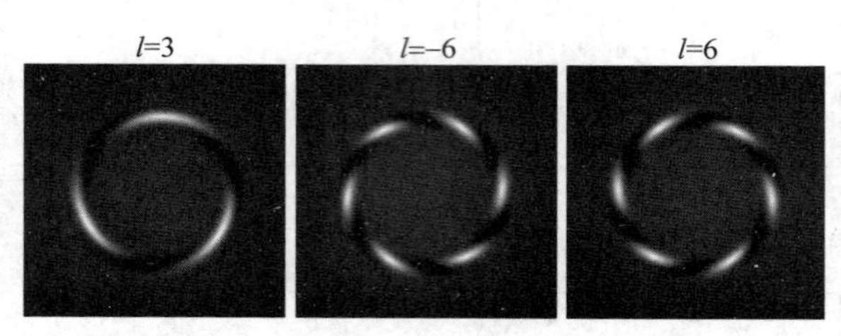

图 8.3.1　非束腰位置完美涡旋光束与高斯光束同轴干涉的干涉场强度分布

在利用干涉法测量完美涡旋光束时,必须保证参考基模高斯光束的横截面尺寸大于完美涡旋光束,否则会出现“大环套小点”的情况而无法干涉。

8.3.2　衍射测量法

完美涡旋光束的衍射测量方法即采用将完美涡旋光束经衍射光栅衍射的方式,通过观察衍射场光斑的特殊形态分布来确定入射完美涡旋光束的阶次或角量子数。

5.3 节介绍的几种利用衍射光栅来测量涡旋光束的方法,均需观察远场衍射光场。对于完美涡旋光束,当其传输至无穷远时,会退化成贝塞尔-高斯光束,即光场的振幅分布会发生改变,故这些方法并非完全适用。目前可行的方法主要有复合叉形光栅测量法、标准达曼涡旋光栅测量法、整合达曼涡旋光栅测量法这三种方法。由于它们的探测原理完全相同,只是角量子数的连续可探测范围不同,故这里仅以 5×5 标准达曼涡旋光栅为例,介绍完美涡旋光束的衍射测量法。

先来讨论零阶完美涡旋光束经 5×5 标准达曼涡旋光栅后的远场衍射光场。零阶完美涡旋光束为一环形的不具有螺旋相位的光束,其角量子数 $l=0$。仅考虑衍射场的角量子数时,由 5×5 标准达曼涡旋光栅的性质可知,其衍射场所包含的 25 个主要衍射级的角量子数从左下到右上分别为 $-12\sim+12$;仅考虑衍射场的振幅分布时,由完美涡旋光束的性质可知远场衍射中的每一个衍射级均为贝塞尔-高斯光束。综上可以推断,零阶完美涡旋光束经达曼涡旋光栅衍射后,远场衍射为一 5×5 贝塞尔-高斯光束阵列,且它们的角量子数从左下到右上分别为 $-12\sim+12$。图 8.3.2 给出了零阶完美涡旋光束经 5×5 标准达曼涡旋光栅后的远场衍射光场的仿真计算结果,与前面的讨论完全一致。

当 l_0 阶完美涡旋光束照射 5×5 标准达曼涡旋光栅时,通过式(5.3.24)可得远场衍射位于(b_x,b_y)衍射级处的贝塞尔-高斯光束的角量子数为

$$l_{b_x,b_y}=l_0+b_x+5b_y \tag{8.3.1}$$

当满足

$$l_0=-b_x-5b_y \tag{8.3.2}$$

时,(b_x,b_y)衍射级将出现具有实心中心亮斑的零阶贝塞尔-高斯光束。借此可根

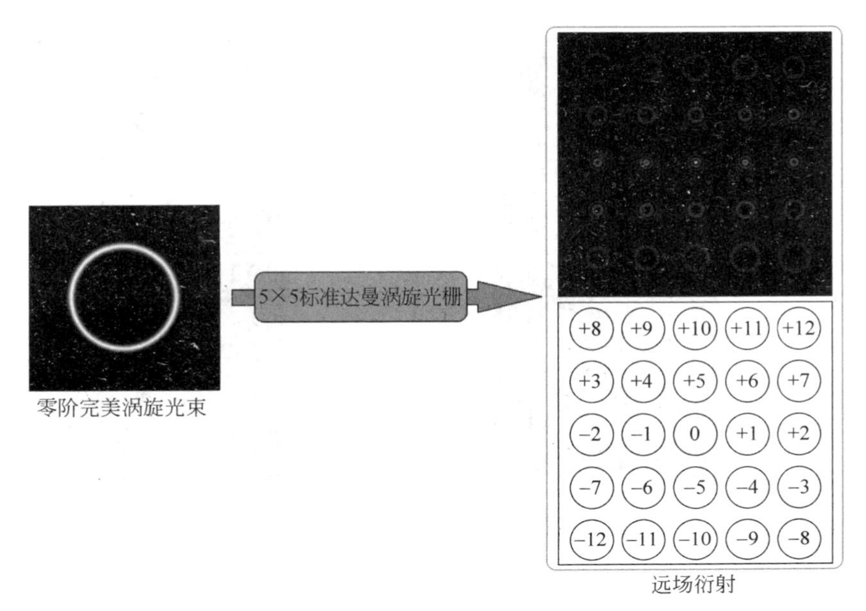

图 8.3.2　零阶完美涡旋光束经 5×5 标准达曼涡旋光栅后的远场衍射强度分布与角量子数分布

据零阶贝塞尔-高斯光束出现的位置以及式(8.3.2)来判断入射完美涡旋光束的阶次或角量子数[6]。

基于这一方法，搭建图 8.3.3 所示的完美涡旋光束测量系统，其中，衍射光栅可以是复合叉形光栅、标准达曼涡旋光栅、整合达曼涡旋光栅等，面阵探测器必须置于薄凸透镜的后焦面处，以观察远场衍射。通过合理的设计、选择包括标准达曼涡旋光栅在内的衍射光栅，在待测光束的角量子数不超出光栅的连续可探测范围的前提下，这种完美涡旋光束的测量方法对单模或多模混合完美涡旋光束均有效，其测量实例分别如图 8.3.4 和图 8.3.5 所示。

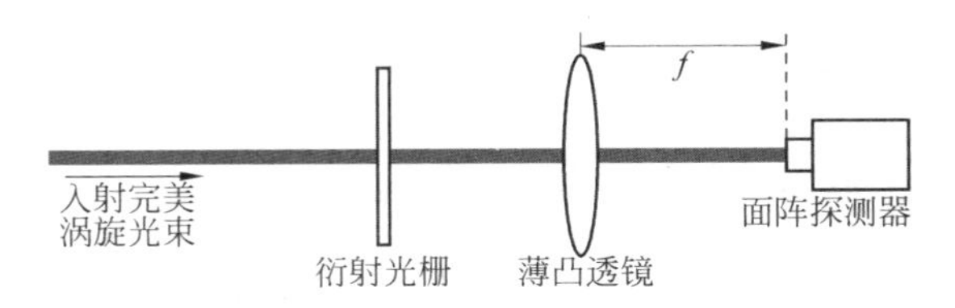

图 8.3.3　完美涡旋光束的测量系统

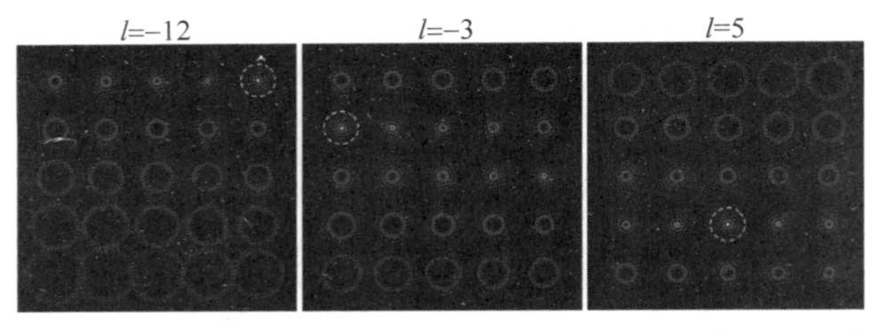

图 8.3.4　利用 5×5 标准达曼涡旋光栅测量单模完美涡旋光束的仿真计算结果实例 1

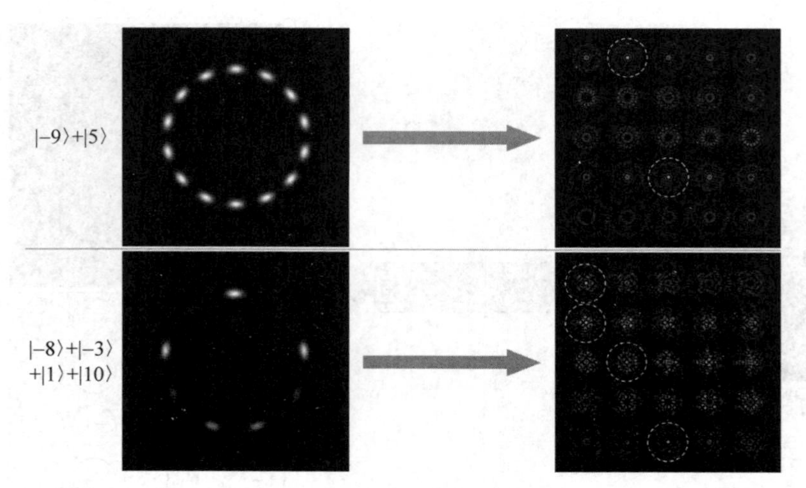

图 8.3.5　利用 5×5 标准达曼涡旋光栅测量多模混合完美涡旋光束的仿真计算结果实例 2

8.4　完美矢量涡旋光束

8.4.1　完美矢量涡旋光束的特点

采用两束旋向相反且不同阶次的圆偏振涡旋光束同轴相干合束的方法生成的矢量涡旋光束，其光束横截面振幅分布与参与合束的两束涡旋光束有关，即不同偏振阶次和 Pancharatnam 拓扑荷的矢量涡旋光束的横截面尺寸是不同的。另外，由于参与合束的涡旋光束角量子数不同，它们的横截面尺寸也不同，使得生成的矢量涡旋光束的偏振态除了沿角向变化外，还沿着径向变化。

完美矢量涡旋光束是一种特殊的矢量涡旋光束，它们的横截面光束尺寸不会随着其偏振阶次或 Pancharatnam 拓扑荷的改变而发生变化，同时它们只具有沿着角向的而不具有沿着径向变化的偏振态分布，如图 8.4.1 所示。

8.4.2　完美矢量涡旋光束的生成原理

作为一种特殊的矢量涡旋光束，完美矢量涡旋光束除了具有与偏振阶次和 Pancharatnam 拓扑荷无关的横截面强度分布外，其他性质与传统的矢量涡旋光束完全相同。完美矢量涡旋光束可表示为

$$|\psi_{\text{perfect}}\rangle = A(r)\exp(\mathrm{i}l_{\text{p}}\varphi)\begin{bmatrix}\cos(p\varphi+\theta_0)\\ \sin(p\varphi+\theta_0)\end{bmatrix} \tag{8.4.1}$$

式中，$A(r)$为表示振幅分布的项，p 为偏振阶次，l_{P} 为 Pancharatnam 拓扑荷。完美矢量涡旋光束亦可分解为两束不同阶次的完美涡旋光束的线性组合：

$$|\psi_{\text{perfect}}\rangle = \psi_{\text{L}}^{n}\,|L_n\rangle + \psi_{\text{R}}^{m}\,|R_{\text{m}}\rangle \tag{8.4.2}$$

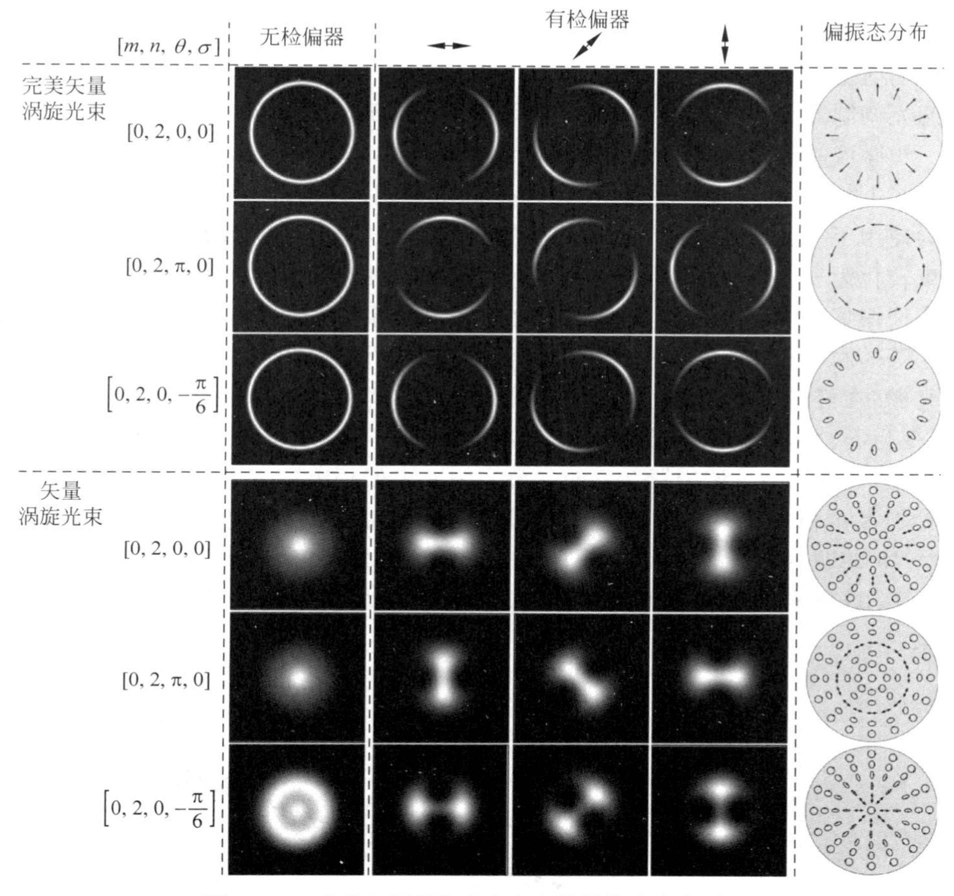

图 8.4.1　完美矢量涡旋光束与矢量涡旋光束的对比
（请扫Ⅵ页二维码看彩图）

式中，ψ_{L}^{n} 和 ψ_{R}^{m} 为复系数，其模和辐角分布表征了左旋和右旋圆偏振完美涡旋分量的振幅和初始相位。此时，结合式(8.1.18)和式(8.4.1)中的振幅项 $A(r)$ 可表示为

$$A(r) \propto \frac{\omega_0}{\omega_a}\exp\left[-\frac{(r-r_0)^2}{\omega_a^2}\right] \tag{8.4.3}$$

式(8.4.3)表明，可采用两束旋向相反且阶次或角量子数不同的圆偏振完美涡旋光束同轴相干合束的方式来生成完美矢量涡旋光束。将式(8.4.2)和式(8.4.1)对比可得，生成的完美矢量涡旋光束的偏振阶次 p 和 Pancharatnam 拓扑荷 l_{P} 分别为

$$p=\frac{n-m}{2} \tag{8.4.4}$$

$$l_{\mathrm{P}}=\frac{n+m}{2} \tag{8.4.5}$$

8.4.3 完美矢量涡旋光束的生成技术

当前生成完美矢量涡旋光束的技术均基于式(8.4.2),常见的系统有级联液晶空间光调制器[7]、萨奈克干涉[8]、类萨奈克干涉[9]等。

级联液晶空间调制器法的光路系统如图8.4.2所示。这一方法的原理为,调制器1上加载m阶反轴棱镜光栅(这里采用反轴棱镜光栅,而不是轴棱镜光栅,是因为使用了反射式液晶空间光调制器),则经调制器1后,入射的水平线偏振高斯光束转化为$-m$阶贝塞尔-高斯光束。半波片的快轴方向与水平面呈22.5°,将水平线偏振贝塞尔-高斯光束的偏振方向变成45°,并可按照偏振方向正交分解成强度相等的水平和竖直线偏振两部分。液晶空间光调制器2加载$(m-n)$阶涡旋相位光栅,在经过调制器2时,竖直偏振分量不被调制,但由于被反射一次,阶次取反,变为m。水平偏振分量被调制,阶次变为$-(-m+m-n)=n$,即n阶完美涡旋光束。至此,经过调制器2后的光束实为两束偏振方向分别为水平和竖直且阶次分别为n和m的线偏振贝塞尔-高斯光束的合束。该合束被一快轴方向与水平面呈45°的四分之一波片转化为贝塞尔-高斯型矢量涡旋光束,而后再通过一薄凸透镜L_3进行光场的傅里叶变换,在薄凸透镜的后焦面上生成了完美矢量涡旋光束。

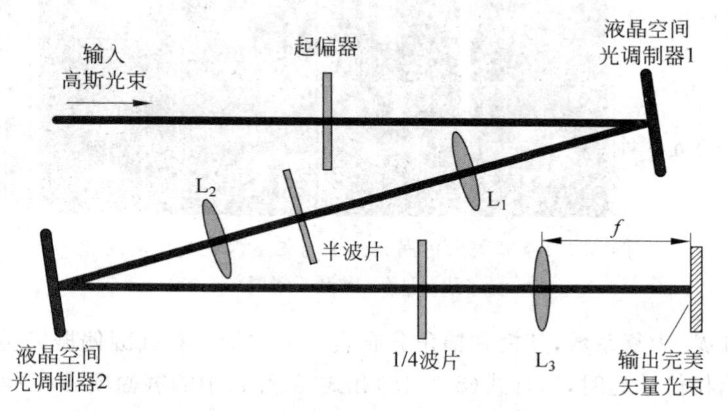

图8.4.2 级联液晶空间光调制器法生成完美矢量涡旋光束的光学系统
(请扫Ⅵ页二维码看彩图)

这里调制器2必须加载涡旋相位光栅,而不是轴棱镜光栅。若调制器2也加载轴棱镜光栅,则必会使得两个正交线偏振贝塞尔-高斯光束分量具有不同的径向光波数k_r($k_r=2\pi/d$,d为轴棱镜径向周期),最终使经傅里叶变换后生成的两个完美涡旋光束分量的光斑半径r_0不同,形成双同心环结构而无法相干合束。另外,还必须保证薄凸透镜L_3的前焦面位于贝塞尔-高斯光束存在的有限区域内,即调制器1与L_3的距离应小于$(f+z_{max})$。

图8.4.3列出了采用级联液晶空间光调制器法生成完美矢量涡旋光束时加载

在两个调制器上的相位光栅，和生成的完美矢量涡旋光束的仿真计算结果。需要注意的一点是，图 8.4.2 给出的系统只能用于生成位于杂合庞加莱球赤道上的完美矢量涡旋光束，若要生成南北半球上的模式，则必须调节半波片快轴与水平面的角度，使两个正交偏振分量的强度比不同。

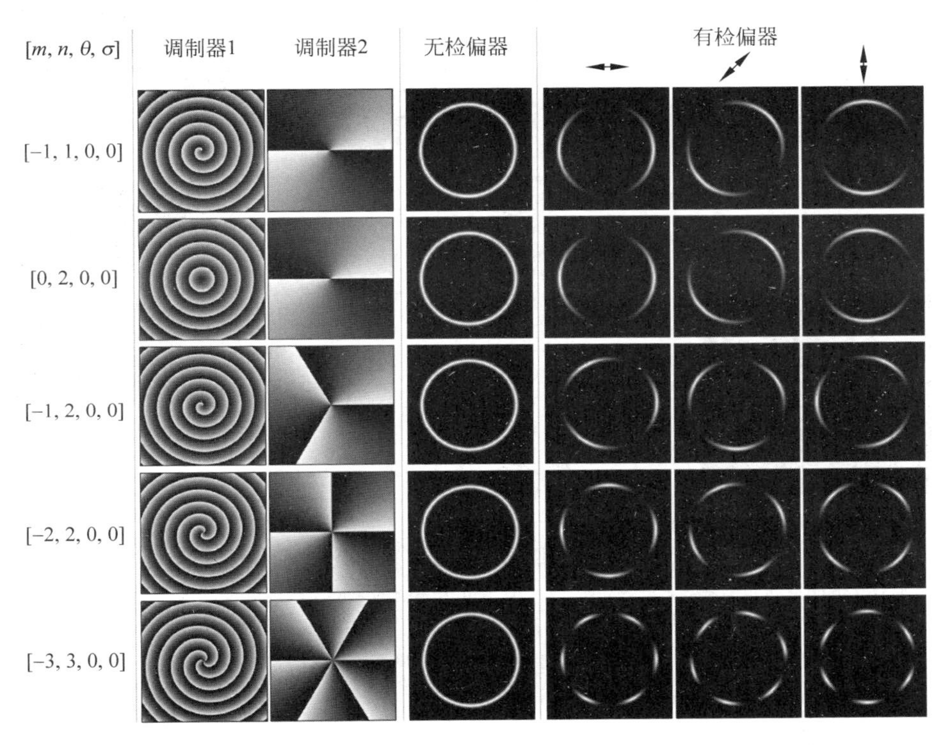

图 8.4.3　利用级联液晶空间光调制器法生成的完美矢量涡旋光束

利用传统的干涉系统也可生成完美涡旋光束，常见的干涉仪有萨奈克干涉仪[8]和类萨奈克干涉仪[9]等。图 8.4.4 为利用萨奈克干涉仪生成完美矢量涡旋光束的系统图。首先，激光器发出的光束经扩束和半波片 1 后射入偏振分光棱镜，被分成两束强度相等的水平和竖直线偏振光。竖直和水平线偏振光分别经反射镜 1 和反射镜 2 反射后，照射到纯相位型反射式液晶空间光调制器上。通过合理的调节调制器前的半波片 2 可使水平和竖直偏振分量均有相等的一部分被调制，同时亦可使调制后的光的偏振态不发生改变。调制后的两束光再被反射回到偏振分光棱镜后发生合束，再经过四分之一波片后转化为矢量涡旋光束。另外，薄凸透镜 1 和 2 构成了一 4-f 成像系统，使得调制器和探测器分别置于其两端。在 4-f 系统的频谱面上置入小孔光阑，实现对光场的滤波。

采用萨奈克干涉仪生成矢量涡旋光束的关键在于设计合理的衍射光栅。由于射入调制器的两束光仅有部分成分被相位调制，因此必须将相位调制部分与没被

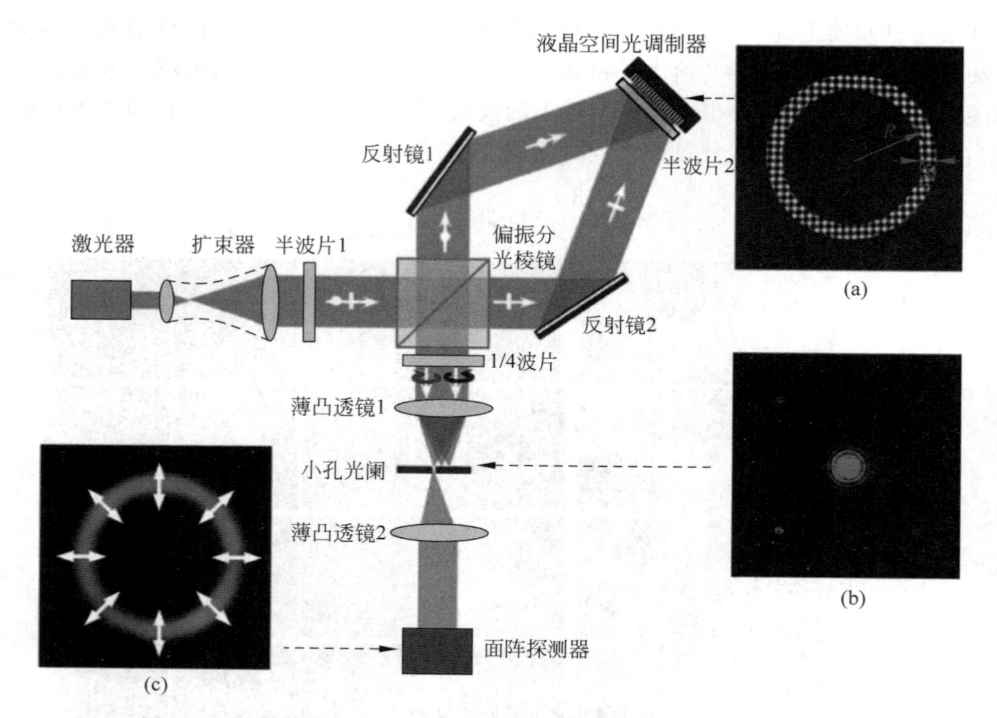

图 8.4.4　利用萨奈克干涉仪生成的完美矢量涡旋光束的光路系统[8]

(a) 加载在液晶空间光调制器上的相位光栅；(b) 在 4-f 系统的频谱面获得衍射观察；(c) 面阵探测器接收到的完美矢量涡旋光束

(请扫Ⅵ页二维码看彩图)

调制的部分相互分离。同时该光栅还应能生成贝塞尔-高斯光束，以此来生成完美涡旋光束进而偏振合成完美矢量涡旋光束。这里采用 3.7.2 节介绍的环形缝光栅法，即设计一环形缝，使其满足下式：

$$T(r,\varphi)=\begin{cases}1, & |r-R|\leqslant \dfrac{\Delta}{2}\\[2mm] 0, & |r-R|>\dfrac{\Delta}{2}\end{cases} \tag{8.4.6}$$

在缝中叠加一可生成 2×2 涡旋光束阵列的光栅，如图 8.4.4(a)所示。由于 2×2 涡旋光束阵列的四束涡旋光束分别位于(−1,−1)、(−1,1)、(1,−1)和(1,1)四个衍射级，而没有被调制的分量均处于零衍射级，故实现了调制和未调制成分的分离。另外，由于环形缝的作用，使得远场，即 4-f 系统的频谱面出现了四束贝塞尔-高斯光束。由于光路的镜像作用使得两个正交偏振成分互成位置镜像关系的两束光束同轴合束(图 8.4.4(b))。即通过合理的设计衍射光栅，可实现任意阶次左右旋圆偏振贝塞尔-高斯光束合束，再通过 4-f 系统中的薄凸透镜 L_2 傅里叶变换生成所需的矢量涡旋光束(图 8.4.4(c))。

利用类萨奈克干涉仪生成完美矢量涡旋光束的光路系统与图7.3.8所示的系统完全一致，区别只是在调制器上加载了高阶轴棱镜光栅而不是涡旋光栅[9]。但这种方法只能生成Pancharatnam拓扑荷为零的完美矢量涡旋光束。

8.5　完美涡旋光束阵列

完美涡旋光束阵列即多个不同阶次的完美涡旋光束分布于不同的空间位置处，一般采用设计衍射光栅来实现。完美涡旋光束阵列也可视为一种多路完美涡旋光束的同时生成技术，在许多领域具有极高的应用价值。本节将从完美标量涡旋光束阵列[10,11]和完美矢量涡旋光束阵列[12]两个角度分别讨论。

8.5.1　完美标量涡旋光束阵列

完美标量涡旋光束即前面提到的完美涡旋光束，它不具有空间各向异性的偏振态分布。完美涡旋光束与普通的涡旋光束相比，区别在于其具有与角量子数无关的强度分布。故在第4章介绍的涡旋光束阵列的生成方法基础上，若能采取一定手段使得生成的阵列中各个涡旋光束具有相同的强度分布，即可获得完美涡旋光束阵列。

完美涡旋光束是贝塞尔-高斯光束的一种远场表现形式，可由贝塞尔-高斯光束傅里叶变换得到。因此，可先在近场生成贝塞尔-高斯光束阵列，而后再对其作傅里叶变换得到完美涡旋光束阵列。回顾3.7.1节介绍的内容，l阶拉盖尔-高斯型涡旋光束经过轴棱镜衍射后，在$z<z_{\max}$的区域内生成l阶贝塞尔-高斯光束。这表明，可在生成涡旋光束阵列的衍射光栅上，叠加一轴棱镜相位，进而在近场获得贝塞尔-高斯光束阵列，在远场获得完美涡旋光束阵列[10]，如图8.5.1所示。

图8.5.1中，(a)为一可在衍射级次(b_x,b_y)为$(-1,0)$和$(1,0)$处生成$+1$和$+2$阶涡旋光束的衍射光栅，将其叠加一轴棱镜相位(b)后得到光栅(c)，则可在远场$(-1,0)$和$(1,0)$衍射级次处生成$+1$和$+2$阶完美涡旋光束(e)。这种生成完美涡旋光束阵列的方法本质上还是利用轴棱镜先生成贝塞尔-高斯光束而后再进行傅里叶变换，生成的完美涡旋光束的环大小只与轴棱镜的径向相位周期d、光波长λ和傅里叶变换透镜的焦距f有关，且满足式(8.2.4)。通常对于一光学系统来说，λ和f均为定值，故可通过控制参数d来控制完美涡旋光束阵列中各个光束的横截面尺寸。图8.5.2给出了在相同λ和f下，不同d时的衍射光栅和基模高斯光束入射时远场生成的1×2完美涡旋光束阵列。可以看出，随着d的减小，光斑直径明显增大。

完美涡旋光束阵列中，相邻两个衍射级间的距离由设计衍射光栅时的光栅常

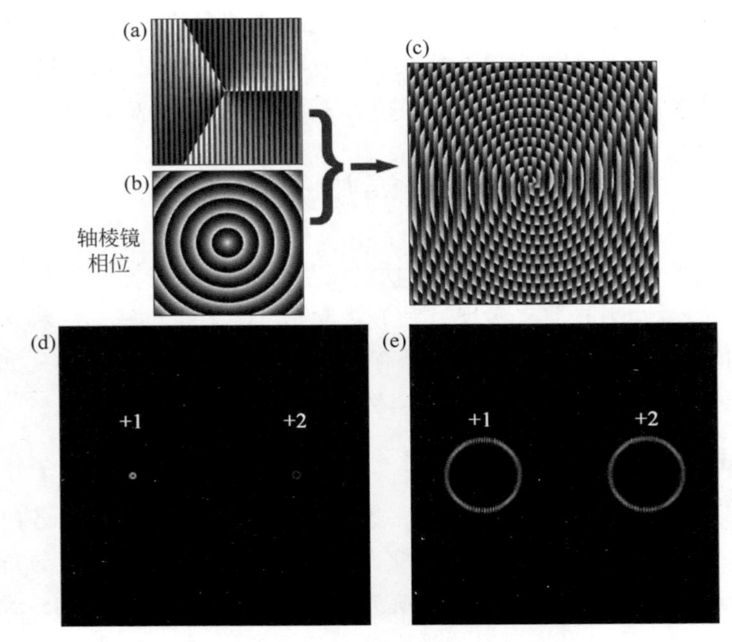

图 8.5.1　完美涡旋光束阵列的生成

(a) 可生成 1×2 涡旋光束阵列的衍射光栅；(b) 轴棱镜相位；(c) 光栅(a)与轴棱镜相位(b)叠加后获得的可生成完美涡旋光束阵列的衍射光栅；(d) 高斯光束照射光栅(a)后的远场衍射光场；(e) 高斯光束照射光栅(c)后的远场衍射光场

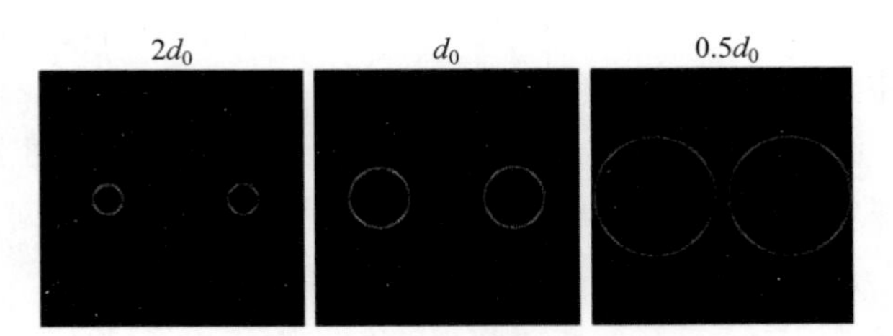

图 8.5.2　相同 λ 和 f 下，不同 d 时生成的衍射光栅和基模高斯光束入射时远场生成的 1×2 完美涡旋光束阵列

数决定，这与第 4 章的结论相同，此处不再赘述。

前面的分析表明，给能够产生涡旋光束阵列的衍射光栅叠加一轴棱镜相位，得到的新的衍射光栅可以用来生成完美涡旋光束阵列。因此，结合第 4 章介绍的多种方法，可以得到任意位置分布和任意角量子数分布的完美涡旋光束阵列。图 8.5.3 给出了部分实例，供读者参考。其中，第三列所示的衍射光栅为第一列的光栅叠加了轴棱镜相位后得到的，第二列和第四列分别为高斯光束照射第一列和第三列所示光栅后的远场衍射。

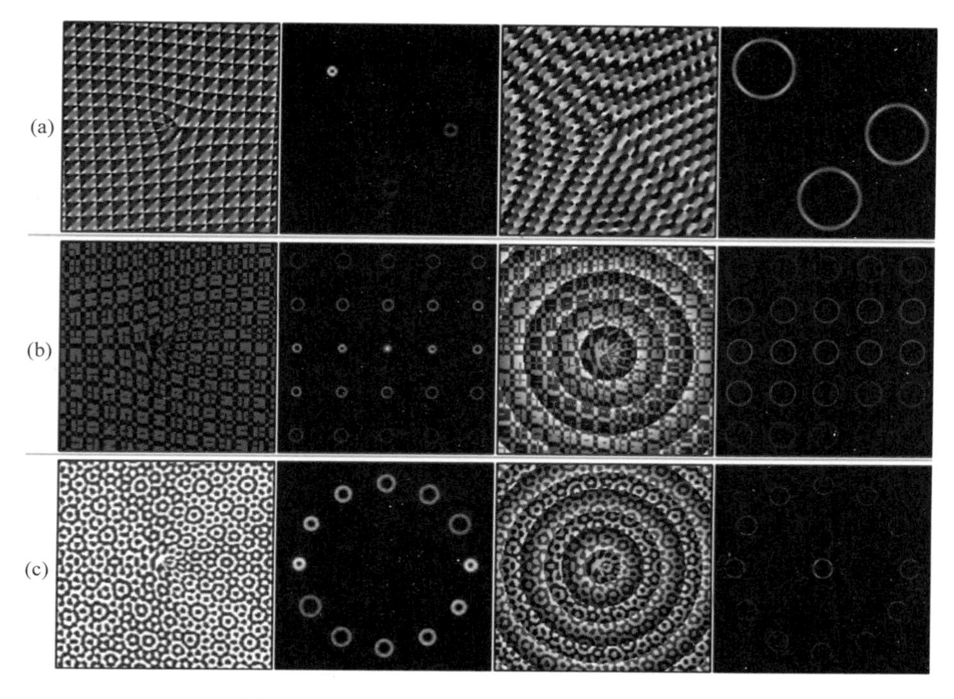

图 8.5.3　几个生成完美涡旋光束阵列的实例

8.5.2　完美矢量涡旋光束阵列

与 7.7 节介绍的矢量涡旋光束阵列类似，完美矢量涡旋光束阵列可由两个维度相同的旋向相反的圆偏振完美标量涡旋光束阵列叠加而来，在叠加时要求两个标量阵列的各个衍射级一一对应：

$$\begin{bmatrix} |\psi^{\text{perfect}}_{(1,1)}\rangle & \cdots & |\psi^{\text{perfect}}_{(1,N)}\rangle \\ \vdots & & \vdots \\ |\psi^{\text{perfect}}_{(M,1)}\rangle & \cdots & |\psi^{\text{perfect}}_{(M,N)}\rangle \end{bmatrix} = \begin{bmatrix} (\psi^n_{\mathrm{L}} \mid L_n\rangle)_{(1,1)} & \cdots & (\psi^n_{\mathrm{L}} \mid L_n\rangle)_{(1,N)} \\ \vdots & & \vdots \\ (\psi^n_{\mathrm{L}} \mid L_n\rangle)_{(M,1)} & \cdots & (\psi^n_{\mathrm{L}} \mid L_n\rangle)_{(M,N)} \end{bmatrix} +$$
$$\begin{bmatrix} (\psi^m_{\mathrm{R}} \mid R_m\rangle)_{(1,1)} & \cdots & (\psi^m_{\mathrm{R}} \mid R_m\rangle)_{(1,N)} \\ \vdots & & \vdots \\ (\psi^m_{\mathrm{R}} \mid R_m\rangle)_{(M,1)} & \cdots & (\psi^m_{\mathrm{R}} \mid R_m\rangle)_{(M,N)} \end{bmatrix} \tag{8.5.1}$$

这一过程可表示为如图 8.5.4 所示。

完美矢量涡旋光束阵列的生成系统、模式控制与 7.7 节中矢量涡旋光束阵列完全相同，这里不再赘述。

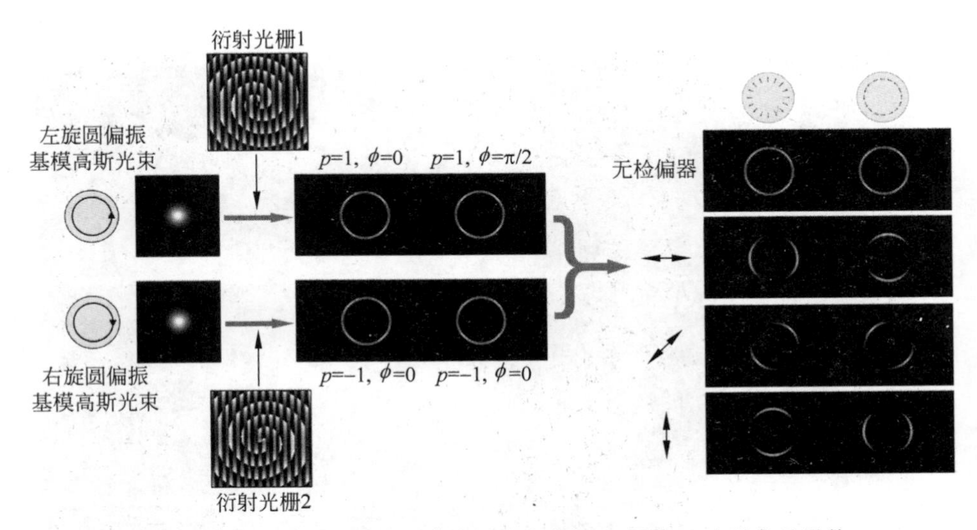

图 8.5.4　完美矢量涡旋光束阵列的生成原理，图中 p 表示角量子数

参考文献

[1] OSTROVSKY A S, RICKENSTORFF-PARRAO C, ARRIZÓN V. Generation of the "perfect" optical vortex using a liquid-crystal spatial light modulator[J]. Optics Letters, 2013, 38(4): 534-536.

[2] ARFKEN G B, WEBER H J. Mathematical methods for physicists [M]. New York: Academic Press, 2001.

[3] VAITY P, RUSCH L. Perfect vortex beam: Fourier transformation of a Bessel beam[J]. Optics Letters, 2015, 40(4): 597.

[4] GRADSHTEYN I S, RYZHIK I M. Table of integrals, series and products[M]. New York: Elesvier Academic Press, 2001.

[5] ARRIZÓN V, RUIZ U, SÁNCHEZDELALLAVE D, et al. Optimum generation of annular vortices using phase diffractive optical elements[J]. Optics Letters, 2015, 40(7): 1173-1176.

[6] FU S, GAO C, WANG T, et al. Detection of topological charges for coaxial multiplexed perfect vortices[C]. Singapore: CLEO-PR/OECC/PGC, 2017.

[7] FU S, WANG T, GAO C. Generating perfect polarization vortices through encoding liquid-crystal display devices[J]. Applied Optics, 2016, 55(23): 6501-6505.

[8] LI P, ZHANG Y, LIU S, et al. Generation of perfect vectorial vortex beams[J]. Optics Letters, 2016, 41(10): 2205-2208.

[9] WANG T, FU S, GAO C, et al. Generation of perfect polarization vortices using combined gratings in single spatial light modulator [J]. Applied Optics, 2017, 56(27): 7567-7571.

[10] FU S, WANG T, GAO C. Perfect optical vortex array with controllable diffraction order

and topological charge[J]. Journal of the Optical Society of America, 2016, 33(9): 1836-1842.

[11] FU S, GAO C, WANG T, et al. Simultaneous generation of multiple perfect polarization vortices with selective spatial states in various diffraction orders[J]. Optics Letters, 2016, 41(23): 5454-5457.

[12] FU S, GAO C, WANG T, et al. Simultaneous generation of multiple perfect polarization vortices with selective spatial states in various diffraction orders[J]. Optics Letters, 2016, 41(23): 5454-5457.

第9章 涡旋光束的应用

涡旋光束作为一种新型的激光束，在许多领域具有十分重要的应用价值。例如，由于不同轨道角动量模式间相互正交，涡旋光束可用来拓展光通信系统的信道容量；涡旋光束的旋转多普勒效应，使其可用来对包括马达、旋转流体、大气涡旋等在内的旋转体进行探测。另外，涡旋光束携带有轨道角动量的特点使其还可应用在微粒操控、天体探测等领域中。本章将对涡旋光束的几个主要应用进行介绍，并重点介绍其在光通信和旋转探测中的应用。

9.1 超大容量光通信

9.1.1 大容量涡旋光束光通信原理

随着科学技术的发展，人们已经全面进入了信息时代，信息也走入了我们的日常生活，如手机、银行卡、交通一卡通和共享单车、高铁、智能汽车等。在信息世界中，信息传输系统是至关重要的部分。通常，信息传递的载体包括射频信号和光在内的电磁波。

当前，根据电磁波的性质，一般采用时分复用(time-division multiplexing, TDM)、波分复用(wavelength-division multiplexing, WDM)、偏振复用(polarization-division multiplexing, PDM)等方式同时传输多路相互独立的信号，同时在接收端将它们有效分离，以此来实现大容量通信。然而，随着传递的信息量不断增大，上述复用方法已经不能满足人们对更大信道容量的通信系统的需求，因此必须寻找新的复用维度来实现更大容量的信息传输。

最近，人们发现可以利用电磁波的空间特性，将不同的空间波场进行复用，以空分复用(space-division multiplexing, SDM)的方式来进一步拓展信道容量。SDM的一种特殊形式是利用不同模式间的正交性，将这些模式叠加在一起进行传输，实现模分复用(mode-division multiplexing, MDM)。在MDM系统中，需将多路信息分别加载于多个相互正交的不同模式中，同时在系统发射端和接收端将不同的模式有效复用和分离。不难理解，在引入 N 模MDM后，通信系统的信道容量会提升 N 倍。

在1.2.3节已经介绍，不同阶次的涡旋光束 $\{|l_1\rangle, |l_2\rangle, |l_3\rangle, \cdots\}$ 相互正交：

$$\langle l_1 \mid l_2\rangle = \delta(l_1 - l_2) \tag{9.1.1}$$

式(9.1.1)表明，涡旋光束可以作为MDM系统中的信息载体。同时，由于其阶次

或角量子数 l 可以取从 $-\infty\sim+\infty$ 的任意整数，因此若将涡旋光束引入光通信系统，理论上可将信道容量拓展至无穷[1-5]。

另外，N 路不同阶次的涡旋光束还可被编码为 N 个不同的数据符号分别表示"0""1""2"…"$N-1$"，使系统发射端发射的时变涡旋光束携带数据信息。在系统接收端，通过对涡旋光束的探测可解码所传输的信息。这种数据编码方法称作轨道角动量编码（OAM 编码），其可使单光子编码更多的比特（$\log_2(N)$），故具有更高的光子效率[2]。关于 OAM 编码的具体原理与方式将在 9.1.5 节讨论。

在基于涡旋光束的光通信系统中，最有前景的方式是采用涡旋光束 MDM 实现大容量的信息传输。同时，MDM 还可与其他的复用方式如 PDM、WDM 共用，在传统复用方式的基础上进一步拓展信道容量，如图 9.1.1 所示。

基于图 9.1.1 不难理解，利用涡旋光束 MDM 通信的过程如下：

(1) 通过正交相移键控（quadrature phase shift keying，QPSK）等传统的信号编码方式将不同的信号编码至不同的基模高斯光束中；

(2) 将调制后的基模高斯光束分别转化为不同阶次的涡旋光束；

(3) 将这些涡旋光束合束为一束，作为一束光参与到其他的复用方式中；

(4) 在接收端将传输的光束解复用，将各个不同阶次的涡旋光束分离；

(5) 分别对每一束涡旋光束解码，得到传输的信息。

采用如图 9.1.1 所示的涡旋光束 MDM 与 PDM 相结合的通信方式，可将信道容量拓展至 1 TB/s 的量级[1]。若在此基础上引入 WDM，则可将信道容量继续提升至 100 TB/s 量级[6]。最近科研人员通过 10 个不同阶次的涡旋光束、80 个波长和 2 个偏振维度同时复用，实现了 160 TB/s 的信息传输[7]。

9.1.2　轨道角动量模式的复用与解复用

涡旋光束 MDM 通信的一个最大优势是不同阶次的涡旋光束可以合为一束，同时在接收端不同阶次的分量可有效分离，且它们所携带的信息互不影响。因此，利用涡旋光束进行光通信的关键是如何使携带有不同信息、不同阶次的涡旋光束进行复用合束和解复用分离，使复用的涡旋光束可由一个特定的孔径发射和接收。

目前最简单的复用和解复用元件是五五分光棱镜。采用级联分光棱镜的方式，可将 N 路不同阶次的涡旋光束（$\{|l_1\rangle,|l_2\rangle,|l_3\rangle,\cdots,|l_N\rangle\}$）合为一束（$|l_1\rangle+|l_2\rangle+,\cdots,+|l_N\rangle$），如图 9.1.2 所示。而在进行分束时，由于分光棱镜只能按照入射光束的强度比例来分束，无法进行不同模式间的分束，故此时除需用五五分光棱镜进行分束外，还应引入涡旋相位，将不同的模式分离。在系统接收端将接收到的复用涡旋光束分束为 N 路后，对每一子光束分别引入阶次为 $-l_1,-l_2,\cdots,-l_N$ 的涡旋相位，可将其所包含的 $|l_1\rangle,|l_2\rangle,\cdots,|l_N\rangle$ 分别转化为 0 阶。再用一小孔光阑进行空间滤波，滤出中心亮斑，最终可得分别具有初始 N 路涡旋光束所携带信息的 N 路基模高斯光束，实现不同模式间的分离，如图 9.1.3 所示。

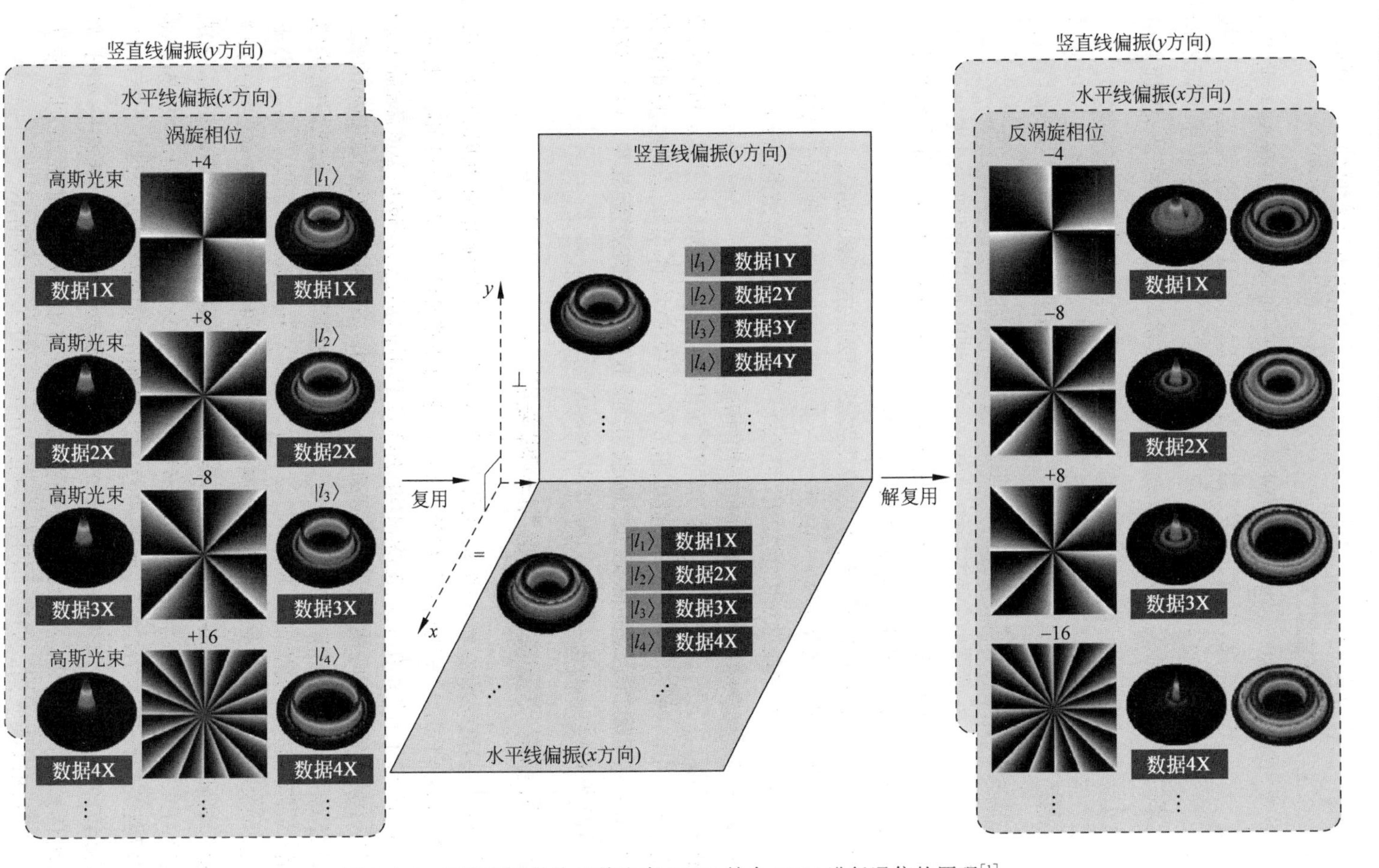

图 9.1.1　利用不同阶次涡旋光束 MDM 结合 PDM 进行通信的原理[1]

(请扫Ⅵ页二维码看彩图)

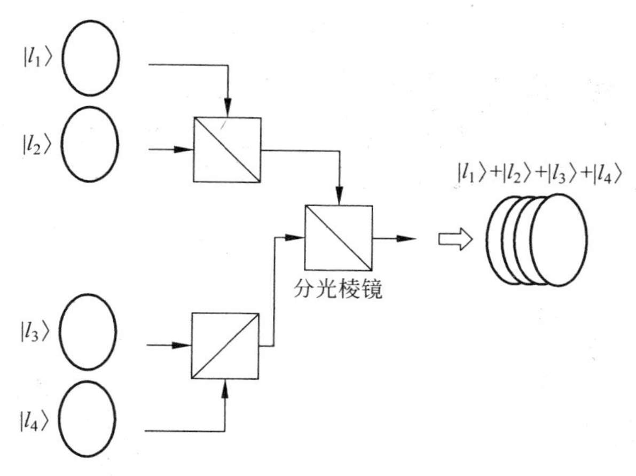

图 9.1.2　利用分光棱镜实现不同阶次涡旋光束的复用(以 $N=4$ 为例)

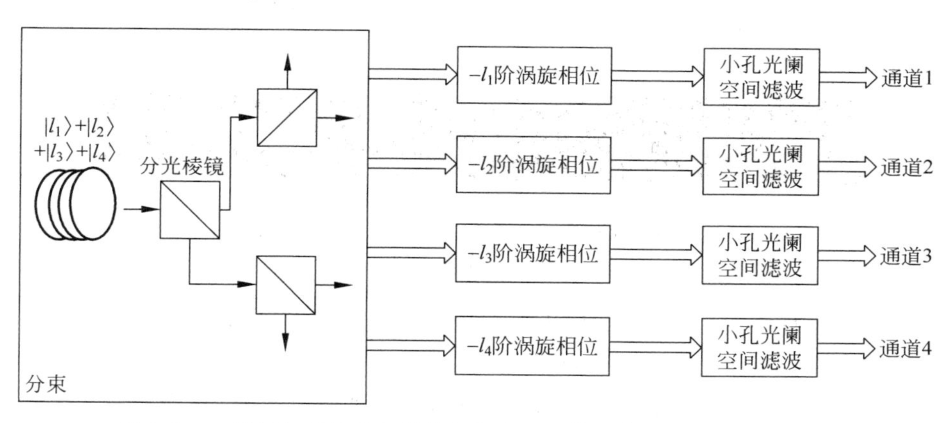

图 9.1.3　利用分光棱镜和涡旋相位实现多模混合涡旋光束的解复用

达曼涡旋光栅是另外一种可实现涡旋光束复用和解复用的光学元件[7]，如图 9.1.4 所示。当基模高斯光束照射达曼涡旋光栅，可获得一等强度分布的涡旋光束阵列，不同阶次的涡旋光束分别位于不同的衍射级处。仅考虑直线型阵列的情形，令达曼涡旋光栅在 x 方向的叉数为 l_x，衍射场共有 N 个衍射级，各个衍射级次构成集合 $B=\{b_1,b_2,\cdots,b_N\}$，则根据达曼涡旋光栅的性质，若衍射级次 $b\in B$，则位于 b 衍射级位置的涡旋光束的角量子数为 bl_x(图 9.1.4(a))。反之，如果我们换一种思路，不采用正入射的方式，而是将基模高斯光束沿着衍射级次 b 的衍射角的方向入射达曼涡旋光栅，则衍射场中位于 0 级位置的涡旋光束为 $|bl_x\rangle$。若将载有信息的 N 束基模高斯光束分别沿着 $b_1,b_2,\cdots,b_N$ 级次的衍射角射入，则衍射场 0 级位置的光束为

$$\sum_{b\in B}|bl_x\rangle \tag{9.1.2}$$

即实现了携带不同信息的不同阶次的涡旋光束的复用,如图 9.1.4(b)所示。

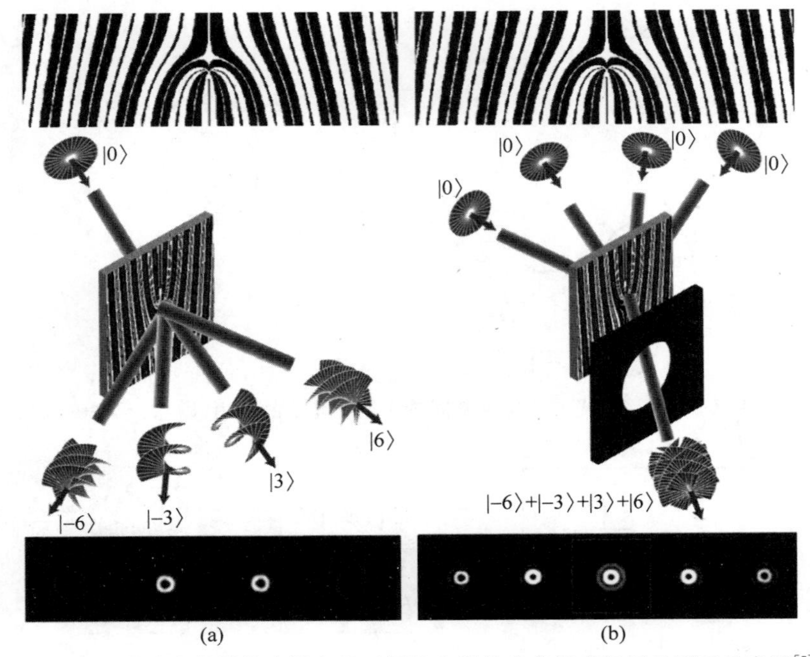

图 9.1.4　通过达曼涡旋光栅实现不同阶次涡旋光束模式复用的原理示意图[7]

(请扫Ⅵ页二维码看彩图)

当进行解复用时,只需将 MDM 涡旋光束直接照射可生成与复用时产生的涡旋光束阵列阶次相反的达曼涡旋光栅,即可获得多个带有中心亮斑的衍射级。再通过小孔光阑等滤出各个衍射级的中心亮斑,可得到具有 N 路涡旋光束所携带的信息的 N 路基模高斯光束,进而实现模式的解复用。图 9.1.5 给出了利用达曼涡旋光栅进行模式的复用与解复用的原理示意图。

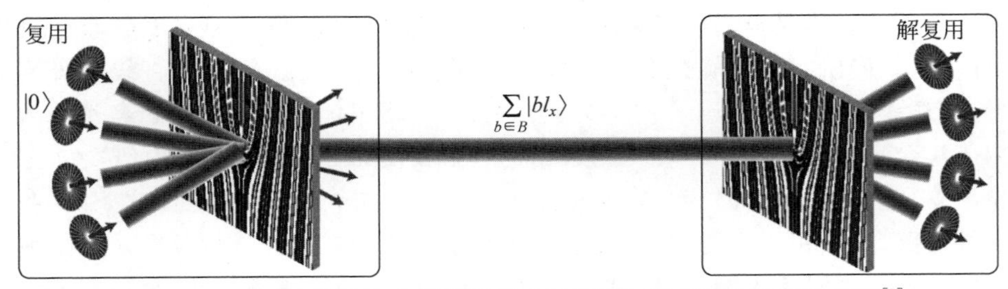

图 9.1.5　通过达曼涡旋光栅进行模式的复用与解复用的原理示意图[7]

(请扫Ⅵ页二维码看彩图)

上述介绍的几种解复用方法,最终解出来的单一模式的总能量为传输的复用涡旋光束能量的 $1/N$,效率较低。若要获得较高的解复用效率,可通过 5.5.3 节介绍的模式分束器来实现。

9.1.3　涡旋光束 MDM 通信系统中不同模式间的信息交换

涡旋光束光通信系统中，进行不同轨道角动量模式间（$|l_1\rangle$和$|l_2\rangle$）信息交换的基本思想是通过一定手段互换角量子数，使得$|l_1\rangle\rightarrow|l_2\rangle$，而$|l_2\rangle\rightarrow|l_1\rangle$，互换角量子数后，$|l_1\rangle$模式就会载有原来$|l_2\rangle$的信息，而模式$|l_2\rangle$就会载有原来$|l_1\rangle$的信息，进而实现了信息交换。最常见的改变角量子数的方法即引入额外的涡旋相位，若要实现模式间数据交换，则必须满足：

$$|l_1\rangle\exp(\mathrm{i}l_0\varphi)=|l_2\rangle \tag{9.1.3}$$

$$|l_2\rangle\exp(\mathrm{i}l_0\varphi)=|l_1\rangle \tag{9.1.4}$$

式中，l_0 为涡旋相位的阶次。即

$$\begin{cases}l_1+l_0=l_2\\ l_2+l_0=l_1\end{cases} \tag{9.1.5}$$

应同时成立。显然，当 $l_1\neq l_2$ 时，l_0 并不存在，表明仅仅通过一涡旋相位是无法实现模式间的数据交换的。下面考虑另外一种情况，若能同时满足：

$$|l_1\rangle\exp(\mathrm{i}l_0\varphi)=|-l_2\rangle \tag{9.1.6}$$

$$|l_2\rangle\exp(\mathrm{i}l_0\varphi)=|-l_1\rangle \tag{9.1.7}$$

则可得

$$l_0=-(l_1+l_2) \tag{9.1.8}$$

这表明虽然无法通过一涡旋相位实现数据交换，但却可以将要交换的模式的角量子数互换为彼此的相反数。根据涡旋光束的镜像性，此时再通过反射镜或道威棱镜引入一次反射，则可使$|-l_2\rangle\rightarrow|l_2\rangle$，$|-l_1\rangle\rightarrow|l_1\rangle$，最终实现模式间的数据交换。

涡旋相位和反射可由一反射式液晶空间光调制器同时实现。在进行模式间的数据交换时，可将阶次满足式(9.1.8)的涡旋相位加载在反射式调制器上，而后将复用涡旋光束（$|l_1\rangle+|l_2\rangle$）入射，则出射光中的模式$|l_1\rangle$和$|l_2\rangle$所载有的数据发生了交换，如图 9.1.6 所示。

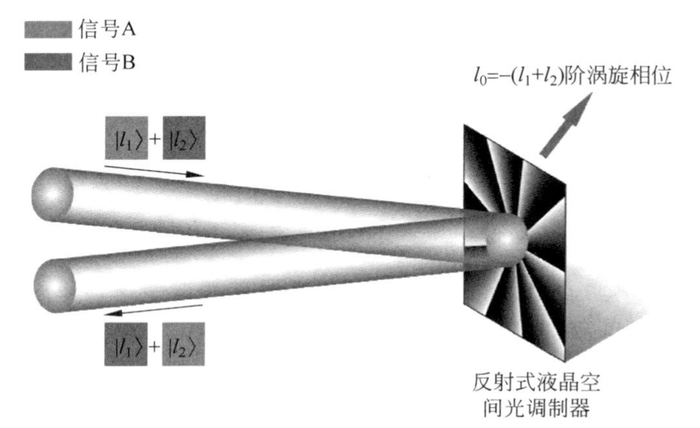

图 9.1.6　通过反射式液晶空间光调制器进行模式间数据交换的原理示意图

（请扫Ⅵ页二维码看彩图）

图 9.1.7 给出了两路(模式|+6⟩和|+10⟩)传输 100 GB/s 归零差分相移键控信号(return-to-zero differential quadrature phase-shift keying, RZ-DQPSK)数据交换前后的同相和正交分量信号波形图和眼图[1]，表明数据交换后，信号与交换前基本一致，并没有产生明显失真。

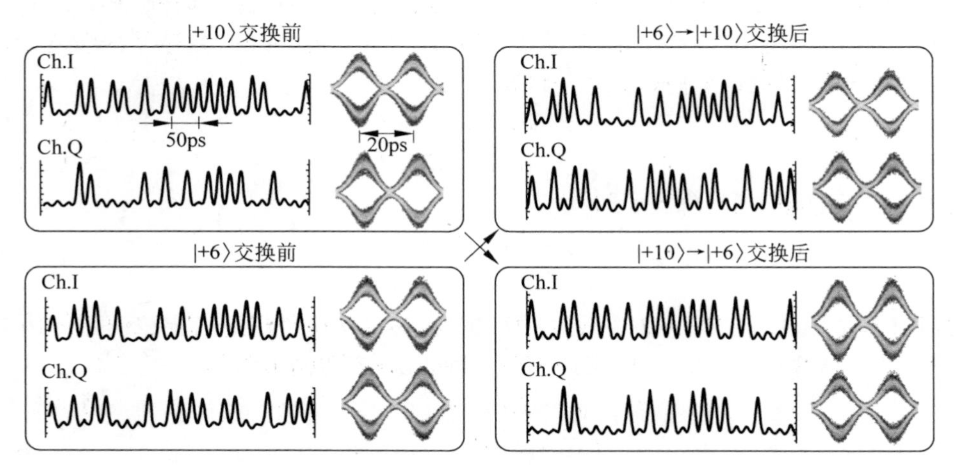

图 9.1.7　传输的两路 100 GB/s RZ-DQPSK 信号在数据交换前后，同相(Ch. I)和正交(Ch. Q)分量的波形图和眼图[1]

(请扫Ⅵ页二维码看彩图)

9.1.4　贝塞尔-高斯光束 MDM 通信技术

贝塞尔-高斯光束是涡旋光束的一种，不同阶次的贝塞尔-高斯光束间互相正交，故也可用贝塞尔-高斯光束的模式复用来拓展光通信系统的信道容量[8,9]。另外，由于贝塞尔-高斯光束的无衍射特性和可自愈性，将其作为载波在自由空间传输时，还可消除传输路径上障碍物的影响。图 9.1.8 给出了贝塞尔-高斯光束 MDM 光通信系统的原理图，首先将载有不同信息的不同阶次拉盖尔-高斯光束复用，而后经过轴棱镜后转化为贝塞尔-高斯光束并发射。在接收端先通过一反轴棱镜将贝塞尔-高斯光束再转化回拉盖尔-高斯光束，而后再进行解复用和解调，得到传输的信息。

由于贝塞尔-高斯光束只能在轴棱镜后有限的距离内($z<z_{max}$)存在，故采用贝塞尔-高斯光束进行 MDM 光通信时，接收端必须位于贝塞尔区域内，即这种方式并不能实现长距离的信号传输。通过适当增大光束的口径或轴棱镜的径向周期可以增大贝塞尔区域的长度，但大的光束口径并不容易实现，而较大的轴棱镜径向周期将使贝塞尔-高斯光束遇到障碍物后，自我恢复所需要的距离过长，一定程度上减弱了其自愈性，使得利用其做载波 MDM 通信的优势大大降低。

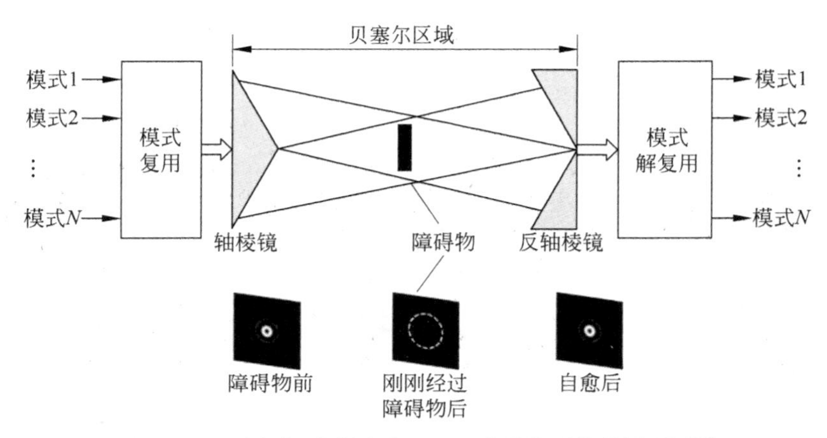

图 9.1.8　贝塞尔-高斯光束 MDM 光通信系统的原理图[9]
(请扫Ⅵ页二维码看彩图)

9.1.5　轨道角动量编码通信技术

利用光的维度将数字信号进行编码是进行光通信的重要基础。当前，已经成熟的数字信号编码方式包括幅度键控(amplitude shift keying，ASK)、正交幅度调制(quadrature amplitude modulation，QAM)、开关键控(on-off keying，OOK)、频移键控(frequency shift keying，FSK)、相移键控(phase shift keying，PSK)等，这些编码方式分别利用了光的振幅、频率和相位维度。事实上，涡旋光束的轨道角动量(OAM)维度亦可用来信号编码，这种编码方式称作 OAM 编码[10]。

在 OAM 编码技术中，N 个不同 OAM 态($l_1, l_2, l_3, \cdots, l_N$)可以表示一 N 进制数($0,1,2,\cdots,N-1$)，进而使得一次编码即具有 $\log_2 N$ 比特的信息量，相比于传统的二进制 1 比特编码而言，将编码效率提升了 $\log_2 N$ 倍。由于 OAM 态 l 的取值多样性(可取任意整数)，故理论上使一个码元承载无穷比特的信息量。

OAM 编码还可与其他的光维度的编码同时进行，使得在采用有限 OAM 态的情况下可更进一步地提升编码效率。例如，可将 OAM 编码与 ASK 技术相结合进行数字信号编码，这种编码方式称作混合 OAM 振幅键控(OAM-ASK)[11]，如图 9.1.9 所示。其原理可以理解为：若采用 N 个不同的 OAM 态进行 OAM 编码表示一 N 进制数，则经过编码后每一个码元具有 $\log_2 N$ 比特的信息量。若采用 M 个不同的离散振幅值作 M 进制振幅键控调制以表示一 M 进制数，则经过编码后每一个码元具有 $\log_2 M$ 比特的信息量。由于 OAM 态和振幅分别为光束的两个独立的维度，因此将 N 进制 OAM 编码和 M 进制振幅键控技术结合在一起，它们之间互不干扰，使得可以在一次编码的时候同时调制光束的 OAM 态和振幅，经该编码调制后的每一个码元将具有 $\log_2 N + \log_2 M = \log_2(MN)$ 比特的信息量。OAM-ASK 将单一 N 进制 OAM 编码与单一 M 进制振幅键控的信息量分别增加

了 $\log_2 M$ 比特和 $\log_2 N$ 比特。与传统的二进制编码相比,将编码效率提升了 $\log_2(MN)$ 倍。

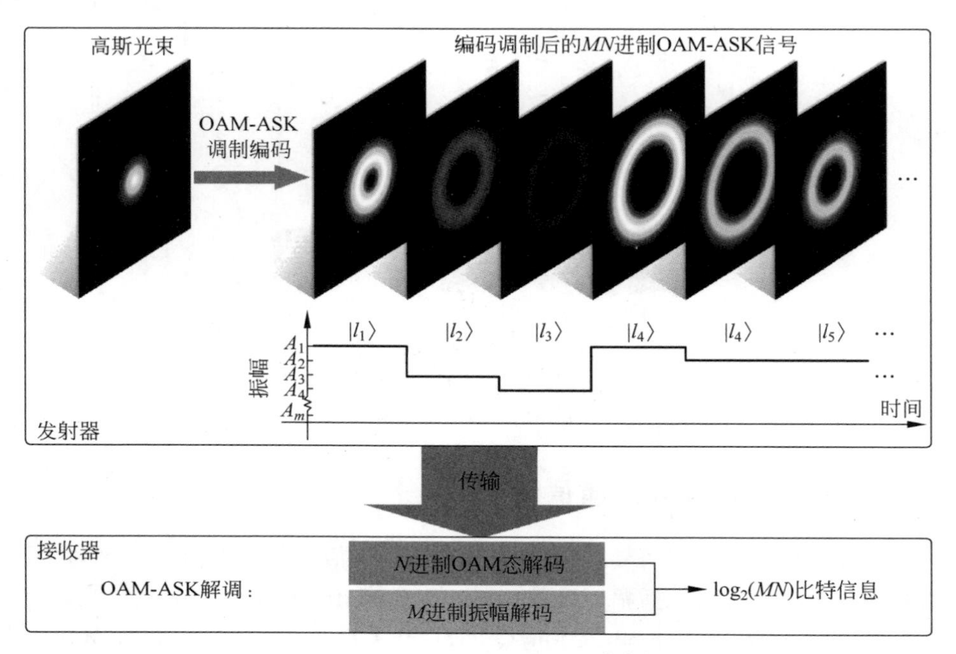

图 9.1.9　OAM-ASK 原理[11]
(请扫Ⅵ页二维码看彩图)

再如,可将 OAM 编码与空间位置编码相结合进行数字信号编码,即 OAM 阵列编码[12],如图 9.1.10 所示。在 OAM 阵列编码技术中,一个 OAM 阵列为一个码元。当选用 N 个不同的 OAM 态,n 个不同的空间位置时,可排列成 N^n 个不同的 OAM 阵列,因此可表示一 N^n 进制数,进而编码后每一个码元携带有 $\log_2 N^n$ 比特的信息。与仅采用单一 N 进制 OAM 编码相比,每一个码元的信息量增加了 n 倍。与传统的二进制编码相比,将编码效率提升了 $\log_2 N^n$ 倍。

按照不同的编码方案来分,OAM 编码通信主要包括直接模式调制编码和高速映射编码[13]。其中,直接模式调制编码通常使用液晶空间光调制器不断切换其加载的全息光栅,将高斯光束转化为时变涡旋光束来实现。然而受限于液晶空间光调制器的刷新频率(当前通常为 60 Hz),通常直接模式调制通信速率很低;高速映射编码则采取了截然不同的方案,其思想是将传统的如 OOK 等的高速调制的不同状态分别通过螺旋相位片、液晶空间光调制器等器件静态映射为不同的 OAM 态,如图 9.1.11 所示。高速映射编码有效地突破了液晶空间光调制器刷新频率的限制,实现了高速 OAM 编码通信。

OAM 编码充分地利用了光的 OAM 维度,由于 OAM 态的取值多样性,使得 OAM 编码可以极大地提高数字信号的编码效率,在未来光互联、光网络等大容量

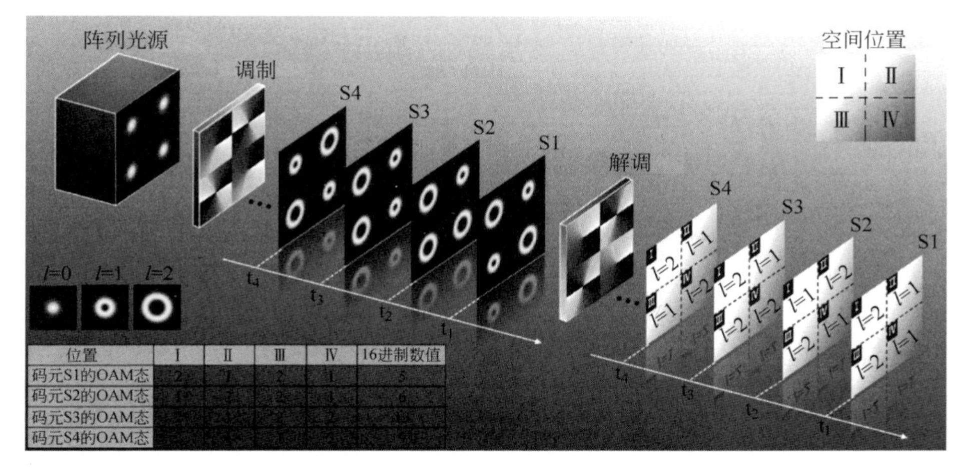

图 9.1.10　OAM 阵列编码原理(以 $N=2,n=4$ 为例)[12]

(请扫Ⅵ页二维码看彩图)

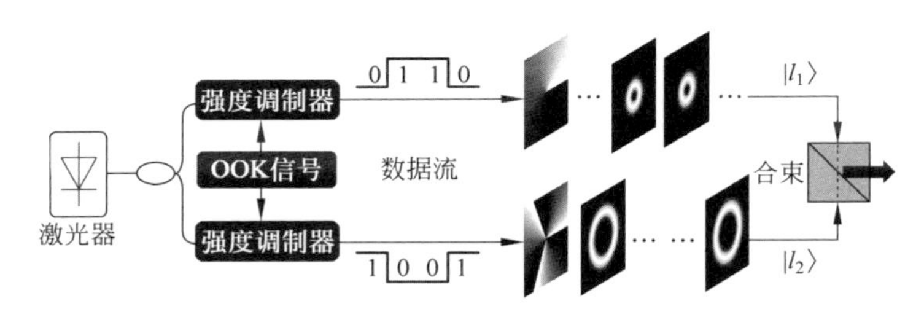

图 9.1.11　高速映射 OAM 编码原理图

(请扫Ⅵ页二维码看彩图)

信号传输中有着潜在的应用前景。

9.1.6　矢量涡旋光束编码通信技术

矢量涡旋光束具有与其偏振阶次相关的横截面各向异性的偏振态分布,这一特征也可用来进行信息的编码。比如,采用四个不同偏振阶次的矢量涡旋光束可表示一四进制数,采用八个偏振模式可表示一八进制数,采用十六个偏振模式可表示一十六进制数。本书 7.3 节已经介绍了几种常见的相干合成矢量光束的方法,通过给液晶空间光调制器编码不同的相位光栅,能够生成可调的不同偏振阶次的矢量涡旋光束,在技术上使得利用矢量涡旋光束编码信息成为可能。而不同偏振模式的检测仅通过一检偏器就可以完成,因此在技术上对偏振模式所传递信息的解码也十分容易。图 9.1.12 给出了利用四个偏振模式进行四进制编码的原理图,在系统接收端,采用一检偏器分析接收到的矢量涡旋光束的偏振阶次,进而解码出所传递的四进制数序列。另外,在这一技术中,我们只用到了矢量涡旋光束的偏振态，并没有利用其所携带的轨道角动量，因此为了简单起见，通常采用 Pancharatnam 拓扑荷为零的矢量光束来编码信息。

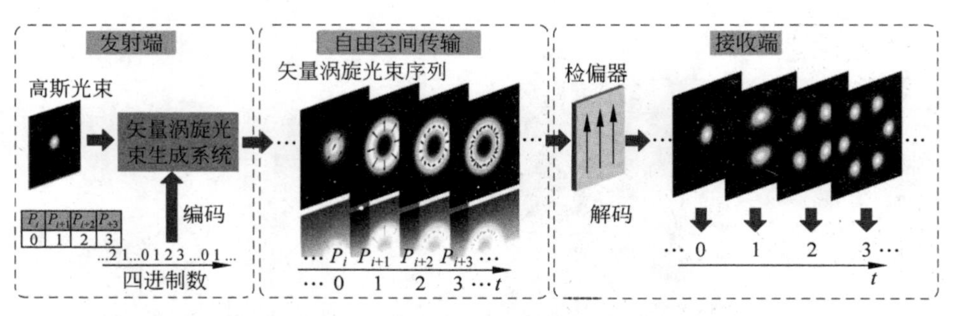

图 9.1.12　矢量涡旋光束编码通信技术原理示意图[14]

（请扫Ⅵ页二维码看彩图）

图 9.1.13 为一矢量涡旋光束编码传输一 64×64 像素灰度图像的实例[14]。该实例中，传输图像的每一个像素为 1 字节信息（8 bit，0～255 灰阶），对应于两个十六进制数（$16^2=256$）。因此若要编码传输该灰度图像，需 64×64×2=8192 个十六进制数。每一个十六进制数，可由偏振阶次为 0～15 的矢量涡旋光束的其中之一来表示，进而实现了矢量涡旋光束对灰度信息的编码。例如，对于灰度值为 147 的像素点，其对应的十六进制数为 93，故该像素采用偏振阶次分别为 9 和 3 的矢量涡旋光束编码。图像编码后的信息经自由空间传输后，通过一检偏器和相机解码，进而恢复出所传输的图像。从图 9.1.13 可以看出，通过接收到的信息解码出的图像与所传输的图像完全一致。

9.1.7　大容量涡旋光束通信面临的机遇与挑战

厄米-高斯光束等其他模式也会具有不同模式间的正交性，故也可以用在 MDM 光通信系统中，但相比于这些光束，涡旋光束的最大优点即其横截面光场分布具有圆对称性，使得其能够更好地与常用的光学器件相匹配。因此，涡旋光束以其光场分布的圆对称性为 MDM 光通信技术提供了较大的便利[2]。现有报道的涡旋光束 MDM 光通信系统通常较为庞大而笨重，所使用的器件的成本也较高。随着集成技术的发展与普及，未来涡旋光通信系统会朝着小型化、低价化的方向发展。

涡旋光通信系统虽具有广阔的应用前景，但在技术上仍面临着巨大的挑战，主要体现在涡旋光束的传输上。在自由空间中，大气湍流会使传输的涡旋光束的 OAM 谱展宽，出现严重的码间串扰，使传输信号的误码率提升，进而整个通信系统的性能下降。而在光纤中，传统光纤对于涡旋光束来说损耗太大，无法实现涡旋光束的长距离传输，因此还需设计低损耗的可长距离传输涡旋光束的光纤。

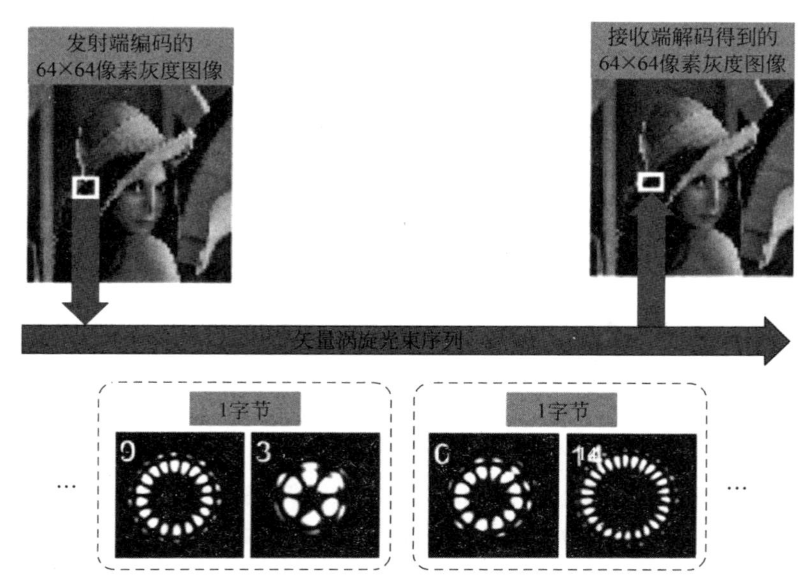

图 9.1.13　自由空间中采用矢量涡旋光束编码的方式传输一 64×64 像素灰度图像的实例[14]

（请扫Ⅵ页二维码看彩图）

9.2　旋转体探测

多普勒效应(Doppler effect)是一个著名的物理现象，其表明：如果波源与观察者间存在相对运动，则波的频率会发生变化。多普勒频移(Doppler shift)既存在于机械波中，也存在于电磁波中。对于光波来说，光源与观察者间的相对运动会引起光波的频率变化，这个频率变化可以表示为

$$\Delta f = f_0 v/c$$

式中，f_0 为初始的光频率，v 为相对运动速度，c 为光速。

多普勒频移在交通测速、流体探测等领域具有重要应用。这种多普勒效应是线性多普勒效应，在用于旋转体角速度的测量时，只能通过先测线速度再推算角速度。近年来，人们发现在旋转运动中，也存在一种多普勒效应，当一束携带有轨道角动量的涡旋光束沿着旋转轴照射到旋转体上时，光的频率也会发生改变，这种效应被称为旋转多普勒效应(rotational Doppler effect)。利用旋转多普勒效应可以直接测量旋转体的角速度。

9.2.1　涡旋光束的旋转多普勒效应

涡旋光束的旋转多普勒效应可利用光的线性多普勒效应引出。对于涡旋光束，由式(1.2.26)可知其坡印亭矢量的方向与光轴呈与径向坐标相关的夹角：

$$\alpha(r)=\frac{l\lambda}{2\pi r} \tag{9.2.1}$$

当涡旋光束的光轴与旋转体的旋转轴重合，即涡旋光束沿着旋转轴入射时，在入射面上每一个点的坡印亭矢量均存在与该点线速度方向平行的分量，如图 9.2.1 所示。在点 A 处，沿着法线方向散射的光子的频移可以表示为

$$\Delta f=-\frac{f_0 v_A \sin\alpha}{c} \tag{9.2.2}$$

式中，v_A 为 A 点处旋转体的线速度，负号表示频率减小。一般情况下 α 很小，式(9.2.1)中 $\sin\alpha$ 可由 α 代替。将式(9.2.1)代入式(9.2.2)，并考虑到线速度 v_A 与角速度 Ω 的关系($v_A=r\Omega$)，可得

$$\Delta f=-\frac{f_0 v_A \sin\alpha}{c}=-f_0\frac{r\Omega}{\lambda f_0}\cdot\frac{l\lambda}{2\pi r}=-\frac{l\Omega}{2\pi} \tag{9.2.3}$$

式(9.2.3)为旋转多普勒效应的表达式，表明由旋转多普勒效应引起的光频率的改变与光束的固有频率 f_0 无关，只与入射光束的角量子数 l 和旋转体的角速度 Ω 有关。这意味着在利用涡旋光束的旋转多普勒效应进行旋转体探测时，对涡旋光源的单色性没有要求。

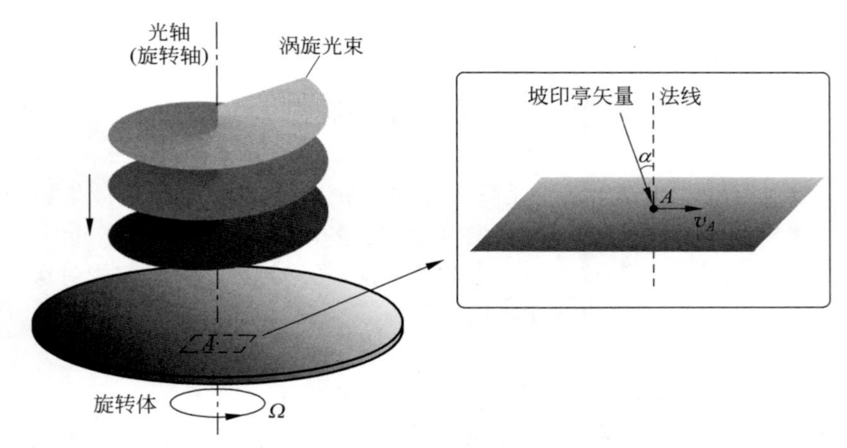

图 9.2.1 涡旋光束的旋转多普勒效应

(请扫Ⅵ页二维码看彩图)

9.2.2 旋转多普勒效应的波动理论分析

发生旋转多普勒效应时，散射光相比于入射光具有一微小的光频变化 Δf。式(9.2.3)虽已给出了 Δf 的表达式，但其是通过线性多普勒效应结合涡旋光束的坡印亭矢量特性推导而来的，并没有给出旋转多普勒效应的本质。本小节我们将从涡旋光束的轨道角动量态的变化出发说明旋转多普勒效应的本质。

我们已知，涡旋光束的模式转换可通过螺旋相位片来实现，如图 9.2.2(a)所

示。当涡旋光束$|l\rangle$通过n阶螺旋相位片时，出射涡旋光束变为$|l+n\rangle$。与此类似，在旋转多普勒效应中，由于在角量子数绝对值不很大时（如$|l|<100$），涡旋光束坡印亭矢量的方向与光轴间的夹角α很小，故入射光和散射光均可看作傍轴光束。假设旋转平面对入射涡旋光束的反射率是均匀的，则此时旋转平面可以看作一相位调制器件，其透过率函数与其表面的粗糙程度有关。当旋转表面静止时（角速度$\Omega=0$），设极坐标下其粗糙表面与参考平面的距离分布函数为$h(r,\varphi)$，如图9.2.2(b)所示[15]，则由旋转表面的粗糙引起的相位调制的复振幅透过率函数为

$$\exp[\mathrm{i}\phi(r,\varphi)]=\exp[\mathrm{i}2kh(r,\varphi)]=\exp\left[\frac{4\pi\mathrm{i}}{\lambda}h(r,\varphi)\right] \tag{9.2.4}$$

该透过率函数可用螺旋波$\exp(\mathrm{i}n\varphi)$展开为

$$\exp[\mathrm{i}\phi(r,\varphi)]=\sum_{n=-\infty}^{+\infty}A_n(r)\exp(\mathrm{i}n\varphi) \tag{9.2.5}$$

式中，

$$A_n(r)=\frac{1}{2\pi}\int_0^{2\pi}\exp[\mathrm{i}\phi(r,\varphi)]\exp(-\mathrm{i}n\varphi)\mathrm{d}\varphi \tag{9.2.6}$$

式(9.2.5)中，$A_n(r)$为n阶螺旋波的复振幅，并且满足：

$$\sum_{n=-\infty}^{+\infty}|A_n(r)|^2=1 \tag{9.2.7}$$

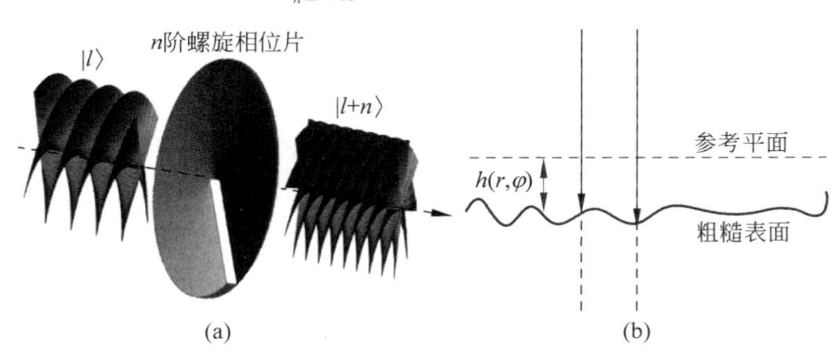

图9.2.2　(a) 涡旋光束的模式转换；(b) 粗糙表面可引入相位调制[15]

（请扫Ⅵ页二维码看彩图）

当旋转表面以角速度Ω绕旋转轴旋转时，式(9.2.5)可表示为

$$T(r,\varphi)=\exp[\mathrm{i}\phi(r,\varphi-\Omega t)]=\sum_{n=-\infty}^{+\infty}A_n(r)\exp(\mathrm{i}n\varphi)\exp(-\mathrm{i}n\Omega t) \tag{9.2.8}$$

因此，当振幅分布为$B(r)$、光频为f的l阶涡旋光束

$$E_{\mathrm{in}}(r,\varphi)=B(r)\exp(-\mathrm{i}2\pi ft)\exp(\mathrm{i}l\varphi) \tag{9.2.9}$$

沿着旋转轴垂直正入射到式(9.2.8)给出的旋转表面时，可得散射光光场：

$$E_{\mathrm{out}}(r,\varphi)=\sum_{n=-\infty}^{+\infty}B(r)A_n(r)\exp[\mathrm{i}(l+n)\varphi]\exp[-\mathrm{i}(2\pi f+n\Omega)t] \tag{9.2.10}$$

由此可见，散射光场的实质为多个不同角量子数、不同光频涡旋光束的叠加场。

特别地，对于散射光中的模式$|l+n\rangle$，其对应的光频为$[f+n\Omega/(2\pi)]$，相比于入射光的光频该变量Δf为

$$\Delta f=\frac{n\Omega}{2\pi} \tag{9.2.11}$$

通过式(9.2.11)不难发现，当$n=0$时，$\Delta f=0$。这意味着，在散射光中，只有角量子数发生改变的成分才能出现旋转多普勒频移，且频移的大小与角量子数的改变量有关，角量子数改变的绝对值越大，旋转多普勒频移值也就越大。至此不难得出，旋转多普勒效应可理解为由于散射光的角量子数相比于入射光发生变化而产生。

对于散射光中角量子数为零的分量，满足$l+n=0$，$n=-l$，代入式(9.2.11)可得观察到散射光的频移值为

$$\Delta f=-\frac{l\Omega}{2\pi} \tag{9.2.12}$$

上式与在仅考察沿着法线方向散射的不携带有轨道角动量(角量子数为零)的光子的前提下通过线性多普勒效应推出的式(9.2.3)完全相同。

另外，对于散射光中角量子数为m的成分，满足$l+n=m$，$n=m-l$，代入式(9.2.11)可得分量$|m\rangle$的频移值为

$$\Delta f=\frac{(m-l)\Omega}{2\pi} \tag{9.2.13}$$

9.2.3　旋转多普勒频移的观测

旋转多普勒引起的频移通常在kHz量级，而光频一般为PHz量级，相差较大。即该频移相对于光频来说过小，无法直接观测到。因此，若要观测旋转多普勒效应引起的频移，需采用间接手段。

在利用涡旋光束进行旋转体探测时，可采用具有阶次相反的双模复用涡旋光束($|-l\rangle+|l\rangle$)入射。这种光束可由第3章介绍的利用基模高斯光束直接照射特殊设计的衍射光栅生成，使其所包含的两个OAM分量具有相同的幅度A、初始相位ψ、光波长λ和传输距离z。

当双模复用涡旋光束照射到旋转体上时，对于入射的$|l\rangle$分量，其散射光中模式$|m\rangle$的频移为

$$\Delta f_1=\frac{(m-l)\Omega}{2\pi} \tag{9.2.14}$$

对于入射的$|-l\rangle$分量，其散射光中模式$|m\rangle$的频移为

$$\Delta f_2=\frac{(m+l)\Omega}{2\pi} \tag{9.2.15}$$

设入射光频为f_0，散射光$|m\rangle$中入射的两个模式分量对应的光频分别为$f_1(f_1=f_0+\Delta f_1)$和$f_2(f_2=f_0+\Delta f_2)$，则这两个分量可分别表示为

$$E_1(t)=A\cos(-2\pi f_1 t+\sigma) \tag{9.2.16}$$

$$E_2(t)=A\cos(-2\pi f_2 t+\sigma) \tag{9.2.17}$$

式中，

$$\sigma=kz+\psi \tag{9.2.18}$$

通常采用一光电探测器来接收散射光，而此时的散射光实际上是式(9.2.16)和式(9.2.17)两个分量干涉后的结果，故光电探测器探测到的强度信号为

$$\begin{aligned}I(t)&=(E_1+E_2)^2\\&=A^2\{1+\cos[-2\pi(f_1-f_2)t]+\cos[-2\pi(f_1+f_2)t+2\sigma]+\\&\quad 0.5\cos(-4\pi f_1 t+2\sigma)+0.5\cos(-4\pi f_2 t+2\sigma)\}\end{aligned} \tag{9.2.19}$$

式(9.2.18)中两个光频项 $0.5\cos(-4\pi f_1 t+2\sigma)$、$0.5\cos(-4\pi f_2 t+2\sigma)$ 及和频项 $\cos[-2\pi(f_1+f_2)t+2\sigma]$ 的频率值均为 PHz 量级，探测器只能测出其均值(等于 0)；差频项 $\cos[-2\pi(f_1-f_2)t]$ 的频率值均为 kHz 量级，探测器可以测出来。故对探测器来说，实际测得的信号为

$$I(t)=A^2+A^2\cos[-2\pi(f_1-f_2)t] \tag{9.2.20}$$

取其交流项，并作傅里叶变换，通过信号频谱即可读出式(9.2.19)的强度调制频率：

$$f_{\text{mod}}=|f_1-f_2|=|\Delta f_1-\Delta f_2|=\frac{|l|\Omega}{\pi} \tag{9.2.21}$$

式(9.2.21)表明，当包含阶次相反的双模混合涡旋光束($|l\rangle+|-l\rangle$)照射旋转体时，散射光会产生强度调制。对于考察散射光中任意涡旋模式 $|m\rangle$，强度调制的频率 f_{mod} 均为式(9.2.3)或式(9.2.12)给出的旋转多普勒频移绝对值的 2 倍，而与 m 的具体数值无关。因此，采用该方法观察旋转多普勒效应时，不必考察散射光中特定的模式分量，在旋转体角速度测量领域具有较大的应用价值。

9.2.4　涡旋光束旋转体探测实例

本节将基于前面介绍的旋转多普勒效应，给出两个涡旋光束旋转体探测实例。

实例 1：利用单色涡旋光束进行旋转体探测[16]。

本实例中，采用 670 nm 波段的单色涡旋光束照射旋转金属圆盘，通过光电探测器测量散射光信号来反推出旋转体的角速度。图 9.2.3 给出了探测器接收到的信号经傅里叶变换后的结果，此时转盘的角速度为 $\Omega\approx 383$ rad/s，照射在转盘上的双模混合涡旋光束为($|-18\rangle+|+18\rangle$)，信号采集时间为 1 s。由图 9.2.3 可以明显看出散射光信号强度调制的峰值出现在 $f_{\text{mod}}=(2346\pm1)$ Hz 位置处。f_{mod} 与 Ω 基本满足式(9.2.11)。

另外，由式(9.2.11)可知，f_{mod} 与 Ω 成正比关系。图 9.2.4 给出了不同转速、不同的入射双模混合涡旋光束的阶次时，测得的散射光强度调制频率。显然调制

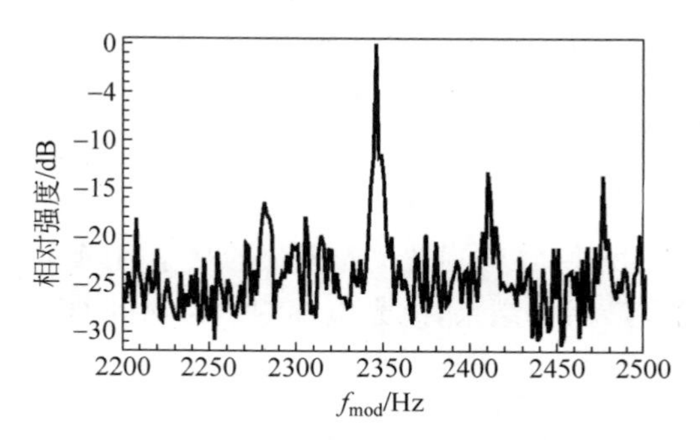

图 9.2.3　±18 阶双模混合涡旋光束照射旋转圆盘时，测得的散射光的频域信号[16]

频率的峰值与旋转速度 Ω 和轨道角动量 l 均成正比，与式(9.2.11)相符。这意味着，当利用高阶涡旋光束进行探测时探测信号的频谱将被放大 $2|l|$ 倍，故利用较高阶次的涡旋光束进行旋转体探测可在一定程度上提高探测精度。

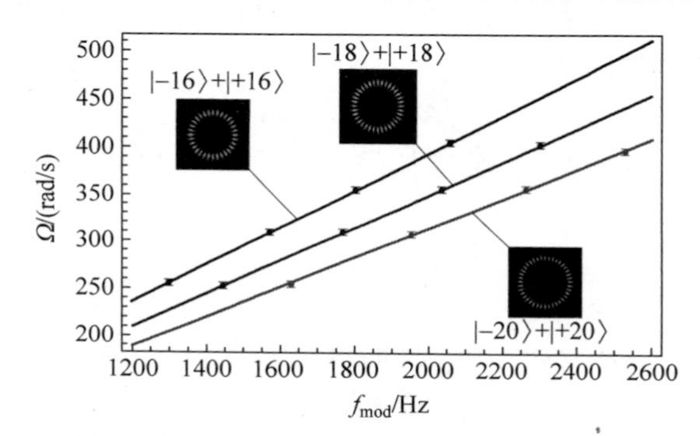

图 9.2.4　强度调制频率 f_{mod} 与转速 Ω 和角量子数 l 之间的关系，其中实线和散点分别为理论和实验结果[16]

(请扫Ⅵ页二维码看彩图)

实例 2：利用非单色涡旋光束进行旋转体探测[17]。

由于旋转多普勒效应产生的频移与光频无关，故采用非单色光进行旋转体探测理论上也是可行的。这里将给出利用白光(非单色)涡旋光束来测量旋转体角速度的实例。

整个测量系统如图 9.2.5 所示。首先，由超连续谱激光器产生的白光经单模光纤后被 L_1 准直输出到自由空间中，经液晶空间光调制器后转化为双模混合涡旋光束($|-l\rangle+|l\rangle$)。小孔光阑结合薄凸透镜 L_2 和 L_3 可滤除无关衍射级，仅让涡旋光束透射。由于白光中包括多个成分，故经调制器后会发生色散现象，因此必须再通过一额外的棱镜补偿。色散补偿后的白光涡旋光束沿着光轴照射到旋转转盘上，经散射后，由透镜 L_6 采集散射光并聚焦到光电探测器上，以采集强度调制信号。

图 9.2.6 所示为($|-12\rangle+|+12\rangle$)白光入射时，探测器接收到的强度调制信

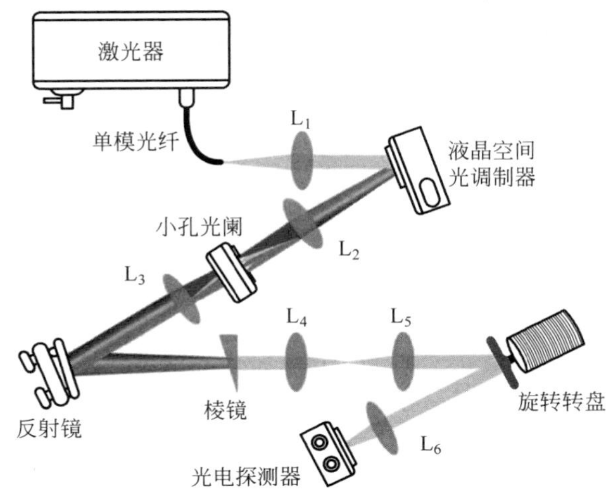

图 9.2.5　利用白光涡旋光束测量旋转体角速度的实验系统[17]

$L_1 \sim L_6$：薄凸透镜

（请扫Ⅵ页二维码看彩图）

号的频谱。与图 9.2.3 对比不难发现，在图 9.2.3 中只存在一个明显的尖峰，而在图 9.2.6 中除了一个最高尖峰外，还存在多个尖峰。最高尖峰对应的相对功率比其他尖峰要高 20 dB，其对应的频率即 f_{mod}，代入式(9.2.20)便可推算出旋转体的角速度。本实例中出现其他尖峰的原因主要在于：在利用调制器生成涡旋光束时，虽然所用的调制器的光谱范围囊括了白光所具有的所有波长成分，但它对不同的波长成分的相位调制程度不同。比如，我们的目标是生成阶次为 ±12 的叠加态，但由于白光中包含多种成分，即使在大部分波长成分被调制为 ±12 阶叠加态时，也必然存在一些波长成分被调制为其他阶次的叠加态，如 ±11、±13 等，以致最终出现其他的频率尖峰。这里如果使用严格的 ±12 阶白光涡旋光束叠加态，最终的频谱中也只会存在一个尖峰。

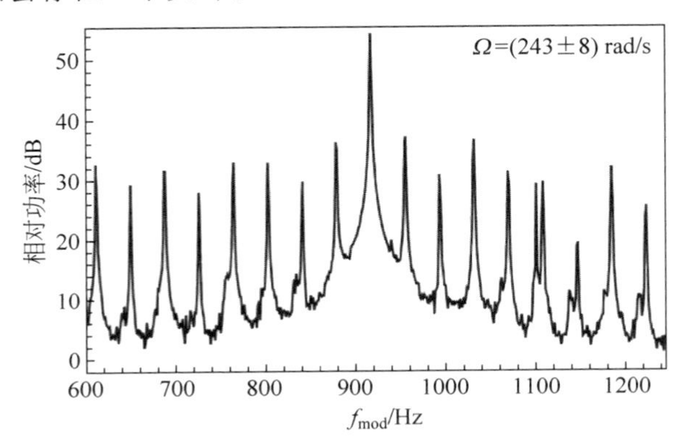

图 9.2.6　±12 阶双模混合白光涡旋光束照射旋转圆盘时，测得的散射光的频域信号[17]

9.2.5 可消除障碍物影响的旋转体探测

在进行旋转体探测时,若在涡旋光源与待测物体间存在阻碍物,则会使到达旋转面处涡旋光束的轨道角动量谱发生变化,进而出现较大的测量误差,对测量结果的准确性产生不利影响。若将探测使用的拉盖尔-高斯型涡旋光束替换为具有无衍射特性的贝塞尔-高斯光束,则会在一定程度上消除障碍物的影响。

贝塞尔-高斯光束遇到障碍物后能够自我修复的前提是,必须传输至与障碍物距离大于 z_{obs} 的位置处,此时越过障碍物后的光线才能重新重叠形成贝塞尔-高斯光束,如图 9.2.7 所示。假设在贝塞尔区域中置入一半径为 r_0 的障碍物,则由简单的几何关系可知:

$$z_{obs}=\frac{r_0 d}{\lambda} \tag{9.2.22}$$

式中,d 为轴棱镜的径向相位周期,λ 为光波长。这表明,当使用贝塞尔-高斯光束作为探测光束来测量旋转体的角速度且在光束的传输路径上存在障碍物时,若障碍物与旋转体的距离大于 z_{obs} 时,理论上在到达待测旋转体之前贝塞尔-高斯光束就已经完成自我修复,故仍能够准确测出角速度;若障碍物与旋转体的距离小于 z_{obs} 时,在到达待测旋转体时贝塞尔-高斯光束还没有完成自我修复,故不能准确测出旋转体的角速度。

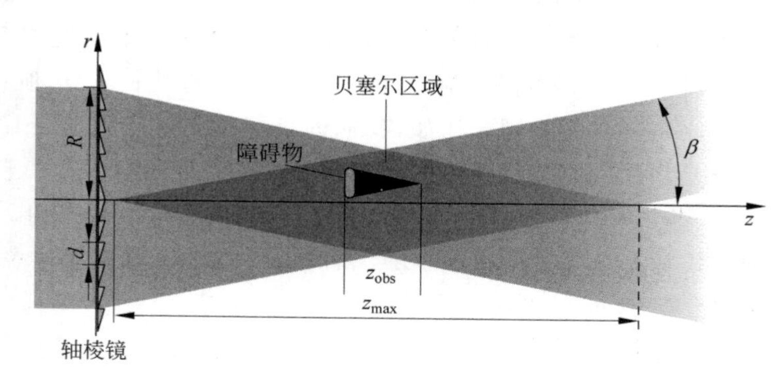

图 9.2.7 贝塞尔-高斯光束可在传输至距障碍物 z_{obs} 的距离后自我修复

(请扫Ⅵ页二维码看彩图)

图 9.2.8 为在光束传输路径中存在障碍物时,分别采用贝塞尔-高斯光束和拉盖尔-高斯光束测量旋转体角速度时,探测器接收到的强度调制信号的频谱图[14]。在进行两组测量时,障碍物距离旋转体的距离相同,且大于 z_{obs};轨道角动量成分均为±20 阶双模叠加态。不难看出,在没有障碍物时,两组光束的散射光的强度调制频率 f_{mod} 是完全相同的,均为 2462.5 Hz。而当置入障碍物时,通过贝塞尔-高斯光束测得的频谱仍存在一非常明显的尖峰,不过其相对强度有所下降;而通

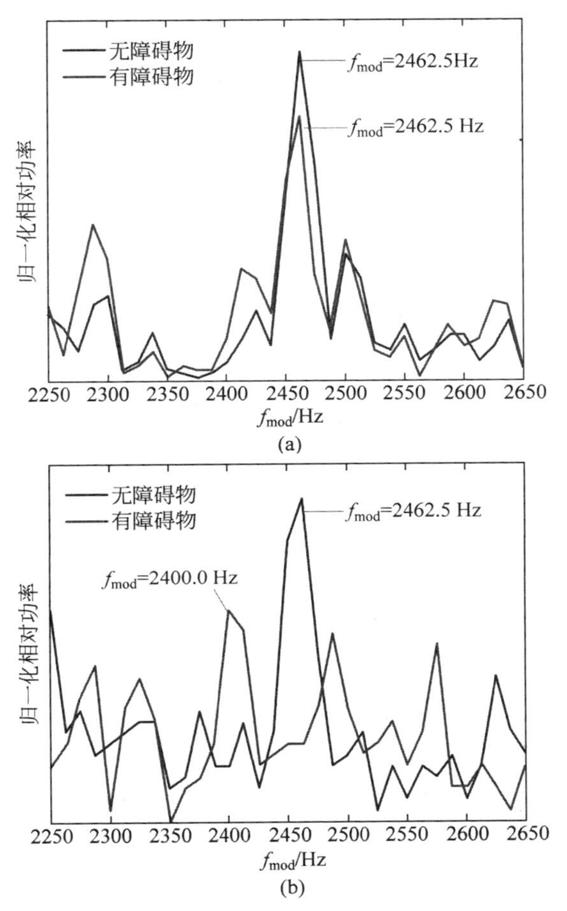

图 9.2.8　光束传输路径存在障碍物时，采用贝塞尔-高斯光束和拉盖尔-高斯光束测量旋转体角速度的测量结果对比

(a) 贝塞尔-高斯光束；(b) 拉盖尔-高斯光束[18]

(请扫Ⅵ页二维码看彩图)

过拉盖尔-高斯光束测得的频谱不存在十分明显的尖峰，其频谱最高峰出现在 2400 Hz 处，测量结果已经产生较大的误差。

如图 9.2.8(a)所示，在基于贝塞尔-高斯光束的旋转体角速度测量系统中，当在光路路径上存在障碍物且其最大遮挡距离 z_{obs} 小于距旋转体的距离时，障碍物的出现虽对测量结果没有较大的影响，但由于其遮挡了部分光线，使得最终频谱的尖峰峰值降低。同时可以预测，障碍物距离旋转体越近，所遮挡的到达旋转体的光线越多，频率尖峰的峰值越低。当距旋转体的距离小于 z_{obs} 时，贝塞尔-高斯光束无法自愈，频率尖峰消失。图 9.2.9 给出了障碍物距离旋转体不同距离处测得的频谱，其中用于探测的贝塞尔-高斯光束的阶次为±20，障碍物直径为 0.37 mm，置于光束正中心，当前情形下障碍物的最大遮挡距离为 $z_{obs}=8.36$ cm，障碍物距旋转体的距离分别为 38 cm、33 cm、28 cm、23 cm 和 19 cm。需要注意的是，当障碍物距离旋转体 19 cm 时，虽然该距离仍大于 z_{obs}，但由于尖峰信号较弱，基本淹没于噪声中，故此时的测量误差也会上升。

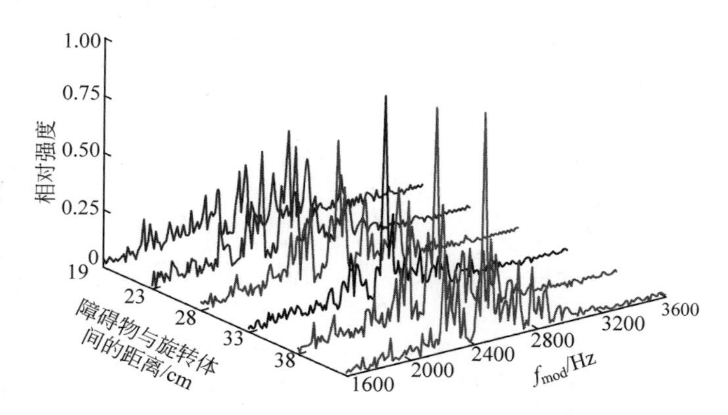

图 9.2.9 基于贝塞尔-高斯光束的旋转体角速度测量系统中，障碍物距离旋转体不同位置处测得的频谱[18]

（请扫Ⅵ页二维码看彩图）

9.3 涡旋光束的其他应用

除了前面介绍的两项应用外，涡旋光束在光镊技术、流体探测、激光加工、等离子体、天文学等领域均具有重要的应用价值。本节将着重介绍涡旋光束在光镊、流体涡量测量和激光加工中的应用。

9.3.1 光镊

光镊(optical tweezers)又称为光束梯度光阱，可理解为一个特殊的光场，当这个光场与微小粒子相互作用时，微粒整个受到光的作用从而达到被钳制的效果，进而实现了对其捕获、操纵的目的。

激光对微粒存在三种形式的作用力：

(1) 由于粒子相对于周围介质的高折射率产生的梯度力，使粒子被光最强的区域捕获，如微粒在高斯光束的作用下被控制在光束的中心；

(2) 偏振光束与微粒相互作用将光束的自旋角动量传递给微粒使其旋转；

(3) 携带有轨道角动量的涡旋光束与微粒作用时将轨道角动量传递给微粒，使其旋转。

如前文所述，涡旋光束的轨道角动量可以由光镊传递给粒子，使粒子在没有其他任何悬挂设施的情况下绕着光轴旋转而形成光学扳手，此时角动量转换由被捕获粒子对激光的吸收来实现[19]。涡旋光束的环形光场结构意味着微粒可以被束缚于光轴附近的零强度的区域内，若要实现第三维度即轴向的限制，在垂直于光轴的位置放置玻璃片即可。

由于自旋角动量也可由光子传递给微观粒子使其旋转，故可通过控制涡旋光束的偏振态的方式，来控制其携带的总角动量，进而控制粒子的旋转速度[20,21]。如图 9.3.1 所示，采用 +1 阶涡旋光束捕获控制悬浮于酒精中的聚四氟乙烯微粒，由于该微粒对光束具有部分吸收特性，此时梯度力足够将微粒束缚在三维空间中，并将它从容器壁上分离开，当通过来回切换涡旋光束的偏振态来改变自旋角动量时（$-\hbar \rightleftharpoons 0 \rightleftharpoons \hbar$），每个光子总的角动量会由 $0 \rightleftharpoons \hbar \rightleftharpoons 2\hbar$ 交替变化，最终实现微观粒子的“开—停”旋转。

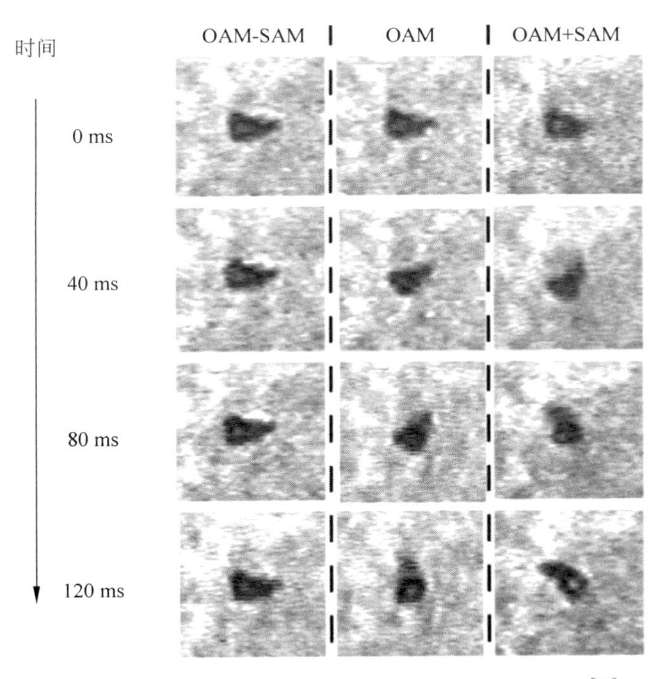

图 9.3.1　轨道角动量和自旋角动量引起微粒的旋转[20]

贝塞尔-高斯光束作为一种具有无衍射特性的涡旋光束，也可用在光镊技术中。利用零阶贝塞尔光束的无衍射和自愈特性，可以实现多平面同时捕获和操纵多微粒[22]，以及对微粒进行分选与输运[23]。图 9.3.2 给出了利用零阶贝塞尔-高斯光束在两个纵向相距 3 mm 的样品池中同时对微粒进行捕获与操纵的实验结果[22]，可以看出，图 9.3.2(a)和图 9.3.2(d)是在样品池 Ⅰ 和 Ⅱ 的不同深度处同时捕获了微粒，图 9.3.2(c)和图 9.3.2(f)两图则证明了贝塞尔-高斯光束的自愈合特性。如果采用双模同轴叠加的贝塞尔-高斯光束作为操纵光束，则会形成光学传输带，其可以捕获并输运微粒达几百微米长度。

矢量涡旋光束在光镊领域也具有十分广阔的应用前景。比如，人们对径向偏

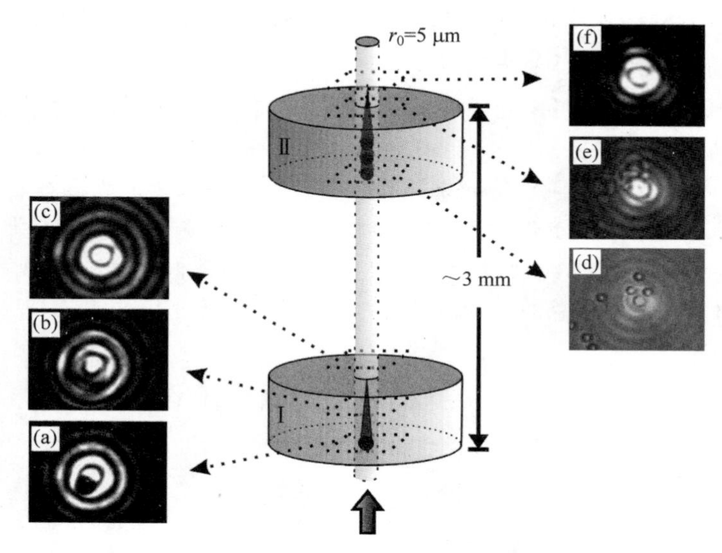

图 9.3.2　通过贝塞尔-高斯光束纵向捕获和操纵微粒[22]

振光束用于金属微粒的光镊实验进行了研究，发现聚焦后的径向偏振光束不仅可以产生极强的梯度力，还可以消除散射力和吸收力，克服光束捕获金属微粒时所产生的极强散射力和吸收力使得金属微粒难被捕捉的问题，进而稳定地实现金属微粒三维捕获[24]。此外，相对于线偏振和圆偏振光束，使用具有径向偏振的光束轴向捕获电介质微粒的效率更高[25]。

随着全息光学和计算机技术的发展，光镊技术也取得了重大的进步，其中最有代表性的，即基于液晶空间光调制器的全息光镊技术。通过编程控制加载于液晶空间光调制器上的全息光栅，可实现目标光场的调制与微粒的操纵。全息光镊不仅可按照任意特定的图案同时捕获多个微粒，而且可独立操纵其中的每一个微粒。图 9.3.3 为人们提出的一种典型的基于液晶空间光调制器的全息光镊系统[26]，其工作过程为：基模高斯光束经扩束准直后入射到加载有全息光栅的液晶空间光调制器中，而后经过一个缩束系统(透镜 1 和透镜 2)将光斑缩小至与物镜入瞳相匹配的尺寸，最后经物镜作傅里叶变换后在其焦平面上再现期望的涡旋光场分布，并照射在待操纵样品溶液中。照明光源通过聚光镜照射样品，经捕获物镜和成像镜头后由 CCD 相机记录被捕获样品图像。

全息光镊技术的关键在于合理计算加载于液晶空间光调制器上的全息光栅，例如可以利用第 4 章介绍的内容，通过生成涡旋光束阵列来实现多个微粒的同时捕获，亦可通过改变相应的设计参数，使阵列中涡旋光束的位置、轨道角动量态等发生改变来对捕获的任意微粒进行移动、操纵。

9.3.2　测量流体的涡量

涡量(vorticity)是包含有关流体旋转趋势信息的矢量场，定义为速度矢量场的

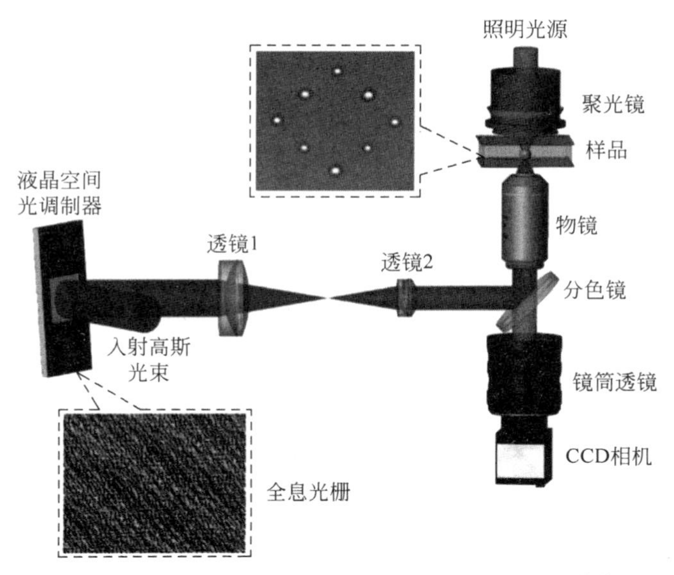

图 9.3.3　基于液晶空间光调制器的全息光镊系统[26]
（请扫Ⅵ页二维码看彩图）

旋度。涡量的测量在生物微流体学、海洋和大气环流中的运动以及流体空气动力学的湍流研究等领域都有重要的意义。

目前人们一般以计算速度矢量场的旋度的方式来测量流体的涡量，然而测量全速度矢量是一项非常复杂的工作，且速度的不确定性误差直接影响涡旋的准确度。相比之下，利用涡旋光束测量涡量更加准确[27]，其原理可理解为，当流体的某个区域被涡旋光束照射时，后向散射光会产生光谱的频移，如图 9.3.4 所示。通常我们考虑的是在 xOy 二维平面内流动的流体，故此时其涡量为

$$\boldsymbol{\omega} = \nabla \times \boldsymbol{U} \tag{9.3.1}$$

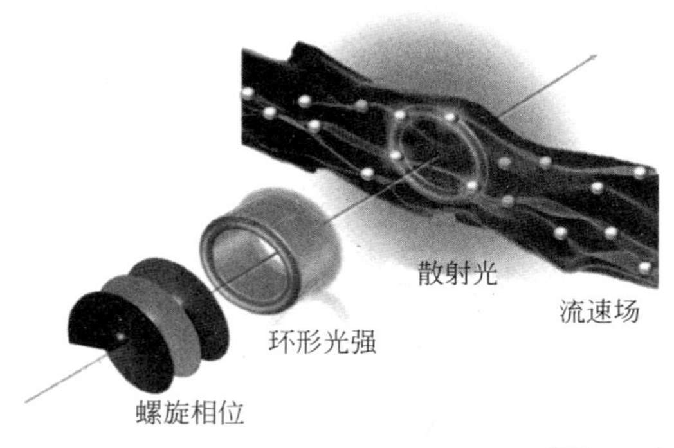

图 9.3.4　涡旋光束测量流体涡量[27]
（请扫Ⅵ页二维码看彩图）

式中，$\boldsymbol{U}$ 为速度矢量场

$$\boldsymbol{U}=(U,V,0) \tag{9.3.2}$$

由此可得涡量$\boldsymbol{\omega}=(0,0,\omega)$，且满足

$$\omega=\frac{\partial V}{\partial x}-\frac{\partial U}{\partial y} \tag{9.3.3}$$

式(9.3.3)表明，此时只需测出参数 ω 即可。

在涡量测量时，使后向散射光与参考光束干涉，并用光电检测器测量干涉信号，再对接收到的信号作傅里叶变换得到频谱，则频谱中出现尖峰位置处的频率 $\langle f_{\perp}\rangle$ 与流体的参数 ω 满足[27]：

$$\omega=\frac{4\pi}{l}\cdot\langle f_{\perp}\rangle \tag{9.3.4}$$

式中，l 为入射涡旋光束的角量子数。因此根据式(9.3.4)即可得到待测流体的涡量。

9.3.3 激光加工

激光加工具有效率高、质量好、加工范围广等优点，在工业制造领域获得了快速的发展。目前，激光在金属材料打孔、切割、焊接和清洗等方面发挥着越来越重要的作用。由于矢量涡旋光束具有各向异性的偏振态分布，故在进行激光加工时相比于传统的高斯光束会表现出许多优良的加工特性。

对于如图 9.3.5 所示的金属激光切割而言，切割效率与光束的偏振态密切相关。金属材料对 p 偏振光的吸收效率最高，散射效率最低。当采用 p 偏振光进行切割时，即切割方向平行于电场矢量的振荡平面，可获得最高切割效率，然而当切割方向不是直线时刀口不再均匀。采用圆偏振光可以克服这种不均匀性，但效率不高。而采用径向偏振光时，相对于激光切割刀口，所有入射光都是 p 偏振光，而且光束具有很好的偏振对称性，因此采用径向偏振光进行激光切割不但可以提高切割效率，还可以得到均匀的刀口。人们已通过理论计算发现当切割的金属具有较大的厚度和宽度比时，径向偏振光的切割速度比相同参量的圆偏振光快 1.5～2 倍[28]。

在激光打孔技术中，不同模式的矢量涡旋光束对于不同的金属材料表现出不同的加工性能[29]。当使用径向和角向偏振脉冲矢量涡旋光束进行激光打孔时，在相同孔径和孔深的条件下，径向偏振光束更适合用于黄铜和铜的打孔，而角向偏振光束则更加适用于低碳钢的打孔。当对低碳钢进行打孔时，由于波导作用的存在，角向偏振光束比径向偏振光束具有更高的效率。当对黄铜进行打孔时，角向偏振不再具有优势，由于金属吸收径向偏振光束的效率更高，在这种情况下径向偏振更适合打孔。实验结果表明，在相同条件下对低碳钢进行激光打孔，与线偏振光和圆偏振光相比，采用角向偏振光可将打孔效率提高 1.5～4 倍[29]。

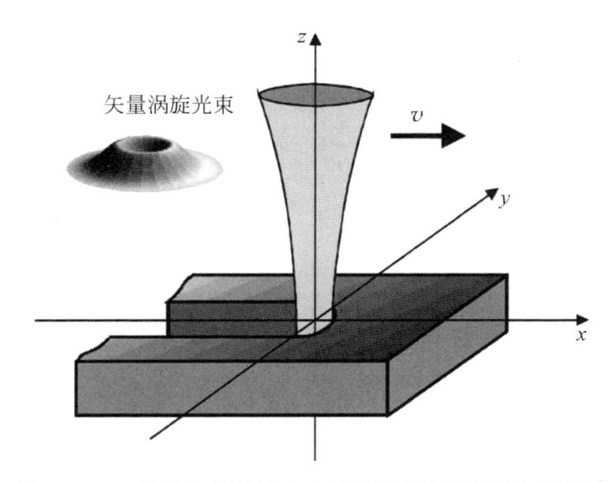

图 9.3.5　利用矢量涡旋光束进行金属切割的示意图[28]

参考文献

[1] WANG J, YANG J Y, FAZAL I M, et al. Terabit free-space data transmission employing orbital angular momentum multiplexing[J]. Nature Photonics, 2012, 6(7): 488-496.

[2] WILLNER A E, HUANG H, YAN Y, et al. Optical communications using orbital angular momentum beams[J]. Advances in Optics & Photonics, 2015, 7(1): 66-106.

[3] WANG J. Advances in communications using optical vortices[J]. Photonics Research, 2016, 4(5): B14-B28.

[4] WILLNER A E, REN Y, XIE G, et al. Recent advances in high-capacity free-space optical and radio-frequency communications using orbital angular momentum multiplexing[J]. Philosophical Transactions, 2017, 375(2087): 20150439.

[5] YU S. Potentials and challenges of using orbital angular momentum communications in optical interconnects[J]. Optics Express, 2015, 23(3): 3075-3087.

[6] HUANG H, XIE G, YAN Y, et al. 100 Tbit/s free-space data link enabled by three-dimensional multiplexing of orbital angular momentum, polarization, and wavelength[J]. Optics Letters, 2014, 39(2): 197-200.

[7] LEI T, ZHANG M, LI Y, et al. Massive individual orbital angular momentum channels for multiplexing enabled by Dammann gratings[J]. Light Science & Applications, 2015, 4: e257.

[8] ZHU L, WANG J. Demonstration of obstruction-free data-carrying *N*-fold Bessel modes multicasting from a single Gaussian mode[J]. Optics Letters, 2015, 40(23): 5463-5466.

[9] NISAR A, ZHE Z, LONG L, et al. Mode-division-multiplexing of multiple Bessel-Gaussian beams carrying orbital-angular-momentum for obstruction-tolerant free-space optical and millimetre-wave communication links[J]. Scientific Reports, 2016, 6: 22082.

[10] GIBSON G, COURTIAL J , PADGETT M J. Free-space information transfer using light beams carrying orbital angular momentum [J]. Optics Express, 2004, 12 (22): 5448-5456.

[11] FU S, ZHAI Y, YIN C, et al. Mixed orbital angular momentum amplitude shift keying through a single hologram [J]. OSA Continuum, 2018, 1(2): 295-308.
[12] LI S, WANG J. Experimental demonstration of optical interconnects exploiting orbital angular momentum array[J]. Optics Express, 2017, 25(18): 21537-21547.
[13] 王健,刘俊,赵一凡. 结构光场编译码通信研究进展[J]. 光学学报,2019,39(1): 0126013.
[14] ZHAO Y, WANG J. High-base vector beam encoding/decoding for visible-light communications[J]. Optics Letters, 2015, 40(21): 4843-4846.
[15] ZHOU H , FU D , DONG J , et al. Theoretical analysis and experimental verification on optical rotational Doppler effect[J]. Optics Express, 2016, 24(9): 10050-10056.
[16] LAVERY M P J, SPEIRITS F C, BARNETT S M, et al. Detection of a spinning object using light's orbital angular momentum[J]. Science, 2013, 341: 537-540.
[17] LAVERY M P J, BARNETT S M, SPEIRITS F C, et al. Observation of the rotational Doppler shift of a white-light, orbital-angular-momentum-carrying beam backscattered from a rotating body[J]. Optica, 2014, 1(1): 1-4.
[18] FU S, WANG T, ZHANG Z, et al. Non-diffractive Bessel-Gauss beams for the detection of rotating object free of obstructions[J]. Optics Express, 2017, 25(17): 20098-20108.
[19] 高明伟, 高春清, 何晓燕,等. 利用具有轨道角动量的光束实现微粒的旋转[J]. 物理学报, 2004, 53(2): 413-417.
[20] SIMPSON N B, DHOLAKIA K, ALLEN L, et al. Mechanical equivalence of spin and orbital angular momentum of light: an optical spanner[J]. Optics Letters, 1997, 22(1): 52-54.
[21] FRIESE M E, ENGER J, RUBINSZTEINDUNLOP H, et al. Optical angular-momentum transfer to trapped absorbing particles[J]. Physical Review A, 1996, 54(2): 1593-1596.
[22] GARCÉS-CHÁVEZ V, MCGLOIN D, MELVILLE H, et al. Simultaneous micromanipulation in multiple planes using a self-reconstructing light beam[J]. Nature, 2002, 419(6903): 145-147.
[23] CARRUTHERS A E, WALKER J S, CASEY A, et al. Selection and characterization of aerosol particle size using a bessel beam optical trap for single particle analysis [J]. Physical Chemistry Chemical Physics, 2012, 14(19): 6741-6748.
[24] ZHAN Q. Trapping metallic Rayleigh particles with radial polarization [J]. Optics Express, 2004, 12(15): 3377-3382.
[25] KAWAUCHI H, YONEZAWA K, KOZAWA Y, et al. Calculation of optical trapping forces on a dielectric sphere in the ray optics regime produced by a radially polarized laser beam[J]. Optics Letters, 2007, 32(13): 1839-1841.
[26] 梁言生, 姚保利, 马百恒,等. 基于纯相位液晶空间光调制器的全息光学捕获与微操纵[J]. 光学学报, 2016, 36(3): 0309001.
[27] BELMONTE A, ROSALES-GUZM N C, TORRES J P. Measurement of flow vorticity with helical beams of light[J]. Optica, 2015, 2(11): 1002-1005.
[28] NIZIEV V G, NESTEROV A V. Influence of beam polarization on laser cutting efficiency [J]. Journal of Physics D: Applied Physics, 1999, 32(32): 1455.
[29] MEIER M, ROMANO V, FEURER T. Material processing with pulsed radially and azimuthally polarized laser radiation[J]. Applied Physics A, 2007, 86(3): 329-334.